대기오염 및 처리기술

SO_x | NO_x | Dust | VOC

장구수 저

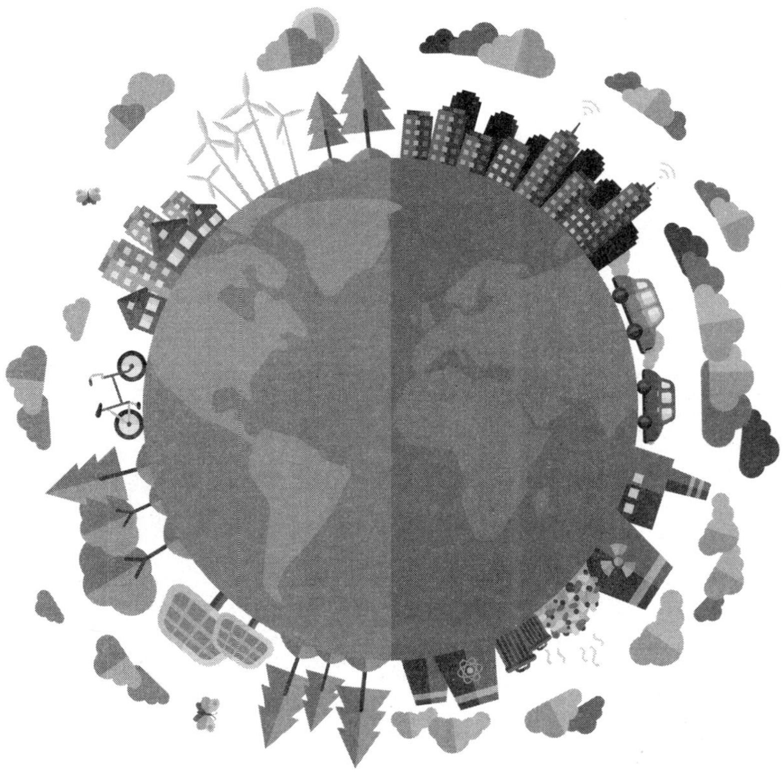

도서출판 동화기술

머리말

우리가 살아가고 있는 지구는 하나의 고립계이다. 그 계 안의 에너지 자원의 이용은 우리 생활에 윤택함을 주는 동시에 인간과 자연의 생태계에 나쁜 환경오염을 초래한다. 이 환경오염 문제는 오늘날 지역적인 문제나 하나의 국가 문제로 국한되지 않는다.

예를 들면 산성비, 황사현상 등은 지역 간, 국가 간 경계를 뛰어 넘어 이동하면서 전 지구적인 오염을 유발하고 있을 뿐 아니라 탄산가스(CO_2)의 증가로 인한 기후변화(Climate Change)는 단순히 날씨가 따뜻해지는 것만을 의미하는 것이 아니고 극지방 같은 곳에서는 온도가 평균보다 더 상승하여 빙하가 빠른 속도로 녹아내리기도 하며, 일부 지역에서는 오히려 온도가 떨어져 한파가 닥치기도 한다. 이와 같은 현상이 장기적으로 문제되는 것은 지구온난화(Global Warming) 자체보다는 이로 인한 기후변화와 지속적인 지구 생태계의 변화에 있다.

그래서 우리의 환경을 오염으로부터 보호하고 오염된 환경을 개선함과 동시에 쾌적한 환경의 상태를 유지하기 위해서 지속적인 환경 보전 활동이 필요하다. 보전 활동의 여러 측면으로 에너지 절약과 함께 각종 산업분야의 오염배출원에 대한 환경설비의 설치가 의무화되고, 해를 거듭할수록 대기오염물질(황산화물, 질소산화물, 광화학산화제, 분진, 일산화탄소 등) 배출원의 오염기준치에 대한 강화를 통하여 환경오염을 줄이는데 노력하고 있다.

이러한 대기오염물질의 근본적인 오염방지 대책은 배출원의 오염을 방지하는 환경설비인데 대기분야와 관련된 것은 황(S) 및 황산화물(Sulfur Oxide, SO_x)을 처리하는 탈황($DeSO_x$) 설비, 질소(N) 및 질소산화물(Nitrogen Oxide, NO_x)을 처리하는 탈질($DeNO_x$) 설비, 분진(Dust)을 처리하는 집진(Dust Collection) 설비, 휘발성 유기화합물(Volatile Organic Compound, VOC)을 처리하는 VOC 처리(Removal) 시설 등이다.

본서에서는 석유화학 산업의 중추인 석유정제와 석유화학 공정에 기초하여 대기오염물질의 발생 근원부터 저감 및 제거까지 실제 현장에서의 관련 장치 운전과 경험을 많이 소개하여 가능한 이해의 폭을 높이는데 중점을 두었고 이론과 실제를 함께 기술하였다. 그리고 본 저서를 출간하게 된 동기는 국립한경대학교 KOICA의 외국인 대학원 석사과정 강의를 맡게 된 것이 계기가 되었다. 맡은 강의 준비를 위해 석유정제 및 석유화학 공정분야에서 에너지/환경 공정 기술서비스의 엔지니어로서 오랜 경험과 축적한 기술을 바탕으로 강의 교본을 만들고 강의 중 학생들의 발표자료 일부를 모아 책으로 출간하게 되었다.

내용은 전체가 17장으로 구성되어 있으며 1장은 대기오염에 대한 개요, 2~3장은 연소 및 연소장치와 관련한 이론과 실제에 대해 기술하고 있다. 연소는 연료와 산소의 급격한 반응이고 연료와 공기는 점화의 소스(Source)가 된다. 즉, 연소장치 내에서 공기와 연료가 만나서 화학반응을 하고 열(Energy)과 배출가스(Flue Gas)를 생성하게 된다. 연소장치에는 가열로(Fired Heater), 스팀보일러(Steam Boiler), 발전소보일러(Power Plant Boiler) 그리고 소각로(Incinerator) 등이 있다. 연소에서 배출되는 주요 오염물질은 SO_x, NO_x, Dust, VOC 등이다. 그리고 이들의 배출원은 석유(Petroleum), 석탄(Coal), 천연가스(Natural Gas)와 같은 화석연료(Fossil Fuel) 혹은 생활 및 산업폐기물(Industrial Waste)의 연소(Combustion) 또는 소각(Incineration)에서 비롯된다.

4~5장은 대기오염에 대한 현상과 문제, 물질 및 영향 그리고 6장에서는 황과 황산화물 제어 및 저감 기술에 대한 내용을 각각 포함하고 있다. 이 중에서 6장의 개요를 간단히 말하면 석탄, 석유, 폐기물 등에 함유되어 있는 황(Sulfur) 성분이 연소시 공기 중의 산소와 결합하여 SO_2와 SO_3 등의 황산화물을 생성하게 되는데 이를 통칭하여 SO_x라 부른다. 이들 배출 SO_x를 제거하는 탈황기술은 여러 가지 기준에 따라 구분할 수 있다. 탈황 대상에 따라 연료탈황법(Fuel Desulfurization)과 배출가스탈황법(FGD, Flue Gas Desulfurization)이 있다. 즉, 전자는 연료가 연소되기 전에 연료로부터 황을 제거하는 방법이고 후자는 연소 후 배출가스로부터 SO_2를 제거하는 방법을 말한다. 대기배출 황산화물을 제어하기 위해서는 이들 2가지 방법을 병행하여야 한다.

7~12장은 질소산화물과 관련한 제어 및 저감 기술에 대하여 기술하고 있다. 질소산화물은 연료의 연소로 인한 고온 분위기에서 연소공기의 분해(Thermal NO_x), 연료와 공기 중 질소의 결합(Prompt NO_x) 또는 연료자체가 함유하고 있는 질소 성분의 연소(Fuel NO_x)로 발생하게 되는데 대부분의 NO_x는 연소 공기의 분해로 생성하게 된다. 질소산화물 제어 및 저감(Control & Reduction of Nitrogen Oxide)에는 연소제어(Combustion Control)법과 배출가스탈질(FGD, Flue Gas Denitrogenation) 설비가 있다. 질소산화물의 연소제어법에는 여러 가지 방법이 있는데 발생 NO_x의 대부분이 Thermal NO_x이므로 버너(Burner) 및 연소운전 조건의 최적화를 통하여 발생원 자체에서의 NO_x를 줄이는 방법이다. 반면에 배출가스 탈질 시설은 이미 발생된 NO_x를 환원제(Reduction Agent)를 투입하여 환원시키는 방법을 말한다. 이것에는 선택적 촉매 환원법(SCR, Selective Catalytic Reduction), 선택적 비촉매 환원법(SNCR, Selective Non Catalytic Reduction), SCR / SNCR을 혼용한 하이브리드(Hybrid) 등이 있다.

13~14장은 분진의 종류 및 저감 제어 장치에 대하여 기술하고 있다. 즉, 제거 장치인 전기집진기, 원심력집진기, 여과집진기, 세정집진기 등에 대한 소개와 실제 전기

집진기의 운전 사례를 소개하였다. 15장은 휘발성 유기화합물(VOC) 저감과 제어 기술에 대하여 소개하였다. 휘발성 유기화합물(VOC, Volatile Organic Compounds) 종류와 제거 방법 및 정유사에서의 적용 사례에 대하여 기술하였다. 16장은 주요 화석연료 대체 에너지 현황에 대하여 다루었다. 즉, 신 재생에너지(New & Renewable Energy)인 수소에너지, 연료전지, 태양열, 태양광발전, 바이오매스(Biomass), 풍력, 조수력, 지열, 해양에너지, 폐기물에너지(Waste Energy) 등에 대해서 간략히 기술하였다. 마지막으로 17장에서는 우리나라의 환경오염과 감시 체계 시스템에 대한 개요 및 현황을 포함하였다. 즉, 우리나라 석유화학 산업단지의 환경오염물질에 대한 관리 모니터링 시스템을 나타내었다.

위와 같은 작업을 수행할 수 있도록 기회를 주신 한경대학교 화학공학과 박준서 교수님과 고형림 교수님께 깊은 감사를 드립니다. 아울러 강의 준비에 많은 도움을 주었던 KOICA 사무실의 권희선 코디네이터와 대학원 수강학생들(Ms. Galapon Shyne, Mr. Fattah Zaband Swara Fattah, Mr. Habimana Emile, Ms. Malikova Ulkar, Ms. Vea Richie, Mr. Helali Mukhtar Ahmad, Ms. Kay Thwe Aung, Mr. Hoang Thanh Ha, Ms. Kamashazi Chantal, Mr. Akhmatov Sherzod, Ms. Phyo Phyo Kyi, Mr. Salarzai Abdul Rahim, Ms. Moh Moh San, Mr. Ahmed Mahmoud Abdallah Sedek, Ms. Quynhmai Thi Vu, Mr. Peter win, Ms. Gyamera Bosompemaa, Ms. Nguyen Thi Hien, Mr. Nasution Pajri Samsi, Mr. Wijaya Haris)에게도 감사의 마음을 전합니다.

아무쪼록 취업을 앞둔 대학교 3, 4학년 학생들을 비롯하여 산업체의 에너지 및 환경분야에서 에너지 절약과 대기배출 오염 물질의 저감에 종사하는 많은 분들에게 조금이나마 도움이 되었으면 하는 바램을 가져보며, 끝으로 이 책이 출판되기까지 많은 수고를 해주신 도서출판 동화기술의 임직원 여러분께 따뜻한 고마움을 표하는 바입니다.

차례

01 대기오염 개요

우리가 살아가고 있는 지구는 하나의 고립된 계로써, 그 계 안의 에너지 및 자원의 이용은 우리 생활에 윤택함을 주는 동시에 인간과 자연의 생태계에 나쁜 환경오염을 초래한다. 우리의 환경을 오염으로부터 보호하고 오염된 환경을 개선함과 동시에 쾌적한 환경의 상태를 유지하기 위해서 지속적인 보전 활동이 필요하다.

보전 활동의 여러 측면으로 에너지 절약과 함께 각종 산업분야의 오염배출원에 대한 환경설비의 설치가 의무화되고 해를 거듭할수록 배출원의 오염기준치에 대한 강화를 통하여 환경오염을 줄이는데 노력하고 있다. 예를 들면, 환경영향 평가제를 도입하여 환경에 영향을 줄 수 있는 개발사업의 사업계획을 수립함에 있어서 그 사업의 시행으로 인하여 환경에 미칠 영향을 미리 예측 및 분석하여 환경에 악영향을 줄일 수 있는 방안을 강구하도록 제도화하고 있다.

이러한 환경보전의 여러 활동 중에서 산업현장에서 이루어지는 근본적인 오염방지는 배출원의 오염을 방지하는 환경 설비로서, 대기분야와 관련된 것은 ① 황 및 황산화물(Sulfur Oxide)을 처리하는 탈황 설비 ② 질소 및 질소산화물(Nitrogen Oxide)을 처리하는 탈질 설비 ③ 분진(Dust)을 처리하는 집진 설비 ④ 휘발성 유기 화합물(VOC, Volatile Organic Compound)을 처리하는 VOC 처리시설 등이 있다. 이들 설비가 처리하는 오염물질의 배출원은 석유(Petroleum), 석탄(Coal), 천연가스(Natural Gas)와 같은 화석연료(Fossil Fuel)나 생활 및 산업폐기물(Industrial Waste)을 여러 가지 연소 장치에서 연소(Combustion) 혹은 소각(Incineration)할 때 주로 생성된다.

따라서 우선 연소와 연소장치에 대하여 살펴보고 연소에서 발생하는 대기오염물질의 정의, 종류, 생성근원, 인체에 미치는 영향 및 이들 발생 오염물질을 제거, 저감, 제어하는 기술에는 어떤 것이 있는지 그리고 이들을 관리하는 시스템 현황에 대하여 실무적인 차원에서 내용을 기술하기로 한다.

02 연소 이론과 실제

연소는 연료와 산소의 급격한 반응이고 연료와 공기는 점화의 소스(Source)가 된다. 이들 연소 반응은 그림 2-1, 2-2와 같다. 즉, 퍼니스(Furnace) 내에서 공기와 연료가 만나서 화학반응을 하고 열(Energy)과 배출가스(Flue Gas)를 생성하게 된다.

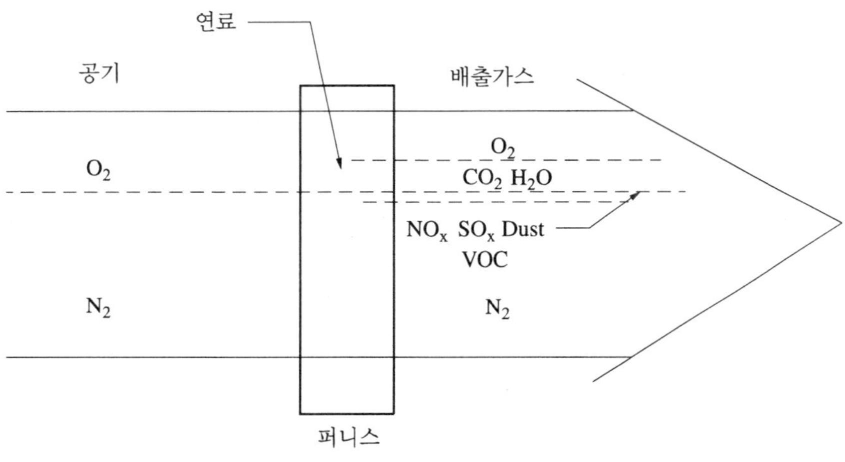

그림 2-1 연소 반응 흐름도

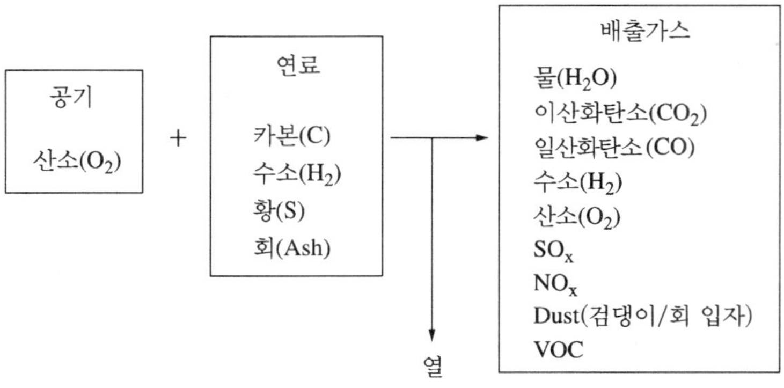

그림 2-2 연소 반응물과 생성물

2.1 연소공기 (Combustion Air)

건 공기 (Dry Air)는 그림 2-3과 같은 평균 분자 조성을 가진다. 대부분의 연소반응 계산에서는 공기의 조성을 간단하게 질소 (N_2) 79%, 산소 (O_2) 21%로 그리고 79몰 N_2/21몰 O_2 = 3.76몰 N_2/몰 O_2로 쓴다. 또한 공기의 평균분자량은 29.0이다.

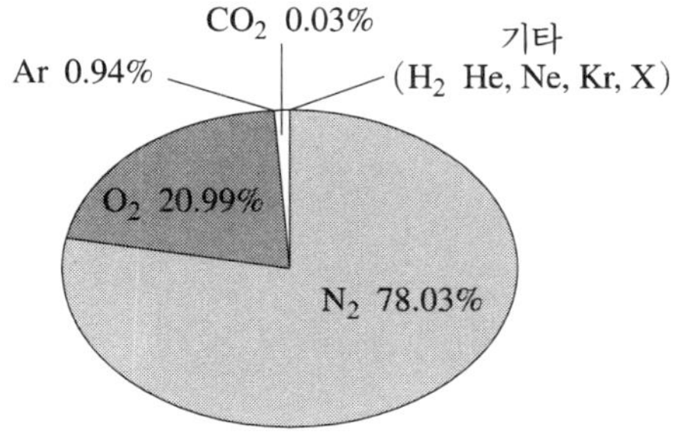

그림 2-3 연소 공기 조성 (Mole %)

2.2 연소연료 (Combustion Fuel)

연소 반응물인 연료는 매우 다양하다. 석유 (Petroleum), 석탄 (Coal), 천연가스 (Natural Gas)의 화석연료 (Fossil Fuel)를 비롯하여 목재, 쓰레기, 바이오매스, 폐기물 등이 있다. 여기서 석유는 원유 (Crude) 정제에서 나오는 공정 (Process) 오프가스 (Off-gas), 액화석유가스 (LPG, Liquefied Petroleum Gas), 가솔린 (Gasoline), 등유 (Kerosene), 경유 (Diesel), 벙커유 (Bunker Oil) 등의 제품을 말한다. 그리고 천연가스의 액화제품인 LNG (Liquefied Natural Gas)은 대부분 메탄 성분 (90% 이상)으로 이루어지고 LPG는 프로판, 부탄, 프로판/부탄을 액화한 형태를 말한다.

표 2-1 연료 성상에 따른 분류

연료성상	기상	액화	액상	고상
제품	공정오프가스 메탄가스	LNG LPG 프로판 부탄 프로판 + 부탄	등유 경유 벙커A 벙커B 벙커C	석탄 코크 목재 쓰레기 바이오매스 폐기물

2.3 연소화학 (Combustion Chemistry)

위에서 언급된 연료가 탈 때, 이들 연료의 구성 성분인 탄소 (C)는 CO_2와 CO로, 수소 (H_2)는 H_2O로, 황 (S)은 SO_2로 전환된다. 대략 1,800℃보다 높은 온도에서는 공기 혹은 연료 중의 질소가 연소되어 질소산화물 (NO, NO_2)을 생성한다. 그리고 연료 주요성분의 연소반응식은 다음과 같다.

$C + O_2 \rightarrow CO_2$ + 열에너지

$2H_2 + O_2 \rightarrow 2H_2O$ + 열에너지

$S + O_2 \rightarrow SO_2$ + 열에너지

$O + N_2 \leftrightarrow NO + N$ (고온 분위기에서)

2.4 완전/불완전연소 (Complete/Incomplete Combustion)

탄화수소 (Hydrocarbon)의 연소에서 CO가 생성되는 반응을 불완전연소 (Incomplete Combustion) 또는 부분연소 (Partial Combustion)라고 부른다. 예를 들어, 메탄 (Methane)의 화학양론적 연소반응방정식 (Stoichiometric Combustion Reaction Equation)은 다음과 같다.

$$CH_4 + 2O_2 \rightarrow 2H_2O + CO_2 + 11{,}944\ \text{kcal/kg} \quad (1)$$

상기 이론적 연소방정식 (1)에서 연소공기 (O_2)가 부족할 경우는 일산화탄소 (CO)가 생성되고 연소열은 이보다 낮아질 것이다.

$$CH_4 + 1\frac{1}{2}O_2 \rightarrow 2H_2O + CO + 11{,}944\ \text{kcal/kg 이하} \quad (2)$$

반대로 연소공기 (O_2)가 과잉 (Excess)일 경우는 완전연소반응이 일어나고 과잉분의 미반응 산소 (O_2)는 생성물에 포함되게 된다.

$$CH_4 + 3O_2 \rightarrow 2H_2O + CO_2 + O_2 + 11{,}944\ \text{kcal/kg} \quad (3)$$

실제로 대부분의 연소장치의 현장에서는 상기 식 (3)과 같이 화학이론양보다 2~5% 과잉 O_2를 공급하여 불완전 연소를 최소화 하는 운전을 하고 있다.

2.5 이론공기/과잉공기량(Theoretical Air/Excess Air)

상기 식(1)의 경우는 이론공기량(화학양론량)이고 식(3)은 과잉공기량이 된다. 그리고 이들 반응에 참여한 산소(O_2)와 메탄(CH_4)은 각각 과잉반응물과 제한반응물로 불린다. 다른 반응에서와 마찬가지로 연소반응에서도 경제성을 고려하여 당연히 산소(O_2)가 과잉 반응물이 된다.

① 과잉공기(%) = [(피드공기몰수) − (이론공기몰수)] / (이론공기몰수) × 100
② 과잉공기를 과잉 O_2로 전환: 과잉공기(%) = 과잉 O_2 / (21 − 과잉 O_2) × 100

▌ 연습문제 1

100 mol/hr의 연료 부탄(C_4H_{10})과 5,000 mole/hr 공기가 연소반응기로 유입된다. 과잉공기%를 계산하시오.
해답 ➡ 과잉공기 61.6%

▌ 연습문제 2

3% 과잉산소를 과잉공기로 바꾸어라.
해답 ➡ 과잉공기 16.7%

2.6 연소열(Combustion Heat)

연소 산화반응은 배출가스(Flue Gas) 생성물과 함께 상당한 열에너지(Heat Energy)를 방출하게 된다. 이 방출에너지는 스팀과 전기를 생산하고 가정용과 상업용 장비 및 장치, 가열(Heating) 그리고 자동차 구동의 에너지로 쓰이는 점이 연소반응의 중요성이라 할 수 있다. 아래는 몇 가지의 연소발열량을 나타내고 있다.

$C + O_2 \rightarrow CO_2 + 7{,}826\ kcal/kg$

$2H_2 + O_2 \rightarrow 2H_2O + 2{,}576\ kcal/kg$

$S + O_2 \rightarrow SO_2 + 2{,}553\ kcal/kg$

$CH_4 + 2O_2 \rightarrow 2H_2O + CO_2 + 8{,}559\ kcal/kg$

이와 같은 연소발열량에는 2가지 형태가 있다.

(1) 고위발열량 (HHV, Higher Heating Value)

이것은 총발열량 (Gross Heating Value)이라고도 부르며 고체 및 액체 연료에 있어서는 발열량은 열량계에 의한 측정법을 이용한다. 하지만 연소 후 열량계의 온도가 100℃ 이하로 낮아지기 때문에 연소배출가스 중의 수증기 (연료 중 수소의 연소에 의해 생성)는 응축하여 물이 되고 이 과정에서 잠열 (Latent Heat)을 방출하게 되는데 그 잠열까지를 포함하여 계산한 값을 말한다. 결국 열량계에서 측정한 값은 고위발열량이 된다.

(2) 저위발열량 (LHV, Lower Heating Value)

고위발열량 (HHV)에서 배출가스 중에 함유된 수증기의 증발잠열을 뺀 것을 말한다. 통상 고체와 액체 연료의 경우 열량 계산은 저위발열량을 기준으로 하는데 그 이유는 고체나 액체 연료의 경우 연료를 기화시키기 위하여 연료 중에 함유된 수분을 증발시켜야 하기 때문이다. 액체 상태에서 기체 상태로 상변화를 시키기 위해서는 수분의 증발열이 필요하게 된다. 이처럼 수분의 증발열을 뺀 실제로 효용되는 연료의 발열량을 말한다. 연소 시 연소가스 (배출가스)의 온도는 보통 200~300℃로 그냥 연돌 (Stack)을 통해 외부로 방출되므로 응축에 이용되는 열은 거의 없다. 그래서 보통 연소발열량을 계산 시에는 저위발열량 (LHV)을 사용하고 있다.

(3) 연료성분 (Fuel Component)

연소발열량 표 2-2는 연료가스 (Fuel Gas)의 주요 성분에 대하여 화학반응식과 저위발열량 (LHV)을 나타내고, 표 2-3은 특정 연료가스의 연소에 의한 배출물 (생성물) 성분을 일예로 나타내었다. 그리고 표 2-4는 연료 성분의 기본 연소상수를 나타낸다.

표 2-2 주요 연료성분의 연소반응식과 발열량 (Heat Release)

성분	화학식	분자량	연소반응식	저위발열량 (κcal/kg)
수소	H_2	2	$2H_2 + O_2 = 2H_2O$	2,576
일산화탄소	CO	28	$2CO + O_2 = 2CO_2$	3,017
메탄	CH_4	16	$CH_4 + 2O_2 = CO_2 + 2H_2O$	8,559
에탄	C_2H_6	30	$2C_2H_6 + 7O_2 = 4CO_2 + 6H_2O$	15,232
프로판	C_3H_8	44	$C_3H_8 + 5O_2 = 3CO_2 + 4H_2O$	21,805
부탄	C_4H_{10}	58	$2C_4H_{10} + 13O_3 = 8CO_2 + 10H_2O$	28,433
펜탄	C_5H_{12}	72	$C_5H_{22} + 8O_2 = 5CO_2 + 6H_2O$	34,903
헥산	C_6H_{14}	86	$2C_6H_{14} + 19O_3 = 12CO_2 + 14H_2O$	41,458
벤젠	C_6H_6	78	$2C_6H_6 + 15O_2 = 12CO_2 + 6H_2O$	33,808
황화수소	H_2S	34	$H_2S + 3O_2 = 2H_2O + 2SO_2$	–
탄소	C	12	$C + O_2 = CO_2$	–
황	S	32	$S + O = SO_2$	–

표 2-3 연소배출물 (예)

생성물	mole % (습기준)	mole % (건기준)
CO_2	9.25	11.0
H_2O	16.1	0.0
N_2	72.17	86.0
O_2	2.48	3.0
SO_2	0.001	0.0013

표 2-4 주요 연료 성분의 연소상수

성분	화학식	분자량	고위발열량 (Btu/lb)	저위발열량 (Btu/lb)	연소공기 lb /연소물질 lb
일산화탄소	CO	28.01	4,347	4,347	2.462
수소	H_2	2.016	61,095	51,623	34.267
메탄	CH_4	16.042	23,875	21,495	17.195
에탄	C_2H_6	30.068	22,323	20,418	15.899
프로판	C_3H_8	44.094	21,669	19,937	15.246
n-부탄	C_4H_{10}	58.12	21,321	19,678	14.984
n-펜탄	C_5H_{12}	72.146	21,095	19,507	15.323
n-헥산	C_6H_{14}	86.172	20,966	19,415	15.238
에틸렌	C_2H_4	26.052	21,636	20,275	14.807
프로필렌	C_3H_6	42.078	21,048	19,687	14.807
부틸렌	C_4H_8	56.104	20,854	19,493	14.807
벤젠	C_6H_6	78.108	18,184	17,451	13.297
톨루엔	C_7H_8	92.134	18,501	17,672	13.503
p-자일렌	C_8H_{10}	106.16	18,633	17,734	13.663
아세틸렌	C_2H_2	26.036	21,502	20,769	13.297
나프탈렌	$C_{10}H_8$	128.164	17,303	16,708	12.932
암모니아	NH_3	17.032	9,667	7,985	5.998
황화수소	H_2S	34.076	7,097	6,537	6.005

2.7 연소배출가스 (Combustion Flue Gas)

연소배출가스는 연소생성물로서 사용연료와 연소시설 그리고 운전조건 등에 따라 배출물의 종류 및 배출 함량은 달라질 것이다. 발전소 연소시설을 예로 들면 사용되는 연료의 대부분은 석탄 (탄소, 약간의 수소와 황, 그리고 금속을 포함하는 여러 가지 무기물 함유)이나 연료오일 (중질탄화수소가 주성분이고 약간의 황, 질소, 금속 성분 포함), 그리고 기체연료 (메탄이 주성분인 천연가스) 또는 액화석유가스 (LPG, Liquefied Petroleum Gas, 보통 프로판 또는 부탄) 등이다. 이들 연료들이 연소실에서 연소되어 대기로 배출되는 물질들은 일반적으로 그림 2-4와 같다.

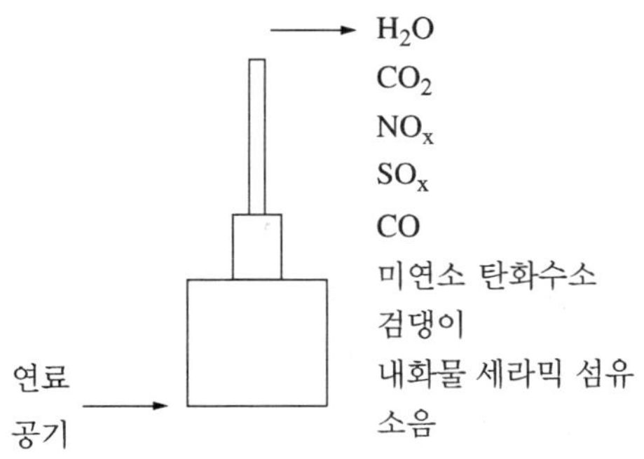

그림 2-4 연소 대기배출 물질

각 배출물질을 간단히 소개하면 다음과 같다.

① CO_2: 온실가스 (Greenhouse Gas)로 오염물질로 분류
② NO_x: 보다 낮은 대기권에 오존 (O_3) 생성
③ SO_x: 산성비 (Acid Rain) 유발
④ CO / 미연소 탄화수소 / 검댕이: 불완전연소에 기인
⑤ 내화물 세라믹 섬유: 단열 저하로 부스러기가 분산
⑥ 소음 (Noise): 버너 (Burner)에 기인하고 80 db 이상 시 청력보호가 필요

2.8 건/습기준 배출가스 (Dry/Wet Basis Flue Gas)

연소반응 후 연소로를 떠나는 생성가스를 우리는 배출가스 (Flue Gas, Stack Gas) 라고 부른다. 배출가스의 습기준 (Wet Base) 조성은 수분을 함유하고 있는 전체 가스에 대한 각 성분의 몰분율을 나타낼 때 사용하고, 건기준 (Dry Base) 조성은 수분을 제외한 전체 가스에 대한 각 성분의 몰분율을 의미한다. 상기 표 2-3을 보면 물 (H_2O)을 제외한 성분들의 건기준값이 습기준값보다 높음을 알 수 있다.

▌ 연습문제 3

어떤 연소배출가스의 몰 조성이 N_2 60%, CO_2 15%, O_2 10%, 나머지는 H_2O (수증기)이다. 건기준의 mole 조성을 구하라.

해답 ➡ N_2 70.6%, CO_2 17.6%, O_2 11.8%

연돌 (Stack)에서 배출가스 유속을 측정할 때는 수분을 포함한 총 가스의 유속을 측정하지만, 배출가스의 분석기법은 보통 건기준 조성으로 나타낸다. 따라서 연소공정에 대한 물질수지 (Mass Balance)식을 세울 경우에는 반드시 건기준 조성을 그에 해당하는 습기준 조성으로 바꾸어야 한다.

▌ 연습문제 4

오르자트 (Orsat) 가스분석기의 연돌 배출가스 분석 결과가 몰 건기준으로 N_2 65%, CO_2 14%, CO 11%, O_2 10%이고, 배출가스 습도 측정결과는 7%이다. 습기준으로 배출가스 조성을 mole %로 나타내어라.

해답 ➡ N_2 60.4%, CO_2 13%, CO 10.2%
O_2 9.3%, H_2O 7%

2.9 연소공정 시스템 개요

그림 2-5는 여러 가지 연소장치들 중에서 가열로의 연소공정 시스템의 개요를 보여 주고 있다. 실선은 연소가스(배출가스) 흐름을 나타내고 점선은 연소공기 흐름을 각각 나타낸다. 이 연소공정 구성은 가열로(Heater), 버너(Burner), 탈질설비(선택: SNCR, SCR), 공기예열기(APH, Air Preheater), 전기집진기(EP, Electric Precipitator), 연돌(Stack)로 이루어져 있다.

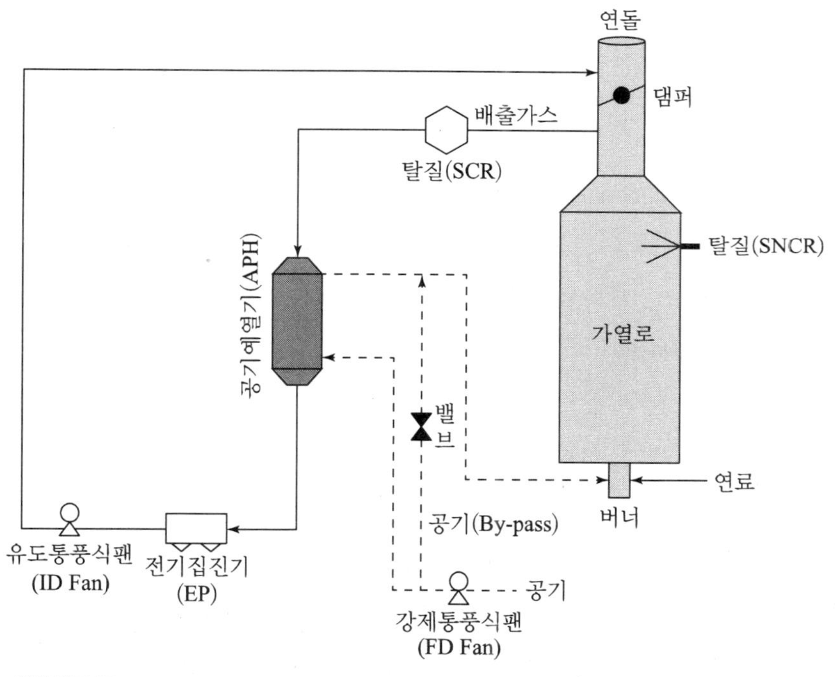

그림 2-5 가열로 연소공정 시스템 개요도

각 단위 별 장치를 간단히 소개하면 다음과 같다.

① 가열로(Fired Heater): 유체를 예열(가열) 혹은 반응

② 버너(Burner): 연료와 공기를 최초 점화(발화) 시키는 장치

③ 탈질설비(SNCR, SCR): 연소에서 생성된 질소산화물을 제거

④ 공기예열기(Air Preheater): 배출가스의 폐열(현열) 회수 및 공기 예열

⑤ 전기집진기(Electric Precipitator): 배출가스 중의 분진을 집진 및 제거

⑥ 연돌(Stack): 배출가스가 대기로 배출되는 최후 통로

03 연소장치 이론과 실제

연소장치에는 가열로(Fired Heater), 산업용 스팀 보일러(Industrial Steam Boiler), 발전용 석탄 보일러(Power Plant Coal Boiler), 그리고 소각로(Incinerator) 등이 있다.

(1) 가열로(Fired Heater)

그림 3-1은 정유 및 석유화학공정의 가열로를 나타내고 있으며 이는 크게 버너(Burner), 복사부(Radiant Section), 대류부(Convection Section), 댐퍼(Damper), 연돌(Stack)로 구분한다. 주로 공정 유체를 예열하거나 가열 혹은 반응에 이용하고 있다. 이것에는 유분컬럼피드예열기, 반응기피드예열기, 스팀개질반응가열로, 열분해반응가열로, 컬럼리보일러히터가 있다.

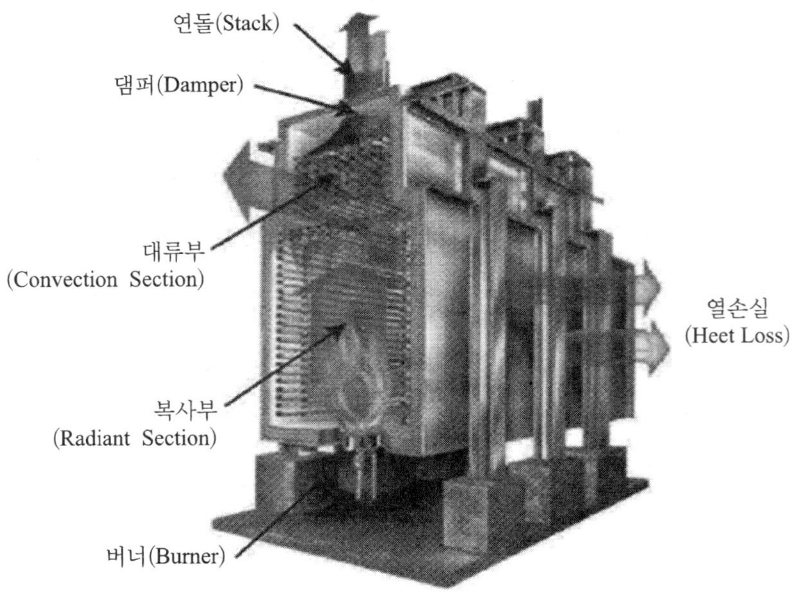

그림 3-1 공정 가열로(Process Heater)

(2) 산업용 스팀 보일러 (Industrial Steam Boiler)

그림 3-2는 산업용 스팀 보일러 시스템을 나타내고 있다. 이것은 보통 보일러, 전기집진기, 열교환기, 탈질반응기, SO_2 컨버터, 산 응축기, 연돌 등으로 구성되어 있다. 코크 혹은 중질 고황잔사유를 연소하여 스팀을 생산 후 산업 전반에 걸쳐 유틸리티로서 널리 사용되고 있다. 스팀은 압력과 온도에 따라 저압스팀 (LP Steam), 중압스팀 (MP Steam), 고압스팀 (HP Steam)으로 나누고 물성은 표 3-1과 같다.

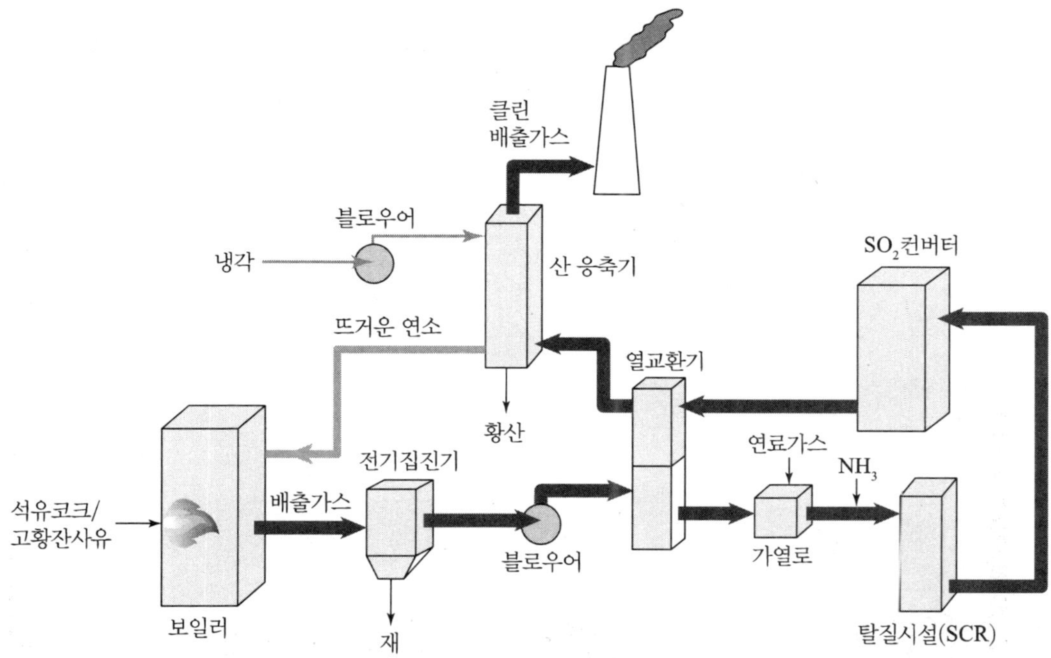

그림 3-2 산업용 스팀 보일러 (Industrial Steam Boiler) 시스템

표 3-1 생산 스팀 물성

	압력 (kg_f/cm^2)	온도 (℃)	엔탈피 (kcal/kg)
고압 (HP) 스팀	38 36	400 385	761.0 760.4
중압 (MP) 스팀	17 10	260 218	700.9 683.8
저압 (LP) 스팀	3.4	177	670.9
	보일러수 (BFW)	110	135

(3) 발전용 석탄 보일러 (Power Plant Coal Boiler)

그림 3-3은 전기생산을 위한 화력발전의 보일러 시스템을 나타내고 있다. 이 공정은 석탄 연소 형태로서 보일러, 터빈, 발전기, 변압기, 탈질/집진/탈황시설, 연돌 등으로 구성된다. 화력발전에 사용하는 연료는 경제성이 있는 석탄을 주로 사용하고 그 외 중질유, 천연가스도 일부 사용하고 있다.

그리고 사용연료에 따라 석탄발전소, 중유발전소, 가스발전소로 나누고, 석탄발전소는 퍼니스에서 석탄 연소방식에 따라 미분탄 (PC, Pulverized Coal) 연소와 케이크탄 (Cake Coal)의 유동화 (Fluidization) 연소로 나눈다. 표 3-2는 석탄 연료의 품질을 나타낸다. 보통 발전소에서는 저품질/고품질 석탄을 혼합하여 사용하고 있다. 예를 들면, 표 3-2에서 85% PRB/15% 동부산 석탄 (역청탄)을 혼합하여 연소하는 경우이다.

우리나라에서는 주로 러시아, 중국, 오스트레일리아, 알라스카, 인도네시아 등지에서 석탄을 수입하여 사용하고 있으며 퍼니스 연소 시 튜브 상에 심각한 슬래그나 파울링을 유발하지 않는 것으로 알려지고 있다.

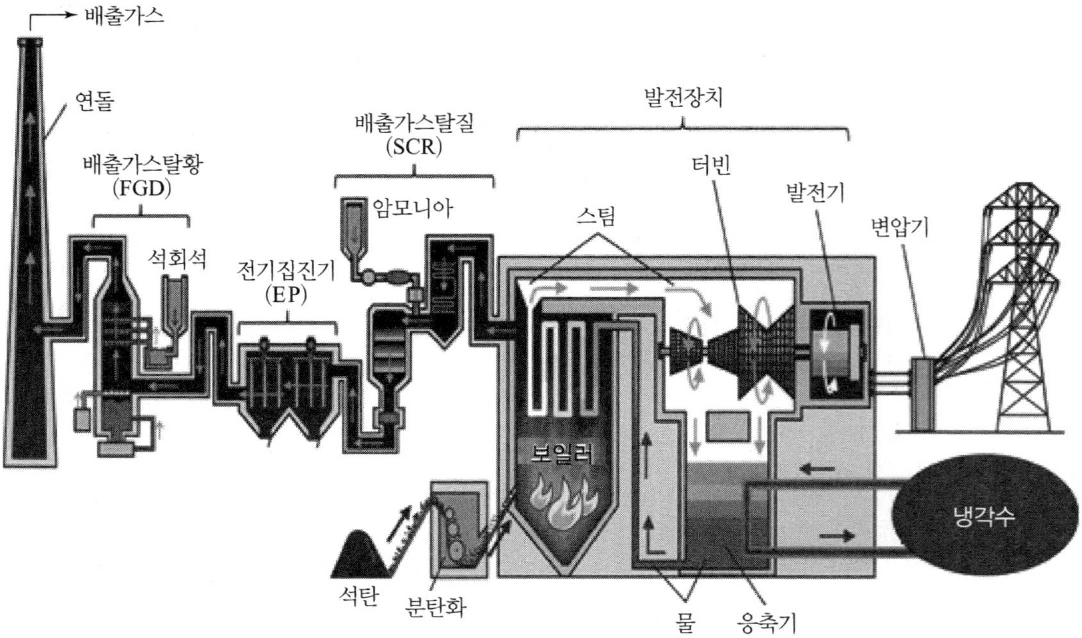

그림 3-3 발전용 석탄 보일러 (Power Plant Coal Boiler) 시스템

표 3-2 석탄 연료 품질 조건 (미국 예)

석탄	조건	예
저품질 석탄	높은 불순물 혼입 낮은 융점 온도 낮은 발열량 낮은 가격/고황함유	미국 서부산 석탄 파우더 리버 베이슨 (PRV)
고품질 석탄	튜브 슬래그/파울링 없음 높은 융점 온도 높은 발열량 높은 가격/저황함유	미국 동부산 석탄

(참고) 국가와 산지에 따라 품질상이함
예: 일리노이 베이슨 석탄 (Fe 20%), 터키산 석탄 ($CaCO_3$ 35%) 등

(4) 소각로 (Incinerator)

그림 3-4는 소각로 공정을 나타낸다. 소각처리 대상은 매우 다양하며 소각에서 나오는 폐열을 이용하여 스팀을 생산하기도 한다. 주요 장치로는 폐기물 투입 호퍼 (Hopper), 소각로 (Furnace), 덕트 (Duct), 폐열보일러 (Waste Heat Boiler), 후단 유해물질처리시설 (SO_x, NO_x, Dust, CO, Dioxin, HCl 등)로 구성된다. 소각로 형태는

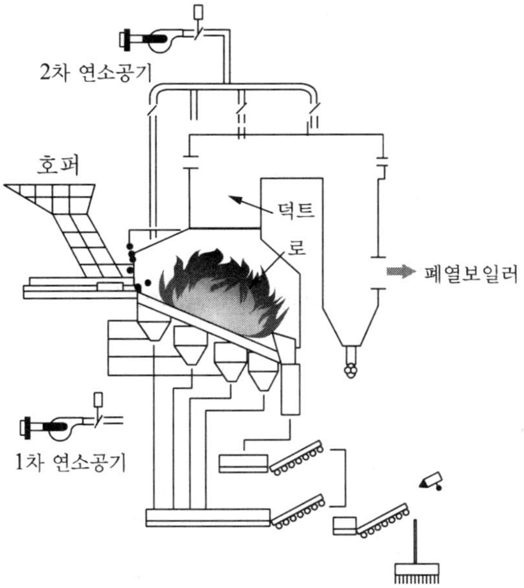

그림 3-4 전형적인 소각로 (Incinerator)

스토커 (Stoker), 로터리킬른 (Rotary Kiln), 유동식 (Fluidization)이 있고 소각물질에는 산업폐기물, 건설폐기물, 생활폐기물, 지정폐기물, 폐 목재폐기물, 하수처리폐기물 (하수슬러리) 등이 있다.

(5) 교통수단 (Vehicles)

교통수단에는 자동차, 버스, 트럭, 기차, 항공기, 선박 등이 있고 이들의 구동원 또한 화석연료를 연소하여 얻어지기 때문에 대기오염 배출가스를 배출하는 주범이 되고 있다. 예를 들어, 우리가 애용하고 있는 자동차의 경우 가솔린이나 경유연료를 사용하고 있어 오염 배출가스 (SO_x, NO_x Dust, CO_2, CO, 미연소 탄화수소 등)를 대기로 방출하고 있다. 우리나라 자동차 배출가스 규제는 가솔린 (Gasoline)과 디젤 (Diesel)에 다른 규제를 적용한다. 가솔린차량의 경우 미국 캘리포니아 기준을, 디젤차량은 유럽 (EURO) 기준을 따르며, 2015년부터 EURO 6의 강화된 규제를 적용하고 있다.

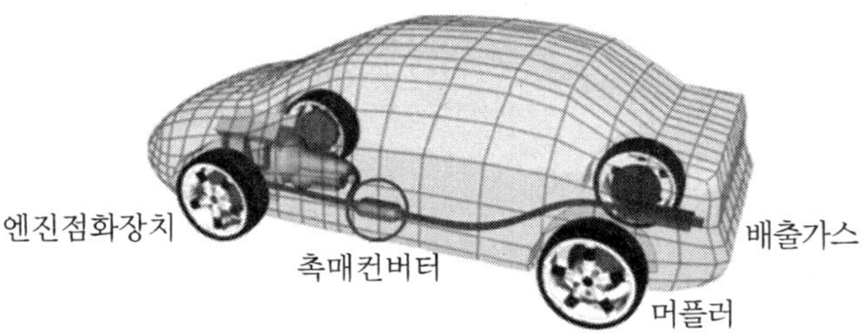

그림 3-5 자동차 (Automobile)

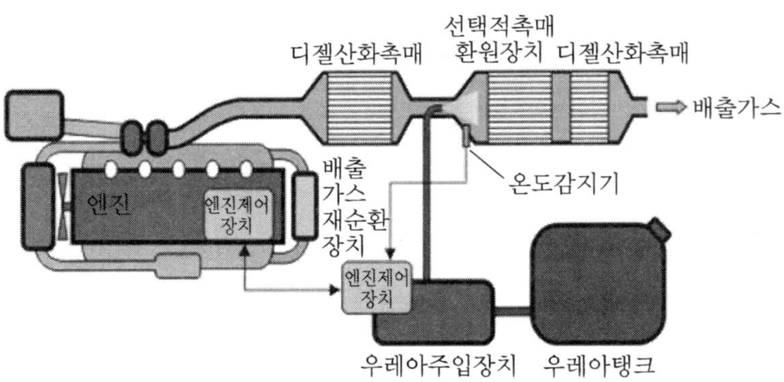

그림 3-6 자동차 배출가스 정화장치

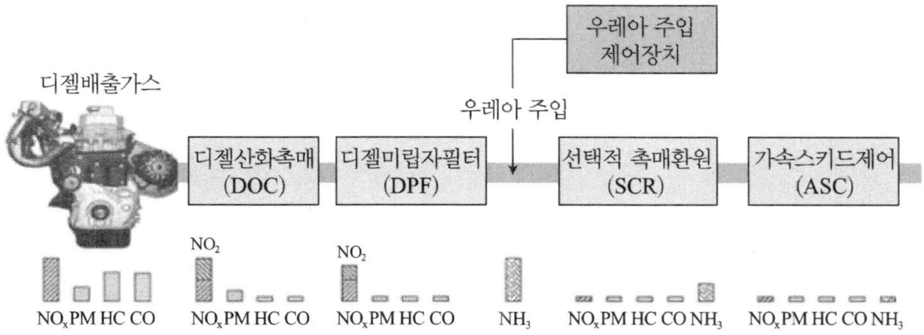

그림 3-7 자동차 연소 공정 흐름도

▌참고 ▌ 디젤자동차 배출가스 저감장치

디젤산화촉매(DOC, Diesel Oxidation Catalyst)는 배출되는 탄화수소(HC, Hydrocarbon)와 입자상 물질 중 용해성 유기물질을 알루미나/실리카 담체상에 백금(Pt)을 코팅한 촉매와 반응시켜 무해한 CO_2와 H_2O로 환원시킨다.

$[HC + O_2 = CO_2 + H_2O,\ CO + 1/2O_2 = CO_2]$

그리고 디젤미립자필터(DPF, Diesel Particle Filter)는 입자상 물질(PM, Particle Material)과 유해가스를 제거하고, 선택적 촉매환원(SCR, Selective Catalytic Reduction)은 NO_x를 저감시킨다.

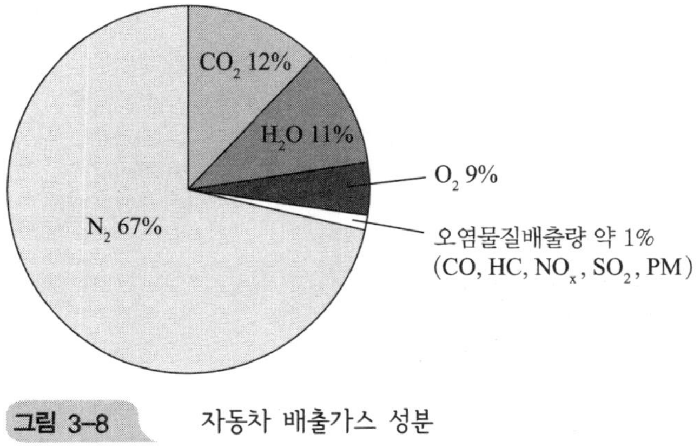

그림 3-8 자동차 배출가스 성분

이와 같이 대부분의 연소장치는 연소실에서 연소공기와 화석연료(석탄, 석유, 천연가스) 혹은 폐기물 등을 연소시켜 발생하는 열(Heat)을 유용하게 이용하고 있다. 즉 유체가열, 스팀생산, 전기생산, 교통수단의 장치 구동 등을 예로 들 수 있다. 그러나 연소 시 많은 양의 유해물질이 대기로 배출되기 때문에 이것들의 검출과 제어를 위해 많은 노력을 기울여야 한다. 따라서 연소와 연소장치 그리고 대기 배출오염물의 저감 및 제어기술 등에 보다 많은 관심을 가지게 된다.
본 장에서는 여러 가지 연소장치 중에서 정유 및 석유화학 공정에서 가장 많이 사용하고 있는 가열로에 대하여 보다 상세히 살펴보기로 한다.

3.1 공정 가열로 (Process Heater)

가열로는 연소실에서 연소반응에 의해 생성된 열을 복사부에서 복사열로 튜브에 전달하고, 고온의 생성 연소가스 (Flue Gas)는 튜브 주위를 순환 (Circulation)하다가 일부는 상부 대류부로 올라가게 된다. 상부 대류부에서는 대류열로 다시 튜브에 열을 주고 자신은 쿨링 (Cooling)되어 에어프리히터로 들어가게 된다. 에어프리히터에서 남은 열을 연소공기를 예열하는데 빼앗긴 후에 자신은 전기집진기로 들어간다.

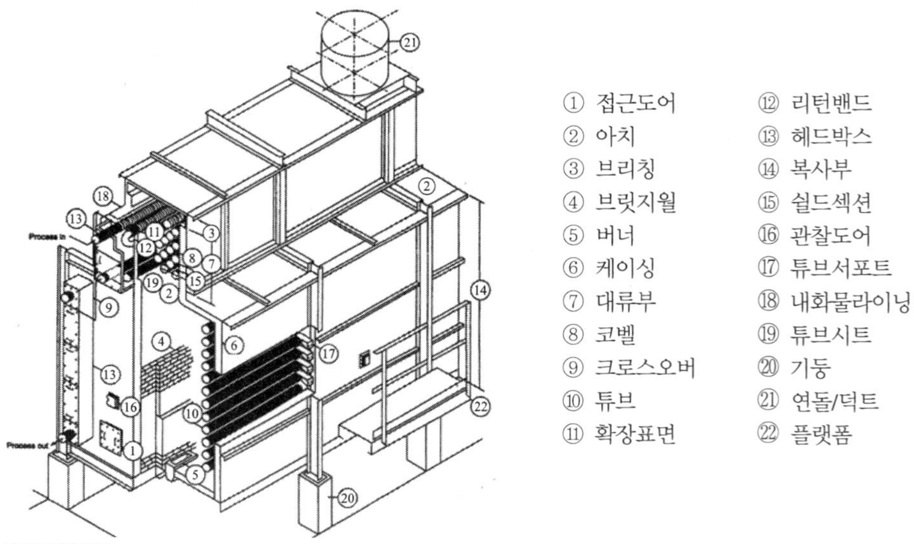

그림 3-9 공정가열로 부품 명칭

전기집진기에서 최종적으로 오염물질 (분진)까지 버린 후에 연돌 (Stack)을 통해 대기로 방출되는 일련의 연속 흐름 공정을 말한다.
그림 3-9는 가열로의 주요 부품을 나타내고 있다. 주요부품에는 버너, 복사부, 브릿

지월/크로스오버, 대류부, 댐퍼, 연돌(스텍), 튜브, 튜브서포트, 튜브시트, 내화물, 헤드박스, 리턴밴드, 코벨, 케이싱 등으로 구성되어 있다.

3.2 가열로 시스템(Heater System)

그림 3-10은 특정공정 가열로의 도면(PFD)을 나타낸다. 가열로는 2개셀(Cell)의 수평튜브(Horizontal Tube)를 가진 캐빈(Cabin) 형태로서, 부속장치는 배출가스의 폐열을 회수하는 에어프리히터(Air Preheater), 배출가스 중 분진(Dust)을 잡아 주는 전기집진기(Electric Precipitator), 퍼니스 내 적절한 드라프트(부압)를 형성하는데 필요한 유도통풍식팬(ID Fan) / 강제통풍식팬(FD Fan)으로 구성된 시스템을 나타내고 있다.

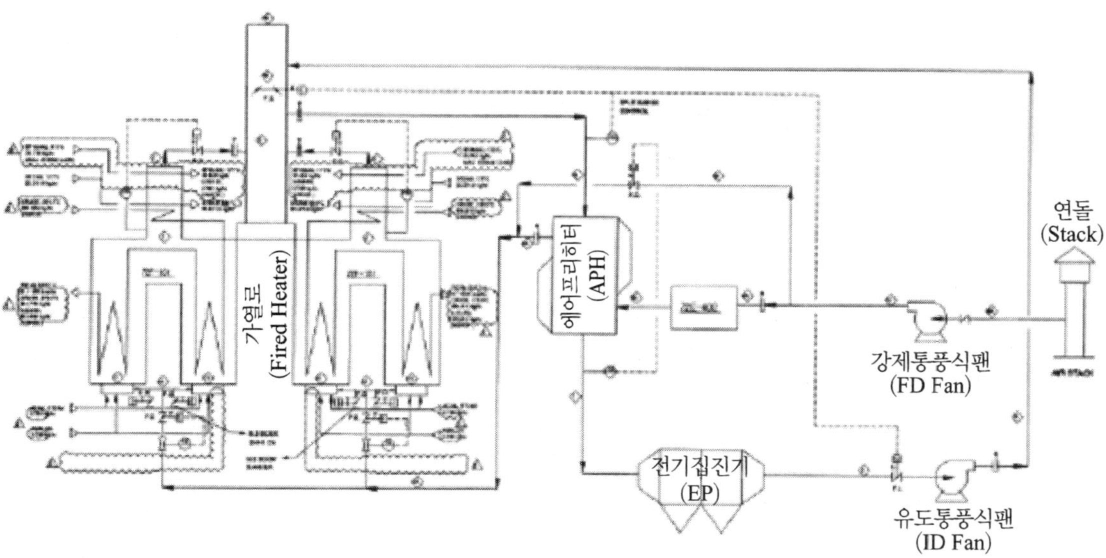

그림 3-10 2셀 수평튜브 캐빈형 가열로(Two Cell Horizontal Cabin Heater)

3.3 가열로 버너(Heater Burner)

가열로 연소장치 부품인 버너(Burner)는 공기(Air)와 연료(Fuel)를 점화(Ignition)시켜 연속적으로 연소반응(Oxidation Reaction)이 일어나도록 한다. 그림 3-11은 오일과 가스를 동일버너에서 함께 연소할 수 있는 혼소방식의 버너로서, 그 구성부품을 나타내고 있다. 그림 3-12는 버너 부품인 오일건과 파일럿버너, 그림 3-13은

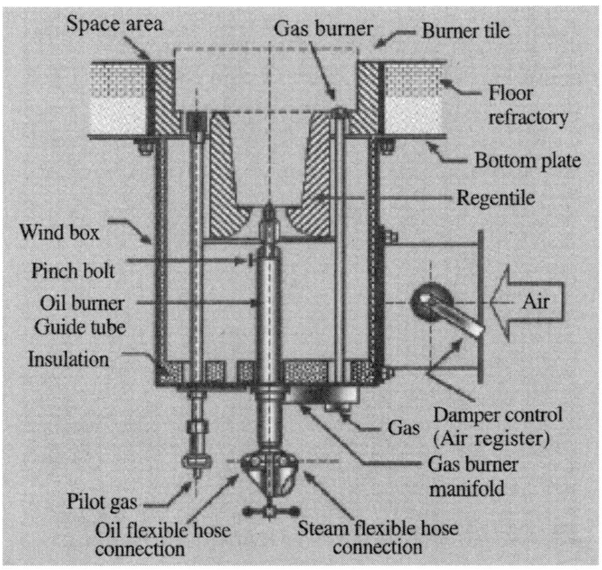

그림 3-11 버너(Burner)

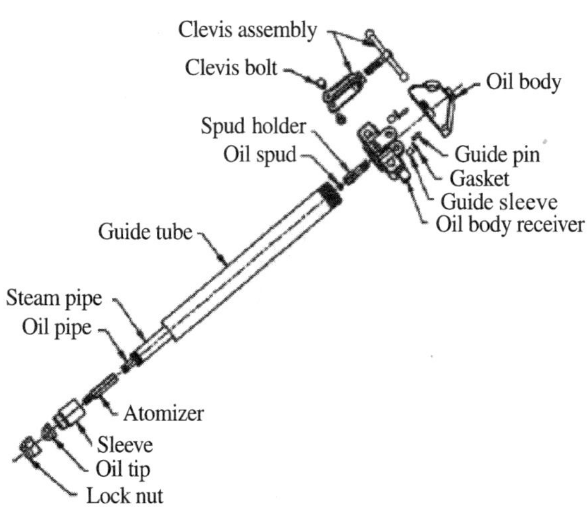

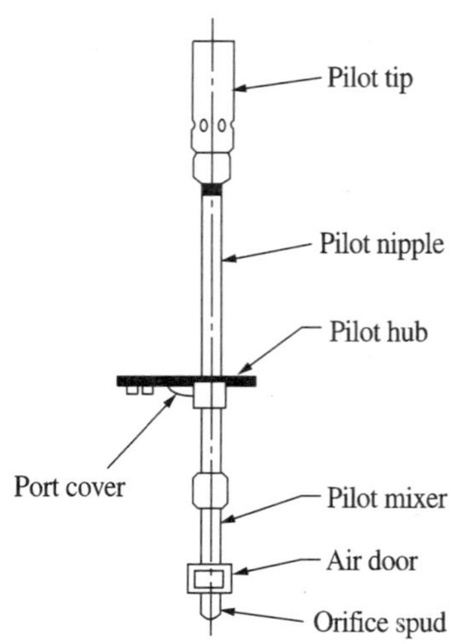

그림 3-12 (좌) 오일건 (우) 파일럿버너

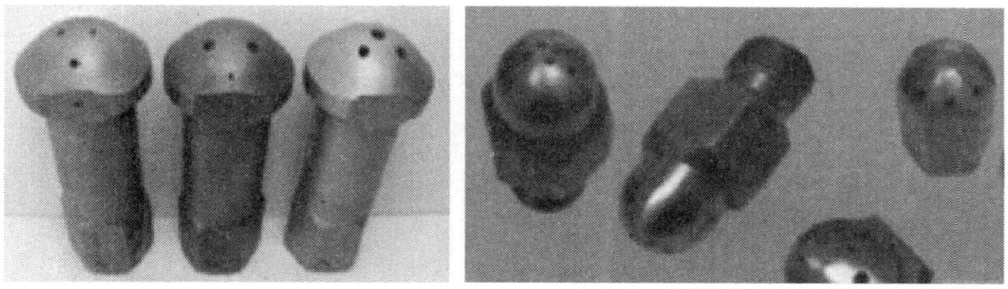

그림 3-13 (좌) 가스팁 (우) 오일팁

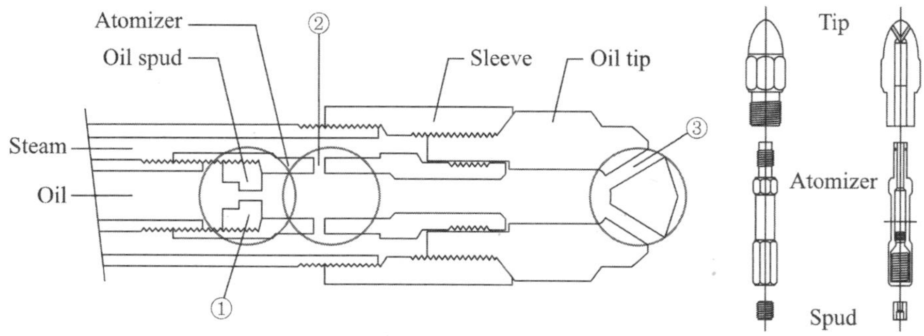

그림 3-14 오일건 헤드 부품

가스팁과 오일팁을 각각 나타내고 있다. 그림 3-14는 오일건의 헤드부분 상세도이다.

3.4 연소공정 (Combustion Process)

그림 3-15는 가열로 연소공정을 나타낸다. 즉, 연소공기와 특정 성분의 연료가 반응기인 가열로 연소실로 들어가서 고온 하에서 연소 (산화) 반응을 일으킨 후 생성물이 배출되는 일종의 공정 흐름도를 나타내고 있다. 이 연소반응은 기상 반응이고 연속반응이라 할 수 있다. 여기서 주의할 점은 반응에 참여하는 질소 (N_2) 성분은 불활성기체 (Inert Gas)로서 고온의 퍼니스 내에서는 일부가 질소산화물 (Nitrogen Oxides)로 전환하는 반응을 가진다. 그리고 이 반응은 전체 물질수지에는 영향을 주지 않으며, 이 질소의 근원은 공기와 연료이다.

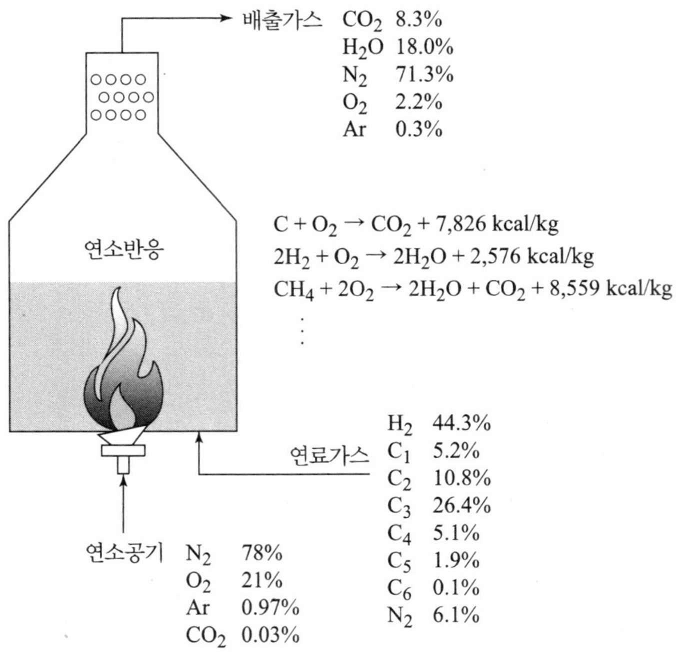

그림 3-15 가열로 연소 공정도 (일예)

3.5 연료변수의 영향(Effect of Fuel Parameters)

연료변수에는 형태, 성분, 비중에 따라 발열량, 화염색상, 화염방사율이 각각 달라진다. 즉, 연료가 가스에서 액상의 오일 쪽으로 갈수록 성분 분자량 및 비중이 높아지고 발열량과 화염방사율도 함께 높아진다. 그리고 화염색상은 청색에서 옅은 노란 색상을 띄게 된다. 이들은 표 3-3과 같다.

표 3-3 연소의 연료변수

형태	성분	비중	발열량	화염색상	화염방사율
가스 ↓ 오일	H_2 / CH_4 ↓ C_xH_y	낮음 ↓ 높음	낮음 ↓ 높음	청색 ↓ 노란색	낮음 ↓ 높음

(1) 화염색상 (Flame Color)

연료에 따라 화염의 색상이 달라진다. 그림 3-16에서 공기에서 연료 쪽으로 갈수록, 즉 공기/연료 혼합물 중에서 탄소 (Carbon) 몰수가 높아질수록 화염 색상은 푸른색에서 밝은 노란색을 띠게 된다. 그리고 노란색을 띨수록 가연성 한계 (Flammability Limit)는 높아짐을 알 수 있다.

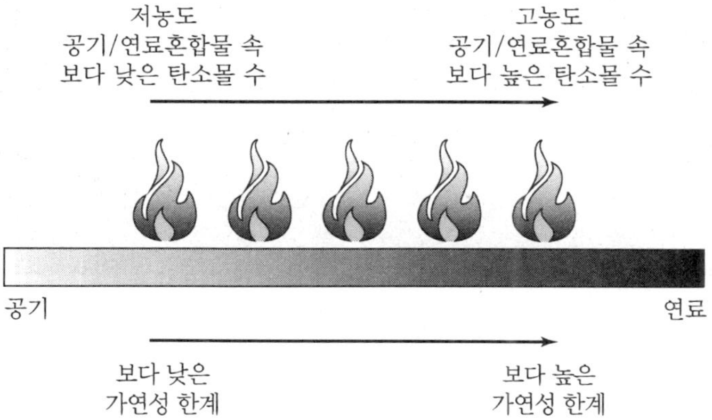

그림 3-16 화염 색상

그림 3-17은 연료 농도에 따른 초 저 NO_x 버너 (Ultra Low NO_x Burner)의 화염색상을 나타내는데 왼쪽은 저농도연료 (Lean Fuel)의 푸른색 화염이고 오른쪽은 고농도 (Rich Fuel)의 옅은 노란색 화염을 보여주고 있다.

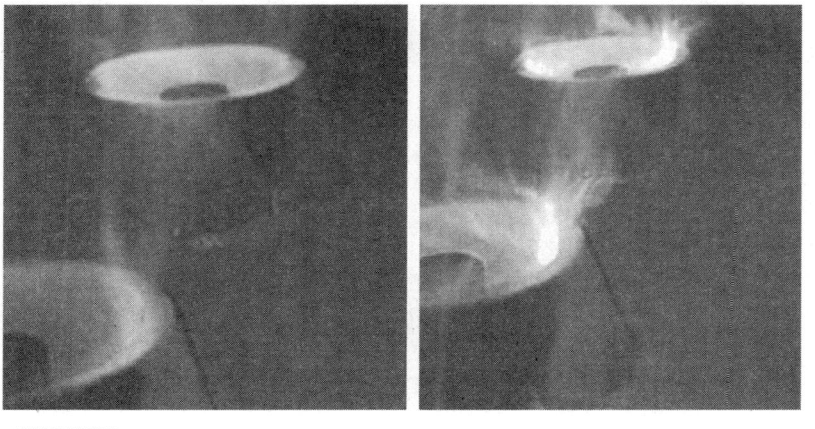

그림 3-17 (좌) 저농도연료 (우) 고농도연료

(2) 가스와 오일연료의 화염색상

연료 종류에 따라 서로 다른 화염 색깔을 띠게 된다. 다음과 같이 가스연료는 푸른 색깔을, 그리고 오일연료는 노란색을 각각 띠고 있다.

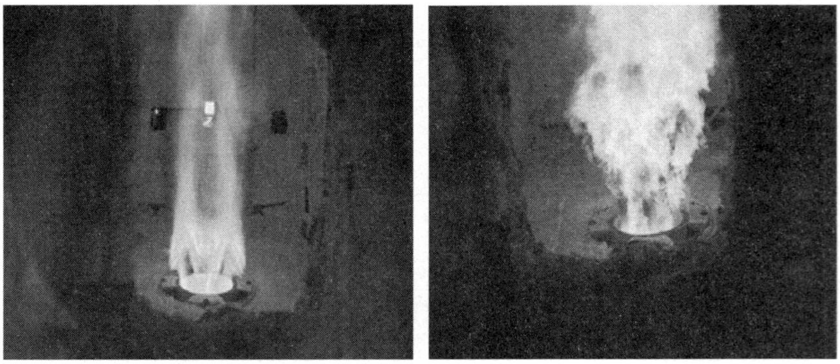

그림 3-18 (좌) 가스화염 (우) 오일화염

(3) 연료오일 믹싱과 화염

버너 화염에서 가스화염 (Gas Flame)은 가스팁 (Gas Tip)에서 형성되고, 오일화염 (Oil Flame)은 오일팁 (Oil Tip)에서 각각 형성된다. 그림 3-19는 오일팁에서 형성된 2종류의 화염을 비교하고 있는데, 왼쪽이 오른쪽보다 양호한 화염이다. 이것은 오일건에서의 오일과 스팀의 양호한 믹싱 (Mixing) 효과에 기인하고 있다.

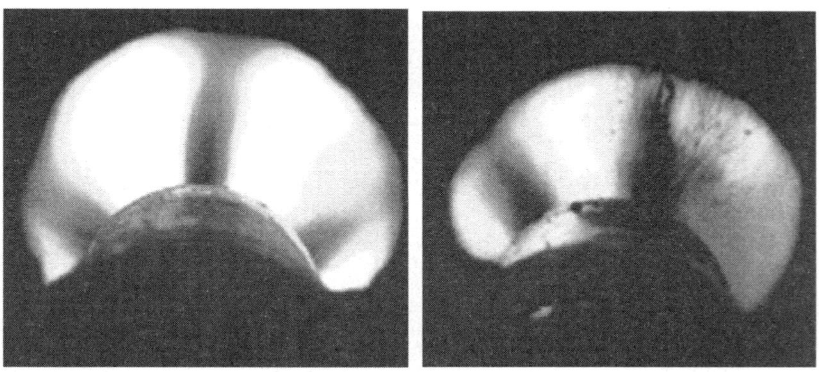

그림 3-19 오일팁 선단 불꽃상태 (좌) 양호 (우) 불량

(4) 화염패턴 (Flame Pattern)

화염 형태에는 그림 3-20 왼쪽에 나타낸 것처럼 여러 가지가 있다. 즉, 화염 길이가 비정상적으로 길거나 짧은 경우, 화염 색상이 어두운 붉은색이거나 매우 밝은 노란색일 경우, 그 밖에 화염역화, 화염분출, 재연소 등이 있다. 특히 매우 비정상적인 화염 형태들은 연소배출가스 중의 대기오염성분의 변화뿐만 아니라 운전상의 큰 위험을 초래할 수 있기 때문에 세심한 주의가 요구된다.

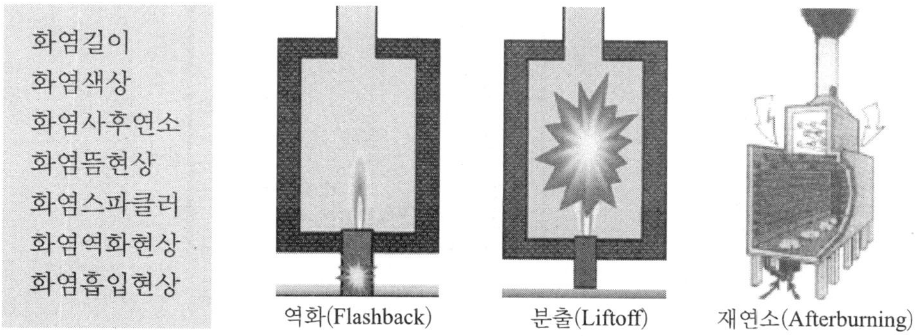

그림 3-20 여러 가지 화염 형태

3.6 가열로 운전 최적화

그림 3-21에서와 같이 연소로는 연소열을 받는 유체 흐름 쪽의 코일사이드(Coil Side)와 연료 연소에 의해 튜브 쪽으로 열을 주는 연소사이드(Fired Side)로 나누어진다. 이들은 보통 향류(Counter Current Flow) 형식으로 열 교환하는 일종의 대형 열 교환기에 해당한다. 여기서 대기 배출 쪽 흐름인 연소사이드의 배출가스 흐름을 살펴보면 연소실에서 생성된 연소열과 고온의 배출가스는 튜브 내 흐름 유체에 복사와 대류 형태로 열전달을 하게 된다.

(1) 과잉산소 운전 최적화 테스트

특정 정유공정의 원유피드 예열가열로에 대한 과잉산소 운전 최적화 테스트를 실시하였다. 해당 가열로는 가스/오일 혼소 버너이고 사용 연료 비율은 오일 : 가스 = 25

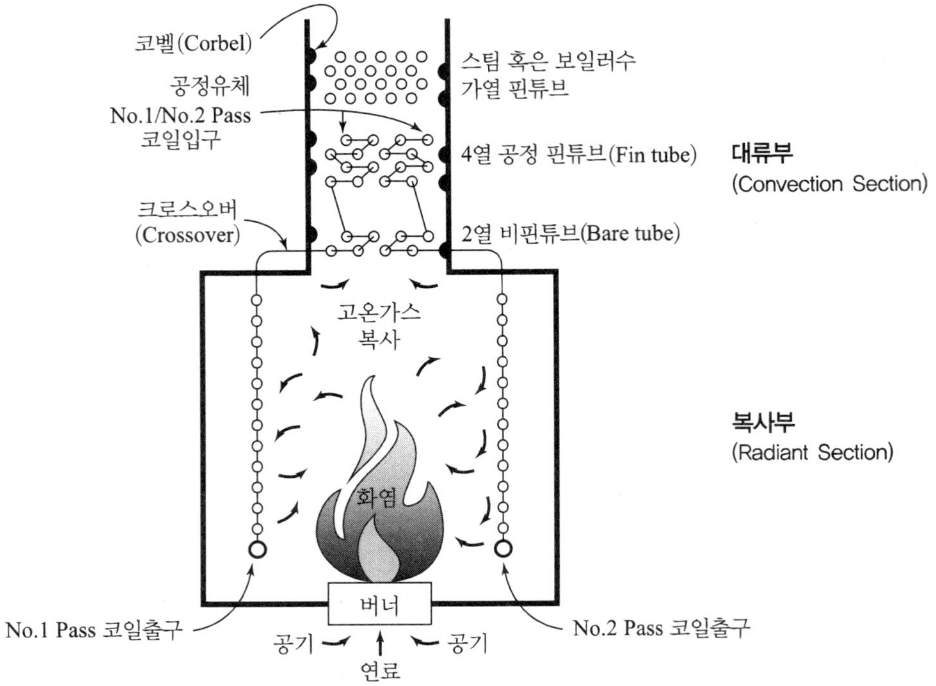

그림 3-21 가열로 연소사이드/공정사이드

: 75%로 오일 최소 조건에서 테스트를 실시하였다. 테스트 결과 주어진 운전조건에서 최적의 과잉산소 (O_2)는 그림 3-22에서 보는 바와 같이 약 1.4%임을 알 수 있었다. 그림 3-23~26은 개별 운전변수들에 대하여 테스트 결과를 분석하여 나타낸 것이다.

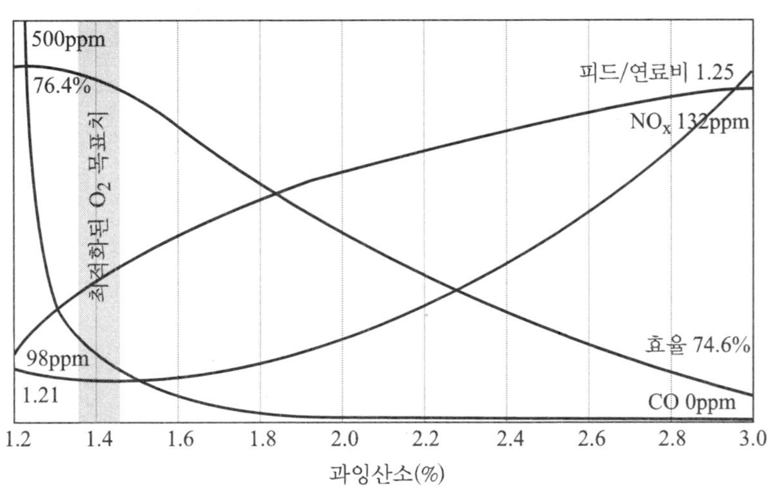

그림 3-22 가열로 과잉산소 운전 최적화 테스트 결과

① 과잉산소와 CO 관계

과잉산소 감소에 따라 CO 생성은 증가하였고 과잉산소 약 1.4%까지는 CO가 거의 생성되지 않음을 볼 수 있다.

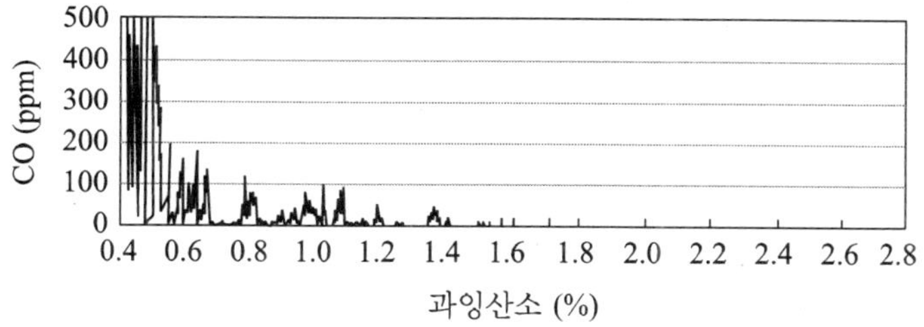

그림 3-23 과잉산소와 CO 경향

② 과잉산소와 효율 관계

과잉산소 증가에 따라 효율은 감소함을 나타내고, 과잉산소 2.4% 증가 시 효율이 1.5% 정도 감소하는 것으로 나타난다.

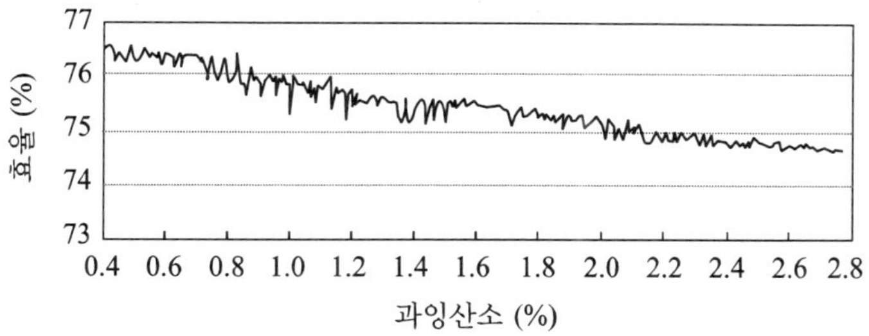

그림 3-24 과잉산소와 효율 경향

③ 과잉산소와 NO_x 생성 관계

과잉산소 증가에 따라 NO_x은 증가하고, 과잉산소 2.4% 증가 시 NO_x은 약 30 ppm 상승함을 보여주고 있다.

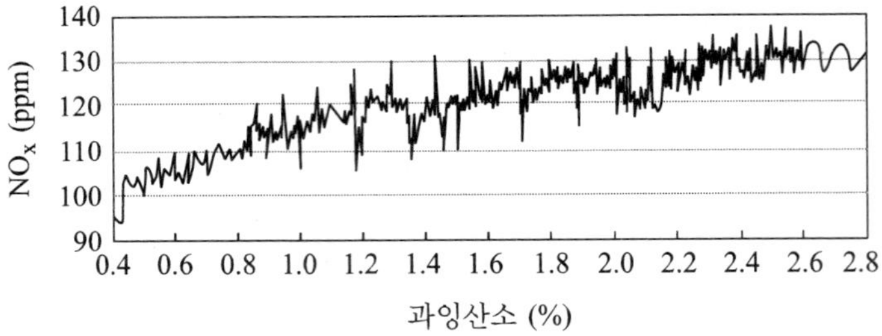

그림 3-25 과잉산소와 NO_x 경향

④ 과잉산소와 피드/연료비 관계

과잉산소 증가에 따라 피드/연료비는 증가하는 경향을 나타내고 있다. 여기서 피드/연료비는 사용연료 1바렐(Barrel)이 처리한 피드 원유 바렐(Barrel)을 의미하고 있다.

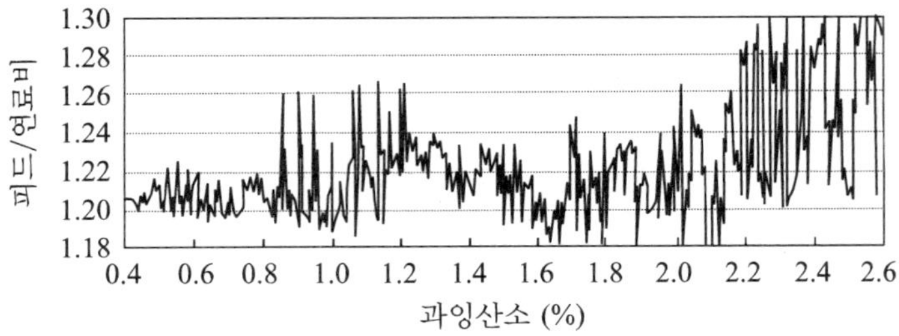

그림 3-26 과잉산소와 피드 / 연료비 경향

(2) 이론적 퍼니스 NO_x 운전변수

NO_x 방출에 있어 과잉산소가 감소할 때 NO_x 또한 비례적으로 감소한다. 특히 과잉산소 결핍(Starvation)에서 빠른 속도로 감소한다. 과잉산소 결핍은 CO 제어 영역이고 이 영역에서 과잉산소 최적화를 찾는다. 또한 오일/가스 혼소 시 더 많은 NO_x가 연돌(Stack)로 방출하게 된다. 그림 3-27은 이들의 퍼니스 NO_x 운전변수를 나타내고 있다.

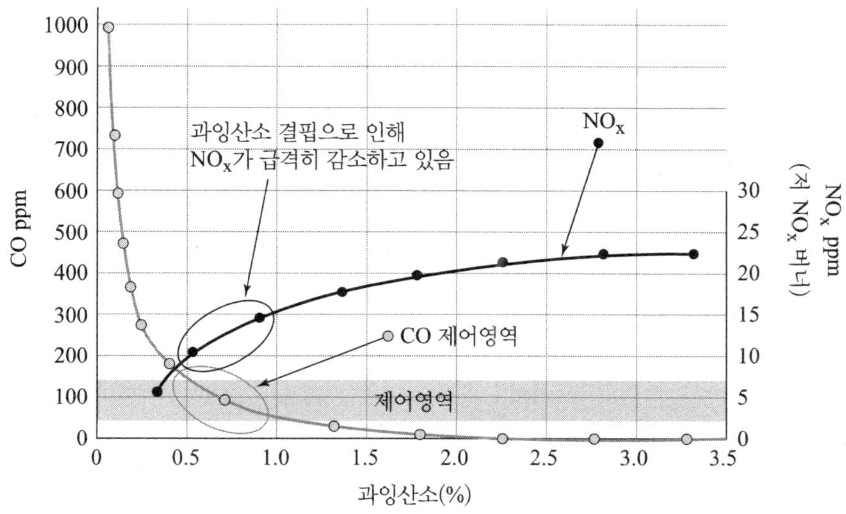

그림 3-27 퍼니스 NO_x 운전 변수

(3) 대기오염물질 배출 (Air Pollutant Emission)

대기오염물질로서 연소배출가스 (Flue Gas)는 황산화물 (SO_x), 질소산화물 (NO_x), 분진 (Dust), 휘발성 유기화합물 (VOC, Volatile Organic Compound), 이산화탄소 (CO_2), 일산화탄소 (CO), 매연 (Smoke) 등을 포함하고 있고 연돌 (Stack)을 통해서 대기로 방출된다. 이들 성분들은 대기오염의 주범으로 제어의 대상이 된다. 그림 3-28은 대기오염물질 중 백연 (Plume)과 매연 (Smoke)방출을 나타내고 있다.

그림 3-28 (좌) 백연 (우) 매연

(4) 가열로 연소공기와 배출가스량 계산시트

다음은 가열로의 필요연소공기와 생성배출가스량을 계산하는 예를 나타낸다.

① Combustion Reaction

Components	Formula	Combustion Reactiom
Hydrogen	H2	2H2 + O2 = 2H2O
Carbon Monoxide	CO	2CO + O2 = 2CO2
Methane	CH4	CH4 + 2O2 = CO2 + 2H2O
Ethane	C2H6	2C2H6 + 7O2 = 4CO2 + 6H2O
Propane	C3H8	C3H8 + 5O2 = 3CO2 + 4H2O
n-Butane	C4H10	2C4H10 + 13O2 = 8CO2 + 10H2O
n-Pentane	C5H12	C5H12 + 8O2 = 5CO2 + 6H2O
n-Hexane	C6H14	2C6H14 + 19O2 = 12CO2 + 14H2O
Benzene	C6H6	2C6H6 + 15O2 = 12CO2 + 6H2O
Carbon Dioxide	CO2	(H2S + 3O2 = 2H2O + 2SO2)
Nitrogen	N2	
Oxygen	O2	

② Combustion Reaction Heat

	Components	Formula	MW	Vol %	LHV	LHV Comp.	Comp.	Comp.	Stoichiometric Ratio					
					Kcal/Nm3	Kcal/Nm3	Kg	Wt%	Mols of O2 Requ'd per Mol of Reactant	No. of Carbon Atoms	No. of Hydroge Atoms	Stoichi. Mols of O2 Requ'd per 100 Mols of Fuel	Stoichi. Mols of H2O Requ'd per 100 Mols of Fuel	Stoichi. Mols of CO2 Requ'd per 100 Mols of Fuel
1	Hydrogen	H2	2.02	44.66	2575.90	1150.29	90.03	6.03	0.5	0	2	22.33	44.66	
2	Carbon Monoxide	CO	28.01	0.01	3017.00	0.30	0.28	0.02	0.5	1	0	0.01		0.01
3	Methane	CH4	16.04	34.10	8559.00	2918.28	546.90	36.62	2.0	1	4	68.19	68.19	34.10
4	Ethane	C2H6	30.07	8.07	15232.30	1228.79	242.57	16.24	3.5	2	6	28.23	24.20	16.13
5	Propane	C3H8	44.10	8.48	21804.90	1849.27	374.01	25.04	5.0	3	8	42.41	33.92	25.44
6	n-Butane	C4H10	58.12	2.19	28432.60	623.24	127.40	8.53	6.5	4	10	14.25	10.96	8.77
7	n-Pentane	C5H12	72.15	0.44	34903.40	152.88	31.60	2.12	8.0	5	12	3.50	2.63	2.19
8	n-Hexane	C6H14	86.18	0.01	41458.20	4.15	0.86	0.06	9.5	6	14	0.10	0.07	0.06
9	Benzene	C6H6	78.11	0.42	33808.20	141.66	32.73	2.19	7.5	6	6	3.14	1.26	2.51
10	Carbon Dioxide	CO2	44.02	0.03	0.00	0.00	1.32	0.09	0.0	1	0			0.03
11	Nitrogen	N2	28.01	1.37	0.00	0.00	38.49	2.58	0.0	0	0			
12	Oxygen	O2	32.00	0.23	0.00	0.00	7.26	0.49	0.0	0	0	-0.23		
13	Total	Fuel Gas MW	14.93	100		8068.86	1493.45	100				181.93	185.89	89.25

LHV of Fuel Gas	kcal/Nm3	8068.9
	kcal/kg	12102.3
Fuel Gas Heat Relese	mmKcal/hr	21.5
Fuel Flow	kg/hr	1776.5

Fuel Gas 100 Mol 당 181.93 Mol O2 필요

Air Required per Fuel 1 Mol = 1.8193 Mol X (100 Air / 21 O2) = 8.66 mol

Dry Air = 28.80 kg/mol

Required Air per 1 Mol Fuel = 249.50 kg / fuel 1 mol

Fuel =	14.93	kg/mol
Fuel Flow =	1776.52	kg/hr
Fuel Mol Flow =	118.95	mol/hr
Net Air Flow =	29679.46	kg/hr
Excess O2 (%) =	2.40	%
Excess Air (%) =	12.90	% Estimated
Total Air Flow =	33509.06	kg/hr

Assume) 15°C & 50% Humidity Moisture = 0.0056 kg H2O / kg dry air

Total Air Flow =	33,697	kg/hr
	26,209	Nm3/hr
Total Flue Gas Flow	35,473	kg/hr
	28,724	Nm3/hr

③ Fuel Gas Composition

Element Comp. of Fuel		Mol Wt.	K Moles	Kgs	Mole %	Wt %
Carbon	C	12.01	89.25	1071.92	32.25	71.77
Hydrogen	H	2.02	185.89	374.75	67.16	25.09
Sulfur	S	32.06	0.00	0.00	0.00	0.00
Oxygen	O	32.00	0.26	8.38	0.09	0.56
Nitrogen	N	28.02	1.37	38.50	0.50	2.58
Total			276.77	1493.56	100	100

Flue Gas Composition

Flue Gas Comp.	Kmol/hr	MW	Kg/hr
Oxygen	27.92	32.00	893.56
Carbon Dioxide	106.16	44.02	4672.75
Water Vapor	230.35	18.02	4150.07
Nitrogen	914.25	28.01	25610.99
Sulfur Dioxide	0.00	64.06	0.00
Argon	3.65	39.95	145.86
Total	1282.34		35473.23
Flue Gas MW		27.66	

④ Fuel Oil Composition

Sp. Gr.	0.9401	
C/H Ratio	7.7	
S	0.3	wt%
N2	0.28	wt%

Oil 1000 kg (Assumed)

Item	Wt%	Kg	MW	Mol	O2 Mol
C	88.00	880.0	12.01	73.3	73.27
H	11.42	114.2	2.02	56.5	28.27
S	0.30	3.0	32.06	0.1	0.09
N2	0.28	2.8	28.08	0.1	0.00
Total	100	1000		130.0	101.6

Fuel Oil 1000 kg 당 101.63 Mol O2 필요함

Air Required per Fuel Oil 1 kg = 101.6321 Mol x (100 Air / 21 O2) = 0.48 mol

Dry Air = 28.80 kg/mol

Required Air per 1kg Fuel = 13.94 kg/hr

LHV of Fuel Oil	Kcal/Nm3	0.0	
	kcal/kg	9596	(Assumed)
Fuel Oil Heat Release	mmKcal/hr	21.5	
Fuel Flow	kg/hr	2240.5	
Atomizing Steam	kg/hr	672.2	Steam rati 0.3 (Assumed)
Net Air Flow	kg/hr	31228.92	

Excess O2 (%) = 2.40 %

Excess Air (%) = 12.90 % Estimated

Total Air Flow = 35258.45 kg/hr

Assume) 15°C & 50% Humidity Moisture = 0.0056 kg H2O / kg dry air

Total Air Flow=	35,456	kg/hr
	27,577	Nm3/hr
Total Flue Gas Flow	38,369	kg/hr
	29,848	Nm3/hr

Flue Gas Composition

Flue Gas Comp.	Kmol/hr	MW	Kg/hr
Oxygen	29.55	32.00	945.49
Carbon Dioxide	164.17	44.02	7226.01
Water Vapor	137.69	18.02	2480.58
Nitrogen	960.36	28.01	26902.67
Sulfur Dioxide	0.21	64.06	13.43
Argon	3.21	39.95	128.24
Water Vapor from Atomizing Steam	37.31	18.02	672.16
Total	1332.49		38368.57
Flue Gas MW		28.79	

⑤ Total Required Air & Flue Gas

Total Required Air		Total Required Flue Gas	
69,153	kg/hr	73,842	kg/hr
53,785	Nm3/hr	58,572	Nm3/hr

04 대기오염 현상 및 문제

오늘날 환경오염 문제는 지역적인 문제나 일개 국가로 국한되지 않는다. 예를 들면 산성비, 황사현상 등은 지역 간, 국가 간 경계를 초월하여 이동하면서 전 지구적인 오염을 유발하고 있을 뿐만 아니라 탄산가스(CO_2)의 증가로 인한 기후변화(Climate Change)는 단순히 날씨가 따뜻해지는 것만을 의미하는 것이 아니고 극지방 같은 곳에서는 온도가 평균보다 더 상승하여 빙하가 빠른 속도로 녹아내리기도 하고, 일부 지역에서는 오히려 온도가 떨어져 한파가 닥치기도 한다. 이와 같은 현상이 장기적으로 문제되는 것은 지구온난화(Global Warming) 자체보다는 이로 인한 기후변화와 지속적인 지구 생태계의 변화에 있다. 그 외 환경오염 문제로 지구의 방패 역할을 하고 있는 오존층의 파괴, 사막화와 삼림의 황폐화, 화학물질의 남용, 수질오염, 핵 물질 문제 등을 예로 들 수 있다. 이들을 도식하면 다음과 같다.

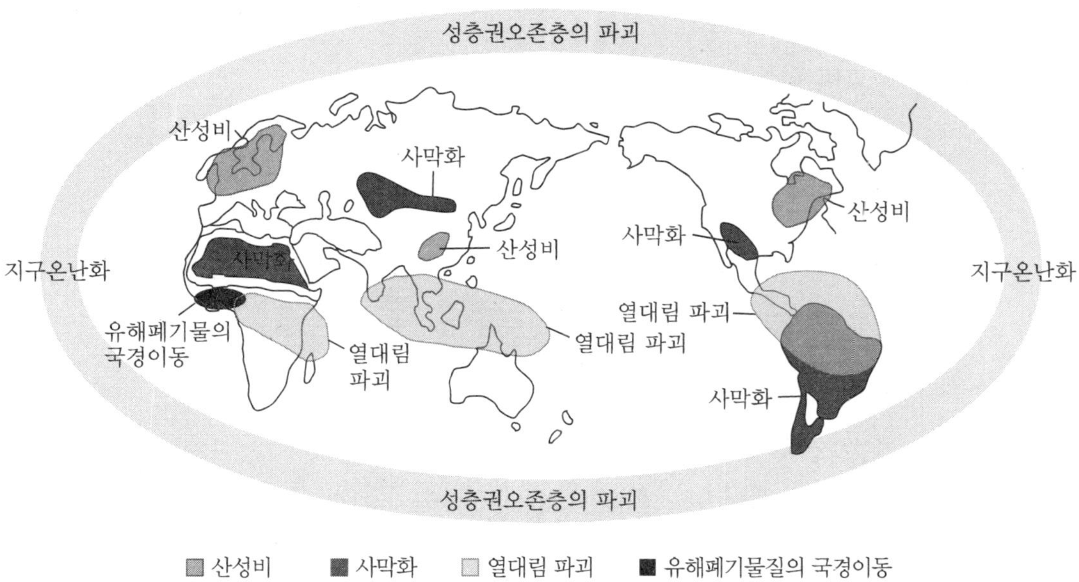

그림 4-1 지구 환경문제 확산의 모식도

4.1 온실효과(Greenhouse Gas Effect)

온실효과란 지구온난화(Global Warming) 현상으로, 대기가스가 파장이 짧은 태양광선은 그대로 통과시키지만 태양광에 의해 따뜻해진 지표가 방사하는 파장이 긴 적외선(Infrared Rays)을 차단시켜 이 적외선 에너지를 지표로 재 방사함으로써 마치 온실의 유리 같은 효과를 내어 지구의 온도가 상승하는 현상을 말한다. 이 온실효과는 화석연료 사용 → 대기오염물질 급증 → 대기권의 막 형성 → 지구표면 복사열의 대기권 밖 방출 차단과 같은 일련의 과정을 통해 30~40년 이내에 지구의 평균 대기기온이 1.5~4.5℃ 상승하면서 홍수, 저지대 침수 등 큰 재난을 초래할 것이라고 경고하고 있다.

▌참고▐ 빛의 파장과 에너지

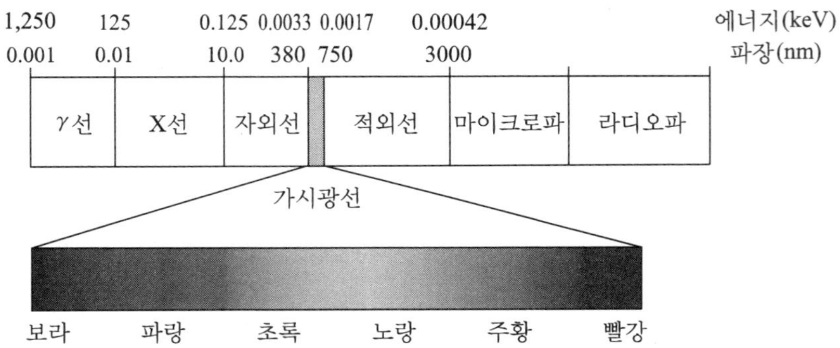

$$E(keV) = h \cdot \nu = \frac{h \cdot c}{\lambda} = \frac{1.24}{\lambda}$$

여기서, E: 에너지
λ : 빛의 파장
ν : 복사선주파수
h : 플랑크상수
c : 빛의 속도

태양광선은 98%가 가시광선(Visible Light)이고 2%가 자외선(UV, Ultraviolet Rays)으로 되어 있다. 태양광 중 약 70%는 지표에 흡수되고 나머지 30%는 재 방사되는데 재 방사된 태양광 중 장파(적외선)가 대기권 이산화탄소(CO_2) 층에 의해 다시 지표로 환원됨에 따라 점차 지표온도가 상승하게 된다.

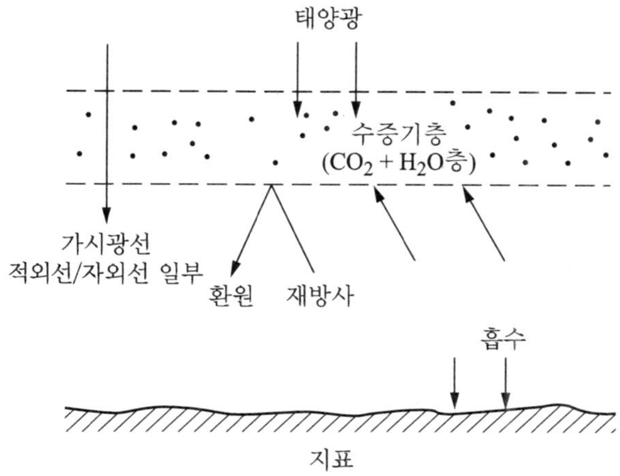

그림 4-2 온실효과 과정

이는 공업화로 인한 석탄, 석유, 가스 등 화석연료의 과다한 사용과 산림의 무분별한 파괴 때문에 탄산가스(CO_2)가 증가하게 되어 결국 지구 온실효과를 가중시킨다고 할 수 있다. 태양광선에서 받는 직접 에너지보다 지표면에서 복사된 에너지가 4.5배 더 크다는 사실이 이론적으로 뒷받침되고 있다.

(1) 온실가스 종류

지구온난화에 직접 영향을 미치는 성분으로 CO_2, CH_4, 염화불화탄소(CFC, Chlorofluorocarbon, 프레온), N_2O, O_3 등이 있다. 이들 온실가스 중에서 CO_2 농도는 산업혁명 이전에 비해 약 50%가 증가하였고 2050년에는 약 두 배가 될 것으로 예상하고 있다. 이 CO_2가스는 지구온실효과에 가장 큰 영향을 미치는 것으로서 지구 대기 중의 적외선을 흡수하여 복사선이 우주로 방출되는 것을 막는 역할을 하여 지구온도를 상승케 한다. 인간의 경제 활동으로 발생되는 CO_2는 일단 대기 중에 방출되면 일정 시간이 지난 후에는 식물의 광합성이나 지표수/해수 중에 흡수, 용해, 소멸되어 방출과 흡수의 균형을 유지한다. 지구상에는 약 0.03% 농도로 존재하지만 공업화에 의한 화석연료 사용증가, 개발로 인한 열대우림 및 원시림의 파괴, 삼림훼손에 의한 도시화 등으로 CO_2 흡수원이 점점 줄어들기 때문에 지구상의 CO_2 농도는 계속해서 증가하고 있다. 지구상에 약 300 ppm 존재하던 CO_2가 현재는 대기 중에 350 ppm으로 높아져 국제환경단체들은 380 ppm을 넘지 않도록 대책을 세우자고 주장하고 있다. 그리고 광합성이 활발한 여름철에는 CO_2 농도가 낮고 겨울철에는 통상 높게 된다.

▌참고▐ 식물의 오염대기 정화작용 (CO_2흡수, O_2방출)

식물의 광합성 (Photosynthesis)은 잎의 엽록체 (Chloroplast)에서 대기 중의 오염물질인 이산화탄소 (CO_2)와 뿌리로부터의 물 (H_2O)을 흡수하고 태양으로부터 빛 에너지를 받아 유기물인 탄수화물 (포도당)과 산소 (O_2)를 만든다. 그 화학식은 일반적으로 $6CO_2 + 6H_2O \rightarrow C_6H_{12}O_6 + 6O_2$로 나타낸다. 고등식물의 광합성의 속도는 C_4 식물 (옥수수 등)이 특히 빠르고, 잎 면적 100 cm^2당 50 mg CO_2/hr 전후, 양생식물인 C_3 식물에서는 20~40 mg CO_2/hr, 음생식물에서는 5 mg CO_2/hr 이하의 경우가 많다. 그리고 생성 탄수화물은 자체 영양소로 이용하고 산소는 대기로 방출함에 따라 오염대기의 정화작용 역할을 하고 있다. 그러나 많은 인간 활동의 영향으로 인하여 대기 중의 CO_2 농도는 해마다 증가하고 있어 심각한 지구온난화 문제가 대두되고 있다.

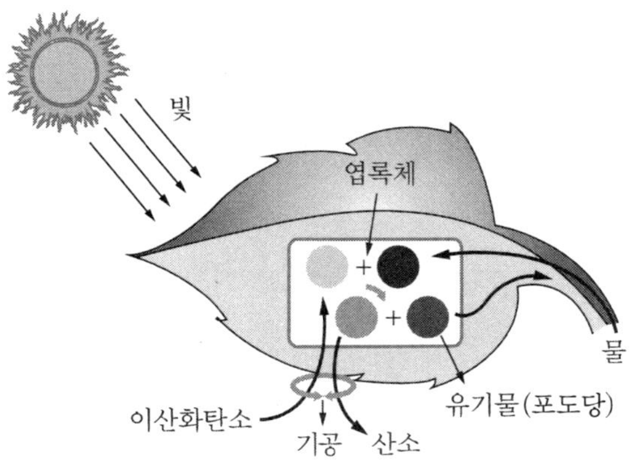

$$6CO_2 + 6H_2O \rightarrow C_6H_{12}O_6 + 6O_2$$

그림 4-3 식물의 광합성 작용

다음 표 4-1은 온실가스의 온난화에 기여도를 나타내고 있다.

표 4-1 온실가스 온난화 기여도

	CO_2	CH_4	N_2O	CFCs
배출원	에너지 사용, 산업공정	폐기물, 농업/축산	산업공정, 비료사용	냉매, 세척용
지구온난화지수	1	21	310	1,300~23,900
온난화기여도 (%)	55	15	6	24
국내총배출량 (%)	88.6	4.8	2.8	3.8

(2) 온실효과 영향

지구온실가스가 증가하면 지구촌 곳곳에 기후변동을 일으키고 극지방의 얼음이 녹아 내려 해수면의 상승을 가져오게 되어 해안도시의 침수를 일으킬 수 있다. 그리고 농림/축산업에 영향을 미쳐서 기후와 병충해 발생 양상을 변화시킬 수 있다. 따라서 식량자원의 확보에는 어려움이 따르고 육상생태계의 기후대가 극지방으로 이동하게 되어 이러한 기후에 적응하지 못하는 동식물은 결국 멸종하게 될 것이다. 게다가 지구의 기온상승으로 인한 피해는 생물들의 성장과 수종변화에도 많은 영향을 미칠 것이다. 기후에 적응하지 못하는 해안지역 주민, 섬 지역에서는 해수면 상승과 연안생태계 파괴로 주거지 이동이 일어날 수도 있다. 따라서 지구의 평균온도가 상승하게 되면 지구 극지방의 빙하(Glacier)가 녹아서 바닷물 수면이 올라가면 남태평양의 섬나라들이 수몰되고 농경작 지대의 이동으로 농산무역에서 새로운 마찰과 분쟁이 생길 가능성도 있다. 온난화에 의한 기온이나 바닷물의 온도상승에 의해 대기와 바다의 균형이 깨져 수분의 증발량이나 기류에 영향을 주어 또 다른 이상고온현상을 야기할 수 있다. 농업 해충과 질병의 발생, 지구평균온도의 상승에 의해 병충해의 월동이 용이해질 수 있고 농작물이나 인간/동물의 질병발생 건수도 증가할 것이다.

표 4-2 지구온난화가 환경에 미치는 영향

구분	영 향
생태계	• 산림분포지역이 광범위하게 소멸되고 산림의 평형이 깨짐 • 식생대가 중위도 기준 북극 쪽으로 55~100 km 북상 예상 • 온대성 식생 외에 아열대성 식생 증가
수자원	• CO_2 농도가 2배 증가 시 2050년까지 산악지역의 빙하가 25% 이상 감소 예상 • 물 부족에 따른 수질 악화 예상
식량	• 식량 생산 감소 예상 • 어류의 이동경로 변화로 바다 생태계 변화 및 수산업 타격 • 다모작 경작 가능해지며 병충해 증가 예상
해안계	• 2100년 세계의 해수면은 88 cm 상승 • 서해안 및 남해안 침수 우려
기상	• 기후변화 [엘니뇨(El Nino), 라니냐(La Nina), 집중호우 등]
인간의 건강	• 전염성 질병체의 변화로 전염병 이동의 증가 • 말라리아 같은 열대성 질병 증가 예상

(3) 지구온난화 대책

지구온난화는 화석연료의 사용증가에 따른 CO_2 등의 가스 증가가 원인이므로 이러한 물질의 사용 억제 대책이 중요하다. 따라서 CO_2 발생이 적은 천연가스 사용 확대, 수력발전소 설치, 대체물질 개발 등이 필요하다. 또한 CO_2 저감대책으로는 산업장의 에너지 절약대책 및 산림자원 보호가 중요하다. 산림에서 나무들의 대기오염 정화능력은 플라타너스 1그루당 연간 6.26 g의 SO_2, 2.2 g의 NO_2, 6905 g의 CO_2를 흡수한다. 그리고 침엽수인 일본 잣나무는 136.6 g의 SO_2, 32.4 g의 NO_2, 44,730 g의 CO_2를 흡수하며 환경정화의 수종 중 가장 많은 대기오염 물질을 흡수한다.

따라서 기업에는 보조금 제도를 도입하여 환경오염 물질을 줄이도록 유도하고 단기적인 대책으로는 과징금 제도를 도입한다. 선진국들은 탄소세나 배출권거래제 도입을 검토하는 나라가 많아지고 있다. 장기적으로 산업장의 연료절약 (부록 2) 기술개발 보급, 자동차의 배출기준 강화, 설비투자 지원, 비 화석연료의 대체물질 이용 등이 필요하다.

▌참고 ▌ 6대 온실가스

기후변화협약관련 제3차 당사국총회 (COP)에서 규정한 6대 온실가스는 ① CO_2 ② CH_4 ③ N_2O ④ HFCs (Hydrofluorocarbons) ⑤ PFCs (Perfluorocarbons) ⑥ 육불화황 (SF_6, Sulfur Hexafluoride)이다.

4.2 오존층 파괴 (Ozone Layer Depletion)

지구의 대기를 둘러싸고 있는 성층권 (Stratosphere)의 상층에는 지상의 생명체들을 태양자외선으로부터 보호해주는 오존층이 자리 잡고 있다. 태양자외선 (UV, Ultraviolet Rays)은 디프테리아 등 인체에 해로운 각종 병균들을 박멸시켜 주지만 과다하게 내리 쪼일 경우 피부암, 백내장 (Cataract) 등 각종 피부질환을 일으킨다. 또한 각 생명체들의 외부병균 침투에 대한 면역기능 약화, 농작물 수확량의 감소 및 해양 먹이사슬 (Food Chain)을 파괴시켜 적절한 제어를 받지 않으면 생태계 파괴라는 커다란 위험까지도 초래할 수 있다.

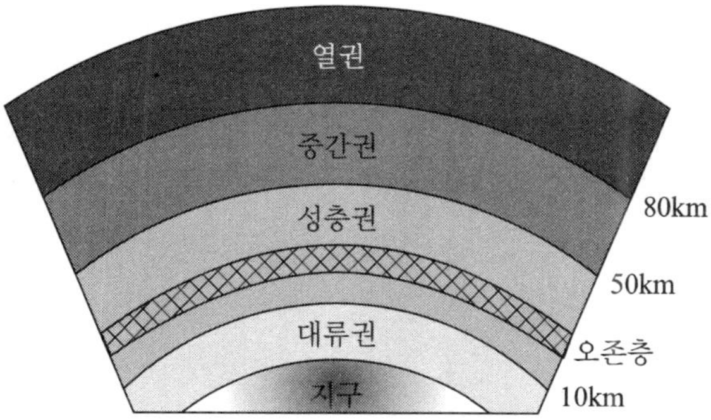

그림 4-4 지구 대기권

대기 중에 포함되어 있는 오존 전체량을 지상기압으로 압축시켜 두께로 환산하면 약 0.3 cm (3 mm)에 불과한 양이나 이 양의 약 90%는 성층권에 포함되어 있고 나머지 10%는 대류권에 포함되어 있다. 특히 성층권 내에서도 25～30 km 부근에 오존이 밀집되어 있는데 이 층을 오존층(Ozone Layer)이라고 부른다.

(1) 오존(O_3) 생성

지구는 광합성을 하는 수중식물 남조류의 출현으로 대기 중에 산소기체가 증가하기 시작하였고 이들이 성층권으로 올라가 오늘날 오존층의 주요성분이 되었다. 즉, 성층권 상존 오존은 대류권에서 올라간 산소분자가 태양으로부터 방출되는 강력한 자외선을 받아 2개의 산소원자로 분해되면서 산소원자가 생성되고 이 생성된 원자가 다시 산소분자와 결합하여 오존(O_3)을 만들게 된다.

$$O_2 \xrightarrow{\text{자외선(UV)}} O + O$$

$$O_2 + O + M \text{ (촉매 역할의 제3의 분자)} \rightarrow O_3 + M$$

오존은 산소원자 3개로 구성되어 있다. 오존분자들은 지구 상공 25～30 km에 떠다닌다. 이들은 특히 지구 상공 25～30 km 높이에서 한데 뭉쳐 오존층을 형성하며 오존분자들은 태양의 강렬한 자외선을 흡수한다. 오존분자들은 일정하게 사라졌다 다시 나타나는데, 이는 오존이 자외선을 흡수하면 오존분자들은 쪼개지고 쪼개진 분자들은 다시 새로운 오존분자를 만들기 때문이다. 이러한 반복작용이 방해 받지 않는다면 대기 중의 오존은 항상 일정한 양으로 균형을 이루게 될 것이다.

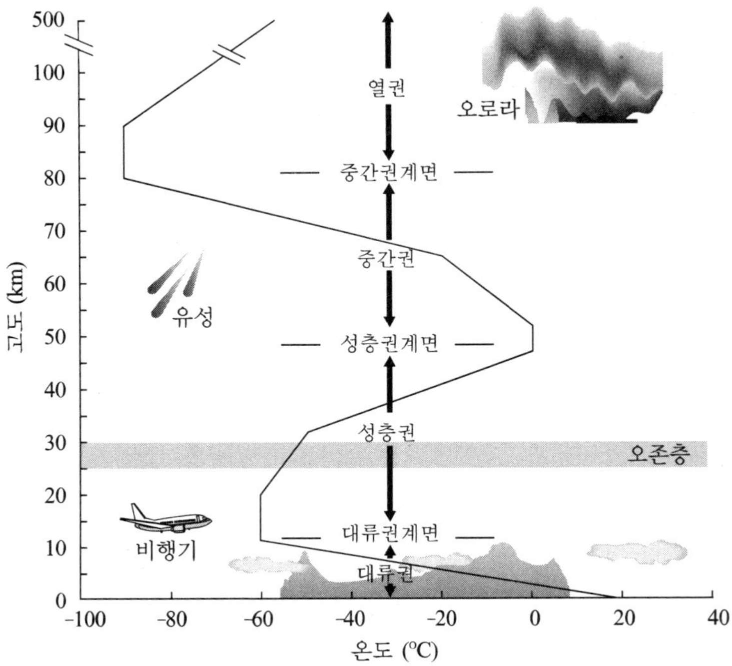

그림 4-5 지구 대기권 내 오존층 (Ozone Layer)

(2) 오존 (O_3)층 파괴

오존층 파괴 물질은 프레온이라는 상품명으로 생산된 프레온가스 (CFCs)와 소화기에 사용되는 할론 (Halon) 가스 등이다.

▌ 참고 ▌ 소화기 화학약품 주성분

현재 소화기에 사용하는 물질은 제1인산암모늄 ($NH_4H_2PO_4$)으로 모두 대체되었다.

표 4-3 오존층 파괴 물질

	오존파괴 물질	오존파괴 잠재력
프레온가스 (CFCs)	$CFCl_3$ (CFC-11)	1.0
	CF_2Cl_2 (CFC-12)	1.0
	$C_2F_3Cl_3$ (CFC-113)	0.8
	$C_2F_4Cl_2$ (CFC-114)	1.0
	C_2F_5Cl (CFC-115)	0.6
할론가스	CF_2BrCl (Halon-1211)	3.0
	CF_3Br (Halon-1301)	10.0
	$C_2F_4Br_2$ (Halon-2402)	6.0

주) 오존파괴 잠재력은 추정치이고 주기적으로 검토 개정됨

이 중에서 주된 오존파괴 물질은 염화불화탄소(CFCs, Chlorofluorocarbons, 프레온가스)이다. 이 물질은 냄새도 없고 독성도 없으며 불에 타지도 않고 화학적으로 매우 안정된 물질로서 냉장고, 에어컨 등의 냉매, 드라이클리닝 용제, 반도체나 정밀부품 세척제, 스프레이와 같은 분사제 등에 사용된다. 이 물질이 오존층을 파괴하는 것은 CFCs가 자외선을 받으면 그 자외선을 흡수하여 분해되면서 반응성이 강한 염소원자(이온 라디칼)를 방출하게 된다. 이 방출된 염소원자가 결합력이 약한 오존분자를 파괴한다. 염소원자 하나가 무려 10만개의 오존분자를 파괴할 뿐 아니라 프레온가스가 일단 성층권에 올라가면 오존층을 파괴하면서 100년까지 머무를 수 있다고 한다.

$$CFCl_3 \xrightarrow[\text{흡수}]{\text{자외선(UV)}} CFCl_2 + Cl^-$$

$$Cl^- + O_3 \rightarrow ClO + O_2 \text{ (오존층 파괴)}$$

$$ClO + O \rightarrow Cl + O_2$$

다시 말해 오존층 파괴는 ① 프레온가스가 대기로 방출한다. ② 방출된 프레온가스는 상승하여 대류권을 통과하여 성층권에 있는 오존층으로 진입한다. ③ 오존층에 진입한 프레온가스는 태양으로부터 자외선을 흡수하여 염소원자를 방출한다. ④ 방출 염소원자는 오존분자를 파괴한다. ⑤ 파괴된 오존층으로 인해 태양으로부터 더 많은 자외선(UV Rays)이 지구에 도달한다. ⑥ 지구에 도달한 더 많은 자외선(UV Ray)은 더 많은 피부질환 등을 유발시킨다.

▌참고▐ 오존파괴 영향

미국환경보호국(US EPA, U.S. Environment Protection Agency)은 오존이 1% 줄어들 때 자외선 방사량은 2~3%가 증가하고 피부암 발생률도 4~7% 늘어나게 된다고 보고 있으며, 오존층이 현 수준으로 계속 감소하면 10년 후에는 전 세계 피부암 환자가 5억 명에 달할 것이라고 경고하고 있다. 또한 백내장, 유전학적으로 결함이 있는 아이 출산, 식량 감소, 열대나 온대지방의 비옥한 토지의 황폐화, 플랑크톤과 많은 종류의 갑각류 멸종 등을 경고하고 있다.

(3) 오존 홀 (Ozone Hole)

남극에서 봄에 해당하는 10월경에 성층권의 오존농도가 평상시의 절반 정도까지 급격히 감소되는 현상을 말하며 주위의 농도에 비해서 구멍이 뚫린 것처럼 농도가 낮은 장소가 생기게 된다. 그림 4-6에서 중앙의 흰색부위를 오존 홀이라 부른다. 1985년 말에 그 존재가 발표되었는데, 이것은 먼 미래의 일이라고 여겼던 오존층의 파괴가 현실화됨으로써 우리에게 충격을 주고 있다.

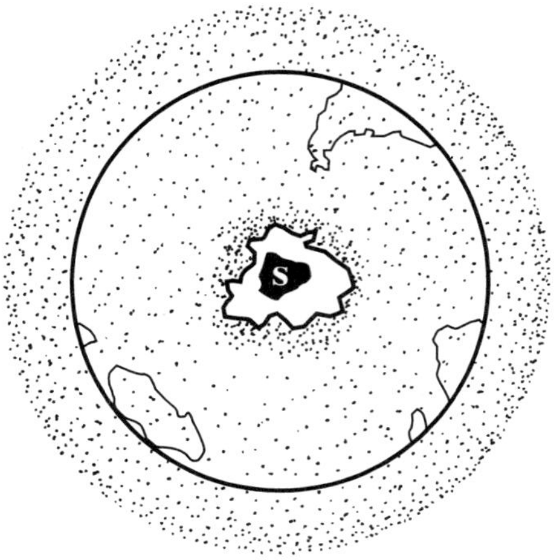

그림 4-6 남극 상공의 오존층 파괴

(4) 오존 (O_3)층 보호

오존층 파괴를 막는 가장 좋은 방법은 파괴 물질인 프레온가스 등의 사용을 줄이고 대체물질을 개발하는 것이다. 국제적으로도 1987년 몬트리올 의정서에 따라 프레온가스의 사용을 2000년에는 전면 금지하기로 하였다. 우리나라도 1992년 5월 27일 비엔나 협약과 몬트리올 의정서에 가입하여 프레온가스 감축계획에 적극 참여하고 있으며 대체물질 개발에 온 힘을 쏟고 있다.

▌참고▐ 오존파괴 물질과 몬트리올 의정서

오존층 파괴 (Ozone Layer Depletion)의 원인물질로는 프레온가스 (CFCs), 할론가스 (Halon Gas), 수소화염화불화탄소 (HCFCs), 함염소화물 등이 있으며, 1987년 몬트리올의정서 (Montreal Protocol)에서 오존층 파괴물질로 프레온가스 (CFCs), 할론가스 (Halon Gas), 사염화탄소 (CCl_4) 등 95종의 물질을 규정하고 이들의 폐기 일정을 협의하였다.

4.3 산성비(Acid Rain)

청정한 대기 중에는 CO_2가 약 315~520 ppm 정도 존재하며, 대기 중의 물방울과 반응하여 탄산(Carbonic Acid)이 된다. $CO_2 + H_2O \rightarrow H_2CO_3$
따라서 순수한 빗물은 pH 약 5.65를 나타내지만 산업이 발달하고 인구가 증가함에 따라 황산화물(SO_x), 질소산화물(NO_x) 기타 오염물질 등이 대기 중으로 다량 배출되고, 배출된 오염물질은 대기 중에서 광화학반응(Photochemical Reaction)에 의해 황산(H_2SO_4), 질산(HNO_3), 염산(HCl) 등의 강산으로 변하여 빗물의 pH가 5.65 이하의 산성비로 지상으로 내리게 된다.

(1) 산성비 생성 요인

산성비의 근원은 산업장, 화력발전소, 난방용 보일러 등에서 사용하는 화석연료의 연소와 자동차 배출가스 등에 기인한다. 연료중의 황 성분은 연소과정에서 SO_2와 같은 황산화물로 그리고 공기 및 연료 중의 질소 성분은 연소 중에 NO와 같은 질소산화물 형태로 전환된다. 이들 전환된 산화물들은 다시 물(H_2O)과 반응하여 산(Acid)으로 바뀌게 된다. 다시 말해 배출된 SO_2 경우는 가스상태 혹은 액체상태의 황산(H_2SO_4)으로 산화되고 일부의 황산은 암모니아 가스(NH_3)나 석회석($CaCO_3$) 등과 반응하여 황산암모늄염[Ammonium Sulfate, $(NH_4)_2SO_4$] 혹은 석고($CaSO_4$) 형태로 대기 중에 존재하게 된다. 황 관련 산화반응은 다음과 같다.

$$S + O_2 \rightarrow SO_2$$
$$SO_2 + H_2O \rightarrow H_2SO_3$$
$$H_2SO_3 + 1/2O_2 \rightarrow H_2SO_4$$
$$2SO_2 + O_2 \rightarrow 2SO_3$$
$$SO_3 + H_2O \rightarrow H_2SO_4$$
$$H_2SO_4 + 2NH_3 \rightarrow (NH_4)_2SO_4$$
$$H_2SO_4 + CaCO_3 \rightarrow CaSO_4 + H_2O + CO_2$$

그리고 배출된 NO의 경우는 NO는 NO_2로 산화되고 NO_2는 다시 물과 반응하여 아질산(HNO_2), 질산(HNO_3)으로 되며 일부는 암모니아 가스(NH_3), 석회석($CaCO_3$) 등과 반응하여 질산암모늄염(Ammonium Nitrate, NH_4NO_3) 혹은 질산칼슘[$Ca(NO_3)_2$]으로 대기 중에 존재하게 된다. 질소 관련 산화반응은 다음과 같다.

$N_2 + O_2 \rightarrow 2NO$

$2NO + O_2 \rightarrow 2NO_2$

$3NO_2 + H_2O \rightarrow 2HNO_3 + NO$

$2NO + 3/2\,O_2 + H_2 \rightarrow HNO_2 + HNO_3$

$HNO_2 + NH_3 \rightarrow NH_4NO_2$

$HNO_3 + NH_3 \rightarrow NH_4NO_3$

$2HNO_2 + CaCO_3 \rightarrow Ca(NO_2)_2 + H_2O + CO_2$

$2HNO_3 + CaCO_3 \rightarrow Ca(NO_3)_2 + H_2O + CO_2$

이 외에도 염산 (HCl), 불산 (HF) 등이 빗물의 산도 (Acidity)에 영향을 끼치며, 소량의 철 (Fe), 구리 (Cu), 마그네슘 (Mg), 바나듐 (V) 등은 이산화황 (SO_2)을 삼산화황 (SO_3)으로 산화반응을 촉진하는 촉매로서 빗물의 산도 변화에 영향을 준다.

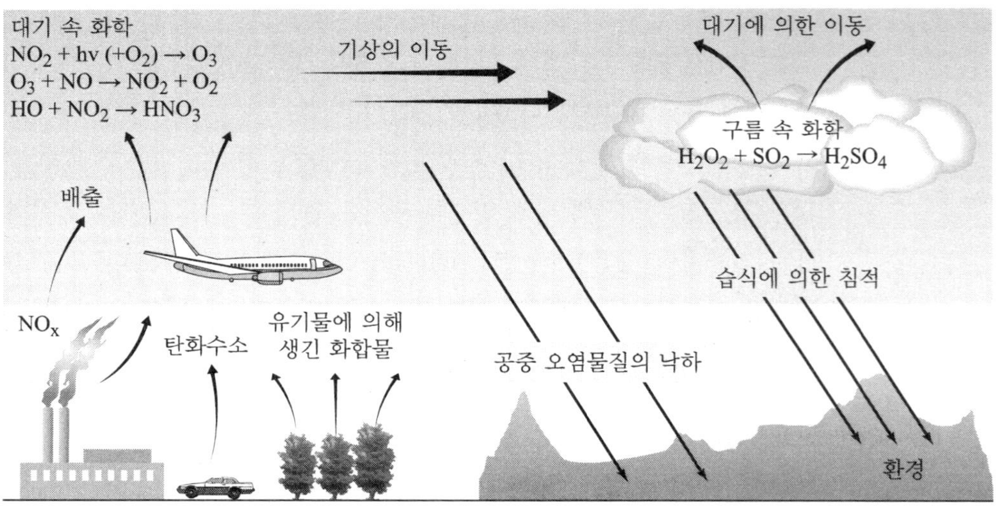

그림 4-7 산성 침적물 형성

(2) 산성비 영향 및 피해

일반적으로 산성비의 생성 경로를 살펴보면 그림 4-8에서처럼 ①은 SO_2와 NO_x가 대기 중으로 배출된다. ② 배출된 오염물질은 대기 중에서 비 입자 (Rain Particle)로 전환되어 먼 거리를 이동하기도 한다. ③ 생성된 비 입자는 습하고 건조한 침적물, 즉 먼지 (Dust), 비 (Rain), 눈 (Snow) 등의 형태로 지구상으로 떨어진다. ④ 그리고 나서 토양 (Soil), 산림 (Forests), 하천 (Streams), 호수 (Lakes), 건축 구조물 등에 나쁜 영향을 미치게 된다.

우리 환경에 미치는 영향으로 호수 및 저수지의 어류, 동/식물의 생육, 인체 등에 심각한 나쁜 영향을 미칠 뿐 아니라 섬유제품의 퇴색, 금속의 부식, 구조물 훼손 등 자연 및 주변 환경을 위협하는 요소가 되고 있다. pH가 3.0이 되면 소나무, 해바라기, 벼는 잎 표면에 반점이 생기고 나팔꽃의 경우는 탈색현상이 나타난다. 그리고 호수가 산성화될 경우는 플랑크톤(Plankton)이 감소하고 사멸된다. 또한 pH가 5.0 이하가 되면 종속영양세균의 분해 및 활성이 저하되기 때문에 호수바닥에 많은 퇴적물이 생기고 담수어 부화와 생식이 둔화된다.

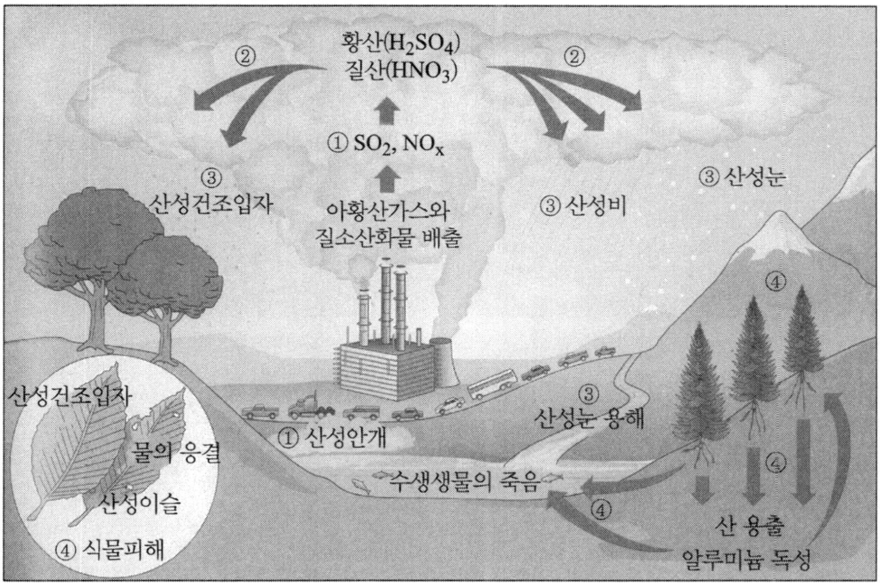

그림 4-8 산성비 경로 (Acid Rain Pathway)

(3) 산성비 현황과 대책

최근에 중국의 산업화(Industralization)에 따른 동아시아 지역의 산성비 피해가 증가하고 있으며, 우리나라도 서울 부산 등 대도시 지역과 울산, 여수, 대산, 창원, 구미 등의 공업 도시를 중심으로 서서히 산성비의 피해가 나타나고 있다. 우리나라를 포함한 동아시아 지역 10개국은 동아시아 산성비 모니터링 네트워크(EANET, Acid Deposition Monitoring Network in East Asia)를 구축하여 정부 간 회의를 진행하는 등 산성비 피해를 줄이기 위한 국제협력 기반을 조성하고 있다.

토양 (Soil) 산성화

물고기폐사

건축조각물 훼손

교량 및 수송수단 부식

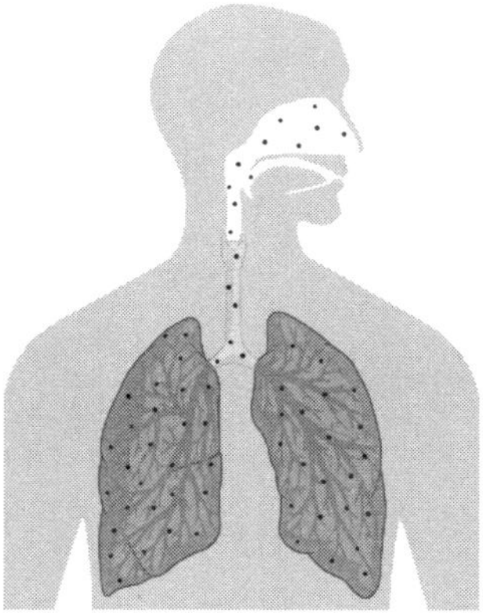

인체호흡기 질환

그림 4-9 산성비의 악영향

▌참고 ▌ pH 스케일 (Scale)

보통 산성비 (Acid Rain)는 pH 4.2~4.4 범위를 가진다. 이를 포함한 스케일 별 주요 물질을 그림 4-10에 나타내었다.

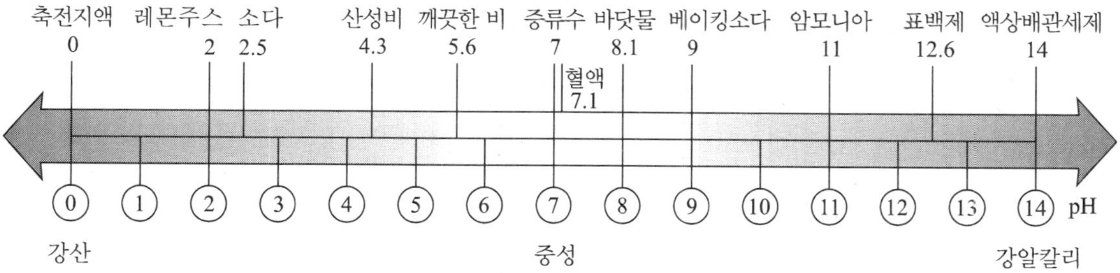

그림 4-10 pH 스케일과 물질

4.4 스모그(Smog) 현상

스모그는 연기(Smoke)와 안개(Fog)가 합쳐져서 생긴 말로, 오염된 공기가 안개와 함께 한 곳에 머물러 있는 상태를 말한다. 자동차에서 나오는 배출가스, 석탄을 태우면 나오는 이산화황(SO_2)과 일산화탄소(CO) 등이 안개나 햇빛과 만나 스모그(Smog)를 일으킨다. 스모그는 바람이 불지 않거나 대기의 아래층에 찬 공기가 있고 위층에 따듯한 공기가 있을 때 발생하기 쉬우며, 스모그가 발생하면 하늘이 뿌옇고 볼 수 있는 거리가 짧아져 대기오염이 심하다는 사실을 눈으로 확인할 수 있다.

스모그에는 런던(London)형 스모그와 로스앤젤레스(Los Angeles)형 스모그가 있으며, 전자는 공장이나 가정의 난방 시설에서 나오는 오염물질로 만들어지는 검은색 스모그를 말하며 주로 겨울철에 나타난다. 그리고 후자는 광화학적 스모그(Photochemical Smog)라고도 하는데 자동차 배출가스 때문에 생기는 스모그이다. 자동차 배출가스에서 나오는 이산화질소(NO_2)와 탄화수소(Hydrocarbon)가 자외선(Ultraviolet Rays)과 반응해 유독한 화합물인 오존(Ozone) 등을 만든다. 이 오존이 스모그를 일으키고 주로 여름철에 발생하며 황갈색을 띤다.

공기 중에 오존이 많으면 머리가 아프고 눈이 쓰리며 호흡기에 염증이 생기기도 하고 식물은 말라 죽을 수도 있다. 우리나라의 경우는 두 가지 유형의 스모그가 모두 발생한다. 겨울철과 봄철에는 주로 런던형 스모그가 발생하고, 여름철에는 주로 로스앤젤레스형의 스모그가 발생한다. 서울에서는 이들 두 가지가 합쳐진 형태의 스모그가 나타나기도 하는데, 스모그가 발생하면 서울 하늘은 주로 회색을 띠게 된다.

(1) 광화학산화제 (Photochemical Oxidant)

대기환경 중에서 2차적으로 발생하는 유해물질로서 매연과 배출가스에 포함되어 있는 질소산화물 (NO_x)과 탄화수소 (Hydrocarbon)가 자외선 (Ultraviolet Rays)에 의해서 새로운 물질을 생성한 것이다. 그 중 90%는 오존 (O_3)이며 기타 질산과산화아세틸 (PAN, Peroxyacetyl Nitrate, $CH_3COOONO_2$, RCO_3NO_2) 등의 과산화물, 알데히드, 케톤 등이 있다. 피해로서는 오존의 작용이 문제가 된다. 즉, 급성 중독으로서는 눈이나 인후 등의 점막조직이 자극되어 비염, 가래, 두통, 어지러움 등의 증상을 보이고 폐수종, 호흡곤란, 실신을, 만성적으로는 호흡기 질환에 대한 감염 저항력의 약화 및 기관지염 등을 일으킨다. 이 중 PAN과 알데히드는 눈 자극 현상의 주된 원인 물질이고, 광화학 산화제는 식물을 고사시키거나 고무의 열성화, 의류 퇴색 등의 피해를 가져오게 된다.

1945년경부터 미국 LA 지역에서는 광화학 스모그가 빈번히 일어났으며, 주요 원인 물질은 앞서 언급한 것처럼 질소산화물과 탄화수소류이고 그 주체는 이들 원인물질이 일광조사 하에서의 광화학반응에 의해 생성되는 2차 오염물질에 의한 대기오염으로 판명되었다. 이와 같은 현상은 1970년 이후 일본에서도 심했으며 기타 여러 곳에서의 발생이 보고되었다. 이와 같이 증가추세에 있는 광화학 스모그의 주요 원인물질이 자동차 배출가스 중에 함유되어 있는 질소산화물과 탄화수소라는 점을 감안할 때 자동차화 (Motorization)와의 관련은 분명하고 기상이나 지형조건에 따라 발생가능성이 높다고 할 수 있다.

그리고 광화학산화제 (Photochemical Oxidant) 생성의 반응과정은 태양조사와 함께 대기 중의 일산화질소 (NO)가 감소하여 이산화질소 (NO_2)가 생성되기 시작하고 그 농도가 최고치에 달하여 감소하기 시작할 때 오존 (O_3)이 생성되는 시점이 된다. 이 O_3의 생성은 아래와 같이 나타낼 수 있다.

$$NO_2 + \text{빛 에너지 (파장} < 430\,\text{nm)} \rightarrow NO + O$$

$$O + O_2 + M \rightarrow O_3 + M$$

이는 쉽게 다음과 같이 설명할 수 있다.

$$NO_2 \rightarrow NO + O$$

$$O + O_2 \rightarrow O_3 \text{ (Ozone)}$$

$$NO + O_3 \rightarrow NO_2 + O_2$$

$C_xH_y + O_3 \rightarrow RCHO$ (Aldehyde)

$RCHO + NO + NO_2 \rightarrow PAN$ (Peroxyacetyl Nitrate)

$PAN + O_3 + RCHO \rightarrow$ 산화제 (Oxidant)

대기 중의 SO_2 또한 오존 (O_3) 하에서 다음과 같이 변한다.

$SO_2 \rightarrow SO_3 \rightarrow H_2SO_4$

그리고 대기 내 광화학반응은 단지 O_3의 생성에 국한되지 않고 여러 가지 유기화합물의 생성이 예상되며 이 같은 물질이 광화학 2차 반응 생성물로서 대기 중에서 확인되고 있다. 또한 대기 중 유기질의 증기, 황산화물, 질소산화물 등의 가스상 물질의 광화학반응이며 공존하는 미세입자를 핵 (Nucleus)으로 하여 응축 (Condensation) 함에 따라 광화학 에어로졸 (Aerosol)이 생성된다.

(2) 황사 (Yellow Dust, Asian Dust) 현상

우리나라는 봄철이 되면 중국에서 날아오는 황사 때문에 많은 사람들이 곤욕을 치르고 있다. 1990년 이후부터 중국의 공업화 영향으로 황사에 중금속까지 혼입되어 날아오기 때문에 그 심각성은 가중되고 있다. 보통 봄철 3~5월 사이에 그 영향을 많이 받고 있으나 최근에는 가을, 겨울 황사도 자주 일어나고 있다. 황사직경은 0.25~0.5 μm의 누런 먼지가 강한 편서풍에 실려 우리나라로 이동한다.

발생원인은 중국의 만주, 산동반도, 발해만, 내몽고, 황하강 유역을 포함한 화북지방에서 발생한 누런 흙먼지는 저기압으로 발생된 강풍을 따라 우리나라와 일본으로 날아오는 현상으로 매년 많은 피해를 주고 있다. 이 시기에는 눈병과 호흡기 질환인 기관지염, 천식, 기타 알레르기 등 각종 질병으로 인체에 영향을 미치게 된다. 또한 농작물 잎의 기공을 막아 생육에 지장을 주기도하고 자동차 엔진이나 기계의 회전마찰 부분을 마모시켜 수명을 단축시키고 전자제품과 같은 정밀 기계에도 영향을 준다. 심할 경우에는 하늘이 황갈색으로 변하고 태양빛이 차단되어 항공기 이착륙에도 방해를 받기도 한다.

황사는 자연발생적인 현상이므로 나무를 심어 녹지조성과 같은 방법 이외에는 근원적 대책은 없으나 중국의 산업화 과정에서 배출되는 대기오염물질이 황사와 동반하여 유입될 수 있으므로 이를 억제하기 위한 대책이 필요하다.

4.5 엘니뇨/라니냐(El Nino/La Nina) 현상

지구가 태양으로부터 받는 복사 에너지는 인간이 살아가기에 적당한 반면에, 인간이 만들어 내는 공해로 인해 지구의 기상이 변하고 있다. 즉 바람, 일사량, 일조 시간, 구름/비/눈/이슬/서리/얼음 등의 증발량, 빛의 현상 등 많은 기상 요소들이 정상적이지 못한데 있다. 이렇게 지구의 기상 상태가 예전 같지 않은 시점에 엘니뇨라는 기상 용어가 생겨났으며, 이상기후 요인 중 온실효과에 영향을 미치는 것은 화석연료가 문제가 되는데 기여도가 큰 순위는 CO_2 (55%) > CFCs (24%) > CH_4 (15%) > N_2O (6%)이다.

(1) 엘니뇨 (El Nino)

열대평양 적도 부근에서 남아메리카 해안, 중태평양에 이르는 넓은 범위에서 해수면 온도가 지속적으로 높아지는 현상으로 2~6년마다 한 번씩 불규칙하게 발생하는데 주로 9월에서 다음해 3월 사이에 일어난다.

적도에는 연중 일정한 방향으로 무역풍이 부는데 적도 북쪽에는 북동무역풍이 불고 남쪽에는 남동무역풍이 분다. 무역풍의 영향을 받은 바닷물의 흐름은 에크만 수송(Ekman Transport)에 의해 북반구에서는 북서쪽으로 해류가 흐르고 남반구에서는 남서쪽으로 흐르게 된다. 따라서 적도를 기준으로 북쪽과 남쪽의 해류가 서로 갈라지듯이 흐르는 결과를 가져온다. 이때 적도에는 바다 표층수 아래 존재하는 차가운 온도의 바닷물이 위로 올라(용승 현상)오게 된다. 그 때문에 오히려 적도 부근의 바닷물은 온도가 더 낮아지는 현상이 발생하게 된다. 이런 현상 때문에 적도에는 많은 물고기들이 모여 풍부한 어장을 형성하게 된다.

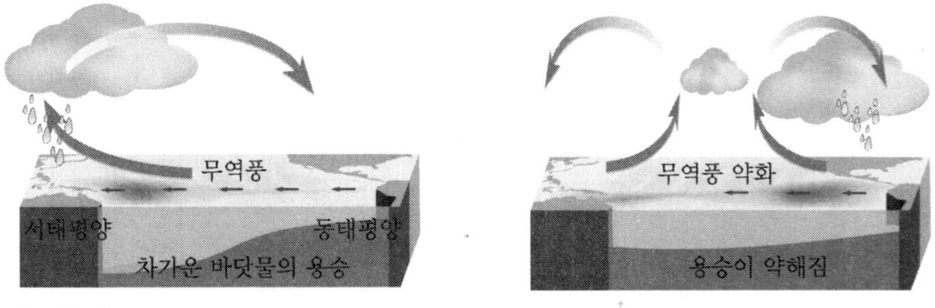

그림 4-11 평상시 (좌) 엘니뇨 (우)의 대류 순환

동무역풍과 남동무역풍으로 인해 적도 부근에 있는 따뜻한 바닷물이 서쪽으로 흘러가면 서태평양 바다에는 따뜻한 물이 수증기가 되어 큰 비구름이 발생하고 저기압이 형성된다. 그 저기압 때문에 인도양에 있는 고기압의 바람이 유입되어 적도에 부는 무역풍이 약해지게 되는 현상이 발생한다. 무역풍이 약해지면 서태평양의 따뜻한 바닷물이 동쪽으로 이동하여 태평양 적도 인근의 바닷물이 유입된다. 이때 깊은 바다에 존재하는 차가운 바닷물이 아래로 밀려나 상승하는 힘이 약해지고 용승현상이 줄어들게 되며, 페루 연안에서는 바닷물이 따뜻해지는 엘니뇨현상이 발생하게 된다. 이때에는 물고기도 줄어들어 페루의 어부들은 출어를 나가지 않고 축제를 열어 쉬었다고 전해진다.

엘니뇨의 영향으로 페루 연안은 태평양 적도 부근의 따뜻한 해수의 온도가 표층 수온의 평년보다 0.5℃ 상승하게 되며 심할 경우는 7~10℃ 정도 높아지게 된다. 높아진 수온에 의해 영양염류와 용존산소의 감소로 어획량이 줄어 어장이 황폐화되고, 바다에서 수증기가 많이 생성되어 상승기류(저기압)가 일어나 많은 비구름을 만들게 되며, 온도는 상승하게 된다. 이렇게 만들어진 비구름은 중남미 지역에 많은 비를 뿌려 열대우림지대에 풍부한 수분을 공급한다. 하지만 폭우나 홍수로 인한 기상이변은 인간 일상에 막대한 피해가 발생하기도 한다. 이는 태평양 반대쪽인 호주 일대에 가뭄을 가져와 태평양 양쪽 모두에 이상기상(Abnormal Weather)을 초래하고 농업과 수산업 등 산업 전반에 큰 피해를 입히는 결과를 가져오기도 한다. 이처럼 멀리 떨어진 지역에도 엘니뇨로 인한 기상이변(Unusual Weather)을 미치는 텔레커넥션(Teleconnection) 현상이 일어나게 된다.

따라서 엘니뇨는 남아메리카 해안에서 일어나는 국소적인 현상이 아니라 칠레와 알래스카, 아프리카와 인도네시아까지 넓게 떨어진 지역에서 기후변화(Climate Change)를 일으키는 대규모적인 이상기후 현상으로 설명하고 있다. 1923년 워커(Walker)는 무질서한 변동 기압 가운데서도 수년 간격으로 나타나는 확실한 기압 변동이 존재함을 발견하고, 이 대규모의 대기압 시소(See-saw) 현상을 남방진동(Southern Oscillation)이라 불렀다. 이 남방진동은 단순한 적도의 기압 변동이 아니고 적도의 해면 수온, 강수량, 인도 및 남동 아프리카의 강수량, 중위도의 기온과 강수량 등과도 밀접한 관련이 있음이 알려졌다. 기압 변동인 남방진동과 적도 태평양의 해면 수온 및 강수량의 변화 사이에는 특별한 의미가 있고 그것이 엘니뇨로 나타나는 것이다.

우리나라의 경우에 엘니뇨현상이 일어나면 대체로 여름철 이상저온현상이나 또는 긴 장마와 폭우현상이 일어나고, 겨울에는 이상고온현상이나 가뭄이 일어나지만 기후에는 여러 요인들이 영향을 미치기 때문에 경우에 따라 달라진다. 그리고 우리나라는 다른 지역에 비해 엘니뇨현상이 뚜렷하게 나타나는 지역은 아니다.

(2) 라니냐 (La Nina)

엘니뇨현상과 반대로 적도 무역풍이 강해지면서 적도 부근의 서태평양 해수 온도는 평년보다 상승하게 되고, 동태평양 해수 온도는 저온이 되는 해류의 이변 현상을 말한다. 라니냐 현상은 엘니뇨현상의 시작 전이나 끝난 후, 평균보다 강한 적도무역풍이 지속될 때 발생하는 기후변동 현상이다. 라니냐 현상이 발생하면 원래 찬 동태평양의 바닷물은 더욱 차가워져 서쪽으로 향하게 된다. 따라서 인도네시아, 필리핀 등의 동남아시아에는 격심한 장마가, 페루 등 남아메리카에는 가뭄이, 북아메리카에는 강추위가 나타날 수 있다.

그림 4-12 평상시 (좌) 라니냐 (우)의 대류 순환

▌참고 ▌ 저기압과 고기압

태양으로부터 받는 열량의 차이로 지구를 둘러싸고 있는 공기의 밀도가 지역에 따라 다르게 나타난다. 어느 지역은 밀도가 높고 어느 지역은 밀도가 낮다. 공기 밀도가 높은 지역은 기압이 높고, 공기 밀도가 낮은 지역은 기압이 낮다. 이러한 공기 밀도의 차이로 인해 고기압인 지역과 저기압인 지역이 나타나게 된다.

저기압 (Low Atmospheric Pressure): 주위보다 상대적으로 기압이 낮은 곳을 가리킨다. 바람은 기압이 높은 쪽에서 낮은 쪽(중심)을 향하여 소용돌이의 흐름으로 불어 들어간다. 북반구에서는 반시계방향이며, 남반구에서는 시계방향이다. 중심에 가까울수록 바람의 속도가 빠르며, 상승기류로 인해 구름이 생성되어 비 또는 눈이 내리는 경우가 많다.
다시 말해, 저기압 내에서는 주위보다 기압이 낮으므로 사방으로부터 바람이 불어 들어온다. 사방으로부터 불어 들어온 바람은 중심 부근에서 상승하여 수 km 상층으로 올라간 후 밖으로 불어 나간다. 여기에 지구 자전에 의해 회전하는 힘이 가해지면 공기의 소용돌이가 생기게 된다. 온대 지역에서 발생하는 저기압을 온대저기압이라고 하며, 열대 지역에서 발생하는 저기압을 열대저기압이라고 한다.

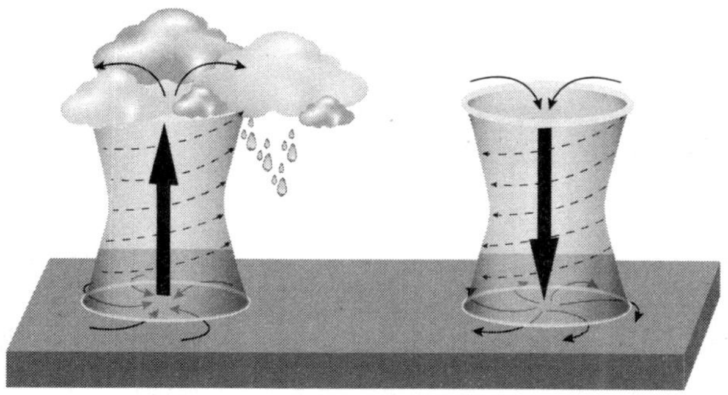

그림 4-13 북반구에서 기압

고기압 (High Atmospheric Pressure): 주위보다 상대적으로 기압이 높은 곳을 가리킨다. 지상의 바람은 기압이 높은 쪽에서 낮은 쪽을 향해 불어 나가는데, 북반구에서는 시계방향이며 남반구에서는 그 반대이다. 상층 대기에서 하강 기류가 발달하여 지표면 위에서 시계방향으로 불어나가는 경향을 보이는 흐름을 말하며 이러한 고기압 조건하에서는 대기층이 안정하여 날씨가 맑은 경향을 보인다.

고기압은 그 구조와 운동 및 일반적인 상태에 따라서 아열대고기압, 대륙성 한대고기압, 이동성고기압 등으로 구분된다. 아열대고기압은 아열대 해상에서 발달하는 키가 큰 따뜻한 고기압으로서 지속성이 매우 커서 연중 어느 계절에나 존재하고 있지만 특히 여름철에 더 강하다. 우리나라 여름철에 영향을 미치는 북태평양 고기압이 이에 속한다. 대륙성 한대고기압은 겨울철에 대륙의 북부지방에서 발달하는 키가 낮은 한랭한 고기압으로서 지면으로부터 약 3 km 정도까지 이른다. 우리나라 겨울철에 영향을 미치는 시베리아고기압이 이에 속한다. 이동성 고기압은 저기압과 저기압 사이에 끼어 이동하는 고기압과 한대기단의 범람에 의하여 한랭기단이 흩어져서 이동하는 고기압이 있다. 한랭형 이동성고기압은 키가 낮고 이동속도도 빠르며 날씨도 별로 좋지 않은데 비하여 온난형 이동성고기압은 키도 비교적 커서 상층까지 고기압의 특성을 유지하고 있으며 이동속도도 느린 것이 보통이다. 이동성 고기압은 따뜻한 해면에 이르러 해면으로부터 많은 열을 흡수하여 3~4일 후에는 아열대고기압으로 변질된다.

05 대기오염물질과 영향

대기오염물질에는 황산화물, 질소산화물, 분진, 광화학산화제, 일산화탄소 등이 있다.

(1) 황산화물 (Sulfur Oxides)

황 또는 황을 포함한 물질을 연소할 때 생성된다. 황산화물의 가장 큰 오염원은 화석연료의 연소이다. 대기 중에서 SO_2는 SO_3로 서서히 산화된다. 더욱이 SO_2와 SO_3는 수분과 작용하여 황산 (H_2SO_4)을 형성하고, 이 황산은 환경에 해로운 영향을 준다. 그리고 SO_2는 인간의 건강문제, 동식물에 대한 피해 문제, 산성 미스트 (Mist) 형성으로 인한 스모그 (Smog)와 박무 (Haze) 문제, 물질의 부식 (Corrosion)과 관계가 있다. SO_2의 영향은 다른 오염물질, 특히 분진이 존재할 때 가중된다. SO_2가 흡착된 입자상의 황산염 또는 비활성 분진은 폐 깊숙이 침투하여 심각한 영향을 일으킬 수 있다.

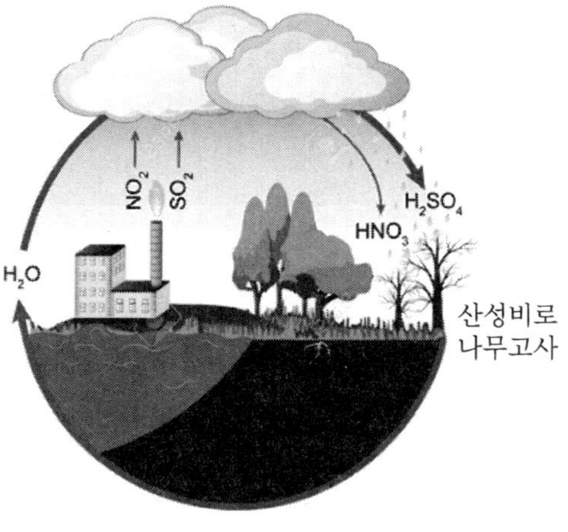

그림 5-1 산성비 (Acid Rain)

(2) 질소산화물 (Nitrogen Oxides)

공기 중 어떠한 연료를 태우든 생성된다. 또한 공기 중 질소와 산소는 NO와 NO_2 형태로 결합한다. 질소산화물은 스모그 생성에 관여하며 식물과 동물에 피해를 준다. 또한 인체에 영향을 미칠 수 있다. 질소산화물은 산성 침적 (Acidic Deposition)에 기여하며 태양광의 존재 하에 반응성이 큰 휘발성 유기화합물 (VOC, Volatile Organic Compounds)과 반응하여 광화학적 산화물을 형성한다. 인체에 대한 NO_2의 영향은 코와 눈의 자극, 폐의 부종, 기관지염과 폐렴을 포함한다.

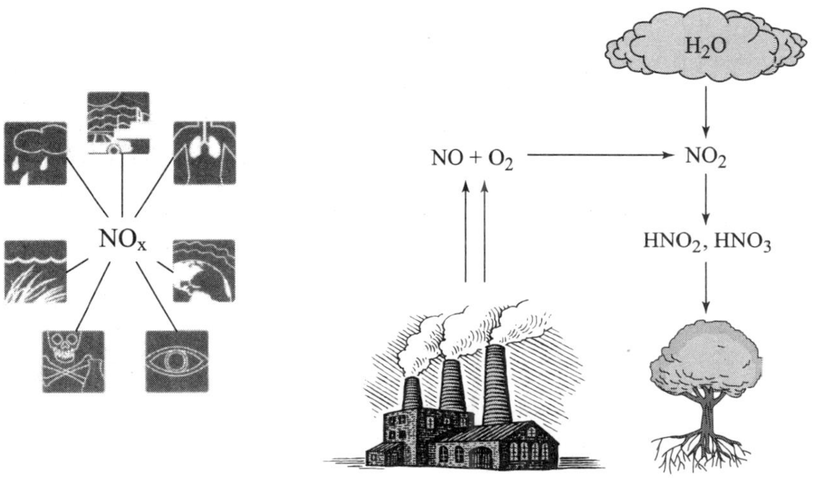

그림 5-2 산성비 (Acid Rain) 형성

(3) 분진 (Dust)

두 가지 기본과정에 의해 생성된다. 광석의 마모 또는 분쇄공정, 건자재의 운반 과정 등과 같은 물질 취급 공정은 분진을 생성시킨다. 또한 연소 과정은 불연성의 재나 불완전연소로 인한 검댕 (Soot) 등과 같은 미세분진을 배출한다. 스모그나 박무에 의한 가시도의 감소, 건축물의 더럽힘, 물질의 부식과 침식, 지역적 기상변화 등의 피해를 들 수 있다. 또한 분진은 사람과 동물의 건강에 피해를 주고 식물의 성장을 방해한다. 대기 중 분진은 여러 경로를 통해 인체에 영향을 준다. 어떤 오염물은 독성이거나 발암성일 수도 있다. 분진은 화학물질을 흡착하여 장시간 동안 폐포 (허파꽈리)에 침착되어 화학물의 영향을 가중시킨다. 호흡기 계통에 주는 분진의 물리적 영향도 매우 심각하다.

05장

(4) 광화학 산화제 (Photochemical Oxidants)

대기환경에서 일어나는 일련의 복잡한 화학반응으로 생성된다. 이들 반응에는 휘발성 유기화합물 (VOC)과 NO_x가 참여하며 태양으로부터 자외선 (Ultra Violet Rays) 에너지를 흡수함으로써 초기화 반응이 시작된다. 이런 반응을 거쳐 생성되는 주요 생성물 중 하나가 오존 (O_3)이다. 오존을 비롯한 기타 산화제 (Oxidant)는 눈, 코, 목을 자극한다. 산화물질에 의한 또 다른 영향으로는 합성고무의 파열과 섬유, 도료 및 기타 자재의 분해 현상이 포함된다. 산화물질은 잎의 탈색과 세포파괴를 포함하여 식물에 피해를 주며 식물은 낮은 농도의 산화물질에도 영향을 받는다. 어떤 휘발성 유기화합물도 식물, 동물 또는 재산상에 직접적으로 피해를 주지 않은 것으로 알려져 있다. 그러나 에틸렌은 예외로 활엽수에 백화현상과 괴사를 일으킨다. 또한 몇 종류의 식물에 대해서는 성장을 방해하는 것으로 보고되고 있다. 일부 휘발성 유기화합물은 발암물질이며 대부분 휘발성 유기화합물은 대기 중에서 산화물을 생성하는 반응성 물질이다.

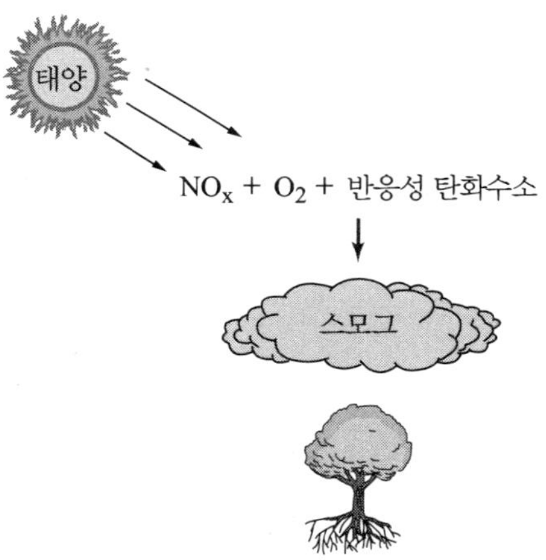

그림 5-3 광화학스모그 (Smog) 형성

(5) 일산화탄소 (Carbon Monoxide)

무색, 무미, 무취의 가스로 탄소를 함유한 연료의 불완전 연소 시 발생한다. 일산화탄소는 식물 또는 물질에 비활성이지만 인간의 건강에는 심각한 영향을 줄 수 있다. CO는 혈액 속의 헤모글로빈 (Hemoglobin)과 반응하여 산소 전달을 방해하는 기체이다. CO의 농도와 노출시간에 따라서 가벼운 두통에서 메스꺼움, 죽음까지 영향을 미친다.

(6) 대기환경문제 및 대응책

다음 표 5-1은 전체적인 대기 환경 오염물질의 종류, 오염원, 영향 그리고 대응책을 간략히 정리한 것이다.

표 5-1 대기환경문제

환경문제	근원	문제	제한치	대책
황산화물 (SO_x)	연료	산성비	–	청정연료 배기가스 세정
질소산화물 (NO_x)	연료/공기	오존 (O_3)	35 ppm [1]	저 NO_x 버너 선택적 촉매 환원제 선택적 비촉매 환원제
입자 (검댕이)	불완전연소	스모그	–	과잉공기 증가
일산화탄소 (CO)	불완전연소	독성물질	50～4000 ppm [1]	과잉공기 증가 버너 수리
탄화수소 (Hydrocarbons)	불완전연소	오존 (O_3)	–	과잉공기 증가
이산화탄소 (CO_2)	연소	온실효과	없음	없음/연소를 줄임
소음	공기/가스	작업자/이웃사람	90 db [2]	플레넘 (Plenum)
석면	단열재	발암물질	–	제거
내화 세라믹 섬유	내화물	–	없음	내화물 수리

주) 1) SCAQMD & BAAQMD (USA)
　　2) OSHA (USA)

06 황 제어 및 저감 (Sulfur Control & Reduction)

석탄, 석유, 폐기물 등에 함유되어 있는 황(Sulfur) 성분이 연소 시 공기 중의 산소와 결합하여 SO_2와 SO_3 등의 황산화물을 생성하게 되는데 이를 통칭하여 SO_x라 부르며 이중 대부분(90% 이상)이 SO_2이다. 이들은 자외선(UV) 등에 의한 광화학 반응으로 활성화된 후 대기 중의 수분과 결합하여 지상으로 비의 형태로 도달하게 되는데 이를 산성비(Acid Rain)라고 한다. 따라서 SO_x는 이와 같은 산성비를 유발시키는 전구물질(Precursor)이다.

대부분의 SO_x는 연료의 연소에서 발생하므로 이들 연료의 사용처와 사용량을 기준으로 주요 배출원을 확인할 수 있다. 산업화(Industrialization)가 발전함에 따라 필연적으로 증가하는 사회 간접자본 및 에너지 소비의 증가는 산업체 및 운송 수단 그리고 전력 생산 분야에서의 SO_x배출량을 증가시키고 있다. 특히 전기를 비롯한 에너지 생산 시 발생하는 SO_x배출량이 늘고 있는 추세이다.

이들 배출 SO_x를 제거하는 탈황기술은 여러 가지 기준에 따라 구분할 수 있는데 탈황 대상에 따라 연료탈황법(Fuel Desulfurization)과 배출가스탈황법(FGD, Flue Gas Desulfurization)이 있다. 즉, 전자는 연료가 연소되기 전에 연료로부터 황을 제거하는 방법이고 후자는 연소 후 배출가스로부터 SO_2를 제거하는 방법이다. 대기 배출 황산화물을 제어하기 위해서는 이들 2가지 방법을 병행하여야 할 것이다. 2가지 제어 방법에 대하여 살펴보기로 하자.

6.1 연료탈황법(Fuel Desulfurization)

연료황(Fuel Sulfur)은 유기화합물(Organic Compound) 형태로 존재하고 종류에는 머캡탄(Mercaptan, RSH), 설파이드(Sulfide, R_2S), 디설파이드[Disulfide, $(RS)_2$], 티오펜(Thiophene, C_4H_4S), 황화수소(Hydrosulfide, H_2S) 등이 있다. 예를 들어,

상압잔사중질유 분해납사 중에 포함되어 있는 유기황은 그림 6-1에 나타낸 것과 같다. 이들 유기황은 정제 전 원유 속에 포함되어 있다가 원유 정제과정에서 대부분 제거되고 소량(ppm~1% 이하)이 남아 최종 제품, 즉 오프연료가스(Off Fuel Gas), 액화석유가스(LPG, Liquefied Petroleum Gas), 가솔린(Gasoline), 등유(Kerosene), 경유(Diesel, Gas Oil), 벙커유(Bunker Oil) 등에 포함된다.

석유제품 및 석유화학원료 제품 속의 황을 제거하는 설비에는 ① 액화석유가스, 경질납사, 경질등유에 포함되어 있는 황을 제거하는 메록스(Merox, 혹은 Sweetening) 공정 ② 중질납사, 중질등유, 경유, 분해납사, 중질유 속에 포함되어 있는 황을 제거하는 수첨탈황(Hydrodesulfurization) 공정 ③ 황화수소(H_2S) 형태로 제거된 황을 회수하는 황회수(Sulfur Recovery) 공정으로 나눈다.

표 6-1 연료 및 석유화학제품 탈황

탈황방법		탈황대상물 (연료 및 석유화학제품)	적용공정
아민처리		연료가스(Fuel Gas)	공정 Off Gas 중의 H_2S 처리
메록스 공정	추출(Extraction)	액화석유가스(LPG)	LPG 메록스 추출
		경질납사(Light Naphtha)	경질납사 메록스 추출
	전환(Sweetening)	경질등유(Light Kerosene)	케로(항공유) 메록스 전환
수첨탈황공정		중질납사(Heavy Naphtha)	–
		중질등유(Heavy Kerosene)	
		경유(Diesel)	
		잔사유(Residue Oil)	상압잔사유(벙커씨, AR) 감압잔사유(VR)
수소분해(Hydrocracker)		감압가스오일(Vacuum Gas Oil)	감압가스오일 수소분해 공정
		감압잔사가스오일(Vacuum Residue Gas Oil)	감압잔사 수소분해 공정
충진 Vessel–흡착		수소생산공정 피드(LNG, 납사) 정제	수소생산공장
수첨탈황		초 저유황디젤(ULSD)	디젤심층탈황
		방향족 개질공정원료(중질납사)	납사 하이드로트리팅(NHT)
황회수		탈황공정에서 나온 H_2S을 황으로 회수 및 이용	황회수공정(Sulfur Recovery Unit)
수첨탈황		분해납사(Cracked Naphtha)	전체분해납사 탈황공정(WCN-HDS)
황베드(Sulfur Bed)–흡착		프로필렌 원료 정제	PP생산공장

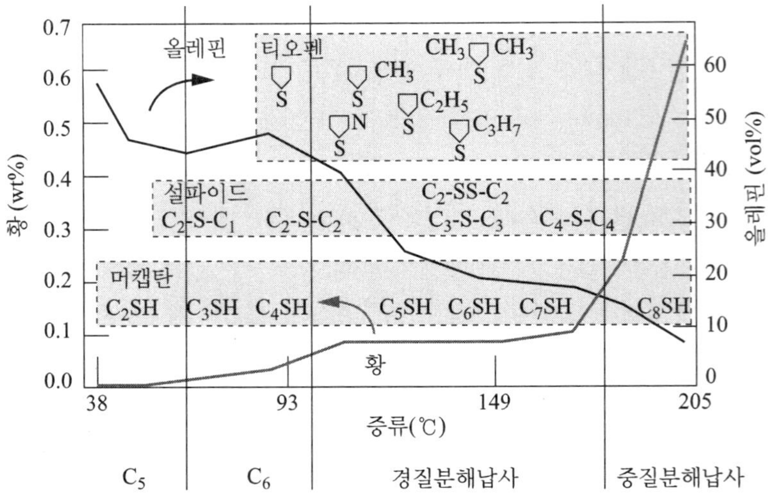

그림 6-1 중질유분해납사 중 포함 유기황 (일예)

이와 같이 모든 석유제품은 탈황공정을 거친 후 최종 사용처로 공급이 되고 있다. 예를 들면, 다음 그림 6-2에서처럼 등유 및 경유 탈황공정은 등유제품과 경유제품 속에 들어 있는 황(질소)을 포함한 불순물을 각각 제거하고 연료유로서의 품질 (세탄 등)을 향상시킨 연료를 제조한다.

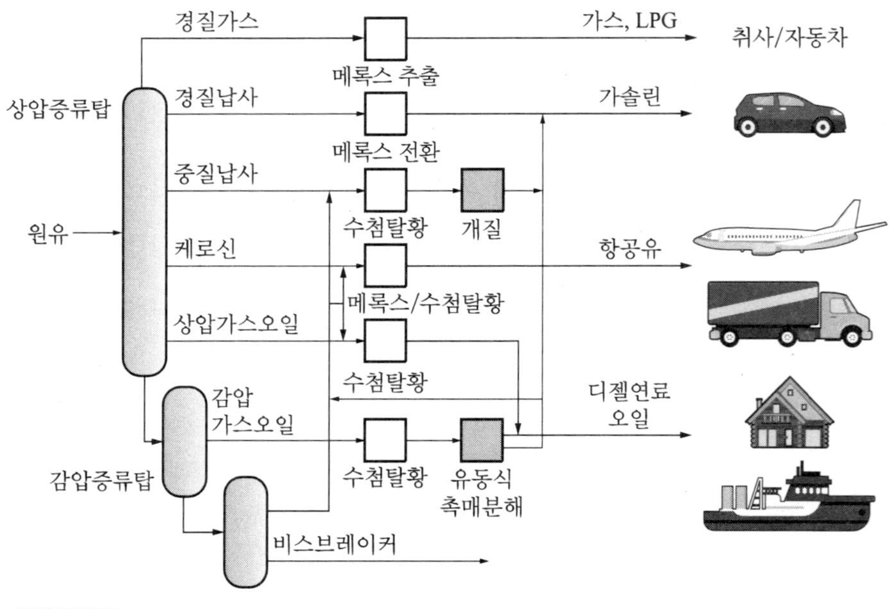

그림 6-2 석유제품 탈황

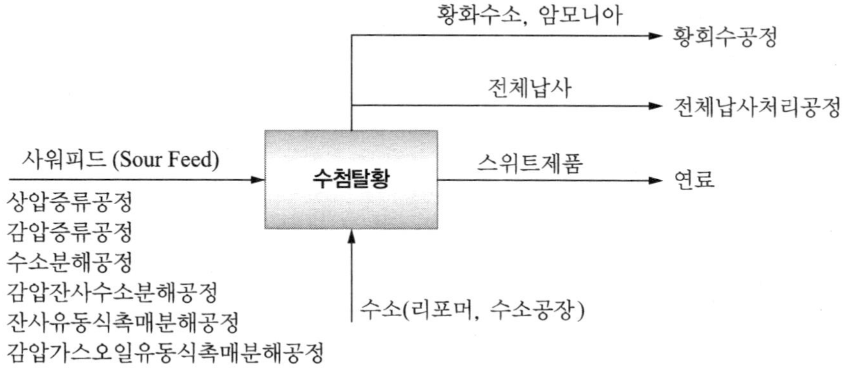

그림 6-3 수첨탈황공정 흐름도 (일례)

다시 말해 탈황공정은 오일 내에 원하지 않은 불순물(이를 테면 황, 질소, 금속 성분 등)을 제거하는 것이다. 즉, 여러 정제공정에서 나오는 황을 포함하고 있는 사워피드(Sour Feed)를 촉매 하에서 수소를 첨가하여 황을 비롯한 질소, 금속 등을 제거함으로써 황이 거의 없는 스위트제품(Sweet Product)을 얻게 된다.

일반적으로 탈황설비의 유기황 제거 반응식은 $RS + H_2 \rightarrow H_2S + R$ (여기서 R은 유기화합물 의미함)이다. 그리고 제거되는 황의 회수는 대부분 클라우스(Claus) 공정을 사용하며, 이는 아래 반응식과 같이 H_2S의 일부를 연소해서 SO_2로 만들고 여기에 2분자의 황화수소를 촉매상에서 산화/환원반응을 시켜 황을 얻게 된다.

$$H_2S + 2/3O_2 \rightarrow H_2O + SO_2$$

$$2H_2S + SO_2 \rightarrow 2H_2O + 3S$$

원유 정제 공정에서 탈황공정에 대해서 구체적으로 살펴보면 다음과 같다.

(1) 메록스공정 (Merox Unit)

엘피지(LPG), 경질납사(Light Naphtha), 케로신(Light Kerosene, 경질등유) 석유제품에 포함되어 있는 머캡탄(Mercaptan, RSH)의 황 성분을 가성소다(NaOH) 및 촉매(Catalyst)를 사용하여 제거하는 공정을 말한다.

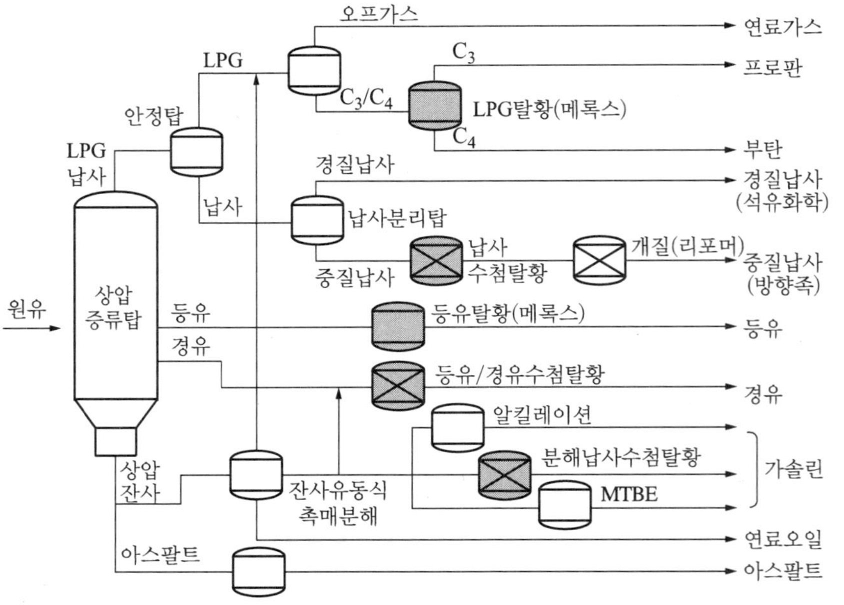

그림 6-4 전체 탈황공정

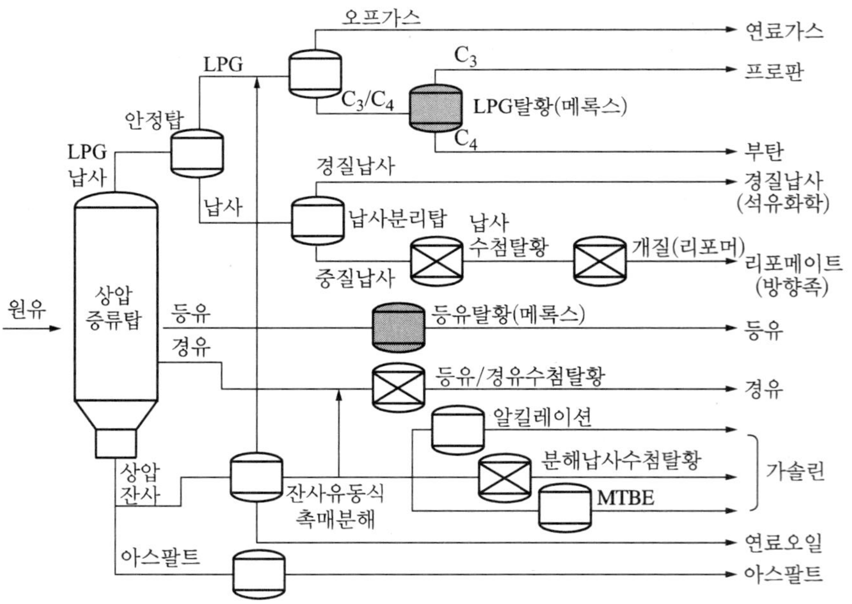

그림 6-5 메록스공정 개요도

다시 말해 엘피지(LPG), 경질납사(LSR, Light Straight Run), 항공유(Jet A-1, JP-5) 등에 포함되어 있는 머캡탄(Mercaptan, RSH)을 제거 또는 전환하는 공정을 말한다. 메록스는 머캡탄 산화(MERcaptan OXidation, MEROX)에서 따온 미국 유오피(UOP)사의 특허 공정이다. 그리고 이 공정에는 엘피지와 경질납사 메록스의 추출(Extraction) 공정과 케로 메록스의 스위트닝(Sweetening) 전환 공정이 있다. 전자는 엘피지나 경질납사에 섞여 있는 분자량이 작은 RSH는 가성소다(NaOH) 용액에 잘 녹으므로 이 공정에서는 가성소다 용액을 이용하여 제품에서 RSH를 제거한다. 반응식은 다음과 같다.

$$RSH + NaOH \rightarrow NaSR + H_2O$$

후자는 등유나 항공유에 섞인 머캡탄(RSH)은 분자량이 커서 가성소다 용액에 잘 녹지 않으므로 촉매를 이용하여 머캡탄(RSH)을 디설파이드(RSSR, Disulfide) 형태로 전환시키는 공정이다. 반응식은 다음과 같다.

$$2RSH + 2R'SH + O_2 + 2H_2O \rightarrow 2RSSR' + 4NaOH$$

① LPG/경질납사 메록스 추출공정

엘피지는 에탄추출탑을 거치면서 메탄, 에탄이 제거된 이후 아민흡수탑(Amine Absorber)에서 황화수소(H_2S)를 1차로 제거하고 나서 엘피지 메록스 공정에 공급된다. 이후 가성소다 세척조(Caustic Prewash)에서 가성소다를 이용하여 H_2S를 완전 제거하고, H_2S가 제거된 엘피지와 경질납사는 추출탑(Extractor)에서 가성소다와 접촉하면서 머캡탄이 추출되어 다음과 같이 제거된다.

$$RSH + NaOH \rightarrow NaSR + H_2O$$

추출탑에서 엘피지와 경질납사에 딸려 나온 가성소다는 가성소다 분리조(Caustic Settler)에서 비중차에 의해 분리되고, 모래 여과기(Sand Filter)에서 수분과 불순물을 분리하여 C_3/C_4 분리탑으로 가는 메록스의 마지막 단계가 된다. 그리고 추출탑에서 머캡탄을 함유한 가성소다(Spent NaOH)는 촉매를 이용하여 프레쉬 가성소다(Fresh NaOH)로 재생되어 추출탑으로 순환된다.

$$4NaSR + O_2 + 2H_2O \rightarrow 2RSSR + 4NaOH$$

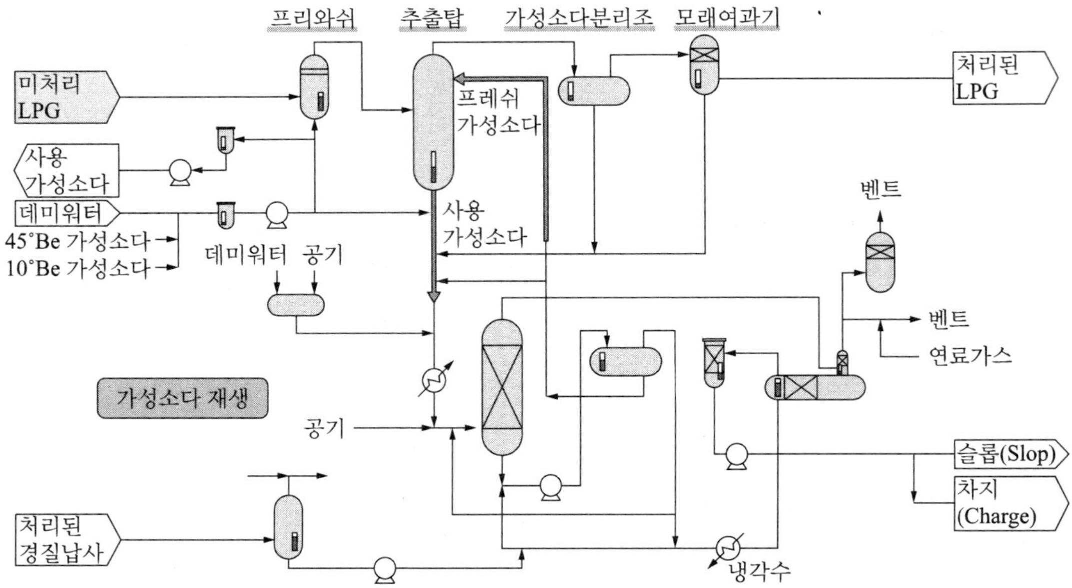

그림 6-6 LPG 메록스공정 흐름도

② 케로 메록스 전환 공정

등유와 항공유 등에 포함된 머캡탄(RSH)을 디설파이드(RSSR)로 전환시켜 제품 탱크에 저장하며 이때 총 황의 함량은 변하지 않는다. 가성소다 세척조에서 가성소다를 이용하여 황화수소와 유기산(Naphthenic Acid)을 제거하고 반응기(Reactor)에서 촉매가 흡착된 활성탄을 통과하면서 머캡탄이 디설파이드로 전환된다.

$$2RSH + 2R'SH + O_2 + 2H_2O \rightarrow 2RSSR' + 4NaOH$$

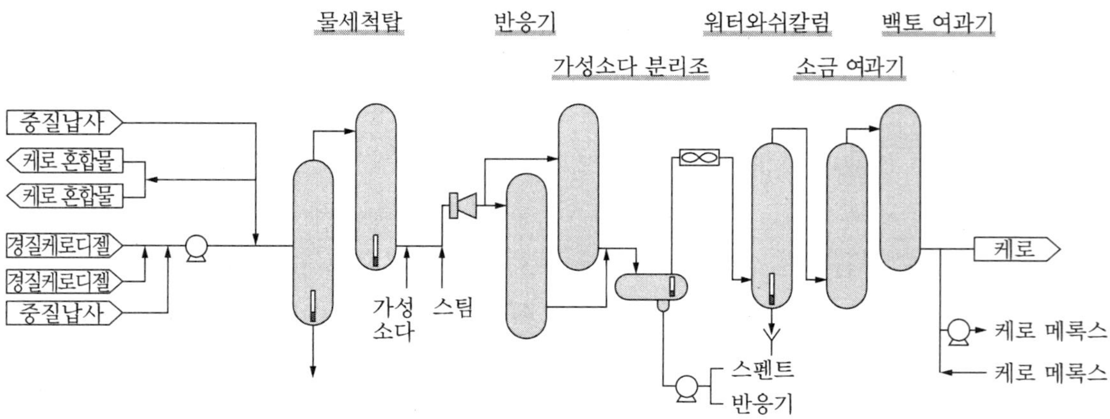

그림 6-7 케로 메록스공정 흐름도

반응기에서 등유에 딸려 나온 가성소다는 가성소다 분리조에서 비중차에 의해 분리되고 물세척탑 (Water Wash Column)에서 등유에 잔존하는 미량의 가성소다는 제거된다. 물세척탑에서 등유에 섞인 미립자의 물은 소금 여과기 (Salt Filter)에서 제거하고 등유에 녹은 계면활성제 (Surfactant)와 금속화합물 등의 불순물은 백토 여과기 (Clay Filter)에서 제거한다.

③ 운전변수

접촉은 반응물의 혼합 정도로 정의된다. 추출 공정에서 접촉과 관련한 변수는 탄화수소 트레이 홀에서의 속도와 탄화수소의 부피에 대한 순환 가성소다의 부피비가 된다 [가성소다의 탄화수소에 대한 비 (C/H), 그리고 스위트닝 (전환) 공정에서 접촉과 관련한 변수는 액체시간 공간 속도 (LHSV, Liquid Hourly Space Velocity)이다].

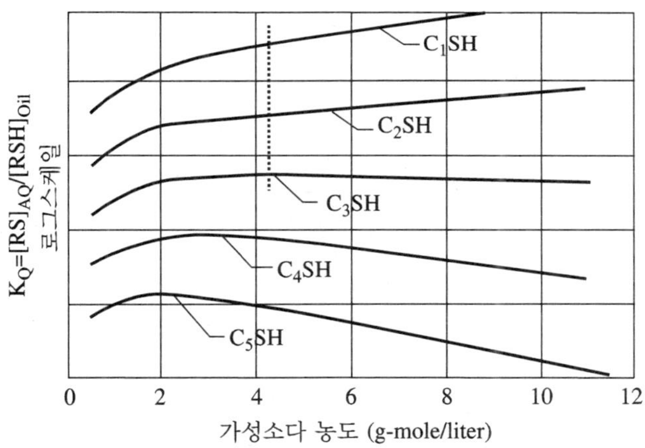

그림 6-8 평형분포

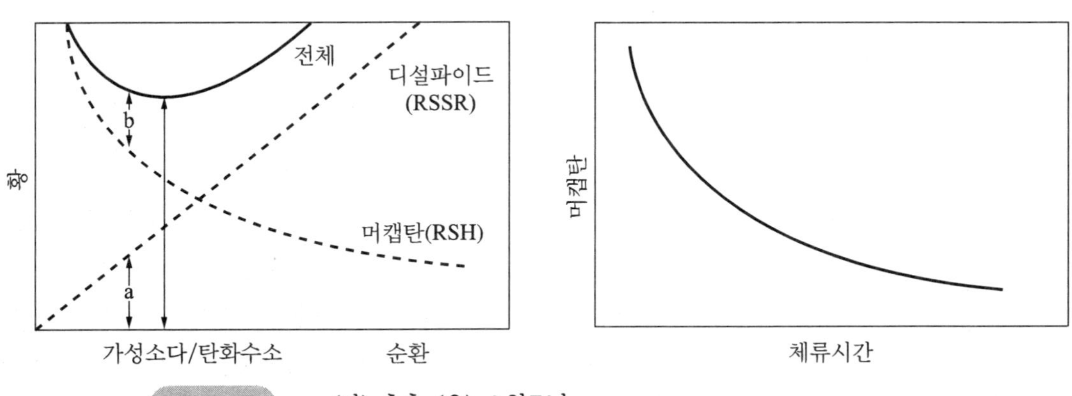

그림 6-9 (좌) 추출 (우) 스위트닝

(2) 수첨탈황 (Hydrodesulfurization) 공정

중질납사 (Heavy Naphtha), 케로신 (Heavy Kerosene, 중질등유), 디젤 (경유), 벙커씨 (Bunker-C, 잔사유) 제품 등에 포함되어 있는 황을 촉매 하에서 수소를 첨가하여 제거하는 공정을 말한다.

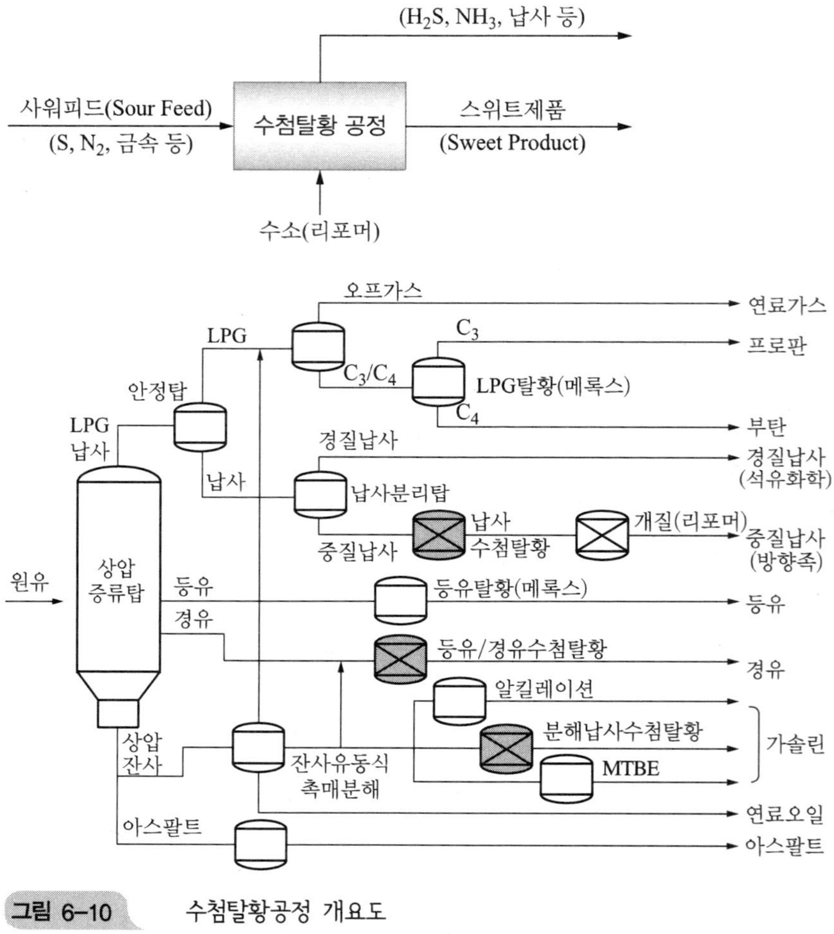

그림 6-10 수첨탈황공정 개요도

① 수첨탈황의 주요반응

이 반응은 석유제품에 수소를 첨가하여 촉매 하에서 유기황을 제거하고 이외에 유기질소, 유기산소, 유기금속 화합물을 제거하며 올레핀을 포화시킨다. 이는 환경 보호를 위한 황함량 규제강화로 청정연료 생산 능력이 기업의 사활을 결정할 만큼 정유 및 석유화학에서 가장 중요하면서도 기본적인 공정이다. 납사, 등유, 경유, 잔사유 수첨탈황이 있으며 원료 (Feed)가 중질 (Heavy) 쪽으로 갈수록 반응속도는 물론 반응압력, 촉매 소요량, 수소 소모량 등이 증가하게 된다.
수첨탈황의 주요반응에는 ⓐ 탈황반응(Desufurization) ⓑ 탈질소반응(Denitragenation) ⓒ 올레핀/방향족 포화반응(Olefin/Aromatics Saturation) ⓓ 탈할로겐반응 ⓔ 탈금속반응이 있다.

ⓐ 탈황반응

탄화수소 중의 황을 H_2S 형태로 제거하는 발열반응이다. 탄화수소의 끓는점이 증가할수록 황함량도 증가하며 제거하기 어려운 황화합물의 양도 증가하여 탈황이 어려워진다.

디설파이드 (RSSR) >

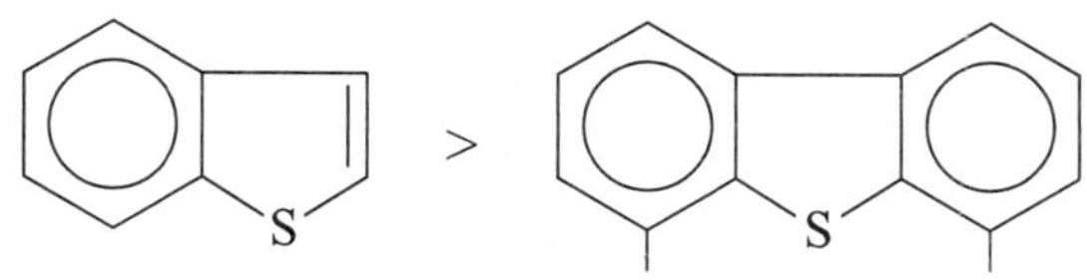

탈황반응의 예는 다음과 같다.

$CH_3-CH_2-CH_2-CH_2-S\text{-}H + H_2 \rightarrow CH_3-CH_2-CH_2-CH_3 + H_2S$

$CH_3-CH_2-S\text{-}S-CH_2-CH_3 + 4H_2 \rightarrow 2(CH_3-CH_3) + 2H + 2H_2S$

ⓑ 탈질소반응

탄화수소 중의 질소를 NH_3 형태로 제거하는 발열반응이다. 질소는 탈황 반응의 방해 역할을 하기 때문에 탈황을 위해서는 먼저 제거되어야 하며 특히 심도탈황의 경우 탈질 기능이 중요하다. 탈질반응 예는 다음과 같다.

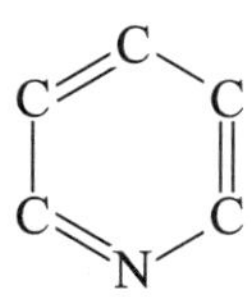

$+ 5H_2 \rightarrow CH_3-CH_2-CH_2-CH_2-CH_3 + NH_3$

ⓒ 올레핀/방향족포화반응

탈황반응과 같이 급속히 일어나며 고농도의 올레핀이 포화반응 시 높은 발열이 되므로 주의해야 한다.

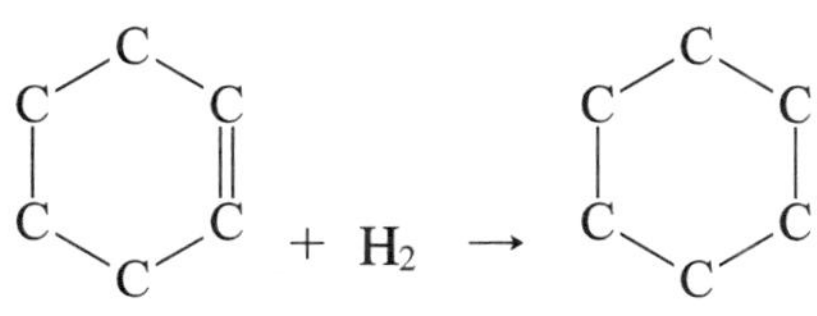

ⓓ 탈할로겐반응

반응예는 다음과 같다.

$$CH_3-CH_2-CH_2-CH_2-Cl + H_2 \rightarrow CH_3-CH_2-CH_2-CH_3 + HCl$$

ⓔ 탈금속반응

촉매 표면에 금속 성분이 쌓이면 촉매는 활성을 잃게 되므로 제거해야 한다.

② 수첨탈황공정의 주요 장치

주요 장치에는 ⓐ 가열로 (Heater) ⓑ 반응기 (Reactor) ⓒ 압축기 (Compressor) ⓓ 분리기 (Separator) ⓔ 스트리퍼 (Stripper)가 있다. 가열로는 탈황 반응에 필요한 온도를 조절하는 장치이고 반응기는 내부에 촉매가 충진되어 있고 탈황과 탈질 반응 등이 일어나는 장치이며 필요 시 2개 이상의 반응기가 직렬로 연결되어 있다. 압축기는 반응에 필요한 수소를 공급 (Make-up)하거나 반응하고 남은 수소를 재순환 (Recycle)하는 역할을 하고 분리기는 반응 후의 탄화수소와 수소 등의 혼합물에서 수소/기체와 탄화수소/액체를 분리하는 장치이다. 마지막으로 스트리퍼는 탄화수소 액체 중의 H_2S나 가벼운 성분들을 제거한다.

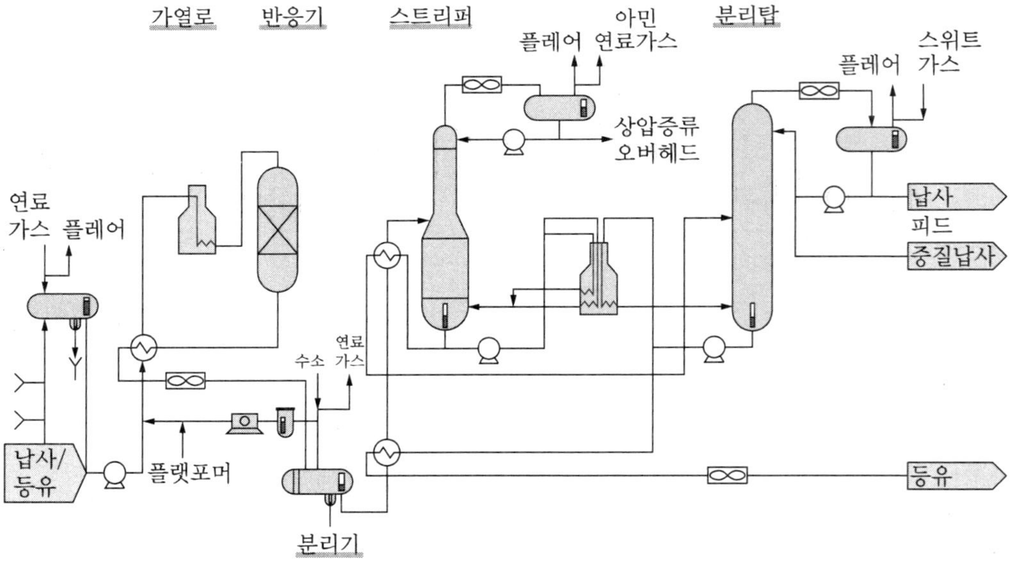

그림 6-11 등유 수첨탈황공정 개요도

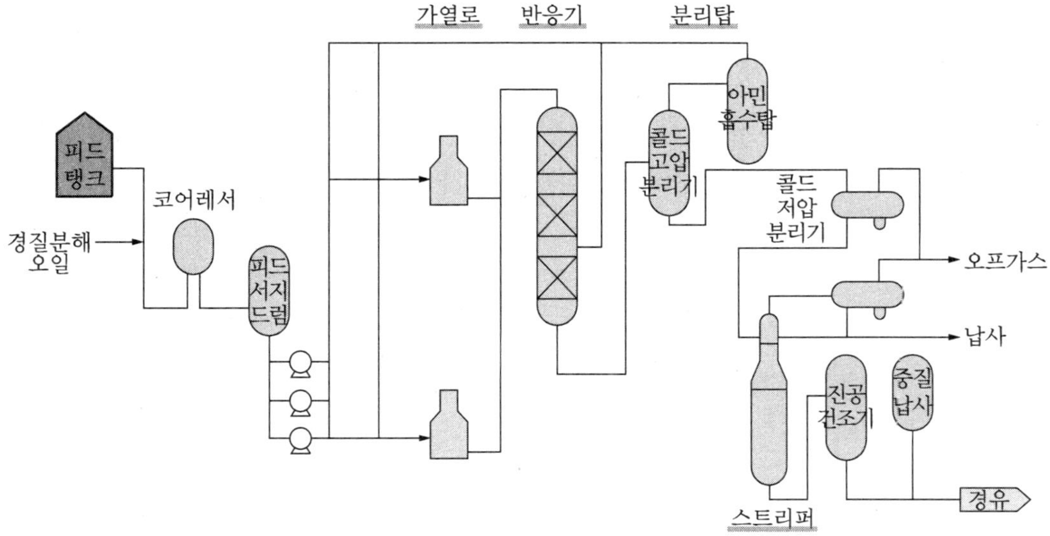

그림 6-12 경유 수첨탈황공정 개요도

③ 수첨탈황공정의 운전변수 (수소분압)

시스템 압력은 수첨탈황 반응에 필요한 수소분압에 의해 결정된다. 반응압력이 높으면 촉매 수명이 증가하고 반응의 전환율도 높아진다. 피드 (Feed)의 황 함량이 증가하고 헤비 (Heavy)해 질수록 효과적인 탈황을 위해서는 공정 압력이 높아야 한다.

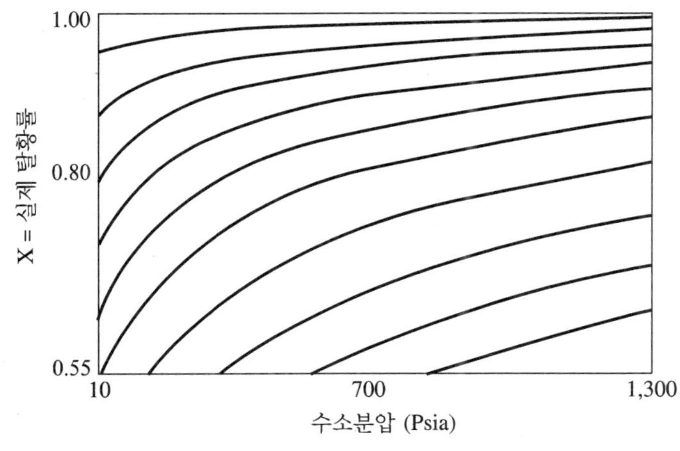

그림 6-13 수소분압과 탈황율 관계

(3) 중질유 수첨탈황 (Heavy Oil Desulfurization)

중질유의 탈황은 고정 촉매층 (Fixed Bed)으로 이루어진 반응기 내에서 수소를 이용하여 이루어지며, 유분 속에 포함되어 있는 유황성분은 황화수소가스 (H_2S)로 빠져 나온다. 다량의 수소가 사용되는 이 공정은 고온, 고압 하에서 반응이 일어나고, 탈황율은 보통 80~90% 정도이며 부반응으로 원료의 일부 (약 20~30%)가 분해되어 액화 석유가스 (LPG), 납사 (Naphtha), 등유 (Kerosene), 경유 (Diesel) 등 경질유가 생산된다. 중질유 탈황공정에는 상압잔사유 탈황 (ARDS, Atmospheric Residue DeSulfurization)과 감압잔사유 탈황 (VRDS, Vacuum Residue DeSurfurization)이 있다.

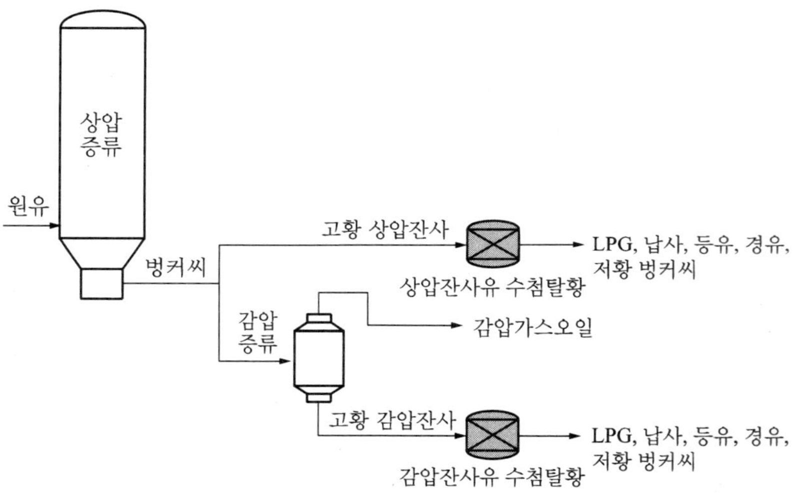

그림 6-14 중질유 수첨탈황공정도

(4) 분해납사 수첨탈황 (Cracked Naphtha Hydrodesulfurization)

상압잔사 유동식촉매 분해에서 생산된 경질분해납사 (LCN, Light Cracked Naphtha)는 탈황하여 휘발유 (Mogas, 가솔린) 스톡 (Stock)으로 사용한다. 상압잔사 유동식 촉매분해의 경질 분해납사는 유황 함량을 700~900 ppm 가지므로 분해납사 수첨탈황공정에서 탈황하지 않으면 가솔린의 유황 규격을 맞출 수가 없다. 그러므로 분해납사 수첨탈황은 상압잔사 유동식 촉매분해 공정의 수익성 및 휘발유 품질 경쟁력 향상에 큰 비중을 차지하고 있다.

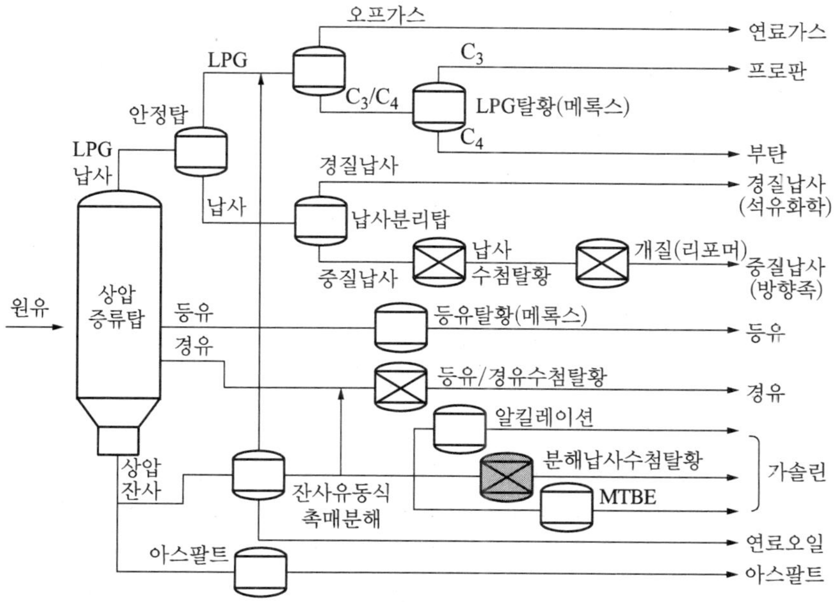

그림 6-15 분해납사 수첨탈황공정 개요도

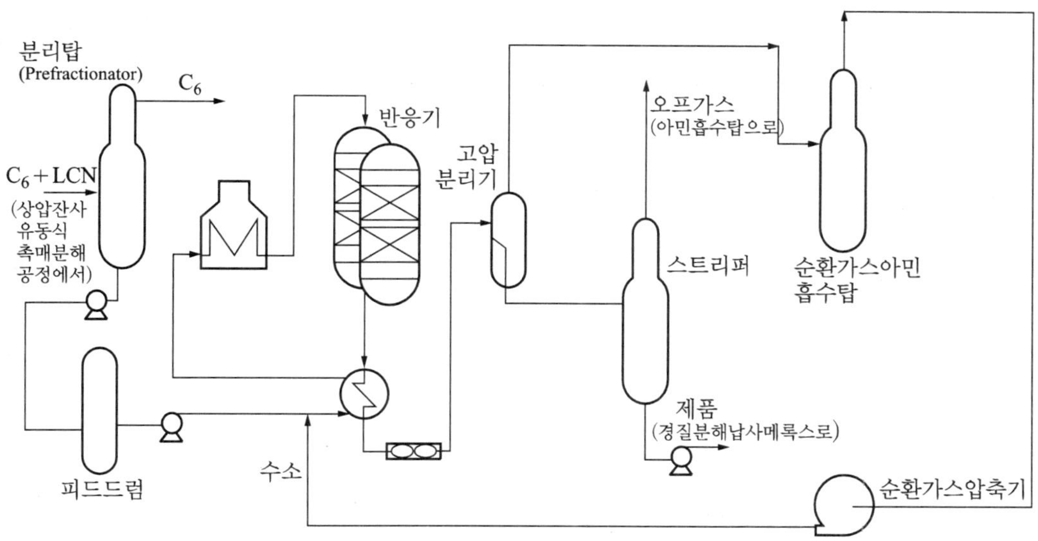

그림 6-16 분해납사 수첨탈황공정 흐름도

상압잔사 유동식 촉매분해 공정에서 나온 C_6 + 경질분해납사를 분리탑(Prefractionator)에서 C_5를 분리한 후 탑저 유분(Distillate)은 피드드럼을 통해 가열로에서 가열이 되고 반응기에서 탈황 등의 반응이 일어난다. 반응기를 나온 유출물은 고압 분리기에서 일부는 순환가스 아민 흡수탑으로, 나머지는 스트리퍼(Stripper)로 들어간다. 스트리퍼에서는 탑상의 오프가스(Off Gas)와 탑저 제품인 경질 분해 납사가 각각 아민 흡수탑(Amine Absorber)과 메록스(Merox) 공정으로 들어가 다시 후처리 과정을 거치게 된다.

다음과 같이 등유와 경유 제품에서의 수첨탈황과 동일한 탈황, 탈질, 탈산소, 포화 반응 등이 일어난다.

① 탈황(Desulfurization)

	반응식	수소 소모량 (ft^3/배럴/1 wt% 황)
머캡탄(Mercaptan)	$RSH + H_2 \rightarrow RH + H_2S$	30
설파이드(Sulfide)	$R_2S + 2H_2 \rightarrow 2RH + H_2S$	60
디설파이드(Disulfide)	$(RS)_2 + 3H_2 \rightarrow 2RH + 2H_2S$	45
티오펜(Thiophene)	$C_4H_4S + 4H_2 \rightarrow C_4H_{10} + 2H_2S$	120

② 탈질(Denitrogenation)

	반응식	수소 소모량 (ft^3/배럴/1 wt% 질소)
피리딘(Pyridine)	$C_5H_5N + 5H_2 \rightarrow C_5H_{12} + NH_3$	345
피롤(Pyrrole)	$C_4H_4NH + 4H_2 \rightarrow C_4H_{10} + NH_3$	276

③ 탈산소(Deoxygenation)

	반응식	수소 소모량 (ft^3/배럴/1 wt% 산소)
페놀(Phenol)	$C_6H_5OH + H_2 \rightarrow C_6H_6 + H_2O$	60
헵탄하이드로퍼록사이드(Heptane Hydroperoxide)	$C_7H_{13}OOH + 3H_2 \rightarrow C_7H_{16} + 2H_2O$	60

④ 포화(Saturation)

	반응식	수소 소모량 (ft^3/배럴/1 vol%)
올레핀(Olefin)	$CH_2=CR + H_2 \rightarrow CH_3CHR$	7.5
디올레핀(Diolefin)	$RCH=CH-CH=CHR' + 2H_2 \rightarrow R-(CH_2)_4-R'$	15.0

그림 6-17에서는 피드(Feed)가 촉매 상을 흐를 경우 반응물인 탄화수소와 수소가 다공성의 촉매 기공(Pore)으로 유입되어 촉매 활성점(Active Site)에서 반응들이 일어나고 생성물인 가스와 탄화수소는 다시 촉매 기공을 빠져나오는 반응의 경로를 나타내고 있다.

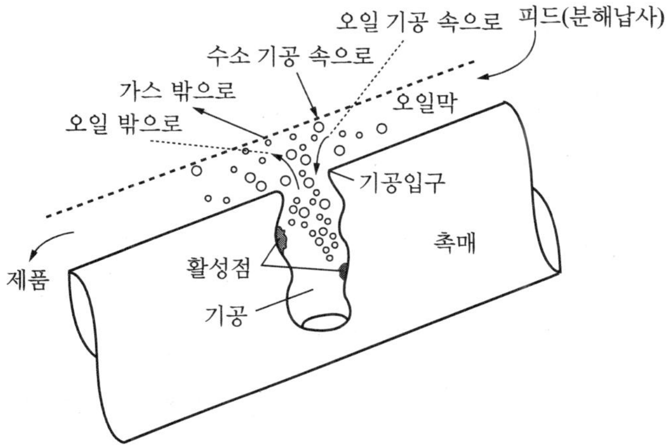

그림 6-17 수첨탈황공정의 촉매 반응

수첨탈황에 사용하는 촉매의 주성분은 코발트-몰리브덴(Co-Mo)과 니켈-몰리브덴(Ni-Mo)이 대표적이고 이들은 반응에서 수소화(Hydrogenation)의 기능을 가지고 있다. 그리고 이들 촉매의 담체(Support)는 알루미나(Alumina), 실리카(Silica), 제올라이트(Zeolite) 등이고 이것들은 분해(Cracking) 반응의 기능을 지니고 있다.

표 6-2 분해납사 수첨탈황공정의 촉매

기능	성분	활성도
수소화 (Hydrogenation)	코발트-몰리브덴 설파이드 니켈-몰리브덴 설파이드 니켈-텅스텐 설파이드 팔라디움	중간 중간 중간 매우 강함
분해 (Cracking)	알루미나 무정형 실리카-알루미나 제올라이트(결정형 실리카-알루미나)	매우 약함 중간 매우 강함

유동식 촉매분해 가솔린의 전형적인 올레핀 및 황의 분포에서 C_5는 올레핀이 50% 이상이어서 탈황 처리 시 H_2에 의한 포화(Saturation)로 옥탄가가 급격히 떨어지므로 모가스(Mogas)에 직접 블랜딩 할 수 있는 황 함량인 8~10 ppm으로 생산한다. 그리고 중질분해납사(HCN, Heavy Cracked Naphtha) 유분(Distillate)은 황 함량이 높아 분해납사(WCN, Whole Cracked Naphtha)의 수첨탈황의 운전 가혹도를 높이고 제품 가격도 디젤(Diesel)로 분류함이 경제적이므로 가능한 중질분해납사의 플래쉬 포인트(Flash Point)를 낮게 하여 운전하고 있다. C_5와 중질분해납사를 분리하고 남은 C_6 + 경질분해납사(LCN, Light Cracked Naphtha)을 분해납사(WCN) 수첨탈황에서 처리 시 운전조건을 마일드 하게 하여 운전 시 옥탄가 손실을 낮출 수 있다.

(5) 감압가스오일 수소분해(HCR, Hydrocracker) 탈황

감압증류탑에서 생산된 감압가스오일(VGO, Vacuum Gas Oil)을 고정 촉매층으로 이루어진 반응기 내에서 수소를 이용하여 분해함으로써 중간유분 생산을 주목적으로 하는 시설이다. 다량의 수소가 사용되는 이 공정은 고온, 고압 하에서 반응이 일어난다. 투입된 감압가스오일의 약 95% 정도가 분해되며, 분해반응과 동시에 탈황이 이루어져 생산된 제품은 초저유황 제품이 된다. 부산물로 생산되는 저급 감압

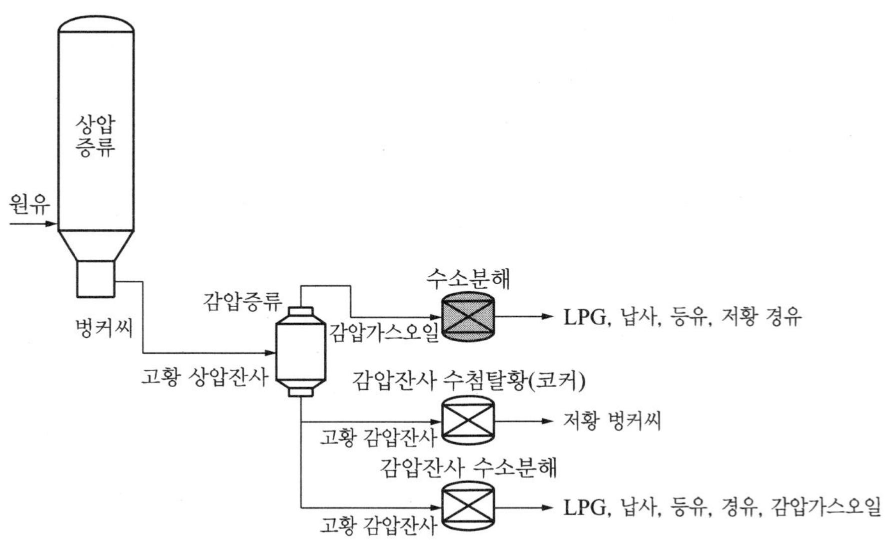

그림 6-18 수소분해 탈황

잔사유를 처리하기 위해 보통 감압잔사 수첨탈황(또는 디레이드 코커)이 함께 건설된다. 그리고 감압잔사 수소분해공정이 수반되기도 한다.

수소분해 촉매는 2가지 주요 기능을 가지고 있다. 첫째는 탈황, 탈질, 방향족 포화반응을 촉진하는 수소화기능(Hydrogenation Function)으로 촉매 성분은 코발트-몰리브덴(Cobalt-Molybdenum), 니켈-몰리브덴(Nickel-Molybdenum), 코발트-텅스텐(Cobalt-Tungsten), 팔라듐(Palladium)이다.

둘째는 분해반응과 이성화반응을 촉진시키는 산기능(Acid Function)이다. 이것의 분해 반응은 감압가스오일을 케로신과 디젤로 전환시키고 이성화 반응은 디젤의 세탄가(Cetane Number)와 케로신의 스모크 포인트(Smoke Point)를 개선시킨다. 분해 기능의 촉매 성분으로는 알루미나(Alumina), 무정형 실리카(Amorphous Silica)-알루미나, 제올라이트[Zeolite, 즉 결정형 실리카(Crystalline Silica)-알루미나]가 여기에 속한다. 이들을 정리하면 표 6-3과 같다(납사분해 탈황과 동일함).

표 6-3 감압가스오일 수소분해 촉매의 기능 및 성분

기능	성분	활성도
수소화 (Hydrogenation)	코발트-몰리브덴 설파이드 니켈-몰리브덴 설파이드 니켈-텅스텐 설파이드 팔라디움	중간 중간 중간 매우 강함
분해 (Cracking)	알루미나 무정형 실리카-알루미나 제올라이트(결정형 실리카-알루미나)	매우 약함 중간 매우 강함

표 6-4 수첨탈황 대비 수소분해 성능 비교

항목	수첨탈황	수소분해
금속제거	100%	100%
올레핀제거	100%	100%
탈황	20~100%	100%
탈질소	0~100%	100%
방향족포화	10~95%	50~95%
비점범위 감소	없음	*있음(40~100%)

주) * 촉매의 2가지 기능 때문임

이와 같이 2가지 기능을 가진 촉매를 사용하는 수소분해 공정의 탈황 성능에 대비하여 동일 피드의 수첨탈황(Hydrodesulfurization)을 표 6-4에 비교하였다. 그 결과 수소 분해공정에서의 성능이 수첨탈황공정보다 우수한 것으로 나타난다.

(6) 디젤 심층탈황공정

연속 3개의 반응기(제1반응기: 탈황, 제2반응기: 심도탈황, 제3반응기: 디왁싱)를 디젤 제품이 통과하면서 황을 심도 탈황하고 왁스를 제거함으로써 황 함유량 최고 8 ppm의 고품질 초저유황디젤제품(ULSD, Ultra Low Sulfur Diesel)을 생산한다. 수첨탈황공정은 크게 반응섹션(Reaction Section)과 유분섹션(Fractionation Section)으로 나눈다. 아래 그림 6-19는 반응섹션 흐름도를 나타내고 주요 설비는 차지펌프, 열교환기, 반응기, 분리기, 멤브레인, 흡수탑으로 구성되어 있다. 특히 반응기는 3~4개로 구성되는데 제1반응기에서는 65% 황을 제거하고 제2반응기에서는 심도탈황으로 35% 탈황을 그리고 제3반응기는 노말파라핀 분해 물질인 왁스를 제거하는 디왁싱(Dewaxing)용이다. 기타 디젤 제품의 색상을 향상시키는 반응기가 있다.

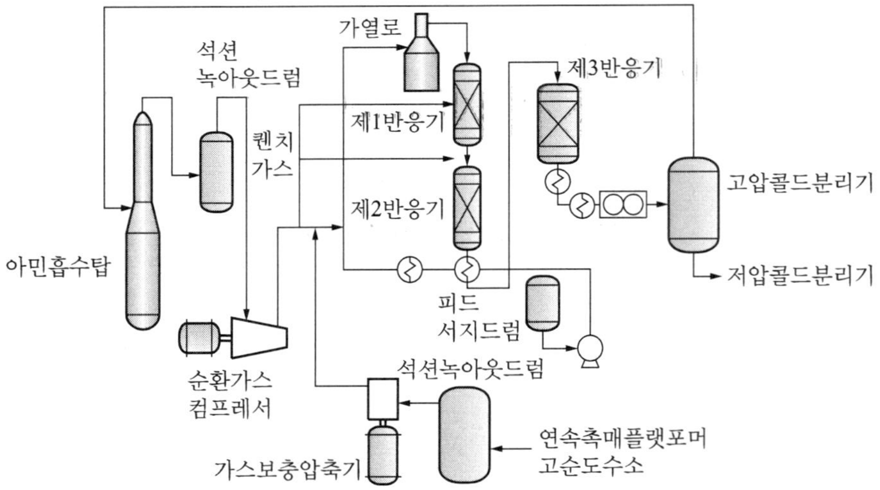

그림 6-19 디젤 심층 수첨탈황공정 반응섹션 흐름도

그림 6-20은 유분섹션 흐름도를 나타내고 주요 설비는 저압분리기, 스트리퍼, 아민흡수탑, 제1/제2건조기, 핫웰 등으로 구성되어 있다.

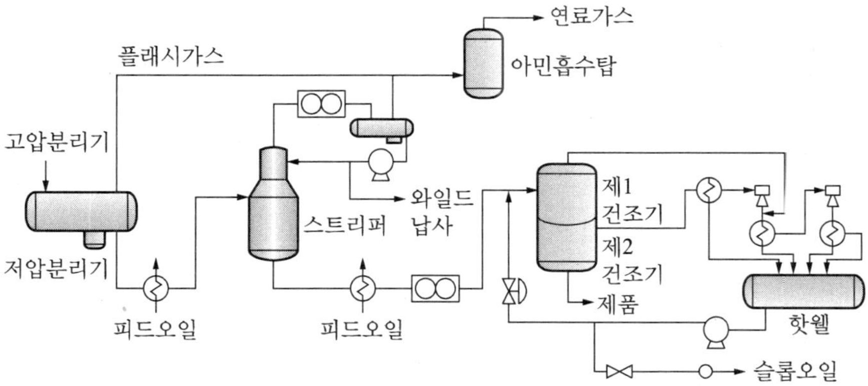

그림 6-20 디젤 심층 수첨탈황공정 유분섹션 흐름도

공정의 주요 설비 기능은 다음 정리된 표 6-5와 같다.

표 6-5 공정 주요 설비 및 기능

구 분		기 능
차지펌프		–
차지 가열로/열교환기		–
반응기	제1반응기	65% 황 제거 (탈황)
	제2반응기	35% 황 제거 (심도탈황)
	제3반응기	노말파라핀 분해에 의한 왁스 제거 (Dewaxing)
	컬러	색상 향상
분리기	고압콜드 + 저압콜드	수소 회수율 높음, 베셀 비용 적음, 트러블 적음
	고압핫 + 고압콜드	에너지 효율 높음
멤브레인 (Membrane)		순환가스 순도 증대, 압축기 부하 감소, 수소분압 증대
흡수탑	순환가스	순환가스 내 황화수소 제거 (H_2S 발생량의 65%)
	오프가스	저압플래시 가스 및 오프가스 내 H_2S 제거 (발생량의 35%)
압축기	순환가스	–
	오프가스	–
스트리퍼		가스 및 경질제품 분리
진공건조기		제품 내 수분 함량 제어 (최고 100 ppm)

디젤의 제품규격은 다음과 같다.

황성분은 황산화물(SO_x)을 생성하여 대기오염 및 산성비의 원인이 되고, 엔진 배출가스 정화장치의 촉매 성능을 저하시킨다.

방향족 화합물은 높은 분자량으로 불완전 연소를 유발하여 엔진 내부에 퇴적물을 증가시키고, 탄소/수소 비율이 높아서 배출가스 내 CO_2 함량을 증가시키며 잠재적으로 발암물질이 된다.

밀도/90% 증류온도는 연료유의 탄소 개수를 제한하기 위한 간접적인 규격이다. 즉, 탄소수가 높아지면 끓는점 상승으로 기화가 잘 되지 않아 시동저하 및 유동성 저하가 일어난다. 반대로 탄소수가 낮아지면 출력 및 연비가 저하한다.

세탄가는 디젤 엔진에서 가압 시 연료가 얼마나 빨리 발화되는지의 정도를 나타내는 지수로, 기준은 n-$C_{16}H_{34}$를 100으로 그리고 2,2,4,4,6,8,8-헵타메틸노난(Heptamethylnonane)을 15로 한다.

윤활성에는 운점(Cloud Point), 유동점(Pour Point), 저온필터 막힘점(Cold Filter Plugging Point)이 있다. ① 운점은 왁스(노말파라핀, C_{16}^{+}) 생성 온도로 동절기 디젤 엔진 시동에 영향을 주므로 정유공정에서 디젤 90% 컷(Cut) 온도로 조절한다. ② 유동점은 유동성 상실 온도를 말하며 펌핑 가능한 최저 온도를 말한다. ③ 저온필터 막힘점은 왁스로 인한 필터 흐름 차단 온도로, 유동점/저온필터 막힘점은 케미컬 와피(WAFI)를 첨가하여 조절한다.

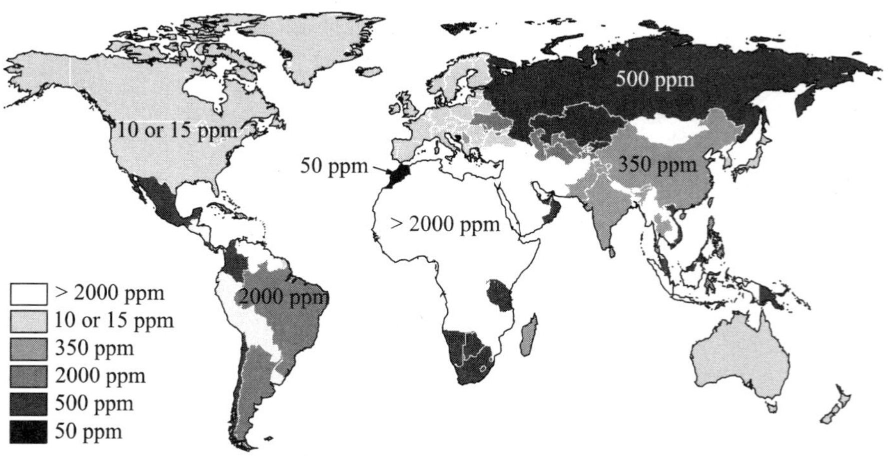

그림 6-21 디젤연료 국가별 황함량 제한

디젤 심층 수첨탈황반응은 촉매 하에서 탈황반응, 탈질소반응, 방향족포화 반응, 탈금속반응이 함께 일어난다. 모두 발열 반응이고, 각 반응식은 다음과 같다.

① 탈황반응

디설파이드 (Disulfides)	$R_1\text{-S-(S)-}R_2 + 2H_2 \rightarrow R_1H + R_2H + H_2S$
머캡탄 (Mercaptans)	$R_1\text{-S-H} + H_2 \rightarrow R_1H + H_2S$
티오펜 (Thiophenes)	 $+ 2H_2 \rightarrow C_4H_{10} + H_2S$
벤조티오펜 (Benzothiophenes)	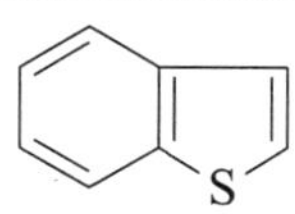 $+ 2H_2 \rightarrow$ 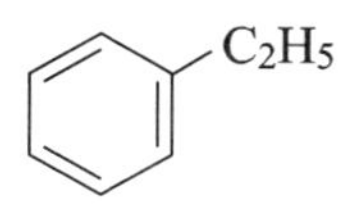 $+ H_2S$
디벤조티오펜 (Dibenzothiophenes)	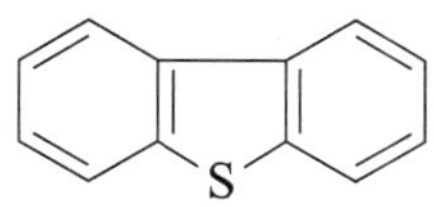 $+ 2H_2$ $\rightarrow$ 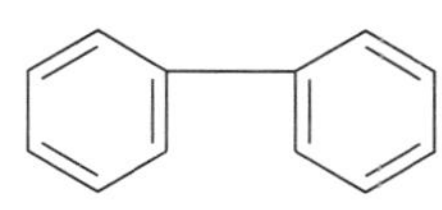 $+ H_2S$

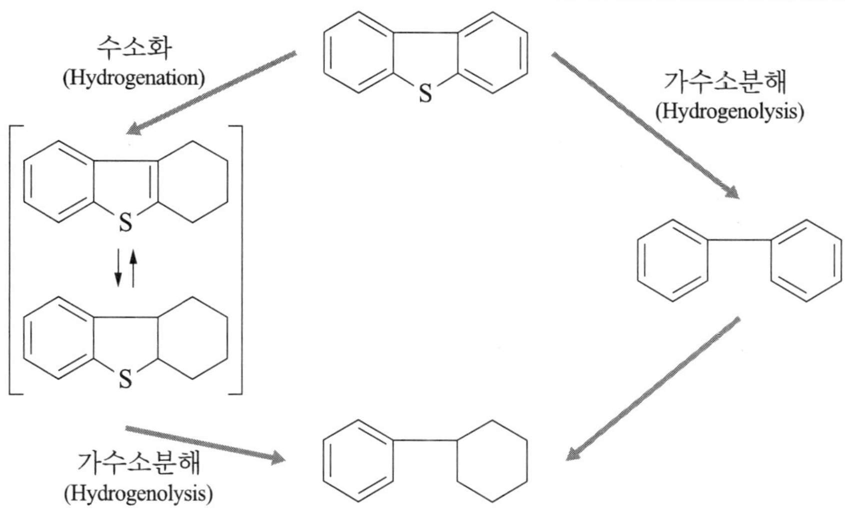

② 탈질소반응

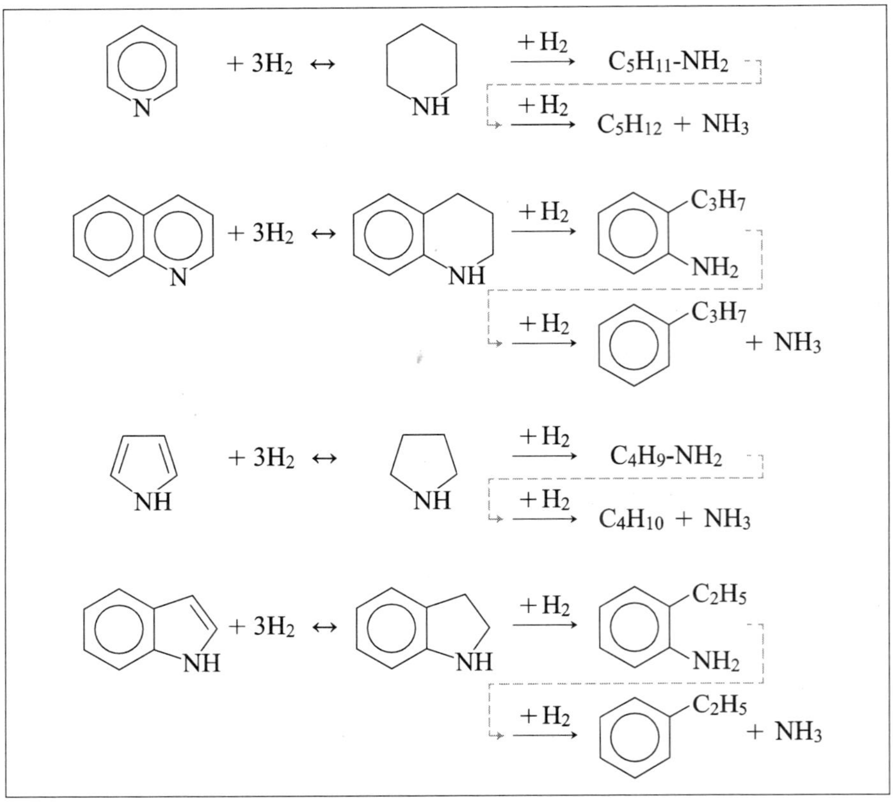

③ 방향족 포화반응

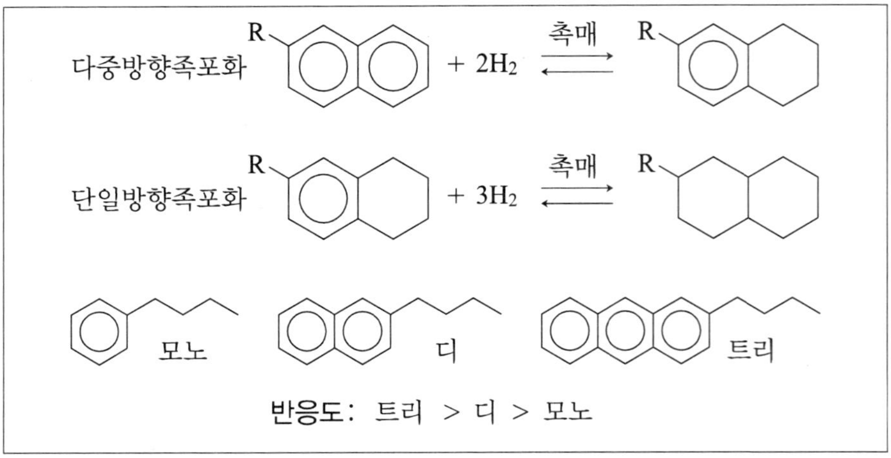

④ 탈금속 반응

금속을 함유한 탄화수소를 촉매 하에서 수소와 반응시켜 금속이 없는 탄화수소로 제조한다. 촉매 표면에 축적되는 금속의 종류 및 그 소스는 바나듐(V)과 니켈(Ni)은 원유에서, 철(Fe)은 원유와 부식물질 그리고 실리카(Si)는 소포제(Anti-foaming Agent)에서 각각 비롯된다.

디젤 심층 수첨탈황반응에 사용하는 촉매는 Co-Mo, Ni-Mo이고 여느 촉매와 마찬가지로 활성화 에너지를 낮추어 반응속도를 증가시킨다.

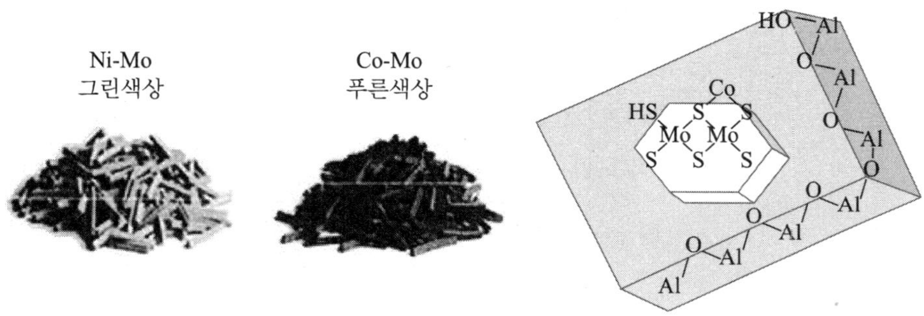

그림 6-22 수첨탈황 촉매

다음은 수첨탈황공정의 촉매가 충진된 반응기를 나타내고 있다.

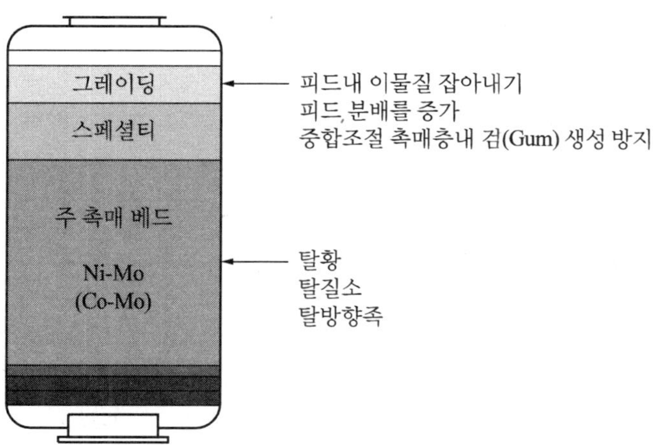

그림 6-23 수첨탈황 촉매 반응기

(7) 방향족공정 납사 수첨탈황공정

중질납사 피드 중에 함유된 촉매독 성분 (황, 질소, 금속 성분)을 제거함으로써 후속 공정인 플랫포밍 공정에 사용되는 고가의 백금 촉매를 보호한다. 주요 반응에는 촉매와 수소를 이용하여 탄화수소 유분 중에 함유된 유기황 (Sulfur), 유기질소 (Nitrogen), 유기산소 (Oxygen) 화합물 등을 촉매반응을 통하여 분해 및 제거하고 유기금속 화합물은 촉매표면에 흡착하여 제거한다. 이 공정에 사용하는 촉매는 알루미나에 코발트 (Co)와 몰리브덴 (Mo) 화합물을 포함시켜서 만든다. 목적에 따라서는 코발트 (Co) 대신 니켈 (Ni)을 사용하기도 한다.

① 황성분제거 (탈황)

플랫포머의 피드에는 황성분이 0.5 ppm을 넘지 않아야 한다. 수소첨가 탈황장치는 납사가 처리된 후에 황 함량이 0.2 ppm 이하가 되는 것이 보통이다. 여러 형태의 황화합물의 황제거 반응식은 다음과 같다.

머캡탄 (Mercaptan)

$$C_6SH + H_2 \rightarrow C_6 + H_2S$$

설파이드 (Sulfide)

$$C_3SC_3 + 2H_2 \rightarrow 2C_3 + H_2S$$

디설파이드 (Disulfide)

$$C_3SSC_3 + 3H_2 \rightarrow 2C_3 + 2H_2S$$

사이클릭 설파이드 (Cyclic Sulfide)

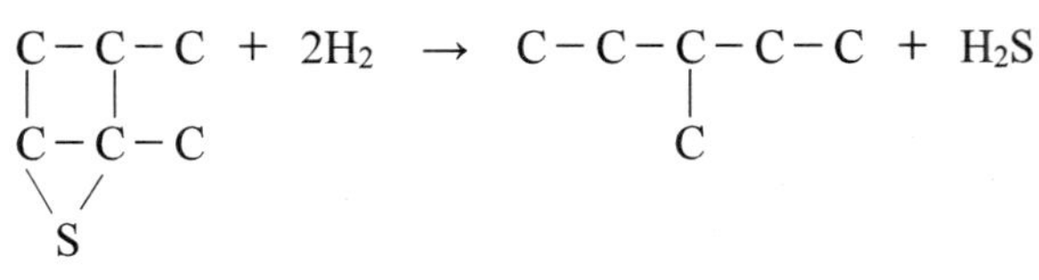

티오페닉 (Thiophenic)

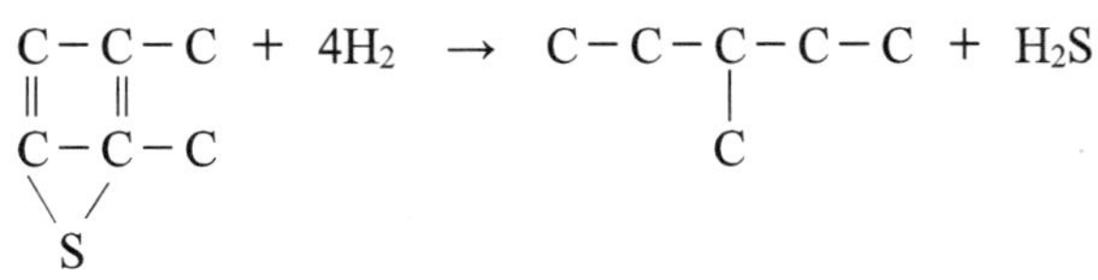

② 질소제거 (탈질소)

질소는 황에 비하여 제거하기가 어려워 반응율은 황에 비하여 1/5 정도에 불과하다. 처리 후 0.5 ppm을 넘지 않도록 해야 한다.

피리딘 (Pyridine)

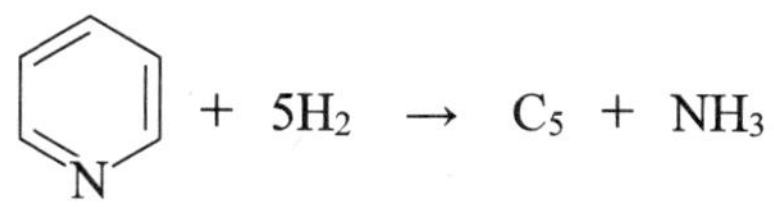

퀴놀린 (Quinoline)

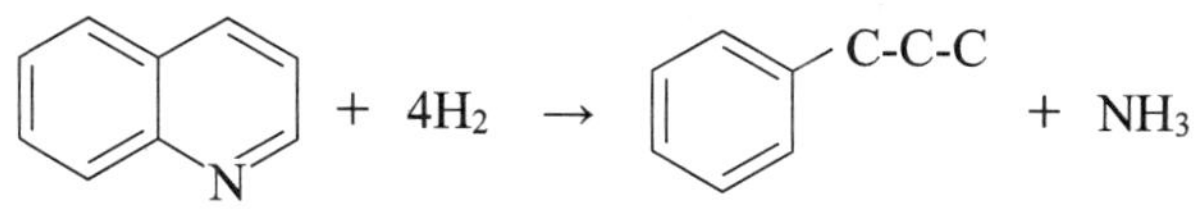

피롤 (Pyrrole)

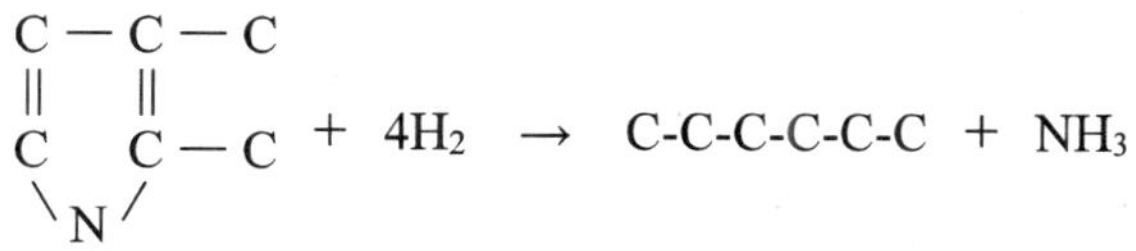

메틸아민 (Methylamine)

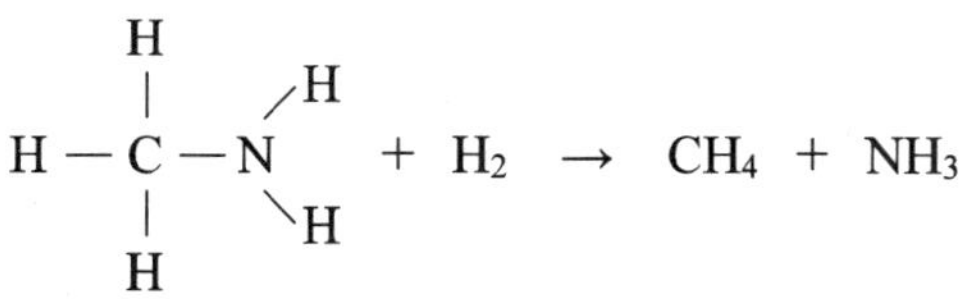

③ 산소제거 (탈산소)

산소제거 반응은 다음과 같다.

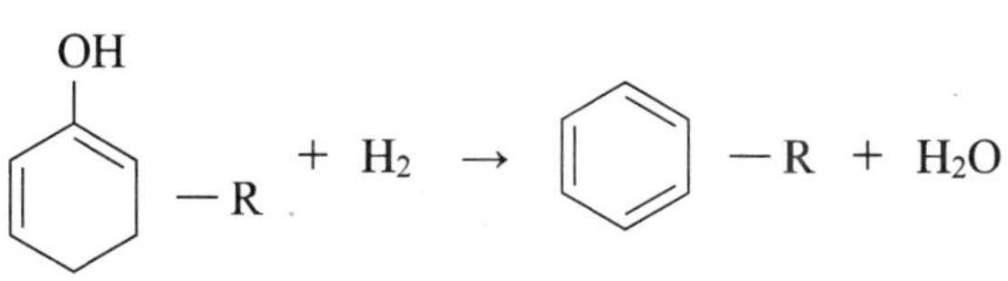

④ 올레핀 포화

불포화탄화수소 (올레핀)를 포화탄화수소로 변화시키는 반응은 탈황반응처럼 빠르다.

선형 올레핀 (Linear Olefin)

$$C_4=C-C + H_2 \rightarrow C_6$$

사이클 올레핀 (Cyclic Olefin)

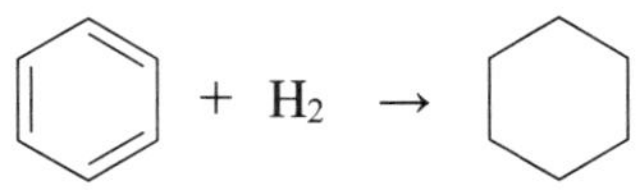

⑤ 할라이드제거

유기할라이드 화합물은 황제거 반응보다 느리다. 대략 90%의 유기할라이드가 분해되어 제거된다.

$C_6Cl + H_2 \rightarrow HCl + C_6$

⑥ 금속제거

대부분의 납사 중 금속 함량은 ppb (10억분의 단위) 정도이다. 대부분의 금속은 촉매 표면에 축적되어 제거된다. 이들 금속은 비소, 철, 칼슘, 마그네슘, 인, 납, 실리콘, 구리, 나트륨 등이다.

(8) 수소생산공정 (Hydrogen Manufacturing Unit) 피드 탈황

피드는 피드드럼에서 열교환기를 거쳐 340℃로 가열된 후 수소화베셀 (Vessel), 탈황베셀 (Vessel)을 통과한다. 이 공정을 피드 정제공정 (Feed Purification)이라고 하며 그림 6-24, 6-25와 같다.

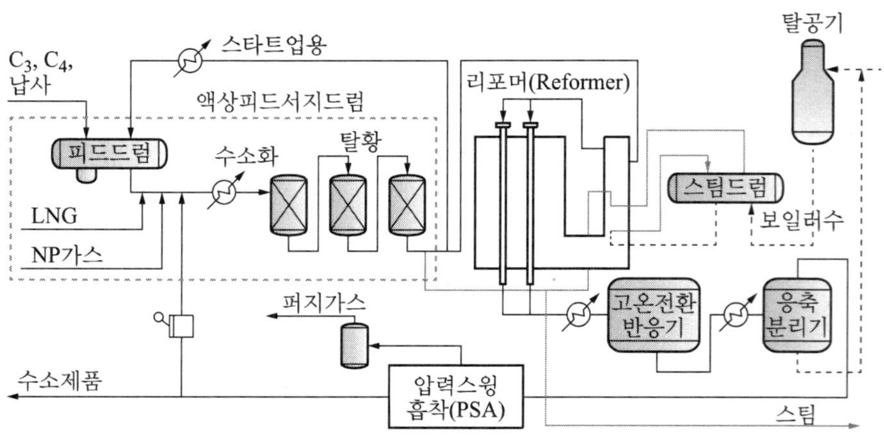

그림 6-24 피드 정제공정

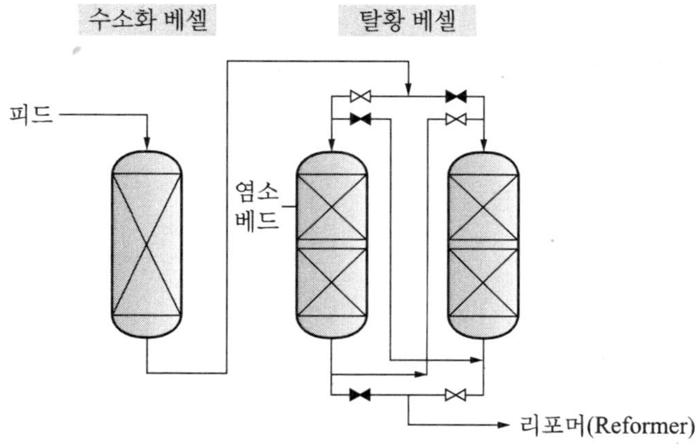

그림 6-25 수소화베셀과 탈황베셀

수소화베셀/탈황베셀은 340℃ 가열된 피드가스의 올레핀을 포화 및 탈황(납사피드 경우)하고 염소베드(Chloride Bed)는 염소가스를 제거하는 역할을 한다. 그림 6-26은 수소화베셀을 나타낸다.

$RHS + H_2 \rightarrow RH + H_2S$ (촉매: CoO 4.4%, MoO_3 11.5%, Al_2O_3)

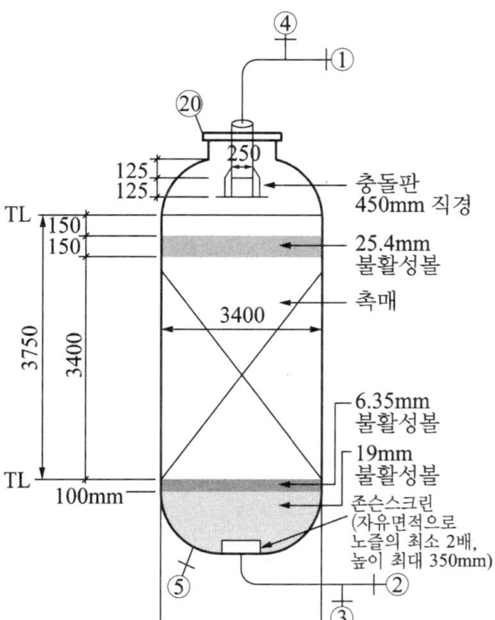

그림 6-26 수소화베셀 (Hydrogenator)

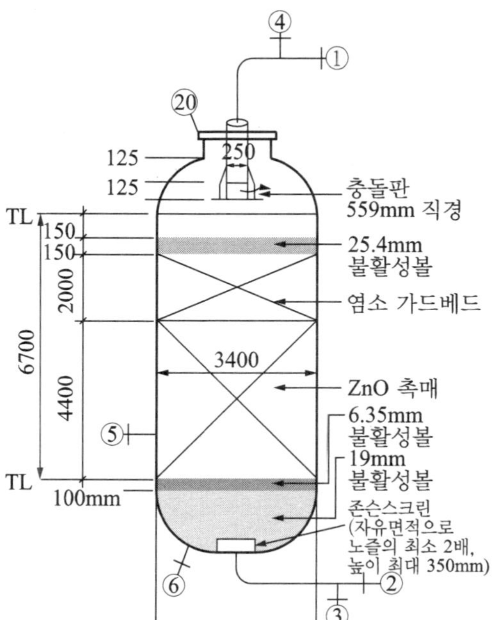

그림 6-27 탈황베셀 (Desulfurizer)

탈황베셀은 수소화베셀을 거친 피드가스 중의 황화수소 (H_2S)를 제거한다. 통상 셧다운 (Shut Down) 없이 촉매 교체를 위하여 2기로 구성되어 있으며, 그림 6-27에 나타내었다.

$H_2S + ZnO \rightarrow ZnS + H_2O$ (촉매: ZnO 92%)

$Na_2O + 2HCl \rightarrow 2NaCl + H_2O$ (촉매: Na_2O 12%, Al_2O_3)

(9) 감압잔사 수소분해공정 (Vacuum Residue Hydrocracker) 탈황

잔사 피드로부터 금속과 황 등을 제거하려면 촉매가 있는 반응기에서 수소화 (Hydrogenation)가 이루어져야 한다. 촉매는 수소처리 (Hydrotreating) 반응이 일어나도록 표면 사이트 (Surface Site)를 제공해주며 탈황, 탈질소, 탈금속 및 수소분해 반응을 촉진해 준다. 촉매는 알루미나 베이스에 니켈 (Ni), 몰리브덴 (Mo) 같은 촉진 (Promoting) 금속으로 담지 (Impregnated)되어 있다. 촉매의 수소처리 반응은 촉매 내부에 있는 활성점 (Active Site)에서 일어난다.

반응은 큰 분자의 분해가 일어난 후 자유 라디칼 캡핑 (Free Radical Capping)의 원리로 수소로 포화가 이루어진다. 그리고 질소제거는 황제거보다 어렵다. 일부 질소화합물은 암모니아 (NH_3)로 전환되지 않고 낮은 비점 범위의 화합물로 전환되고, 촉매 기공 (Pore)에 침적된 카본 (C), 니켈 (Ni), 바나듐 (V) 등은 촉매 활성의 저하를 초래한다.

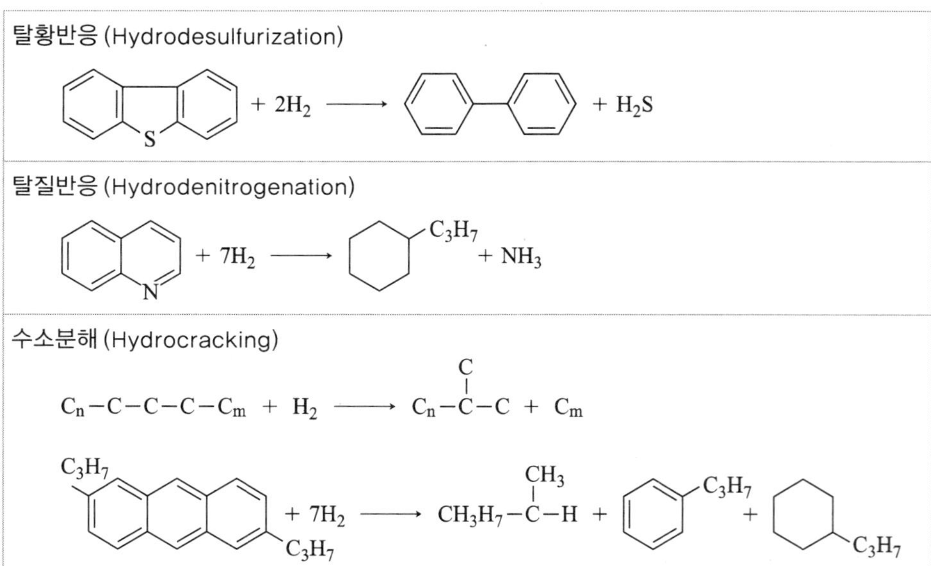

탈금속반응 (Demetallization)

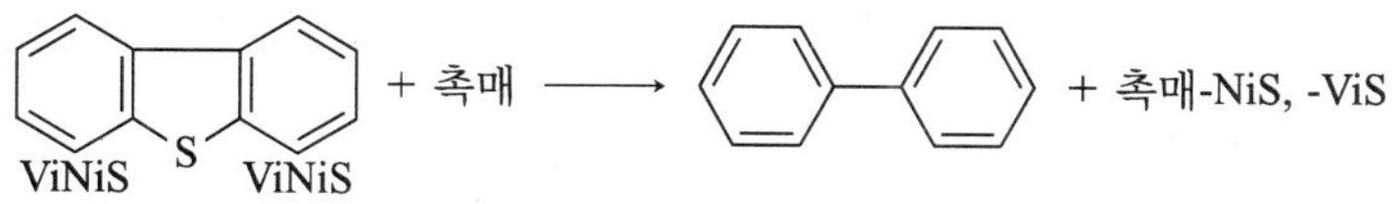

중합/응축 (Polymerization/Condensation): 코크 프리커서 유기 세디먼트

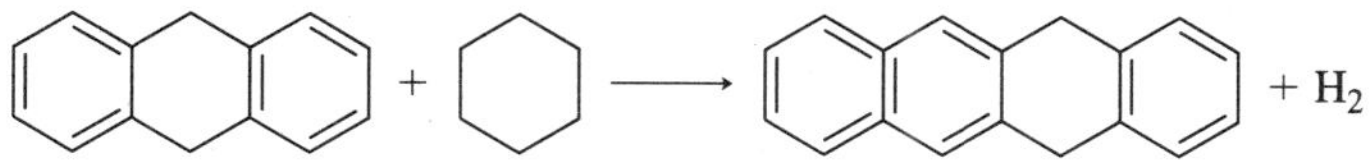

그림 6-28 감압잔사 탄화수소의 주요 반응

① 침전물형성 (Sediment Formation)

고온에서 카본－카본 결합 (C-C Bond)이 깨지는 열분해 과정에 의해 프리 라디칼 (Free Radical)이 다음과 같이 생성된다.

$$R\text{-}R \rightarrow R\cdot + R\cdot$$

생성된 프리 라디칼들이 반응하여 다음과 같이 올레핀이나 아스팔텐을 생성한다. 수소 그리고 촉매와 함께 프리 라디칼은 안정화된 화합물을 형성하고 이 반응은 수소 분압이 높게 유지되는 엘씨피너 (LC-Finer) 공정의 주요인이다.

$$\begin{cases} R\text{-}CH_2-CH_2\cdot\ (R') \rightarrow R\text{-}CH=CH_2 + H\cdot \\ R\cdot + R' \rightarrow R\text{-}R' \end{cases}$$

② 탈황반응 (Hydrodesulfurization)

피드의 황을 제거하여 황화수소 (H_2S) 및 탄화수소 (Hydrocarbon)를 생성한다. 생성된 황화수소는 분리기 (Separator)에서 분리되어 아민 (Amine) / 물 (Water)에 흡수된다. 전체 수소 소모량의 약 40%가 탈황 반응에 사용되고 이때 반응열은 수소 1 Nm^3 소모당 479 kcal의 열을 내는 발열 반응이다. 중질 감압 가스 오일은 300℃부터 탈황이 시작되고 디젤은 정상 조건에서는 225℃에서 탈황이 시작되지만 스타트업 (Start-Up) 시에는 피드 속도의 유리한 측면과 수소 분압의 불리한 측면이 있어 다소 유동적이다. 탈황 반응은 약 300℃ 내외에서 시작하여 온도가 낮을 때에는 탈황률이 크게 증가하지만 온도가 증가함에 따라 탈황률의 증가률은 완만하게 변한다. 즉, 설계 운전 온도의 ± 10% 내외에서 전체 탈황률은 2～3% 정도 증가하는 정도로 크게 좌우되지 않는다.

③ 탈질반응 (Hydrodenitrogenation)

피드의 질소를 제거하여 암모니아 (NH_3)와 탄화수소 (Hydrocarbon)를 생성한다. 생성된 암모니아는 사워워터 (Sour Water)에 흡수되어 황 회수공정에서 제거되거나 촉매에 흡착되어 일시적인 촉매독으로 작용할 수 있으나 탈착이 가능하므로 촉매 활성 저하에 주는 영향은 미미하다. 질소 화합물의 일부는 암모니아 형태가 아닌 낮은 비점 범위의 화합물로 전환되기도 한다. 질소 제거 반응은 황 제거보다 매우 어렵고 반응열은 수소 1 Nm^3 소모당 650 kcal의 열을 내는 발열 반응이다. 다른 질소 제거 반응과 마찬가지로 반응성이 낮아 반응이 쉽게 일어나지 않으며 피드 내 질소 함량도 적으므로 절대적인 반응량은 분해 (Cracking)/수첨탈황에 비해 매우 적어 반응기 운전에 미치는 영향은 매우 낮다.

④ 탈금속 반응 (Hydrodemetallization)

감압잔사 분자 구조에 연결된 금속이 수소와 반응하여 촉매 표면에 금속 설파이드 (Metal Sulfide) 형태로 침적된다. 이 금속 설파이드가 촉매의 금속 (몰리브덴, 니켈, 코발트) 활성점을 막음에 따라 촉매 활성은 저하되며, 펠렛 (Pellet)의 내부보다는 촉매의 기공 입구 (Pore Mouth)에 주로 침적되어 기공 열림 (Pore Opening)이 감소하므로 급격한 촉매 활성 저하가 있을 수 있다. 흡착된 금속 성분은 제거되지 않기 때문에 영구적인 촉매독으로 작용한다. 바나듐은 기공 입구 주변의 촉매 내부에 침적되고 니켈은 촉매 펠렛에 고루 분포된다. 침전 시 피드 내 금속 원자에 연결된 질소는 제거되고 수소 분자가 금속 및 질소를 대신한다. 주요 제거 금속에는 니켈 (Ni), 바나듐 (V), 나트륨 (Na), 칼슘 (Ca), 철 (Fe) 등이 있다.

⑤ 올레핀 수소화 (Olefin Hydrogenation)

다른 반응보다 가장 빨리 일어나며 모든 올레핀은 반응기 입구 쪽에서 전부 포화되고, 반응열은 수소 1 Nm^3 소모당 1,200 kcal의 열을 내는 발열 반응이다. 감압잔사에는 올레핀이 거의 없기 때문에 올레핀 반응에 의한 반응기 온도 상승효과는 미미하나, 다른 요인으로 올레핀이 많은 피드가 유입되면 단위 반응열이 높기 때문에 반응기 온도 조절에 중점을 두어야 한다.

⑥ 방향족 포화 (Aromatics Saturation)

감압잔사 내의 방향족의 일부는 수소화 (Hydrogenation)되어 나프텐으로 변하고 방향족의 포화는 반응 자체로는 적은 부분이나 많은 수소가 사용되어야 하므로 수소 사용량과 반응열에 큰 영향을 미친다. 반응열은 수소 1 Nm^3 소모당 약 350~750kcal의 열을 내는 발열 반응이다. 그리고 일반적으로 높은 압력과 낮은 온도에서 방향족 포화가 더 잘 일어난다.

⑦ 수소분해 (Hydrocracking)

고분자를 작은 분자로 전환하는 수소분해는 과잉 수소 분위기에서 일어나며 반응기 온도 증가에 큰 부분을 차지한다. 반응열은 수소 1 Nm^3 소모당 약 450 kcal의 열을 내는 발열 반응이다.

⑧ 카본 잔사 제거 (Carbon Residue Removal)

카본 잔사는 수소 없는 상황에서 가열하면 고체 물질을 생성하는 것으로 정의한다. 일반적으로 아스팔텐이나 수지 (Resin)에 붙어 있는 가지 탄화수소 체인이 분해되어 떨어져 나가 기화 (Vaporizing)된다. 다중 방향족 (Polyaromatic) 형태의 핵심 (Core)은 부분적으로 분해되고 유사 분자 물질과 폴리머 (Polymer)를 형성하여 코크와 같은 물질로 바뀐다. 이 코크와 같은 물질이 카본 잔사 (Carbon Residue)라고 불리며 에이에스티엠 (ASTM) 방법인 엠씨알 (MCR, Micro-Carbon Residue)로 측정된다. MCR은 씨씨알 (CCR, Con-Carbon Residue)과 같은 개념이며 0.92로 나누어주면 된다. CCR을 제거하는 단계는 ⓐ 수소로 다중 방향족 링을 포화 ⓑ 포화 다중 방향족 링을 분해 ⓒ 큰 분자를 보다 작은 분자로의 전환이며, 수소는 코크 (Coke)를 형성하는 중합 (Polymerization) 반응을 억제해 준다. 결국 카본잔사 함량에 기여하는 큰 분자가 적어지고 CCR 함량이 낮아지게 된다. 그리고 감압잔사 수소분해 공정에서는 아스팔텐이나 수지의 사이드 체인 (Side Chain)이 작은 분자로 분해되고 수소화 한다.

(10) 황회수공정 (Sulfur Recovery Unit)

여러 탈황공정 (Hydrotreater)에서 발생하는 가스 중에는 황화수소 (H_2S)를 다량 함유하고 있으며 이 가스를 연료가스 (Fuel Gas)로 사용하기 위해서는 황화수소가 제거되어야 한다. 게다가 정유공정의 원료인 원유는 사워 (Sour)해지고 환경규제 강화로 인해 생산되는 제품의 황 함량은 지속적으로 낮추어야 함에 따라 결과적으로 제거되는 황의 절대량이 증가하게 된다. 그래서 황회수 용량 확보는 탈황의 원활한 운전은 물론 수익성 극대화에 기여하게 된다. 제거된 황화수소는 황회수공정에서 액체유황으로 전환하여 비료공장의 원료로 사용된다.

황회수공정은 크게 4개의 단위공정 ① 사워가스 처리 공정(Sour Gas Treating Unit) ② 사워워터 처리 공정(Sour Water Treating Unit) ③ 황회수공정(Sulfur Recovery Unit) ④ 테일가스 처리 공정(Tail Gas Treating Unit)으로 나눈다. 이들의 흐름도는 다음 그림 6-29에 나타내었다.

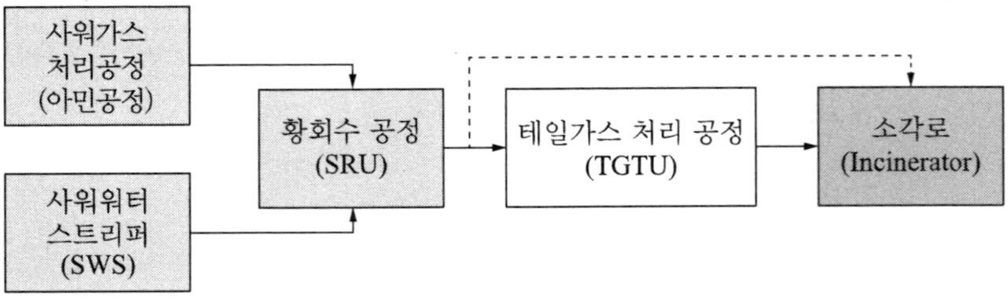

그림 6-29 황회수공정 흐름도

다음의 그림 6-30은 황회수공정의 일반적인 유입물과 유출물을 보여주고 있다.

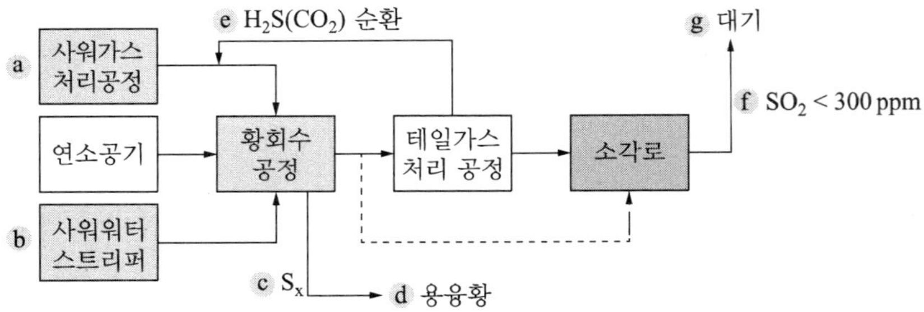

a H_2S 20 − 95% (H_2O, CO, CO_2, HC, NH_3, HCN) b H_2S 20 − 50%, NH_3 20 − 50%, H_2O 20 − 50%

그림 6-30 황회수공정 유입물과 유출물

① 사워가스 처리 공정

아민흡수탑에서 사워가스(Sour Gas)와 린아민(Lean Amine)을 향류로 접촉시켜 황화수소(H_2S)를 선택적으로 흡수한다. 리치아민(Rich Amine)은 재생탑(Regenerator)에서 스팀 가열을 통해 황화수소를 제거(Acid Gas)하고 린아민으로 재생되어 아민흡수탑에서 재사용된다. 그림 6-31은 공정 흐름도를 나타낸다. 공정 반응식은 다음과 같다.

$$H_2S + R_3N \leftrightarrow R_3NH^+ + HS^-$$

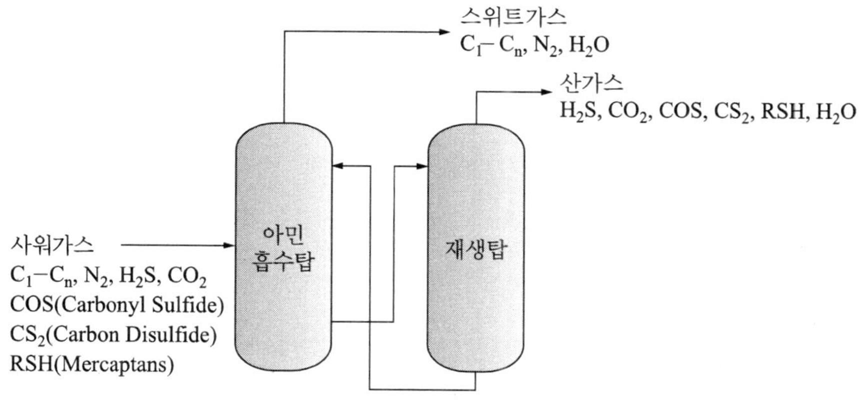

그림 6-31 사워가스처리 공정 개요도

② 사워워터 처리 공정

상압정유공정(CDU), 잔사 유동식 촉매분해 공정(RFCC), 탈황공정 등에서 발생되는 사워워터(Sour Water)는 황화수소(H_2S)와 암모니아(NH_3)를 함유하고 있어 악취가 나며 화학적 산소 요구량(COD, Chemical Oxygen Demand)이 높아 폐수처리장의 미생물을 죽이므로, 폐수처리장으로 보내기 전에 황화수소와 암모니아를 제거한다. 사워워터 스트리퍼(Sour Water Stripper)에서 발생되는 가스는 황화수소와 암모니아를 포함하고 있으며, 이를 암모니아 산가스(NH_3 Acid Gas)라 하고, 황화수소와 암모니아가 제거된 물을 스트립트 물(Stripped Water)이라 한다. 흐름 공정도와 유입 및 유출수 조성은 그림 6-32와 같다.

사워워터 스트리핑 반응은 다음과 같다.

$$H_2S + NH_3 \leftrightarrow NH_4SH \leftrightarrow NH_4^+ + HS^-$$

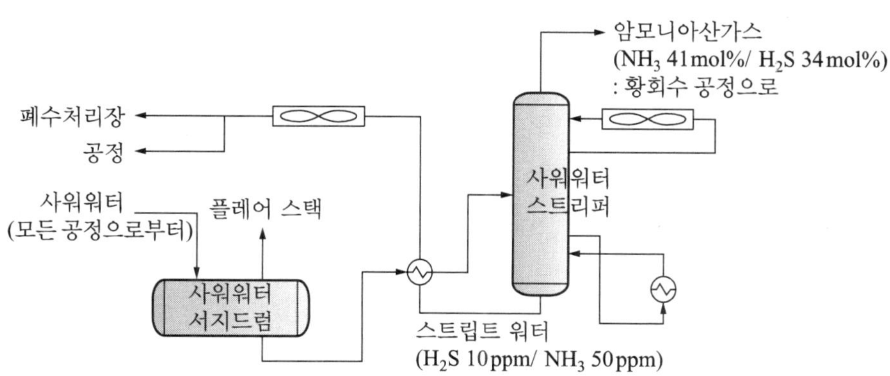

그림 6-32 사워워터처리 공정 흐름도

③ 황회수공정

사워가스처리 공정과 사워워터스트리퍼 공정에서 발생하는 산가스 및 암모니아 산가스 중의 황화수소를 클라우스 반응 (Claus Reaction)에 의해 용융황 (Molten Sulfur)으로 변화시킨다. 그림 6-33은 황회수공정도를 나타낸다.

황회수공정의 기본적인 화학 반응식은 다음과 같다.

ⓐ 황화수소 산화/연소

$H_2S + 1.5O_2 \rightarrow SO_2 + H_2O + 124\ kcal$

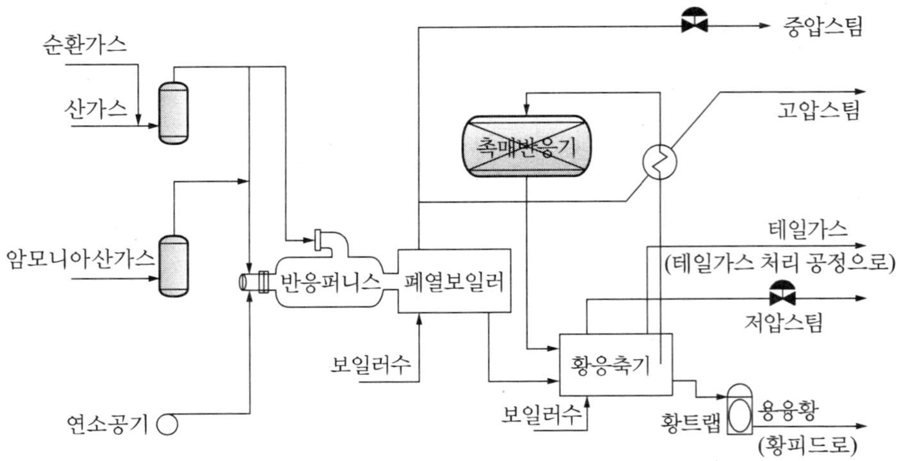

그림 6-33 황회수공정 흐름도

ⓑ 클라우스 (Claus) 반응식

$2H_2S + SO_2 \rightarrow 3/n\ S_n + 2H_2O + 22\ kcal$

(예: $4H_2S + 2SO_2 \rightarrow 3S_2 + 4H_2O$)

ⓒ 해리 (Dissociation)

$H_2S \xrightarrow{열} S + H_2$ $\qquad 2NH_3 \xrightarrow{열} N_2 + 3H_2$

ⓓ 파라핀 완전산화/연소

$C_nH_{2n+2} + [(3n+1)/2]\ O_2 \rightarrow (n+1)H_2O + nCO_2$

(예: $C_3H_8 + 5O_2 \rightarrow 4H_2O + 3CO_2$)

ⓔ 파라핀 부분산화/연소

$C_nH_{2n+2} + [(2n+1)/2]\ O_2 \rightarrow (n+1)H_2O + nCO$

(예: $C_3H_8 + 3.5O_2 \rightarrow 4H_2O + 3CO$)

④ 테일가스 처리 공정

클라우스 테일가스 중의 3산화황(SO_3) 농도는 환경 기준치인 500 ppm보다 높으므로 이를 대기 중으로 방출할 수가 없다. 테일가스 처리 공정은 황회수공정에서 발생되는 클라우스 테일가스 중의 황화수소를 제거하여 대기 중으로의 2산화황(SO_2) 배출량을 줄이기 위함이다. 그림 6-34는 테일가스 처리 공정흐름도를 나타낸다.

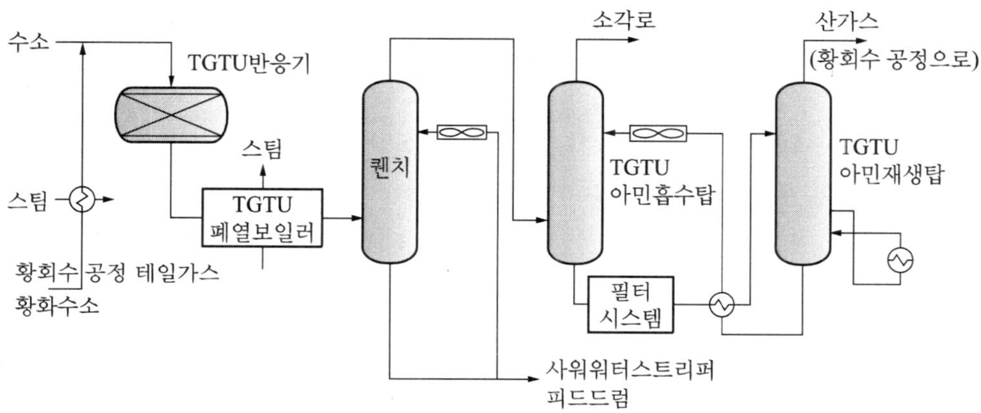

그림 6-34 테일가스 처리 공정 흐름도

테일가스 처리 공정의 기본적인 화학 반응식은 다음과 같다.

ⓐ 수소화반응(Hydrogenation) - 주반응

$SO_2 + 3H_2 \rightarrow H_2S + 2H_2O$, $S + H_2 \rightarrow H_2S$

ⓑ 가수분해 반응(Hydrolysis Reaction)

$COS + H_2O \rightarrow H_2S + CO_2$, $CS_2 + 2H_2O \rightarrow 2H_2S + CO_2$

ⓒ 물 가스 반응(Water Gas Reaction)

$CO + H_2O \rightarrow H_2 + CO_2$

(11) 폴리프로필렌(PP) 원료정제 탈황

중합반응의 주원료인 92% 프로필렌에는 O_2, CO, CO_2, C_2H_6 등이 소량 용해되어 있으므로 프로필렌 탈기탑(Propylene Degassing Column)에서 이들을 탑상부로 제거하고 탑하부로는 탈기된 프로필렌이 나와 냉각기에서 냉각되어 황베드로 공급된다. 황베드에서는 활성알루미나 촉매(상품명: ALCOA SELECSORB COS) 하에서 황성분 [H_2S, COS, (Carbonyl Sulfide)]은 흡착에 의해 제거되고 비소(As) 베드로 들어간다. 비소(As) 베드에서는 산화구리(Cupper Oxide) 촉매와 반응하여 아르신(Arsine, 비화수소)이 다음과 같이 제거된다.

$$2AsH_3 + 3CuO \rightarrow Cu_3As + As + 3H_2O$$
$$2AsH_3 + 3CuO \rightarrow 3Cu + 2As + 3H_2O$$

비소 베드를 거친 프로필렌은 맵(MAP, Methyl acetylene & Acetylene & Propadiene) 베드에서 팔라디움(Palladium) 촉매에 의해 수소와 반응하여 메틸아세틸렌, 아세틸렌, 프로파디엔이 다음과 같이 제거된다.

$$H\text{-}C \equiv C\text{-}CH_3 + H_2 \rightarrow CH_2 = CH\text{-}CH_3$$
$$H\text{-}C \equiv C\text{-}H + H_2 \rightarrow CH_2 = CH_2$$
$$CH_2 = C = CH_2 + H_2 \rightarrow CH_2 = CH\text{-}CH_3$$

맵베드에서 나온 프로필렌은 마지막으로 건조기로 들어가 수분(H_2O)이 제거된다. 수분은 몰레큘러시브(Molecular Sieve, 상품명: Linde 13XPG)와 물리적 흡착에 의해 제거된다. 이와 같이 정제된 프로필렌은 벤트 회수 시스템으로 보내져 회수 프로필렌과 합해진 후 반응기로 들어간다.

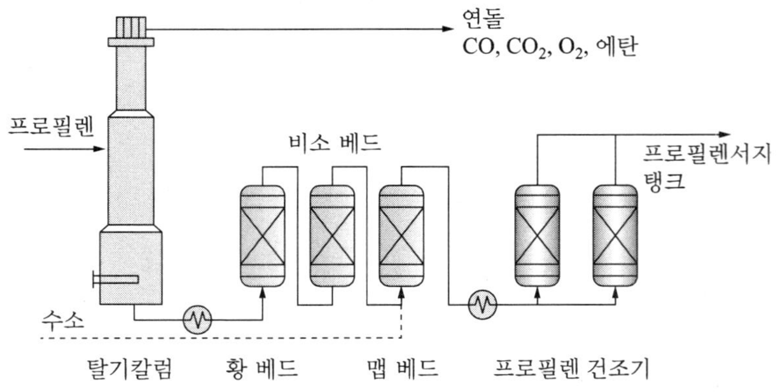

그림 6-35 폴리프로필렌 원료정제 공정

6.2 배출가스 탈황법 (Flue Gas Desulfurization)

석탄이나 정제된 석유제품 그리고 천연가스나 폐기물을 연소할 때 이들에 포함된 황성분에 의해서 황산화물 (SO_2, SO_3 등), 증기상의 황산 (H_2SO_4), 황화수소 (H_2S)가 생성된다. 이와 같이 연소 후 생성한 황 화합물을 제거하는 방법에는 여러 가지가 있다. 예를 들면, SO_2 제어 방법은 물에 흡수하여 H_2SO_4를 만드는 것이다. 황산을 만들기 위해서는 SO_2를 세정하는 배출가스탈황법과 제철소의 배출가스흡수법이 있다. 이들의 주요 차이점은 처리가스 중 SO_2 농도에 있다. 일반적으로 흡수 과정은 농축된 SO_2의 농도 (약 1% 혹은 10,000 ppm SO_2)에 적용하는 반면 배출가스탈황법 (FGD, Flue Gas Desulfurization)은 SO_2가 희석된 경우 (약 0.2% 혹은 2,000 ppm SO_2)에 적용된다.

그리고 배출가스 탈황은 크게 습식 처리공정과 건식 처리공정으로 나누고 각각은 공히 폐기법과 재생법을 가진다. 이들에는 습식 석회석 세정법 (Wet Limestone Scrubbing)을 비롯하여 구연산염 (Citrate) 그리고 NO_x / SO_x를 동시 제거할 수 있는 방법 등 여러 가지가 존재한다. 상세 내용은 다음 표 6-6에 나타내었다.

표 6-6 SO_2 배출가스 제어 방법

구분	방법	적 용 기 술
습식처리	폐기법	석회법 (Lime)
		석회석법 (Limestone)
		이중염기법 (Duel Alkali)
		DOWA법
		Chiyoda법
		강제산화법 (석고폐기 포함)
	재생법	물 흡수법 (제련소)
		Wellman-Lord법
		산화마그네슘법 (MgO)
		구연산법 (Citrate)
		수용성 탄산염법 (Aqueous Carbonate)
		SULF-X
		Conosox법

건식처리	폐기법	석회분사 건조법 (Lime Alkali Drying)
		석회주입법 (Lime Injection)
		Trona법
		Nahcolite법
	재생법	강제산화법
		활성탄 흡착법 (Activated Carbon Adsorption)
		동산화물 흡착법 (Copper Oxide Adsorption)

(1) 배출가스 내 SO_x 제거 방법에 따른 분류

이것에는 습식공정 (Wet Process)과 건식공정 (Dry Process)이 있다.

① 습식공정 (Wet Process)

생성 SO_x를 흡수탑 (Absorber)에서 과량의 세정수에 흡수시켜 배출가스 내에서 분리하는 기술이다. 분리된 SO_x는 알칼리 반응제에 의해 중화되어 염을 만들어 침전시켜 세정액으로부터 분리하는 기술이다. 염이 제거된 세정수는 흡수탑으로 재순환된다. 자세한 내용은 본절 (4)항의 습식 석회석 공정 (Wet Limestone Process)를 참조하기 바란다. 다음은 일반적인 전체 처리 공정도를 나타내고 있다.

> 보일러 → 전기집진기 (ESP, Electro Static Precipitator) → 팬 (Fan) → 가스가스히터 (GGH, Gas Gas Heater) → 습식배출가스흡수탈황 (FGD, Flue Gas Desulfurization) → 가스가스히터 → 연돌 (Stack)

습식 탈황 공정의 개략적인 흐름도는 다음과 같다.

스프레이 워터에 의한 흡수 ➡ 스프레이 워터에서 석고 분리 ➡ 석고 처리

이 기술은 대형공정에 널리 사용되는 방법으로 대부분 석회석 (Limestone, $CaCO_3$)을 중화제로 사용한다. SO_x 제거율이 95% 이상으로 우수하며, 부산물인 석고 (Gypsum)는 재활용되기도 한다.

② 건식공정 (Dry Process)

생성 SO_x를 알칼리 반응제와 직접 접촉시켜 제거하는 방법으로 반응 생성물이 고형화된 입자로 배출되기 때문에 별도의 수처리 설비가 필요하지 않다. 제거

효율은 습식 처리 공정에 비해 다소 떨어진다. 사용하는 알칼리 반응제의 가격이 높은 편이다. 다음은 일반적인 전체 처리 공정도를 나타내고 있다.

> 보일러 → 반 건식배출가스흡수탈황 (SDA, Semi Drying Absorber)
> → 전기집진기 (혹은 BF, Bag Filter) → 팬 (Fan) → 연돌 (Stack)

건식 탈황 공정의 개략적인 흐름도는 다음과 같다.

> 알칼리케미컬에 의한 흡수와 반응 ➡ 배출가스로부터 반응물 분리

중 소형탈황 공정 또는 소각로에 사용되는 공정으로 수처리 설비가 필요 없어 설비 구성이 간단하다. 슬러리 (Slurry) 주입식과 건조 알칼리 케미컬 (Dry Alkali Chemical) 주입식이 있다. 그러나 슬러리 주입식이 황 제거율에서 우수하다.

(2) 배출가스 내 SO_x 제거 후 재생 여부에 따른 분류

이것에는 폐기법 (Disposal Method)과 재생법 (Regeneration Method)이 있다.

① 폐기법

습식공정과 건식공정이 있는데 습식공정은 대형 발전소에 널리 사용되고 있는 방법으로 석고의 형태로 SO_x가 처리되고, 건식공정은 SO_x를 알칼리 케미컬과 반응시켜 고형의 반응 생성물로 제거하는 방식이다.

② 재생법

습식공정과 건식공정을 가지는데 습식공정은 세정수에 의해 배출가스 내에서 분리된 SO_x를 SO_2 또는 황산 (H_2SO_4)의 형태로 전환하는 공정을 말하고, 건식공정은 저농도로 유입되는 배출가스 내 SO_x를 흡착한 후 고농도의 SO_x로 전환시키는 방식을 말한다.

(3) 케미컬 (Chemical) 사용에 따른 분류

탈황에 사용되는 케미컬에는 여러 종류가 있다. 대표적인 것은 표 6-7과 같이 석회석 ($CaCO_3$), 생석회 (CaO), 소석회 [$Ca(OH)_2$], 산화마그네슘 (MgO), 수산화마그네슘 [$Mg(OH)_2$], 가성소다 (NaOH), 탄산나트륨 (Na_2CO_3) 등이 있다.

표 6-7 탈황 케미컬 (Chemicals)

케미컬	형태	저장	가격	탈황법 및 사용범위
석회석 $CaCO_3$	고상	사일로	0.4	습식공정/대형탈황
생석회 CaO	고상	사일로	0.8	습식 혹은 건식공정
소석회 $Ca(OH)_2$	고상/액상	사일로/탱크	1	습식 반건식 혹은 건식공정
산화마그네슘 MgO	고상	사일로	0.8	반건식 혹은 건식공정
수산화마그네슘 $Mg(OH)_2$	고상/액상	사일로/탱크	0.9	습식공정/중형탈황
가성소다 $NaOH$	액상	탱크	1.2	습식공정/중·소형탈황
소다회 Na_2CO_3	고상/액상	사일로/탱크	1.3	반건식 혹은 습식공정

(4) 습식 석회석 공정 (Wet Limestone Process)

습식 공정의 이론은 다음과 같다.

① 습식 공정 개요

공정 화학은 새로운 세정액 (Fresh Scrubbing Liquor)의 추가/ 혼합으로 석회석을 준비하고 아황산칼슘 ($CaSO_3$)을 생성하기 위해 SO_x를 흡수 및 반응시킨다. 그리고 황산칼슘 ($CaSO_4$)을 석고 ($CaSO_4 \cdot 2H_2O$)로 산화시킨다. 세정액으로부터 석고를 분리한다.

② 습식 석회석 화학

습식 석회석 화학은 다음과 같다.

ⓐ SO_2 (가스) $\leftrightarrow$ SO_2 (액체)

ⓑ SO_2 (액체) $+ H_2O \leftrightarrow H_2SO_3$

ⓒ $H_2SO_3 \leftrightarrow HSO_3^- + H^+$

ⓓ $HSO_3^- + 1/2O_2 \leftrightarrow SO_4^{2-} + H^+$

ⓔ $CaCO_3$ (고체) $\leftrightarrow$ $CaCO_3$ (액체)

ⓕ $CaCO_3$ (액체) $+ 2H^+ \leftrightarrow Ca^{2+} + CO_2 + H_2$

ⓖ $Ca^{2+} + SO_4^{2-} + 2H_2O \leftrightarrow CaSO_4 \cdot 2H_2O$ (석고)

③ 습식석회석 공정 이해

ⓐ 흡수탑에서 액체에 의한 SO_2 흡수

가스상에서 액상으로 SO_2 분자가 이동되는 것을 말한다. 가역 반응인 이 물질전달은 2가지 막 이론, 즉 가스막 제한적 물질 전달과 액상막 제한적 물질

전달 이론으로 정리된다. 가스상과 액상의 계면 사이에서 SO_2가 계면에 접촉될 때만 일어난다.

얇은 막이 형성되어 피 흡수물질의 확산 시 물질 이동에 저항이 생긴다. 얇은 막내 확산의 추진력은 가스 자체 및 경계의 피 흡수물질의 분압차 및 경계 용질의 농도차에 의해 생긴다. 가스에서 가스막 쪽으로 SO_2의 확산이 되지 않아 물질전달의 방해가 발생하는 경우는 기액 접촉면을 크게 하거나 접촉 시간을 길게 하여 방지한다.

그리고 SO_2의 증기압이 평행에 도달하여 추진력이 감소하는 경우는 액체막 내의 SO_2 농도를 줄여 주어야 한다. 이를 위해 액체 쪽에 중화제를 넣어 H_2SO_3를 빨리 중화시켜야 한다. 이와 같이 흡수에 의해 용해된 SO_2는 물과 빠르게 반응하여 H_2SO_3를 생성하게 된다. 생성된 H_2SO_3는 H^+와 HSO_3^- 이온으로 매우 빠르게 분리된다.

- SO_2 (액상) + H_2O ↔ H_2SO_3 (액상) ↔ HSO_3^- + H^+

ⓑ 석고 입자의 생성

용존 알칼리도는 용액의 SO_2 흡수 능력을 나타내는 척도가 되고, 상대 과포화도는 용액 내에서 고체 석고(Gypsum)로 침전하는 성향의 척도로 삼는다. 흡수제에 SO_2가 흡수되면 결국 계에서의 SO_2 평형 증기압이 낮아지므로 흡수 능력이 향상된다. 일반적인 개념에 의하면 SO_2의 제거를 위해서는 pH를 알칼리로 유지시키는 것이 SO_2 제거율을 상승시킬 것이라고 생각된다. 그러나 pH가 높게 되면 석회석의 용해도를 증가시켜 흡수제의 이용률은 향상되나 SO_2의 제거효율은 낮아진다. 이를 감안할 경우 pH 4～5 사이의 범위에서 SO_2 제거율은 최고가 된다.

앞서 언급한 바와 같이 용액 내에서 고체가 침전되기 위해서는 용액은 특정 고체에 대하여 과포화 되어야 한다. 상대포화도는 각 성분 물질 이온의 활동도를 용해 대상물의 용해도로 나눈 값을 말한다. 이 값의 증가에 따라 각 성분 물질이 과포화점에 도달하게 되는데 몇 가지 경우를 예를 들면 다음과 같다.

- 황산칼슘(Calcium Sulfate, $CaSO_4$) 1.3～1.4
- 아황산칼슘(Calcium Sulfite, $CaSO_3$) 6
- 탄산칼슘(Calcium Carbonate, $CaCO_3$) 2.5(결정핵이 생성)

흡수탑 pH 운전 범위에서 석회석 입자 표면에서의 화학적 반응은 다음과 같다.

- $CaCO_3$ + H_2O ↔ Ca^{2+} + HCO_3^- + OH^-

- $CaCO_3 + H^+ \leftrightarrow Ca^{2+} + HCO_3^-$
- $CaCO_3 + H_2CO_3 \leftrightarrow Ca^{2+} + 2HCO_3^-$

이러한 석회석의 용해 속도를 지배하는 인자는 다음과 같다.

- 입자의 표면적과 입자 주위의 액체 층에서의 확산속도
- 낮은 pH/ 낮은 온도
- pH 7 이상인 경우 석회석의 용해 속도가 반응속도 지배
- pH 5~7에서는 확산과 화학반응 속도에 지배

ⓒ 산화반응 (Oxidation)

반응은 배출가스 내 함유된 비산회 (Fly Ash) 중에 포함되어 있는 금속이온이 촉매로써 작용하여 반응을 촉진시킨다. 반응식은 다음과 같다.

- $SO_2 + 1/2\ O_2 \leftrightarrow SO_3$

이러한 산화율은 pH, 온도, SO_2 농도 및 억제제 등에 의해 지배되고 pH 4~5에서 빠르게 산화된다. 산소 및 설파이트 (Sulfite)의 용해도는 온도에 따라 영향을 받으므로 산화율 역시 온도에 영향을 받는다. 그러나 용액 온도는 배출가스의 단열포화온도 44~55℃로 일정하므로 온도에 영향을 크게 받지 않는다.

④ 습식 석회석 공정의 물질 수지

습식 석회석 공정에서 물 (H_2O), 석회석 ($CaCO_3$), 분진 (Dust), 염산 (HCl), 불화수소 (HF)에 대한 각 물질의 수지는 표 6-8에 정리하였다.

표 6-8 습식 석회석 공정의 물질수지

물질	입출량	구분	변화 인자
물 (H_2O)	입량	습분제거기 (M/E, Mist Eliminator) 와쉬워터 석고 케이크 와쉬워터	배출가스량과 수분량에 비례 유입 SO_2량, 석고 생산량에 비례
	출량	연소가스 내 수분 석고 케이크 중 수분 폐수	거의 일정 석고 생산량에 비례 배출가스 내 염산 (HCl) 농도에 비례
석회석 ($CaCO_3$)	입량	석회석 슬러리	유입 SO_2량에 비례
	출량	석고 생산 석고 중 불순물	순수 석회석의 95% 이상이 재생 미반응 석회석, 불순물 등이 배출

분진 (Dust)	입량	배출가스 내 분진량	배출가스량에 비례
	출량	클린가스 중 분진 폐수	60% 정도가 배출가스탈황에서 제거 분진이 대부분 폐수로 배출
염산 (HCl)	입량	배출가스 내 염산 양	배출가스량에 비례
	출량	클린가스 중에 포함 폐수	흡수탑 전단 설비의 누수 유입염산의 대부분이 폐수로 배출
불화수소 (HF)	입량	배출가스 내 불화수소 양	배출가스량에 비례
	출량	클린가스 중에 포함 폐수 석고 중 불순물	흡수탑 전단 설비의 누수 불화칼슘 (CaF_2) 형태로 폐수로 배출 불화칼슘 (CaF_2) 형태로 석고불순물로 배출

(5) 소각공장에서의 탈황 및 기타 유해가스 처리 공정

소각로는 SO_2만을 제거하는 탈황 공정에 비하여 여러 가지 유해가스를 처리하는 설비가 복합적으로 구성되어 있어 설비의 조합에 유의해야 한다. 따라서 구성단위의 배치도 여러 경우가 있을 수 있다. 공정은 반건식 (Semi Drying)이 소각로에 널리 적용되는 방식이고 일부 건식과 습식처리법도 있다. 공정 종류에는 소각 물질에 따라 ① 산업폐기물 소각 공장 (Industrial Waste Incineration Plant) ② 지방자치 고형 폐기물 소각 공장 (Municipal Solid Waste Incineration Plant) ③ 지방자치 고형폐기물과 오수슬러지 소각 공장 (Municipal Solid Waste & Sewage Sludge Incineration Plant) ④ 제지 슬러지 소각 공장 (Pulp Sludge Incineration Plant) 등으로 구분한다. 다음은 소각로 공정에서 여러 가지의 유해가스 측정위치를 나타내고 있다.

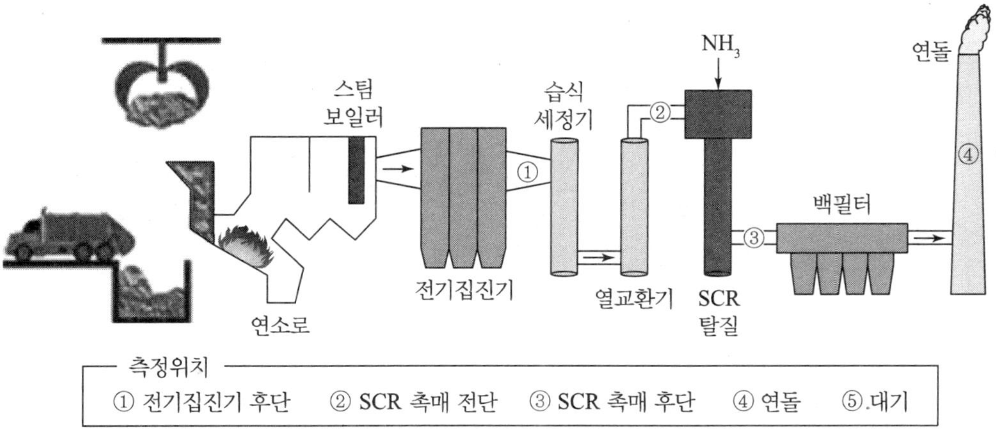

그림 6-36 도시 고형 폐기물 소각로 공장

(6) 배출가스 탈황공정 소개

다음에 몇 가지 SO_2 제거 기술 공정을 소개한다.

① 석회석세정법 (Limestone Scrubbing)

석회석 슬러리 (Slurry)는 분무탑에서 배출가스 (Flue Gas)와 접촉된다. SO_2는 흡수되어 중화되고 부분적으로 $CaSO_3$와 $CaSO_4$로 산화되며 화학 반응식은 다음과 같다.

- $CaCO_3$ (고체) + H_2O + $2SO_2$ → Ca^{2+} + $2HSO_3^-$ + CO_2 (기체)
- $CaCO_3$ (고체) + $2HSO_3^-$ + Ca^{2+} → $2CaSO_3$ + CO_2 + H_2O

흡수제가 풍부하고 비용이 싸며 상업적 수용성이 큰 장점이 있으나 탑 내에 물때가 끼고 장치에 막힘현상이 자주 발생하며 부식성이 큰 단점이 있다.

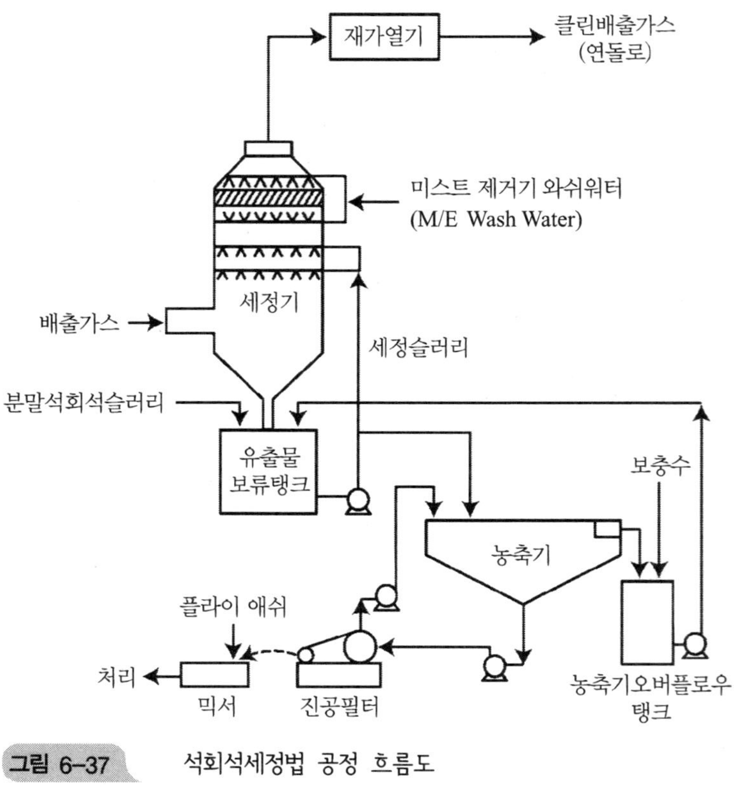

그림 6-37 석회석세정법 공정 흐름도

② 이중염기세정법 (Duel Alkali Scrubbing)

세정탑 내의 물 떼와 막힘현상 등을 극복하기 위해 개발되었다. Na_2SO_3 / NaOH 용액이 탑 내에서 SO_2를 흡수/중화시키는데 사용한다. Na_2SO_3와 Na_2SO_4는 둘 다 수용성이기 때문에 침전이 일어나지 않는다. 장점은 물 떼 문제와 막힘 현상을 줄일 수 있으며 유지비용이 덜 든다. 단점은 슬러지 (Sludge)와 함께 방출되는 수용성 나트륨 (Na)염에 대한 정교한 처리설비를 일부 필요로 한다. 또한 나트륨 (Na) 소비를 가속화시키는 염산 (HCl)과 잔류 비산재의 제거를 위해 석회의 전처리 세정장치가 필요하다.

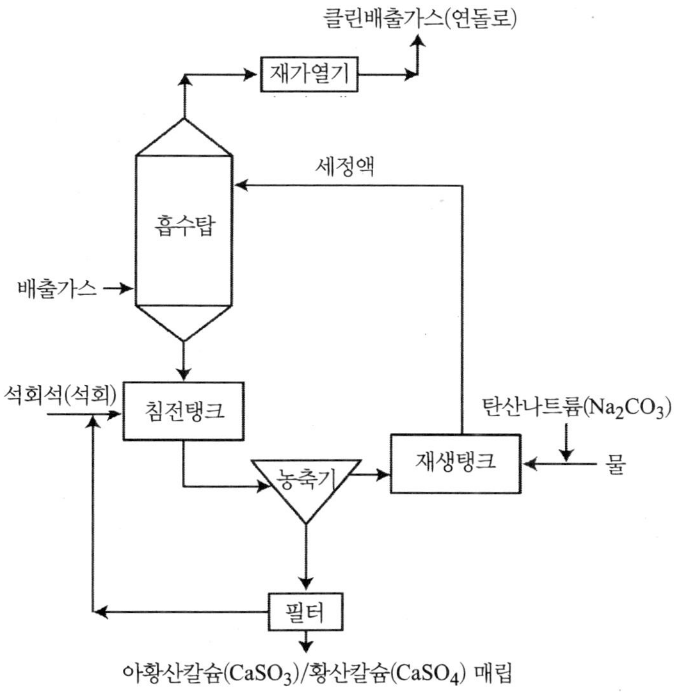

그림 6-38 이중염기세정법 공정 흐름도

③ 웰만 - 로드법 (Wellman-Lord)

가장 잘 알려진 재생 배출가스 탈황공정 (Flue Gas Desulfurization)이다. W-L 공정에는 배출가스의 전처리, Na_2SO_3 수용액에 의한 SO_2의 흡수, 정화처리, Na_2SO_3의 재생 등 4가지 보조 공정이 있다.

주요 반응식은 다음과 같다.

ⓐ $Na_2SO_3 + SO_2 + H_2O \rightarrow 2NaHSO_3$

ⓑ $Na_2SO_3 + 1/2O_2 \rightarrow Na_2SO_4$

ⓒ $2Na_2SO_3 + SO_3 + H_2O \rightarrow Na_2SO_4 + 2NaHSO_3$

ⓔ $2NaHSO_3 \xrightarrow{열} Na_2SO_3 + SO_2 + H_2O$

ⓓ $Na_2CO_3 + SO_2 \rightarrow Na_2SO_3 + CO_2$

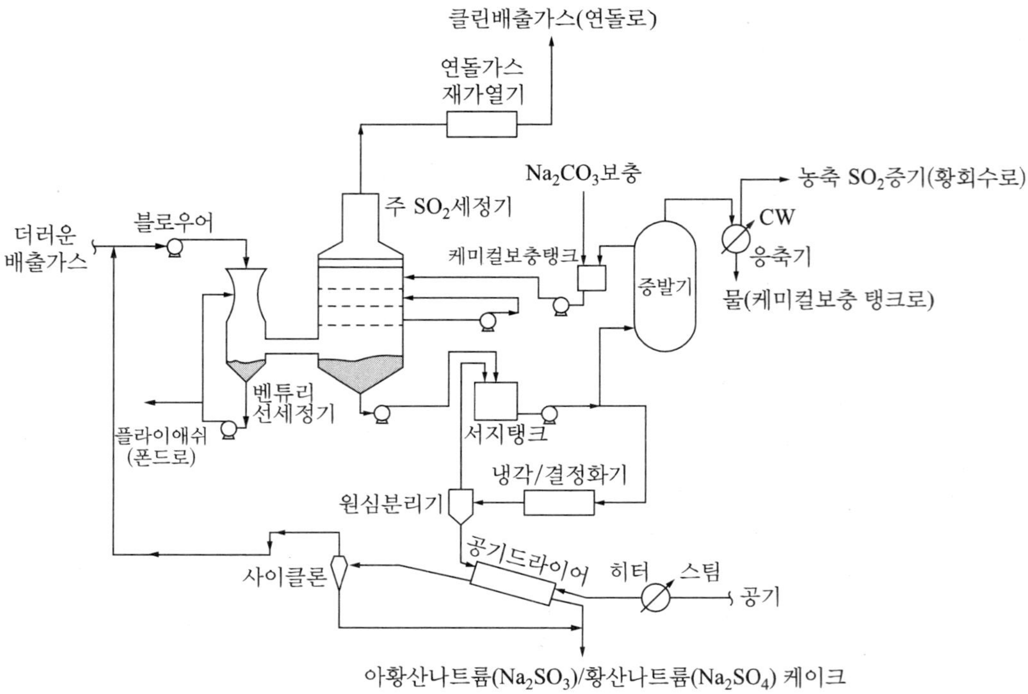

그림 6-39 Wellman - Lord법 공정 흐름도

④ 구연산법 (Citrate)

구연산과 구연산나트륨(Sodium Citrate)의 완충용액으로 SO_2를 흡수하는 것이다. 용액 속의 구연산 이온은 SO_2가 물에 흡수될 때 발생되는 수소이온(H^+)의 일부와 결합하여 SO_2의 유효 용해도를 증가시킨다.

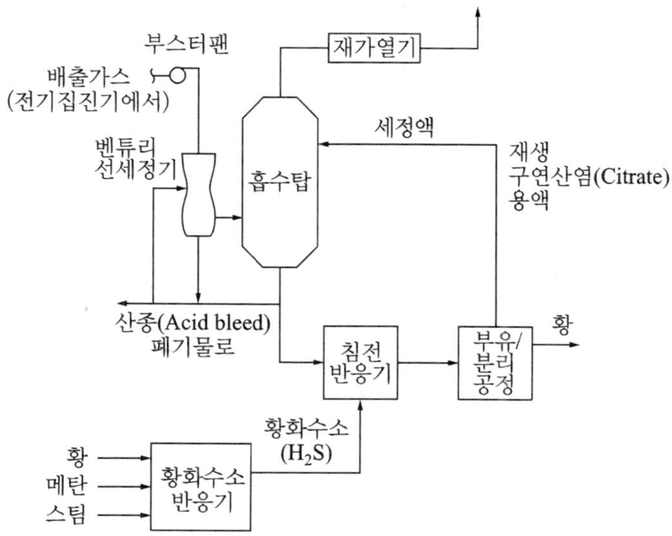

그림 6-40 구연산법 공정 흐름도

화학식은 다음과 같다.

ⓐ SO_2 (가스) + H_2O $\leftrightarrow$ H_2SO_3

ⓑ H_2SO_3 $\leftrightarrow$ H^+ + HSO_3^-

ⓔ Ci^{3-} + H^+ $\leftrightarrow$ HCi^{2-}

ⓓ HCi^{2-} + H^+ $\leftrightarrow$ H_2Ci^-

여기서, Ci^{3-}는 구연산 이온을 나타낸다.

실제로 이들 탈황법은 정유 및 석유화학 공정에서 피드(Feed)를 가열하거나 반응 및 분해하기 위해서 오일과 가스 연료를 연소시키는 가열로(Fired Heater), 스팀 혹은 전기를 생산하기 위해 석탄, 오일, 가스를 연소시키는 산업용 보일러(Boiler) 그리고 도시 쓰레기와 산업폐기물 등을 소각 처리하는 소각로(Incinerator) 등에서 널리 적용되고 있다. 다음은 몇 가지 사례를 산업체 관점에서 기술하고 있다.

(7) 잔사 유동식 촉매분해 공정의 CO 보일러 탈황 기술 (습식 사례)

탈황($DeSO_x$) 공정은 유동식 촉매분해 공정의 촉매 재생기에서 발생되는 SO_2 가스를 H_2SO_4로 전환시켜 대기로 배출되는 연돌(Stack) 가스 중 SO_x 농도를 환경규제치 50 ppm 이하로 유지시키는 역할을 한다. 그림 6-41은 $DeSO_x$ 공정의 업스트림(Up Stream) 인 상압잔사 유동식 촉매분해 공정 흐름도를 나타낸다.

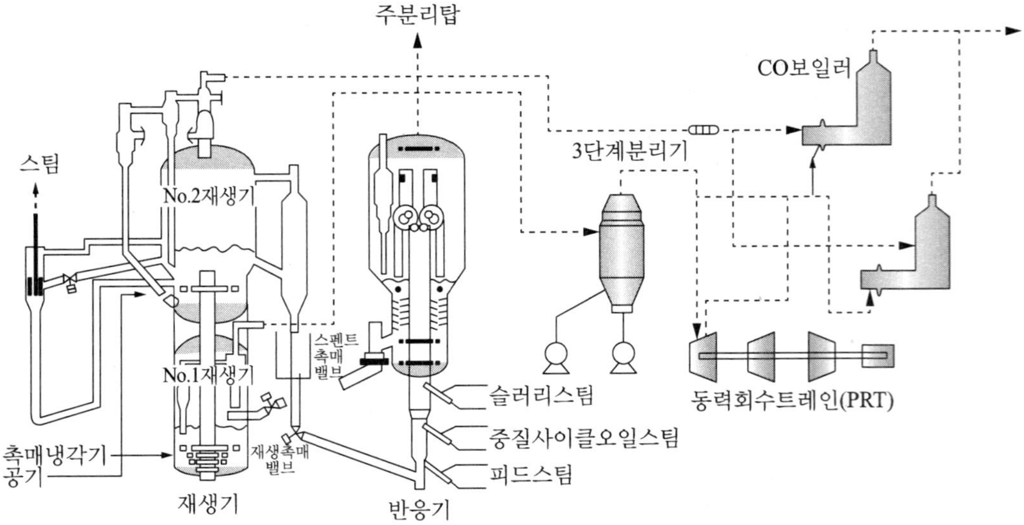

그림 6-41 상압잔사 유동식 촉매분해 공정도

그리고 그림 6-42의 표시 부분이 배출가스 중에 SO_x를 제거하는 탈황공정으로 $DeSO_x$ 공정이라 부른다. 그림에서 보는 것처럼 $DeSO_x$ 공정은 가스-가스 열교환기(Gas-Gas Heat Exchanger), SO_2 컨버터(SO_2 Converter), 습식황산 응축기[WSA (Wet Sulfuric Acid) Condenser] 등으로 구성되어 있다.

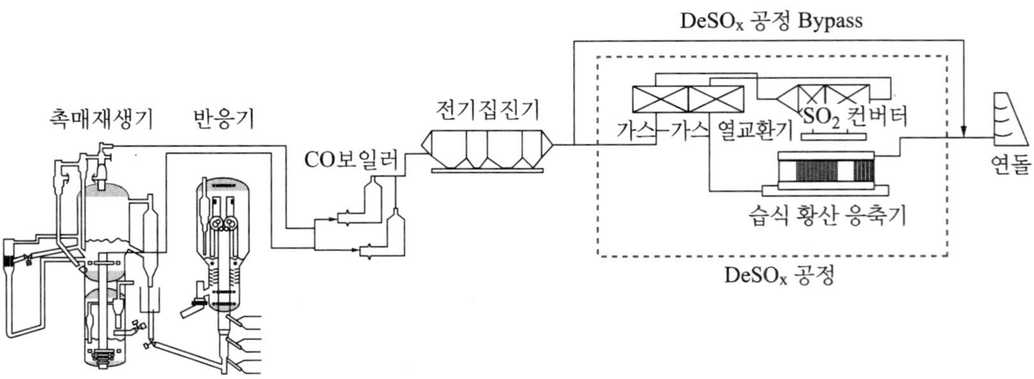

그림 6-42 CO보일러 배출가스 탈황공정 ($DeSO_x$)

① 가스 - 가스 열교환기

회전식 가스/가스 열교환기로 온도가 낮은 SO_2가스와 SO_2컨버터에서 SO_3로 전환된 고온의 SO_3가스를 열교환 하는 장치이다. 일반적으로 220℃, 0.35% SO_2 가스/420℃ SO_3 가스가 열교환을 하게 된다.

② SO_2 컨버터

컨버터 반응기로 들어오는 SO_2 가스를 O_2와 반응시켜 SO_3 가스로 전환시키는 장치로 발열반응이다. 사용 촉매의 주성분은 SiO_2와 V_2O_5이며 정상운전 온도는 약 405℃ 정도이다. 승온단계(320~350℃ 구간)에서 촉매에 흡착되어 있던 SO_3가 떨어져 나와 H_2SO_4로 제거되지 않고 배기로 배출되면서 백연(Plume) 현상을 보이기도 한다.

- $SO_2 + 1/2\ O_2 \rightarrow SO_3 + 23.6\ kcal/g\text{-}mol\ _{SO_2}$

③ 습식황산 응축기(WSA Condenser)

응축기 장치로 들어오는 가스를 냉각시키는 역할(280℃ → 105℃)을 하며 SO_2 컨버터에서 만들어진 SO_3가스는 응축된 물과 반응하여 H_2SO_4 용액을 만드는 역할을 한다.

- $SO_3 + H_2O \rightarrow H_2SO_4$ (기상) $+ 24.1\ kcal/g\text{-}mole\ _{SO_3}$

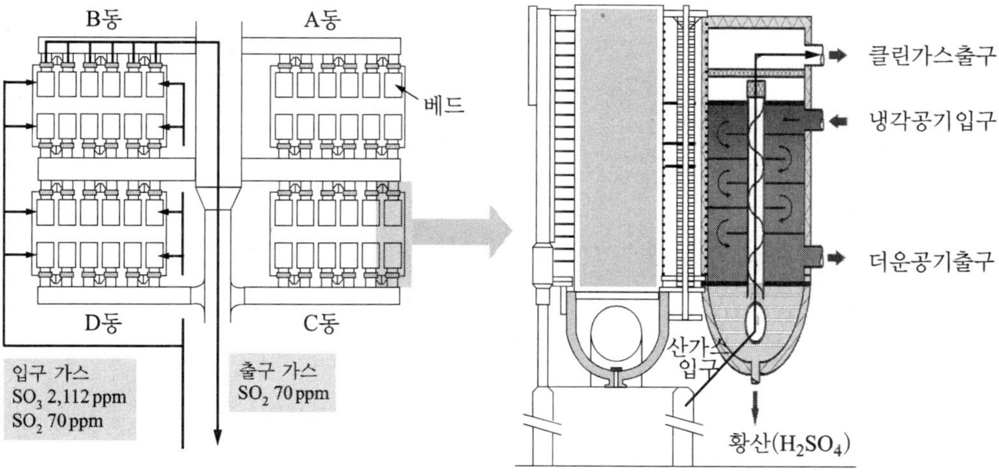

그림 6-43 습식황산 응축기 글라스 튜브

일반적인 운전 조건은 280℃, 0.3 psig에서 SO_3 0.35% / H_2O 11.9% / N_2 73% / CO_2 12% / O_2 3%의 혼합가스가 냉각 공기(Cooling Air)와 글라스 튜브(Glass Tube)에서 열 교환하여 시간당 5.4 톤의 황산(H_2SO_4)이 만들어진다. 글라스 튜브는 전체 34,560개(4개동, 48개 베드)로 구성되어 있고 튜브 내부는 SO_3 그리고 튜브 외부는 냉각 공기가 흐르며, 내부에 SO_3/황산이 잘 접촉되도록 나선형 코일로 되어 있다. 흐름 압력은 공기 쪽이 SO_3 쪽보다 높게 설계되어 있다.

(8) 석탄화력발전소 보일러 배출가스 탈황 기술 (건식 사례)

그림 6-44는 발전소의 석탄연소 보일러의 공정 흐름도를 나타내고 있다. 석탄 연료 속에 함유된 대부분의 황 성분은 연소 과정에서 산소와 결합하여 SO_2와 SO_3를 생성 한다. 이렇게 생성되는 황산화물은 환경 기준에 위배되지 않도록 연소 과정에서 제거하게 된다.

황 제거 방법은 석탄 (Coal)과 모래 (Sand) 그리고 석회석 (Limestone, $CaCO_3$)을 섞어 700℃ 이상의 유동식 연소실에서 소결하면 석회석은 생석회 (Quick Lime, CaO)로 분해하고, 분해 생석회는 이산화황 (SO_2)과 반응하여 황산염인 석고 (Calcium Sulfate, Gypsum, $CaSO_4$)로서 탈황이 된다.

- $CaCO_3$ + 열 = $CaO + CO_2$
- $CaO + 1/2\ O_2 + SO_2 = CaSO_4$

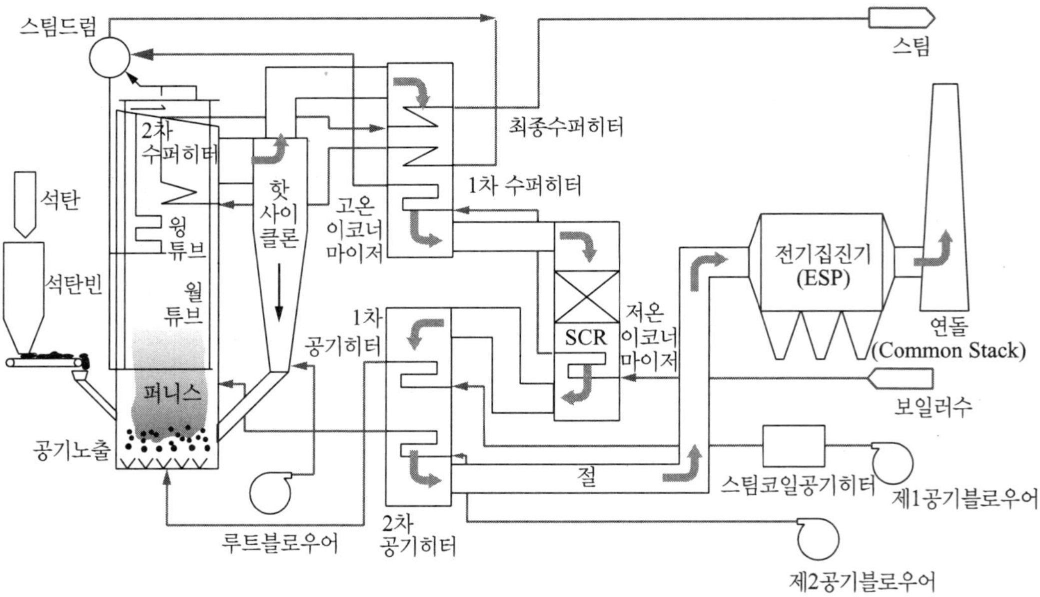

(참고) ESP: Electrostatic Precipitator
SCR: Selective Catalytic Reduction

그림 6-44 유동층 석탄 보일러 공정 흐름도

이 반응 결과로 생긴 석고는 비반응성 물질이다. 석회석은 황성분과 계속 반응을 하는데 충분한 반응을 위해서는 과잉 석회석이 필요하다. 석회석의 과잉량은 석탄 연료 속의 황성분, 연소실 내에 층 물질의 온도와 석회석의 물리화학적 성질 (반응성)등에 따라 다르다. 가장 이상적인 반응온도는 840~900℃이며, 950℃ 이상에서는 반응이 일어나지 않는다. 그림 6-45는 베드 온도 분포에 대한 황성분의 제거 곡선을 나타낸다. 최적의 조건에서는 90% 이상의 황 제거율을 나타낸다. 이 최고점의 범위 밖에서는 배출 기준을 맞추기 위해서는 칼슘(Ca) / 황(S) 비를 상당히 높여야 한다.

유동층 보일러의 층(Layer) 물질은 석회석 부산물이 주를 이루고 연료, 재, 불순물(돌 및 쇳가루)이 섞여 있다. 약 90%가 석회석 반응물이고 2~3%는 미 반응 석회(CaO) 그리고 2~3%는 재(Ash)이다. 석회석이 연소실에 투입되면, 정상적인 운전 온도에서 CO_2를 방출하고 소결된다. 그리고 연료 중의 SO_2를 흡수하여 석회(CaO)를 황산화 시키고 석고($CaSO_4$)를 생성시킨다. 소결 중에 석회는 물리적으로 약하게 되어 쉽게 부스러져서 통풍(Draft) 설비에 의해 밖으로 배출된다.

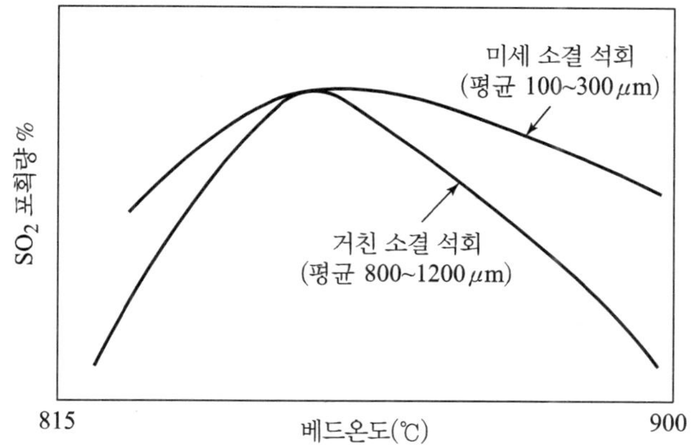

그림 6-45 베드온도와 SO_2 포집량의 관계

2.5% 이상의 황을 함유한 석탄 연료를 연소시키면 석회는 황과 쉽게 반응하여 석회를 단단하게 하고 부스러짐이나 흩날림에 의한 손실을 줄여준다. 저 유황의 석탄 연료는 반응되지 않고 날아가는 석회 양이 많아서 손실을 증가시킨다. 이러한 손실은 베드 구성 물질의 보충과 SO_2 포집을 위해 석회의 공급을 늘려야 한다. 석회 반응물인 석고($CaSO_4$)와 과잉 공급된 석회는 끊임없이 잘게 부서지며 보일러 밖으로 배출된 후 분진(Dust) 설비에 의해 포집된다.

(9) 도시쓰레기 처리 소각로의 배출가스 탈황 (사례)

폐기물에는 산업폐기물, 건설폐기물, 생활폐기물, 지정폐기물, 폐목재폐기물, 하수처리폐기물 (하수 Slurry) 등이 있다. 이중에서 (도시)생활폐기물을 1일 150~200톤을 처리하는 소각로시설 (1, 2, 3호기)을 갖추고 있다. 또한 소각로에는 스토커 (Stoker), 로터리킬른스토커 (Rotary Kiln Stoker), 유동식 (Fluidized Type) 등의 형태가 있는데, 사용 소각로는 스토커 형태로서 폐기물을 노 호퍼에 덤핑한 후 노 내로 투입 직전에 연소향상제를 폐기물에 분사하여 연소 효율을 개선하고 클링커 (Clinker)를 제거하여 폐열회수 효율을 향상시키고 있다. 사용 연소향상제의 주성분은 붕사 (Borax, $Na_2B_4O_7 \cdot 10H_2O$)이다. 그리고 소각로 후단부에는 폐기물 연소 시 발생하는 각종 유해물질을 처리하는 시설이 갖추어져 있다. 배출 유해물에는 SO_x, NO_x, Dust, CO, 다이옥신 (Dioxin), HCl 등을 포함한다.

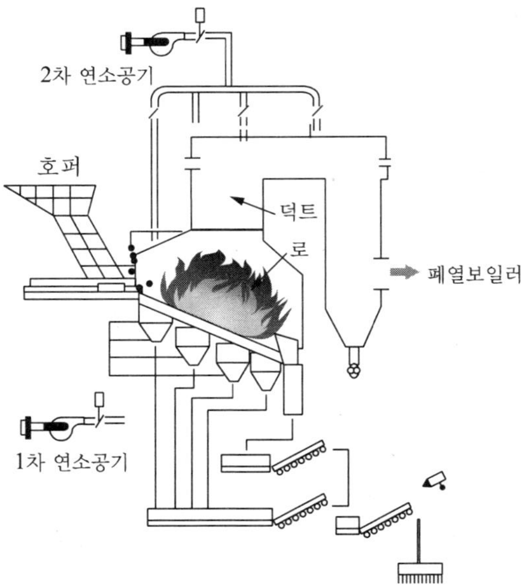

그림 3-46 스토커 소각로 시설의 공정흐름도

각종 유해물처리 방법은 ① 연소개선제로 연소 효율 향상 및 클링커 제거 ② 우레아 투입으로 NO_x 제어 ③ NaOH/석회석 ($CaCO_3$)을 사용하여 SO_x 제어 ④ 활성탄으로 다이옥신 (Dioxin) 제거 ⑤ 사이클론으로 분진 등을 제거하고 있다.

상기 소각로의 대기환경 오염물질 배출은 연돌온도 167℃, NO_x 40 ppm, SO_x 0

ppm, CO 1 ppm, O_2 15%로 운전 및 관리하고 있다. 참고로 1.5～2개월에 한 번씩 정기적 공정 셧다운으로 시설 정비를 하고 있다.

케미컬 탱크/펌프

케미컬 스프레이 노즐

제어판

그림 6-47 소각로의 연소 향상제 주입시스템

07 질소산화물 (NO_x)

질소산화물은 연료의 연소로 인한 고온 분위기에서 연소공기의 분해(Thermal NO_x), 연료와 공기 중 질소의 결합(Prompt NO_x) 또는 연료자체가 함유하고 있는 질소 성분의 연소(Fuel NO_x)로 발생하게 되는데 대부분의 NO_x는 연소 공기의 분해로 발생하게 된다. SO_x와 더불어 자외선(UV) 등에 의한 광화학반응(Photochemical Reaction)으로 활성화된 후 대기 중의 수분과 결합하여 지상으로 비의 형태로 도달하게 되는데 이를 산성비(Acid Rain)라 하며, NO_x는 이런 산성비를 유발시키는 하나의 전구물질(Precursor)이다.

7.1 질소산화물 종류 및 생성원

질소산화물 종류는 그림 7-1과 같이 다양하다. 이중에서 NO가 질소산화물의 대부분(90% 이상)을 차지하고 있다.

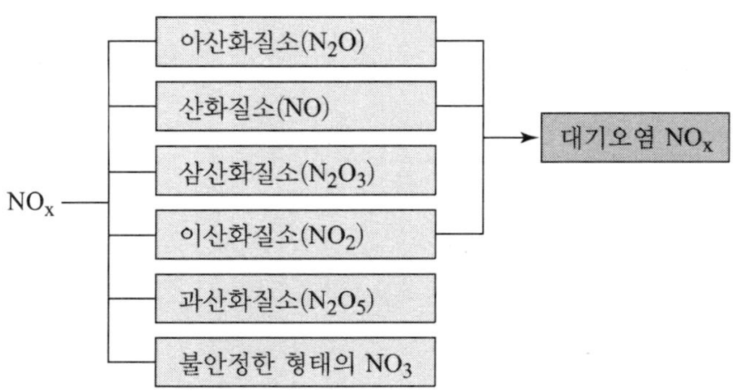

그림 7-1 NO_x의 종류

그리고 질소산화물을 생성 원으로 구분하여 살펴보면 다음과 같다.

(1) Thermal NO_x

일반적으로 Thermal NO_x의 발생기구는 Zeldovich에 의해 제시된 다음 반응식으로 설명될 수 있다.

$$O + N_2 \leftrightarrow NO + N \quad \cdots\cdots (1)$$
$$N + O_2 \leftrightarrow NO + O \quad \cdots\cdots (2)$$
$$N + OH \leftrightarrow NO + H \quad \cdots\cdots (3)$$

고온에서 산소 1분자 (O_2)가 산소 2원자 (2O)로 분리되어 이 산소원자가 공기 중의 질소분자와 반응하여 NO를 생성하고 동시에 질소원자를 생성하며 이것이 다시 공기 중의 산소와 반응하여 NO를 생성한다. (2)와 (3)의 반응식 경우는 연료 과잉상태에서 중요한 역할을 한다. Thermal NO_x의 생성은 주로 연소온도가 높을 때, 연소영역에서 산소의 농도가 높을 때, 고온 영역에서 연소가스의 체류시간이 길 때 많이 발생하는 것으로 알려져 있다. 특히 온도 의존성이 높은데 일반적으로 1,000℃ 이상에서 NO_x가 쉽게 발생하며 1,300℃ 이상이 되면 급격히 증가한다.

(2) Fuel NO_x

화합물의 형태로 연료에 함유되어 있는 질소성분이 산소와 반응하여 생성되는 NO_x를 말하며 연료 중 질소의 결합형태는 각각의 질소가 탄소나 다른 원소와 유기적으로 결합된 형태로 되어 있어, 이중구조의 형태보다 쉽게 끊어져 Fuel NO_x의 생성속도는 Thermal NO_x보다 빠르게 일어난다. 일반적으로 알려진 Fuel NO_x의 발생경로는 다음과 같다.

$$\text{Fuel-N} \rightarrow HCN \rightarrow NH_n \begin{cases} \nearrow (+\, OH, O) \rightarrow NO \\ \searrow (+\, NH_n, NO) \rightarrow N_2 \end{cases} \quad \cdots\cdots (4)$$

$(n = 1, 2, 3)$

주) HCN: Hydrogen cyanide (시안화수소)
Fuel-N: Organic nitrogen compounds in fuel (연료 속 유기질소화합물)

Fuel의 질소 (N) 성분은 모두 중간생성물 시안화수소 (HCN, Hydrogen Cyanide)로 변환하고 이것이 다시 변환되어 화염의 당량비에 따라 NO나 N_2로 발생하게 된다. 이와 같은 NO_x 생성 메커니즘은 그림 7-2에서 잘 나타내고 있다.

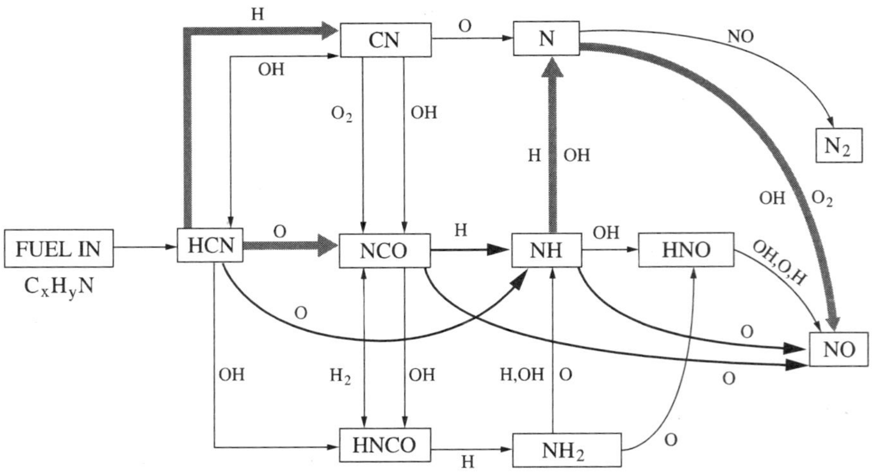

주) CN: Cyan group (시안기)　NH₂: Amine group (아민기)　HNO: Nitroxyl (니트록실)

그림 7-2　Fuel NO_x 생성 메커니즘

따라서 초기에 공기를 적게 유지하는 것이 N_2로 변환될 확률이 Fuel NO_x의 저감에는 좋은 효과를 가진다. 이와 같이 NO 저감법으로 잘 이용되는 것이 다단 연소 방법이다. Fuel NO_x의 생성은 온도 조건보다는 당량비적인 측면에 더욱 민감하므로 배출가스 순환 방식이나 물을 주입하는 방식 등의 방법만으로는 Fuel NO_x의 저감이 어렵기 때문에 대부분의 산업용버너에서는 연료 및 공기를 단계적으로 연소하는 다단연소방법과 병행하여 실행되고 있다.

▌참고▐　연료탈질 (Denitrogenation)

연료의 수첨탈황 (Hydrodesulfurization)시 연료 속에 포함되어 있는 유기질소 화합물도 함께 탈질이 된다. 예를 들어, 촉매 하에서 석유제품의 수소첨가 탈질 반응식은 다음과 같으며, 상세한 내용은 6장의 연료탈황 (Fuel Desulfurization)을 참고하기 바란다.

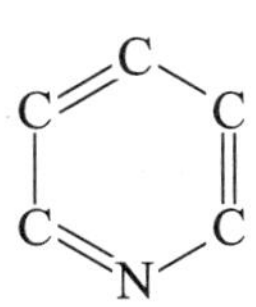

$$+ 5H_2 \rightarrow CH_3-CH_2-CH_2-CH_2-CH_3 + NH_3$$

피리딘 (Pyridine)

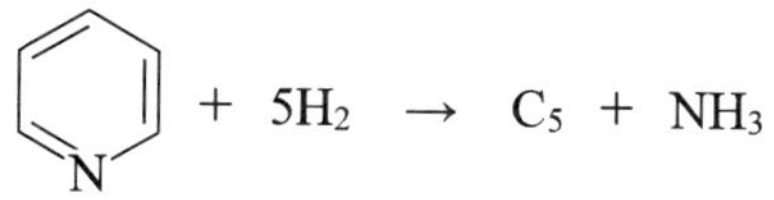

퀴놀린 (Quinoline)

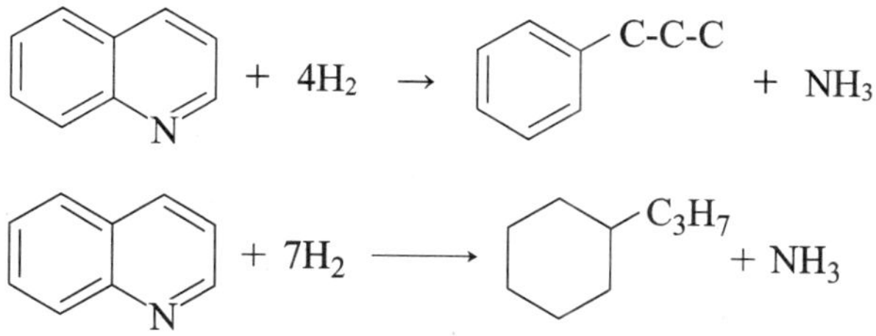

피롤 (Pyrrole)

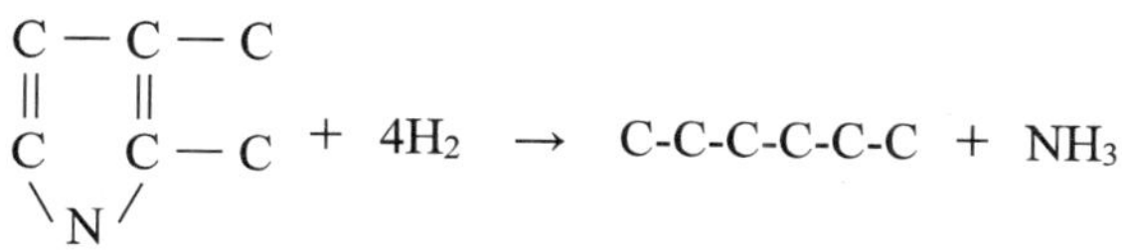

메틸아민 (Methylamine)

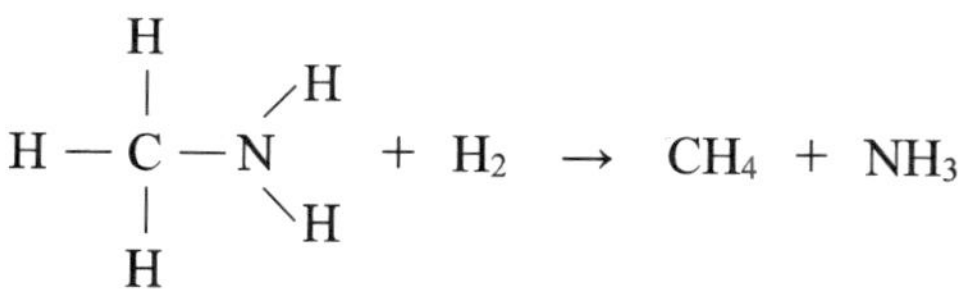

(3) Prompt NO_x

이것은 탄화수소의 라디칼 메커니즘(Radical Mechanism)을 통한 빠른 반응이다. 고온의 화염후단 흐름 영역에서는 NO_x의 생성에 대하여 Zeldovich 기구에 따른 이론과 실험결과가 비교적 잘 일치하고 있지만 화염면 및 그 근방에서는 Zeldovich 기구 이외의 경로에 의하여 많은 양의 NO가 급격히 생성되는 것으로 알려져 있다. Fenimore는 메탄－공기, 에틸렌－공기의 사전 혼합 평판 화염에 대하여 실험한 결과, 화염대 근처에서 급격한 NO의 생성을 발견하고 이 NO를 Prompt NO라고 하였다. 그리고 그는 아래와 같은 반응기구를 제안하였다.

$$N_2 + CH \leftrightarrow HCN + N \quad \cdots\cdots (5)$$

$$N_2 + 2C \leftrightarrow 2CN \quad \cdots\cdots (6)$$

식 (5)의 반응식에서 분해된 질소원자는 식 (2)의 반응으로 NO를 생성하고 위 식의 시안화수소 (HCN, Hydrogen Cyanide)나 시안기 (－CN, Cyan Group)도 산소를 포함한 화합물과 반응하여 NO를 생성하게 된다.

$$
\begin{array}{l}
C_xH_y \rightarrow CH + N_2 \rightarrow N + HCN \\
\qquad\qquad\qquad\qquad\quad {}^{O_2}\swarrow \ \searrow \\
\qquad\qquad\qquad\quad NO \leftarrow N + CH
\end{array}
$$

지금까지의 많은 연구 결과, Prompt NO_x는 탄화수소계 연료에서만 생성되고 온도, 연료의 종류, 당량비 등에 대한 의존성이 비교적 낮고 연소가스의 체류시간에는 무관한 것으로 판명되었다. 그러나 Prompt NO_x의 생성과 소멸과정은 아직까지 정확히 알려져 있지 않다.

▌참고 ▌ 일반적 NO_x 생성비율

전체 생성 NO_x 중에서 Thermal NO_x 70% > Fuel NO_x 25% > Prompt NO_x 5%

7.2 NO_x 생성에 영향을 미치는 인자

NO_x 생성은 화염온도, 산소농도 및 연료 중의 질소성분 등에 영향을 받으며 이들 조건을 운전조건 변화 및 연소방법 변경에 의하여 NO_x 저감법을 찾을 수 있다. 연소용 공기의 예열은 화염온도를 상승시켜 Thermal NO_x 생성을 증가시키지만 연소 중의 질소화합물의 NO_x 전환율이 감소하기 때문에 Fuel NO_x의 발생은 다소 감소하지만 Fuel NO_x와 Thermal NO_x의 전체적인 결과는 과잉공기의 양에 의해 결정된다. 일반적으로 연소용 공기는 연료를 완전연소 시키기 위하여 항상 과잉 (Excess)으로 공급된다. 과잉 공기량이 증가하면 반응대 근처의 산소농도가 증가하므로 Thermal NO_x 및 Fuel NO_x의 증가를 가져오나 공기량을 계속적으로 증가시키면 찬 공기에 의한 온도 저하로 Thermal NO_x의 저감효과를 가져온다. 그러나 화염이 불안정화 되어 CO 미연분의 배출이 급증하여 연소효율이 낮아진다. 다음 그림 7-3의 그래프는 연료질소 함량이 높을수록 연료 NO_x (Fuel NO_x)가 증가함을 나타내고 있다. 그림 7-4와 7-5에서 연소온도 (Combustion Temperature)가 방출 NO_x 생성에 매우 중요한 역할을 함을 알 수 있다. 특히 Thermal NO_x의 경우는 연소온도 1,300℃ 근

방에서 급격히 증가함을 보여준다.

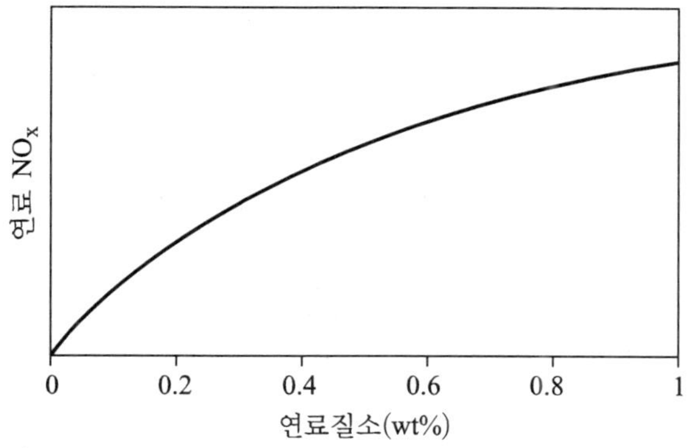

그림 7-3 연료질소 농도에 대한 Fuel NO_x 경향

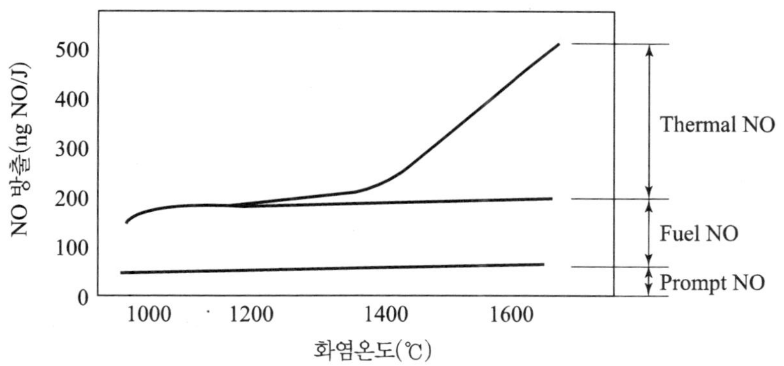

그림 7-4 화염온도와 NO_x 생성량 경향

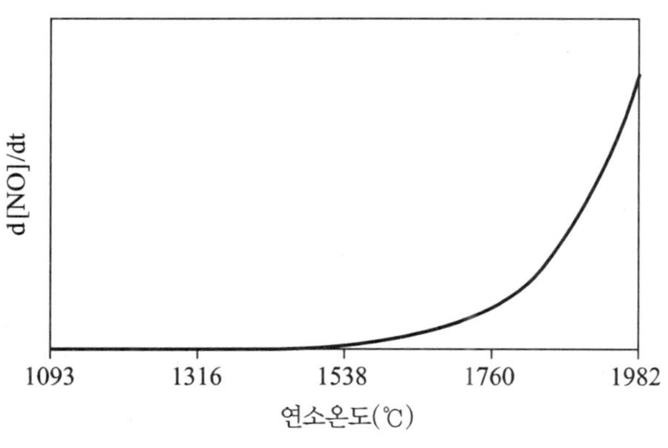

그림 7-5 연소온도와 NO_x 생성 속도

7.3 NO_x의 배출원 및 현황

대부분의 NO_x는 연료의 연소로 인한 고온에서 연소공기의 분해로 발생하게 되므로 연료의 사용처와 사용량을 기준으로 하면 주요 배출원을 확인할 수 있다. 산업화가 진행됨에 따라 필연적으로 증가되는 사회 간접자본 및 전력 소비의 증가는 산업체 및 운송수단 그리고 전력생산 분야에서의 NO_x 배출량이 점차 늘어나고 있다. 특히 전력 생산 시 발생되는 NO_x 양은 해마다 증가하고 있다.

더욱이 NO_x 배출원 중 운송 수단에서의 배출량이 총 배출량에서 차지하는 비율이 높기 때문에 배출 규제 강화의 분야가 SO_x에 비해 광범위하다.

다음은 대기 오염물질 규제에 대한 국내 한 정유사의 대책사례를 살펴보기로 하자. 국내 G정유사는 대기오염 규제대책을 수립하기 위해 장기간(2010년 2월~2012년 3월)의 전체 공정별 가열로 및 보일러에서 배출되는 대기오염 물질인 NO_x / SO_x를 조사 분석하였다. 가열로 및 보일러에 대한 2015년 대기배출허용기준 강화 규격은 표 7-1과 같다.

표 7-1 2015년 환경규제 강화 변경 내용

시설	오염물질	환경규제		사내규제	
		현행	향후	현행	향후
가열로	SO_x (ppm)	180	150	162	135
	NO_x (ppm)	150	120	135	108
보일러	SO_x (ppm)	180	100	162	90
	NO_x (ppm)	150	70	135	63

2015년 대기배출허용기준 강화 규격에 따른 적합한 연소시설(혼소 가열로 및 보일러)의 연료오일 사용 가능량을 통해 추가 대체 프로판(C_3) 사용량을 산정하기 위하여 연소시설의 연료오일 사용비율(%)에 따른 연돌(Stack)별 SO_x 및 NO_x 경향(Trend)으로부터 강화규격인 사내규격(90% 적용)에 가열로 SO_x 135 ppm 및 NO_x 108 ppm에 적합한 연료오일 비율(%)를 선정하여 연료오일 사용 가능량을 예측하는데 있었다. 분석결과 오일사용량이 최대 40% 이하임을 결론 내리고, 제한된 오일 사용량만큼 가격이 비싼 C_3 사용량 증가가 예상됨을 분석을 통하여 확인하였다.

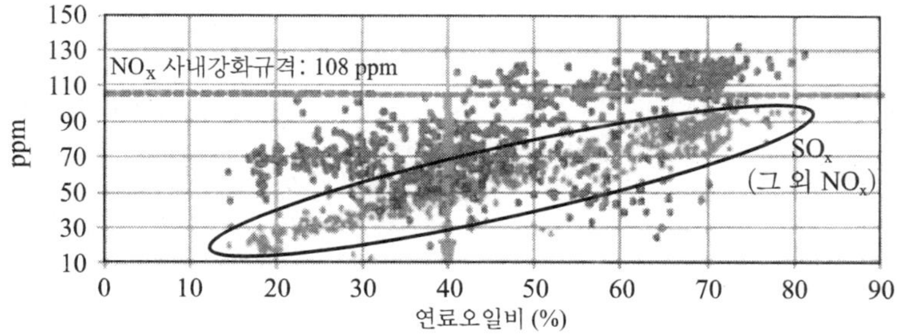

그림 7-6 정유공정 폐열보일러 연돌 NO_x / SO_x 배출 경향

강화규격에 적합한 연료오일 비율은 그림 7-6에서 보듯이 40%로서 SO_x보다 NO_x 쪽이 더 제한적이다. 이것을 기준으로 할 때 2011년 연소시설의 평균연료사용량을 X EFO B/D로 예상할 경우 연료오일 사용 예상 가능량은 X × 40% = Y EFO B/D가 된다 (EFO: Equivalent Fuel Oil, B/D: Barrel/Day).

그림 7-7과 같이 특정 공정의 연소시설에 연료오일 비율 40% 이하를 적용한 2011년 3, 4월의 실제운전 데이터 경향을 살펴보면, 강화된 규격 내에서 운전이 가능함을 알 수 있다.

▌참고 ▌ EFO Factor

벙커유 1 Barrel = 9500 kcal이다.
이것을 기준으로 연료가스 열량을 연료오일로 환산하는 인자를 말한다.

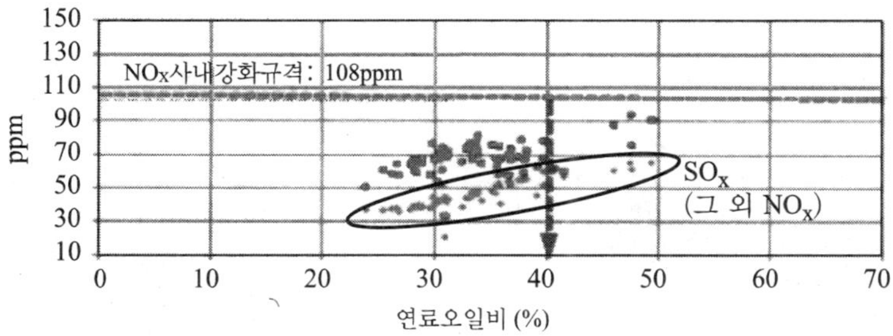

그림 7-7 특정 공정의 가열로 연돌 NO_x / SO_x 배출 경향

그림 7-8은 여러 공정별 연소시설의 장기간 NO_x / SO_x 배출 경향을 나타내고 있다.

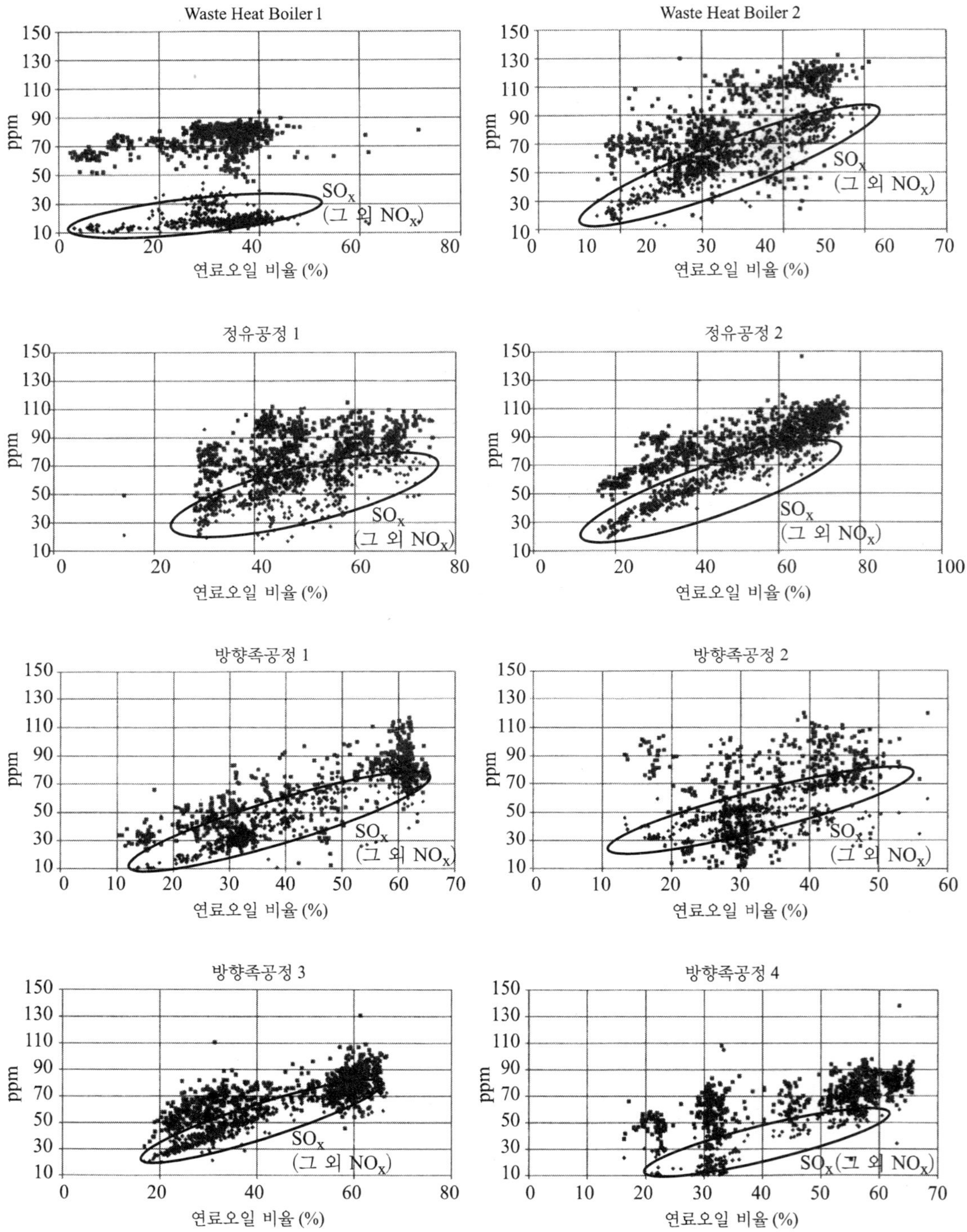
Waste Heat Boiler 1
Waste Heat Boiler 2
정유공정 1
정유공정 2
방향족공정 1
방향족공정 2
방향족공정 3
방향족공정 4
ppm
연료오일 비율 (%)
SO_x
(그 외 NO_x)

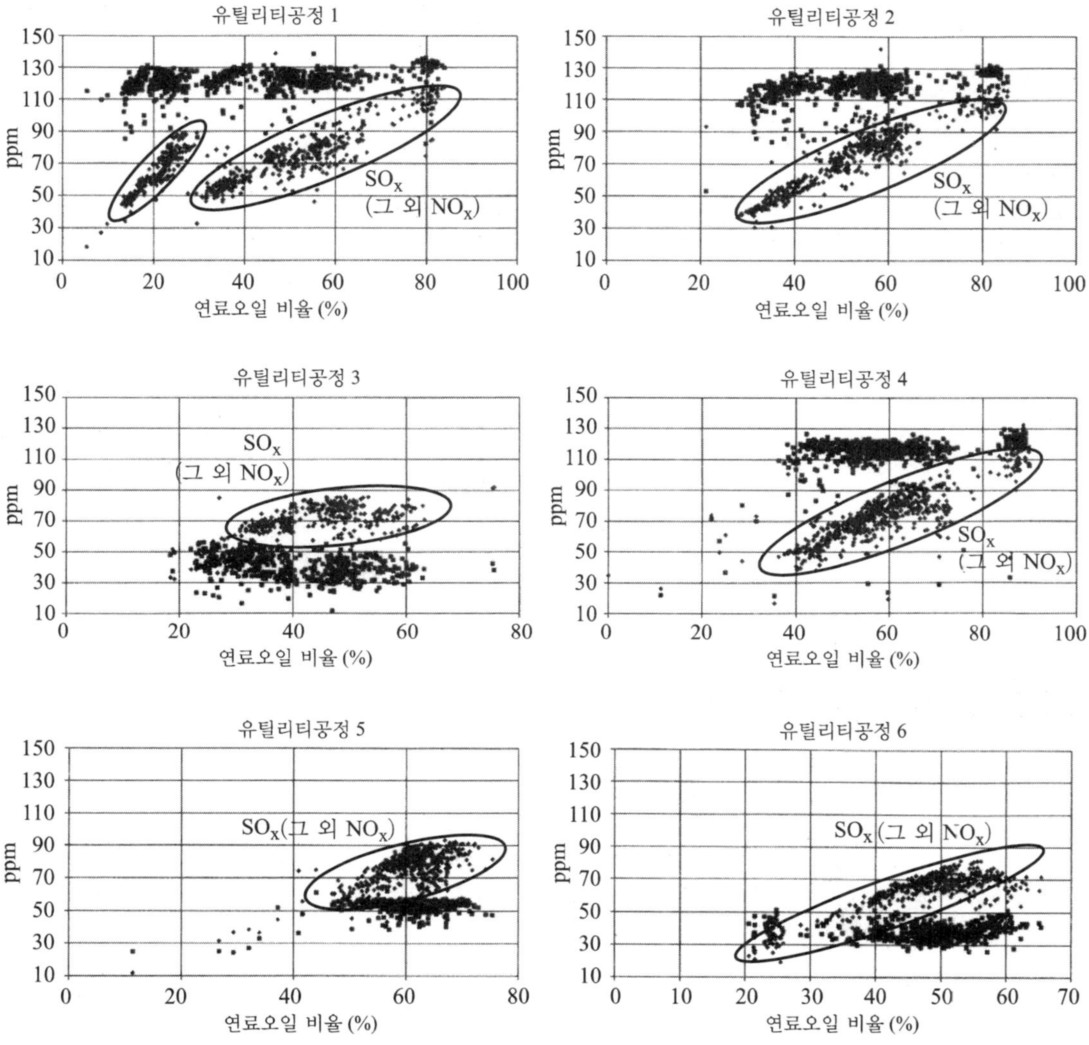

그림 7-8 전체 공정별 연소시설의 연돌 NO_x / SO_x 배출 경향

08 질소산화물 제어 및 저감

질소산화물 제어 및 저감 (Control & Reduction of Nitrogen Oxide)에는 연소제어 (Combustion Control)법과 배출가스탈질 (FGD, Flue Gas Denitrogenation) 설비가 있다.

8.1 질소산화물 연소제어법

질소산화물 연소제어에는 그림 8-1과 같이 여러 가지 방법이 있다. 발생 NO_x의 대부분이 Thermal NO_x (약 70%)이므로 버너 (Burner) 및 연소운전 조건의 최적화를 통하여 발생원 자체에서의 NO_x를 줄이는 방법이다. 이것에는 ① 1차 연소 영역에서 공기 vs. 연료비를 조정하는 방법 (Off Stoichiometric Combustion) ② 연소부에서

- 연소제어
  - 저 과잉공기 (Low Excess Air)
  - 연소공기 예열 (Combustion Air Preheating)
  - 단계적 연소를 위한 랜스 사용 (Staged Combustion Lance)
  - 단계적 공기 저NO_x 버너 (Staged Air Low NO_x Burner)
  - 단계적 연료 저NO_x 버너 (Staged Fuel Low NO_x Burner)
  - 배출가스 재순환 (Flue Gas Recirculation)
  - 초 저NO_x 버너 (Ultra Low NO_x Burner)
  - 래이디언트 버너 (Radient Burner)

그림 8-1 NO_x 연소제어 방법

다단 연소되게 버너를 설계한 방식(Low NO_x Burner) ③ 대부분의 NO_x가 Thermal NO_x인 관계로 화염온도나 배출가스(연소가스) 온도를 낮추는 것(Low Temperature Combustion) 등의 NO_x 저감 방법이 있다.
화학양론비에 벗어나는 연소에는 ① 산소 이용률에 제한을 두어 화염온도를 낮추어 NO_x 발생을 감소시키는 방식(Burners Out Of Service) ② 버너 주위에 별도의 공기 흡입구를 설치하는 방식(Overfire Air) ③ 버너 주위에 2차 공기를 주입하는 공기튜브(Air Tube)를 설치하는 방식(Lance Air) 등이 있다.
다음에 이들에 대한 여러 가지 방법을 살펴보기로 하자.

(1) 과잉산소(Excess O_2) 운전 최적화

전형적인 공정가열로의 과잉산소는 대략 2~4%이며 과잉산소량은 연료형태(Fuel Type), 드라프트 형태(Draft Type), 버너디자인(Burner Design), 그리고 공기누출(Air Leak) 등을 포함하여 여러 가지 인자에 의해 영향을 받는다. 석유정제 공정의 가스연소 가열로에 대한 통계적 분석에 의하면 연돌(Stack)의 O_2 농도가 1% 상승함에 따라 NO_x 농도는 9%가 상승하는 것으로 나타난다.
낮은 과잉산소(Low Excess O_2) 제어시스템은 연소에 필요한 O_2량을 최소화하는 것이다. 연소 O_2 공급의 최적화로 연료 소모량과 NO_x의 생성량을 줄일 수 있다. 연소존(Combustion Zone)에서의 과잉산소 최소화로 인한 영역별 산소농도 감소는 Thermal NO_x와 Fuel NO_x의 형성을 억제하는 연소환경을 형성한다. 위에서 언급한 것처럼 가열로에서의 과잉산소 최소화는 드라프트 형식(Draft Type), 연료종류(Fuel Type), 공기누출(Air Leakage) 정도, 그리고 연료조성(Fuel Component)과 가열로부하(Heater Load) 변화에 반응하는 과잉산소 제어시스템의 성능에 영향을 받는다. 대략 2~4%의 과잉산소 농도가 가열로의 열효율을 최대화하고 NO_x와 CO 배출량을 저감하는데 바람직하다.

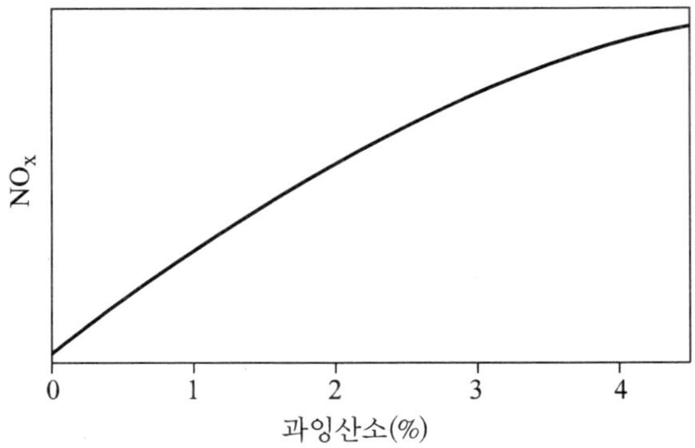

그림 8-2 과잉산소와 NO_x 생성 (확산 화염 버너)

(2) 연소공기 예열 (Combustion Air Preheat)

연소공기를 예열하는 것은 연료소모량을 줄이는 아주 효과적인 방법이다. 그러나 이것은 화염온도를 상승시켜 NO_x 생성량을 증가시킨다. 실험에 의하면 연소공기의 온도를 상온에서 204℃까지 예열했을 때 NO_x 배출량이 1.4배 증가하였으며, 연소공기의 온도를 316℃까지 예열했을 때는 NO_x 배출량이 2배 이상 증가하는 것으로 알려지고 있다.

반대로 공기예열을 줄임으로써 가열로의 효율은 감소하나 Thermal NO_x의 형성을 억제할 수 있으며, 이러한 가열로 효율의 감소는 대류부 (Convection Section)에 열회수 (Heat Recovery) 장치를 설치하여 부분적으로 상쇄할 수 있다.

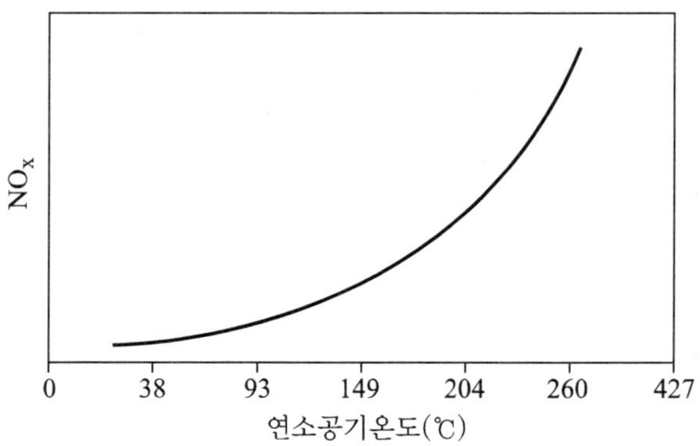

그림 8-3 연소공기온도와 NO_x 생성

(3) 단계적 연소를 위한 랜스 (Lance) 사용

연소공기와 연료의 흐름을 구분하여 적은 공기 vs. 연료비로 운전하는 방식을 말한다. 사용 랜스 (Lance)에는 O_2 (순수, 부화) 혹은 공기를 이용할 수 있다.

① 산소를 사용할 경우

공기 중 질소 조성은 78%인데 일정 분의 공기 대신 산소 (O_2)를 대체 공급하여 질소의 절대량과 배출가스를 감소시키는 연소 방법이다. 이를 O_2 부화 (O_2 Enrichment) 연소라고 부른다. 예를 들어, 어떤 가열로에서 O_2부화 연소 시 일정량의 순수 O_2를 공급할 경우 이에 상응하는 공기량 감소로 질소농도는 감소하고 O_2 농도는 증가한다. 표 8-1의 O_2 부화에서는 공기 약 20% 감축에 O_2 농도가 5% 증가하는 연소 경우로서 이론적으로 연료절약 약 10%를 가져올 수 있다. 이는 또한 연료 10% 연소에서 나오는 대기오염물질 (CO_2, CO, SO_x, NO_x, 분진, VOCs 등)을 저감할 수 있다.

표 8-1 O_2 부화 적용 전/후 공기 및 연료 사용량

항목	단위	부화 전	부화 후 (추정치)	비고
공기량	Nm^3/hr	36,741	27,413 (공기) + 1,959 (O_2) = 29,372	약 20% 공기감축
O_2량		7,716	5,757 (공기) + 1,959 (O_2) = 7,716	O_2 등량부화
O_2농도	%	21	26	버너 내구성 고려 O_2농도 3% 이내 사용
연료사용량	kg/hr (EFO B/D)	3,760 (586)	3,388 (528)	약 10% 감소
연료절약		–	369 (58)	–

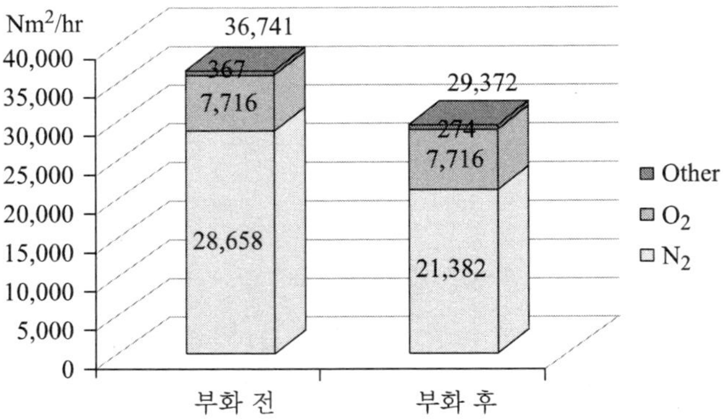

그림 8-4 O_2 부화 전/후 공기량 변화

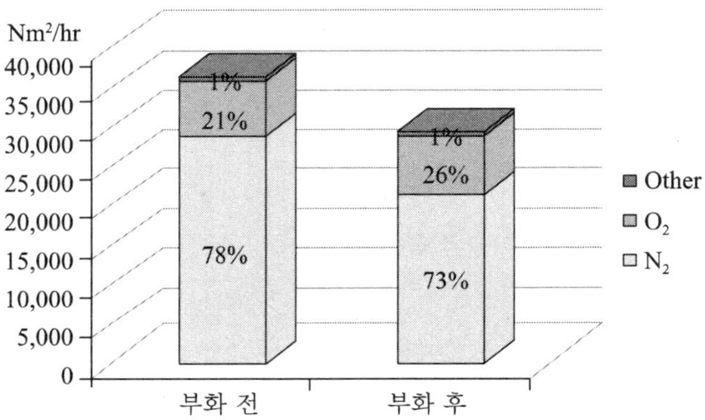

그림 8-5 O_2 부화 전/후 공기조성 변화

연료절약 내용은 분위기 온도증가에 의한 복사열 상승효과와 감축 배출가스영향으로, 전체 연료절약 추정량은 다음과 같이 계산된다.

▌ 연료절약 추정량 계산

ⓐ 복사열 상승효과: 29,372 Nm^3 × 0.33 kcal/Nm^3 ℃ × 300℃/9,596 kcal/kg
= 303 kg/hr

ⓑ 감축배출가스 영향: (공기 7,369 + 연료 4,323) Nm^3/hr × 0.33 kcal/Nm^3 ℃
× (190 − 25)℃/9,596 kcal/kg = 66 kg/hr

ⓒ 전체 연료절약 추정량: 303 + 66 = 369 kg/hr
(= 369 kg/hr × Bbl/154 kg × 24 hr/day = 58 Bbl/day)

O_2 부화 전후 물질수지 계산식은 다음과 같다.

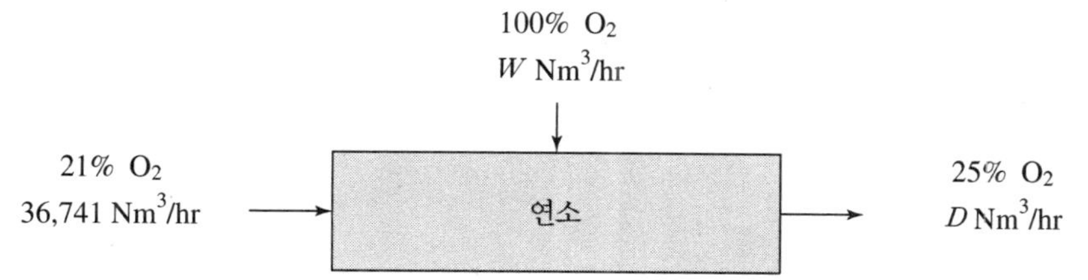

$36,741 + W = D$ − ①

$36,741\,(0.21) + W\,(1) = D\,(0.25)$ − ②

①을 ②에 대입

$W = 1,959.52$ − ③

$D = 38,700.52$

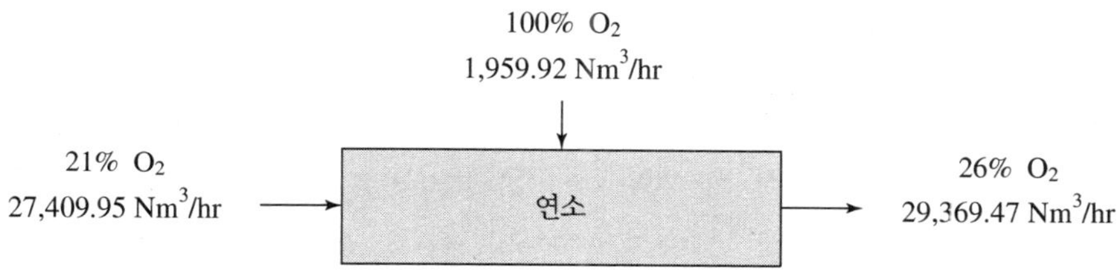

O_2 등량부화

Air 감축량: $X = 7,715.61/1,959.52 \times 36,741 = 9,331.05$ O_2 부화/감축 후

Total Air량: $Y = 1,959.52 + (36,741 - 9,331.05) = 29,369.47$

그림 8-6 (상) O_2 부화 전 (하) O_2 부화 후 물질수지

② 공기를 사용할 경우

제1차 연소영역(Primary Combustion Zone)에서 1차 연소된 가스가 제2차 연소영역(Secondary Combustion Zone)에서 랜스(Lance)를 통해 분사되는 공기에 의해 완전 연소되는 형태를 말한다. 가스를 사용하는 가열로는 12~71%, 오일과 가스를 혼소하는 가열로에서는 25~54%의 NO_x 저감율을 각각 나타낸다. 그러나 이들 모두는 퍼니스 내의 화염질(Flame Quality)과 온도 증감에 의한 열 플럭스(Heat Flux) 불균일 문제로 공정 가열로(Process Heater) 적용 시는 많은 주의를 필요로 한다.

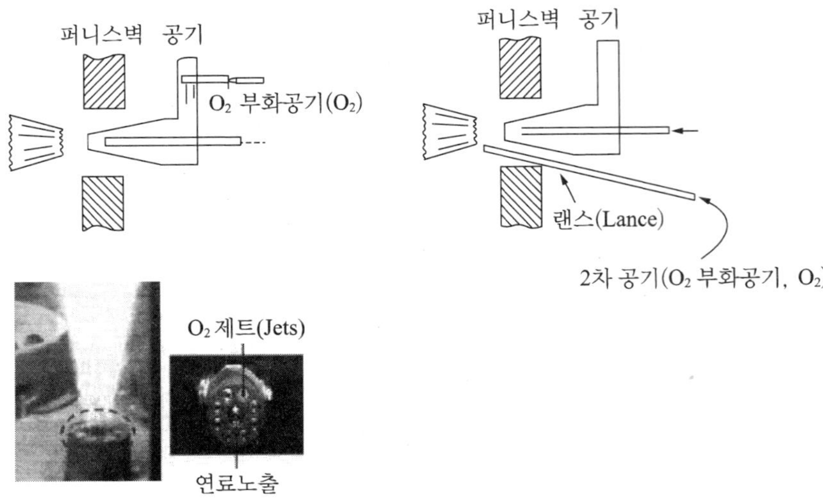

그림 8-7 랜스 (Lance)에 의한 단계적 연소

(4) 단계적 공기 저 NO_x 버너 (Staged Air Low NO_x Burner)

아래는 오일과 가스를 동일버너에서 함께 연소시키는 혼소 (Combination) 버너로서 단계적 공기에 의한 NO_x를 저감하는 일반 형태의 저 NO_x 버너이다. 저 NO_x 원리는 1차, 2차, 3차 연소를 통해 화염온도 (혹은 배출가스 온도)를 낮춤으로써 Thermal NO_x 발생을 감소시킨다. 1차 연소영역 (오일연소－리젠타일 내부, 가스연소－가스타일 내부)은 고농도 O_2/Combustible 분위기이고, 2차 연소영역 (오일연소－리젠타일 외부, 가스연소－가스타일 외부)에서 저농도 O_2/Combustible 분위기이며, 그리고 3차 연소영역에서는 공기공급 추가 (혹은 제로화)하여 퍼니스 브릿지월존 (Bridge Wall Zone)으로 올라가는 연소가스 온도를 낮추어 결국 NO_x를 줄이는 개념이다.

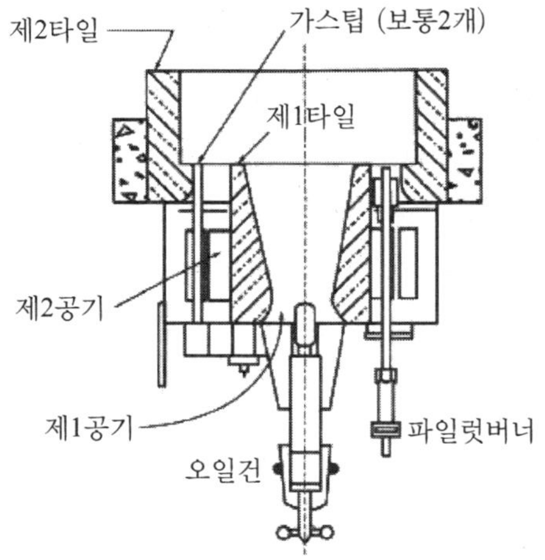

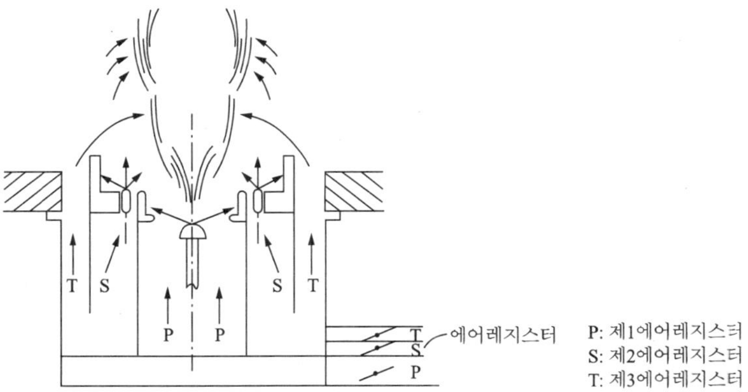

(참고) 오일연소: P 100%, S 100%, T 100%
가스연소: P 15%, S 40%, T 45%

그림 8-8 단계적 공기 저 NO_x 버너 (오일/가스 혼소 버너)

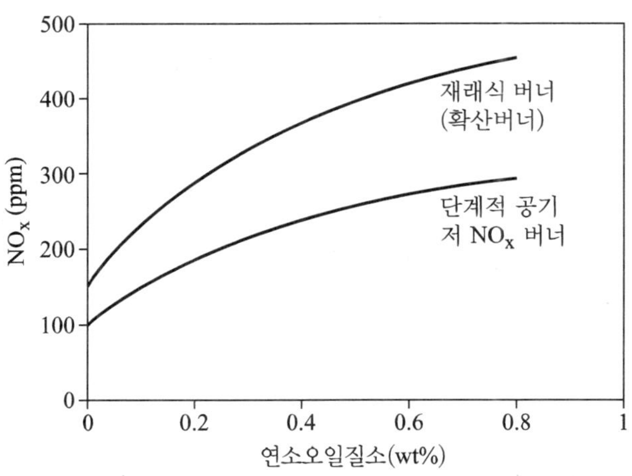

그림 8-9 재래식 버너와 저 NO_x 버너의 비교 (오일연소)

(5) 단계적 연료 저 NO_x 버너 (Staged Fuel Low NO_x Burner)

저 NO_x 기술은 단계적 (Staged−, 2차−) 공급열원 (Air, Fuel)에 따라 단계적 공기 (Staged Air) 공급과 단계적 연료 (Staged Fuel) 공급 방식이 있다. 단계적 공기 버너는 앞에서 언급하였다. 단계적 연료 버너의 경우는 Thermal NO_x 저감에는 효과적이나 Fuel NO_x의 생성에는 큰 영향을 주지 못한다. 전형적인 단계적 연료 저 NO_x 버너에서는 40~70%의 연료가 제1 연소영역으로, 그리고 나머지 연료는 제2 연소영역으로 각각 공급된다.

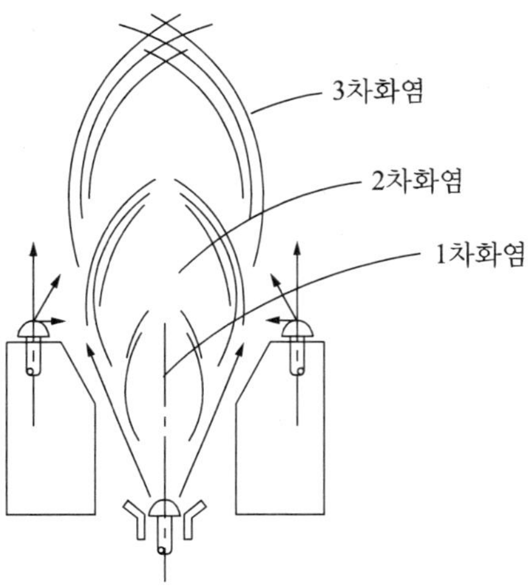

그림 8-10 단계적 연료 버너 (2차 가스팁 Port수/각도도 고려)

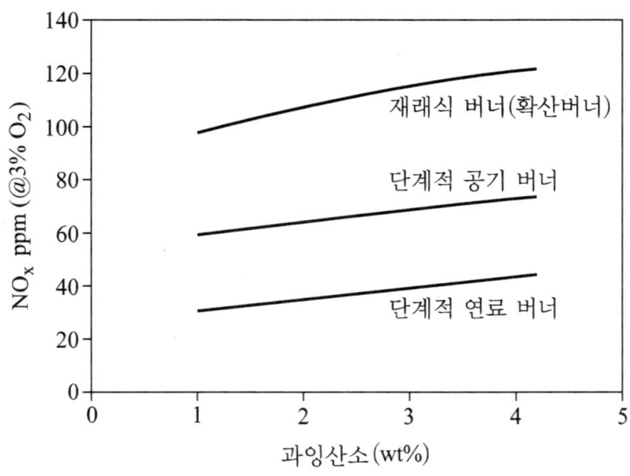

그림 8-11 재래식 버너와 저 NO_x 버너의 비교 (천연가스 연소)

(6) 외부 배출가스 재순환 연소 (FGR, Flue Gas Recirculation)

배출가스 재순환 (FGR, Flue Gas Recirculation)은 일반적으로 배출가스를 강제적으로 버너에 재순환시켜 공기와 배출가스의 혼합가스를 연소영역에 주입하는 기술로 제1 연소영역에 15~30%의 배출가스를 재순환시킨다. 재순환된 배출가스는 연소 반응물을 희석시키고, 최고 화염 (Peak Flame) 온도를 감소시키며, 산소 농도를 감소시켜서 Thermal NO_x의 생성을 억제한다. 그러나 Fuel NO_x의 생성에는 영향이 적다. 배출가스 재순환 방식은 고온 팬 (High Temperature Fans)과 덕트 작업 (Duct Work)으로 인해 상대적으로 많은 투자비를 요구하며, 모든 형태의 가열로에 적용할 수 없는 등 여러 가지 제약조건이 따른다. 보일러 데이터를 기준으로 볼 때 외부 배출가스 재순환 (External Flue Gas Recirculation)은 오일과 가스를 혼소하는 공정 가열로에서 저 NO_x 버너와 같이 사용할 때 약 55%, 표준버너와 같이 사용할 때는 약 30%의 NO_x 저감 효율을 가진다. 결국 이것은 버너에서 외부 배출가스 재순환을 기준으로 저 NO_x 배출 적용 유무의 NO_x 저감 효율을 말한다.

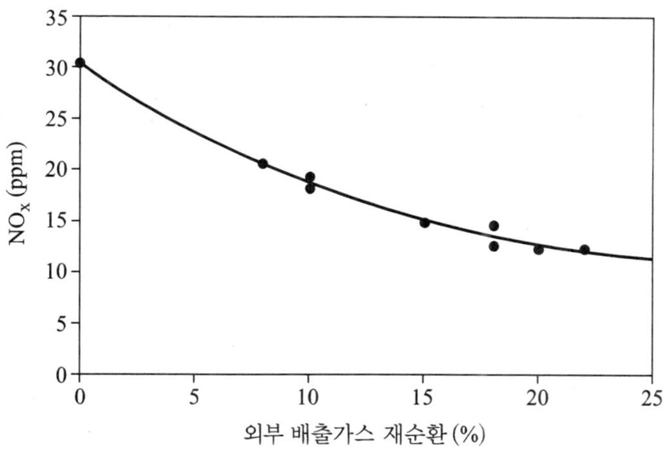

그림 8-12 단계적 연료/배출가스 재순환 버너의 NO_x 생성

(7) 레이디언트 버너 (Radiant Burner)

이것은 버너팁 (Burner Tip)에 세라믹섬유입방체 (Ceramic Fiber Cube)를 가지고 있는 가스버너 (Gas Burner)로 섬유가 연소 시 촉매와 같은 역할을 하여 약 980℃에서 연소가 일어나게 한다. 이 버너는 고온의 공기 예열에 의한 영향을 나타내지 않으며 실제로 높은 과잉공기 상태의 운전 조건에서도 NO_x가 감소된다. 그리고 퍼

니스 공간에 밀어 넣는 형태이므로 신규 설치 시에만 적용이 되며 개조 시에는 공정가열로의 Retubing이 필요하다. NO_x 저감율은 재래식 버너와 대비하여 약 75% 정도이다. 세라믹버너는 파울링, 깨지기 쉬움 (Fragility), 다소 제한된 용량 등의 문제점이 있는 것으로 알려지고 있다.

▌참고 ▌ 보일러의 다양한 연소제어법

그림 8-13에서 A는 외부 배출가스 재순환법으로 보일러에서 배출되는 가스 일부를 가스주입 팬 (Gas Injection Fan) 혹은 가스순환 팬 (Gas Recirculation Fan)을 이용하여 연소로 내부로 재순환시켜 화염온도를 낮춤으로서 NO_x의 발생량을 감소시킨다. 즉, 저온연소로 화염온도를 낮추기 위해 외부 배출가스의 일부를 버너윈드박스 (Wind Box)로 재순환 (Recirculation)시키는 방법으로 재순환량은 공기의 10~20% 정도로 한다. 그리고 대부분의 저 NO_x 버너 (Low NO_x Burner) 역시 이와 비슷하게 내부 배출가스 재순환 (FGR, Flue Gas Recirculation) 및 프리믹스 (Premix) 방법을 병행하고 있다.
그림 8-13의 B는 2단연소법으로 버너 상단에 설치된 과잉 공기창 (Overfiring Air Port 사용)으로 공기를 주입시켜 버너에 흐르는 공기량을 이론공기량 이하로 제한함으로써 연소 시 Fuel Rich의 환원성 분위기를 만든다. 따라서 불완전 연소에 의한 화염온도를 낮추게 되어 NO_x 발생량을 감소시킨다. 한편 Air Rich의 산화성 분위기에서 과잉공기 창을 통해 완전연소를 시킬 경우는 NO_x가 증가하게 된다.
일반적으로 배출가스 재순환법 A가 2단연소법 B보다 NO_x 저감 효과가 15% 정도 더 크다. 그림 8-13에서 C는 저 NO_x 버너 (Low NO_x Burner)로서 분할 화염형 버너 (중간 혼합 증기 분사형, 압력 분사) 또는 이중 흐름형 버너 (Duel Flow Burner)를 사용한다.

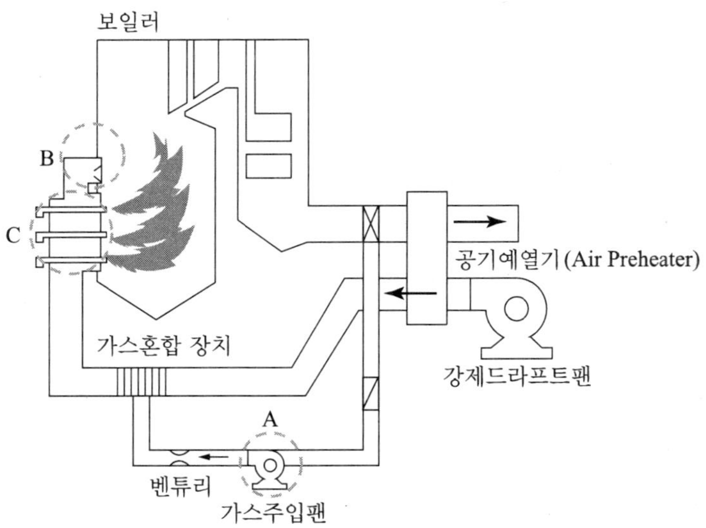

그림 8-13 보일러 연소 제어법 (일례)

8.2 가열로 운전 및 디자인 변수

NO_x 생성에 영향을 주는 가열로 디자인 변수에는 연료종류(Fuel Type), 연소공기 예열(Combustion Air Preheat), 부압 형태(Draft Type), 연소실온도(Firebox Temperature), 버너형태(Burner Type) 등이 있다. 그림 8-14는 가열로에서 다양한 연소제어 방법을 나타내고 있다. 즉, ① 단계적 연료 공급 ② 연소공기로 외부 배출가스 재순환 ③ 버너로 내부 배출가스 재순환 ④ 버너로 스팀 주입 ⑤ 연료가스로 스팀 주입 혹은 배출가스 재순환 등을 보여주고 있다.

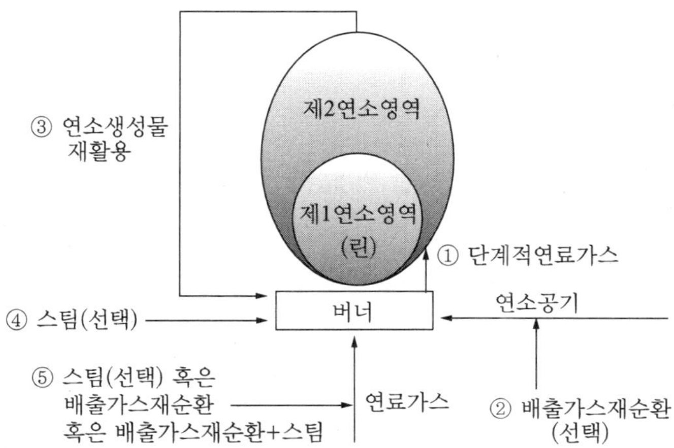

그림 8-14 다양한 가열로 연소제어 방법

다음은 퍼니스 구조에 따라 내부에서 화염과 연소배출가스의 흐름 거동을 나타내고 있다. 모두 튜브를 대상으로 양면 연소(Double Firing)에 의한 가열 형태로 버너 배치와 수, 퍼니스 크기, 퍼니스 높이에 따라 화염 상태 및 배출가스 흐름 거동이 서로 다름을 알 수 있다. 그림에서 (a)의 경우는 가장 작은 퍼니스로 안정된 화염과 적절한 배출가스 흐름 양상을 보이고 있다. (b)는 (a)와 동일한 처리량을 가지고 퍼니스 자체가 크며 높이가 2배 이상인 것을 고려하지 않은 디자인으로 불안정한 화염(뒹굴음)과 부적절한 배출가스 흐름 양상을 나타낸다. (c)의 경우는 (b)에서 처리량을 늘리고 퍼니스 중간 높이에 버너 2개를 추가(다중 단계 연소)하여 심층 드라프트(Deep Draft), 안정된 화염(적절한 배출가스 흐름 양상), NO_x 저감(Low NO_x)을 가능하게 하는 디자인이다. 따라서 퍼니스 디자인도 연소 상태 및 배출가스에 영향을 주고 있음을 알 수 있다.

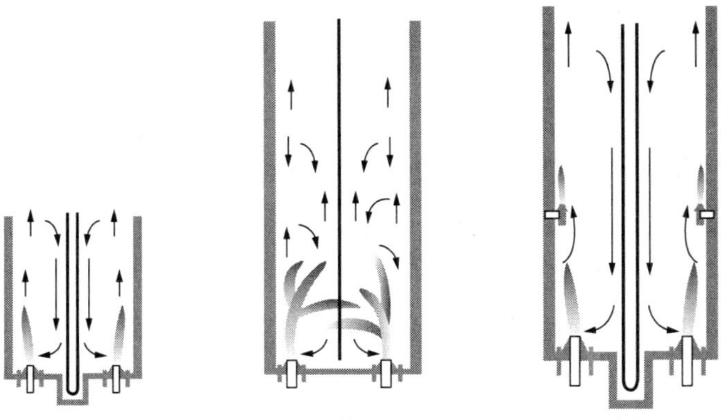

그림 8-15 퍼니스 화염상태와 배출가스 흐름 거동

(1) 연료종류 및 성분

저 질소 중질유의 연소는 동일한 열량방출 속도, 과잉산소, 연소공기예열 등의 운전 조건에서 LNG 연소보다 많은 NO_x를 배출한다. 이것은 연료오일이 더 높은 연소온도와 연료오일의 연소에 의한 Fuel NO_x의 형성에 기인하기 때문이다. 연료가스의 경우 연료 중의 수소함량에 따라 화염온도, 열전달, 화염크기 등이 달라지며, 연료 중의 수소함량이 증가함에 따라 화염온도가 상승하고, 그 결과 Thermal NO_x의 생성량이 증가한다. 한 보고서에 따르면 수소함량이 50% 이상인 연료가스(Fuel Gas)를 사용하는 가열로의 경우가 LNG(90% 이상 CH_4 성분)를 연료로 사용하는 동일한 가열로에 비해 NO_x 배출량이 20～50% 증가하는 것으로 보고하고 있다. 그리고 연료오일과 연료가스를 혼소하는 가열로의 경우 연료오일의 양과 종류에 따라 NO_x 생성량은 달라진다.

표 8-2 연료와 NO_x (기존 버너의 디자인 기준)

연료	NO_x (ppm)
오일	200
가스	80
오일/가스(50 : 50)	140

(2) 공기예열 및 우회 (Air By-pass)

공기를 예열할 경우 NO_x는 증가한다. 따라서 보통 공기 예열시스템을 가지고 있는 밸런스트 통풍식 (Balanced Draft)이 자연 통풍식 (Natural Draft)에 비해 NO_x가 높게 나타난다. 그림 8-16에 여러 가지 형태의 통풍식 다이어그램을 나타내었다. 그림 8-17과 같이 저온부식 방지를 위해 연소공기 일부를 우회 (By-pass)시킬 경우, NO_x 절감을 예상할 수 있으나 장치의 열효율이 나빠지게 된다.

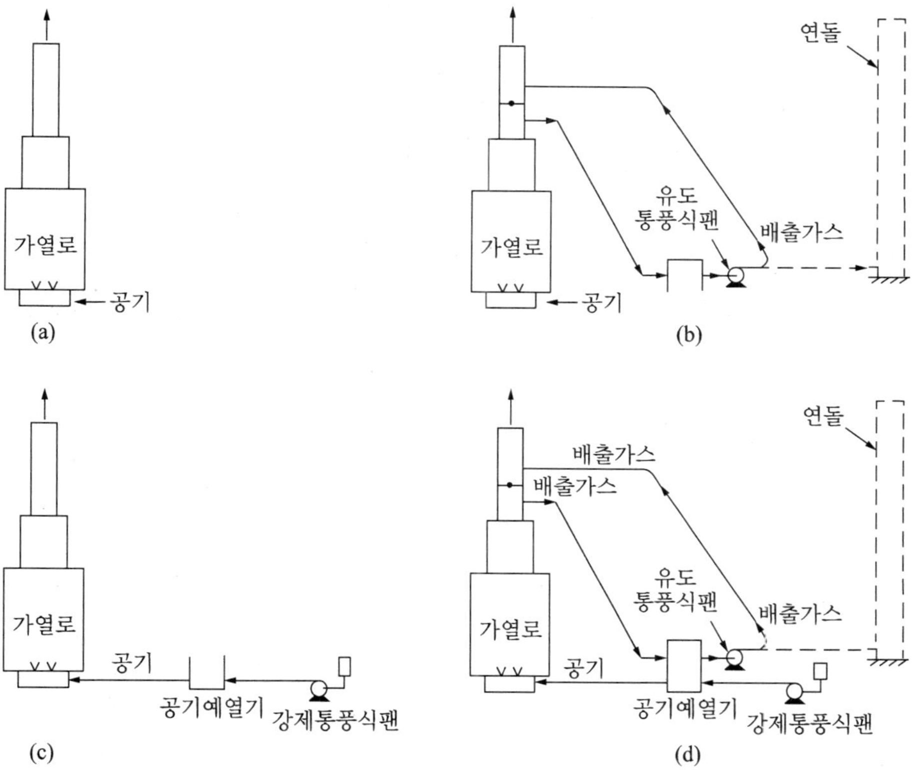

그림 8-16 (a) 자연통풍식 (b) 유도통풍식 (c) 강제통풍식 (d) 밸런스트통풍식

표 8-3 통풍 (Draft)과 NO_x

통풍	NO_x (ppm)	통풍	NO_x (ppm)
자연통풍식	100	유도통풍식	100
강제통풍식	100	밸런스트통풍식	120

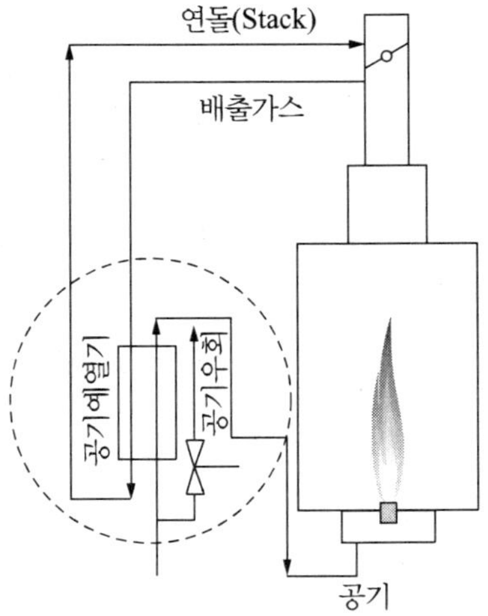

그림 8-17 공기 예열기의 공기 우회 (By-pass)

(3) 연료종류 및 스팀 사용 유무 (사례)

그림 8-18은 스팀생산 보일러에서 연료종류 및 스팀사용 유무에 따른 NO_x 생성 테스트 결과를 나타내고 있다. 그림에서 보듯이 오일/가스 혼소버너에서 가스중단 (시간 10:33~11:02)에 따라 NO_x가 급격히 상승함을 볼 수 있으며, 또한 스팀을 주입 시 NO_x가 떨어짐도 확인할 수 있다. 따라서 오일은 가스연료에 비해 높은 NO_x를 생성시키고 스팀을 사용 시 NO_x가 낮아진다. 그리고 오일연소 시에는 추가로 에토

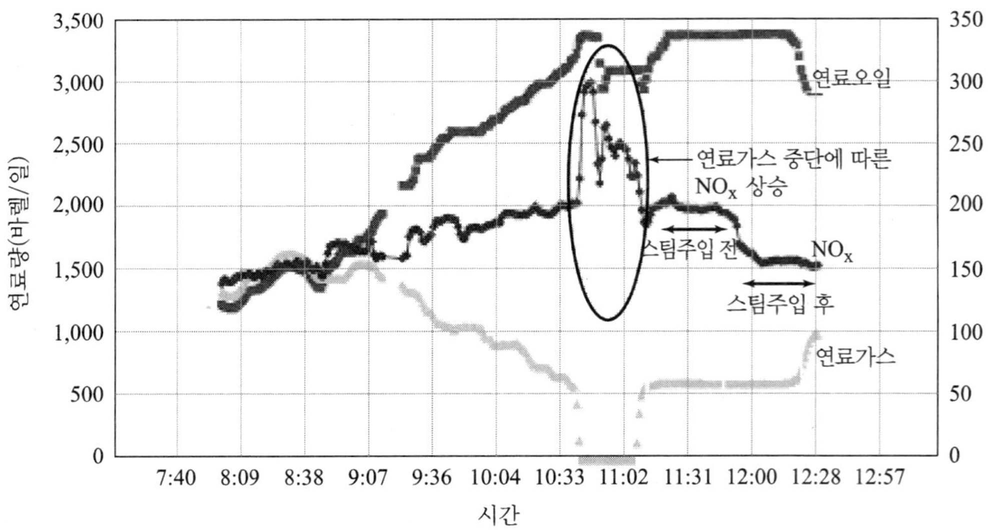

그림 8-18 연료 종류 및 스팀 유무에 따른 NO_x 테스트 결과

마이징 스팀 (Atomizing Steam) 양을 늘림으로써 연소실 내 높은 화염 혹은 높은 배출가스 온도를 스팀 현열 (Sensible Heat)로 감소시켜 NO_x를 줄이는 방법도 있다. NO_x 저감 목적으로 스팀을 사용할 경우 연료가스 흐름 속도에 대하여 최대 30 wt% 사용하며 이 추가스팀으로 10% NO_x 저감을 기대할 수 있다.

표 8-4 스팀 사용 유무에 따른 NO_x 변화

버너	스팀 사용	스팀 사용 않음
기존 버너 (PLNC)	72 ppm	80 ppm
신규 버너 (DEEPstar)	36 ppm	40 ppm

(4) 연소실 온도 (Firebox Temperature)

화염온도가 상승함에 따라 NO_x 생성율은 기하급수적으로 상승한다. 화염온도는 연소실 온도와 직접적인 관련이 있으므로 높은 연소실 온도를 요구하는 공정의 경우 NO_x 생성량이 더 많을 것이다.

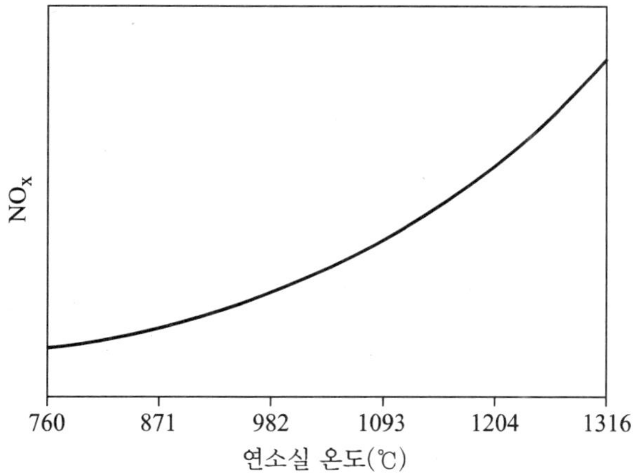

그림 8-19 연소실 온도와 NO_x 생성

(5) 통풍 (Draft) / 화염 (Flame) 형태

통풍 형태는 연소영역에서의 과잉공기량 및 체류시간에 영향을 줌으로써 NO_x 생성에 영향을 미친다. 자연통풍식 (Natural Draft)을 강제통풍식 (Forced Draft)으로 전환하고 보다 낮은 과잉공기를 유지한 채 화염 형태를 향상시킨다면 NO_x 생성량을 줄일 수 있다. 그 외 버너조정 (Burner Adjustment)으로 불꽃 (Flame) 길이를 조정하고 최고 화염길이를 증가시켜 최고 화염온도를 낮출 수 있으며 이것에 의해 NO_x 생성을 감소시킬 수 있다.

(6) 가열로 운전 최적화 (3장 6절 참조)

① 과잉산소와 운전변수

가열로에서 과잉산소가 증가함에 따라 ⓐ 브릿지월 온도 감소 ⓑ 튜브금속 온도 감소 ⓒ 연돌 배출가스온도 상승 ⓓ 열효율은 감소한다.

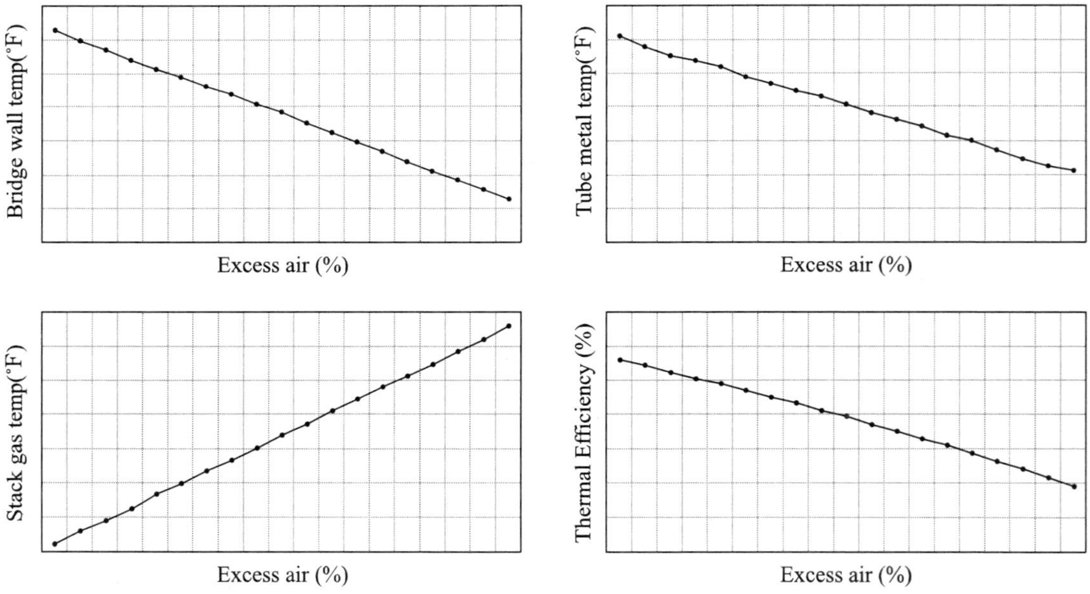

그림 8-20 과잉산소와 운전변수 관계

② 과잉산소와 대기배출 오염물질

가열로에서 과잉산소가 증가함에 따라 ⓐ NO_x 증가 ⓑ 효율 감소 ⓒ CO 감소 후 약간 증가 추세 ⓓ 스모크 (Smoke)는 감소한다.

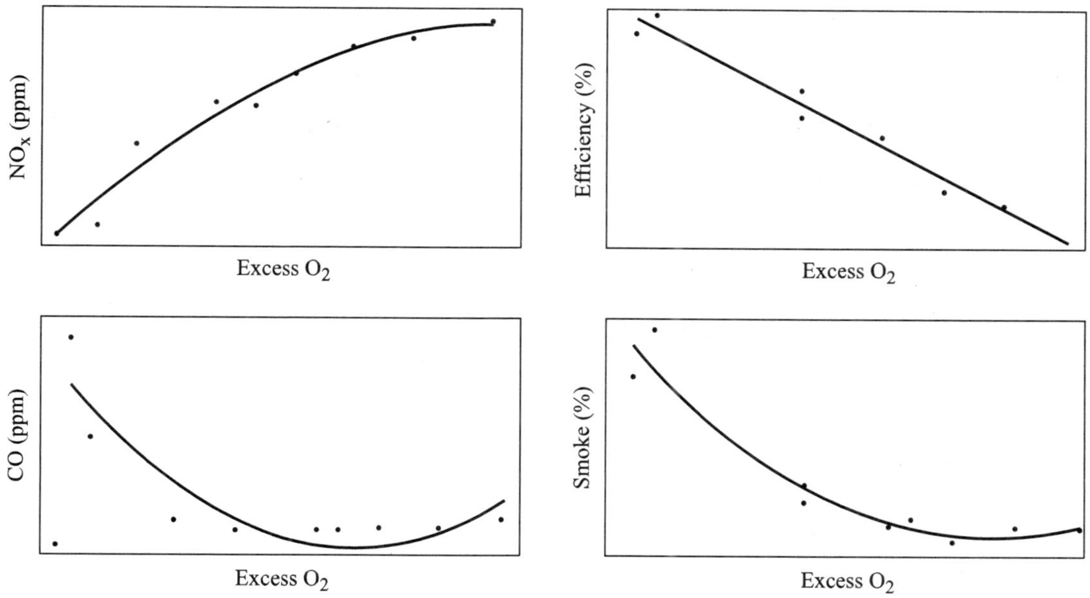

그림 8-21 과잉산소와 대기배출 오염물질 관계

▌상관식▐

1. NO_x (ppm) $= 8 + 111 \times O_2 - 18.7 \times O_2^2$
2. 효율 (%) $= 82 - 0.9268 \times O_2 - 0.0102 \times O_2^2$
3. CO (ppm) $= 373 - 314 \times O_2 - 63.8 \times O_2^2$
4. 스모크 (%) $= 39.7 - 19.489 \times O_2 + 3.529 \times O_2^2$

③ 과잉산소 운전 최적화

가열로의 과잉산소 최적운전영역은 CO가 급격히 상승하기 시작하고 효율이 최고점에서 감소하기 직전 부근이 가장 바람직하다.

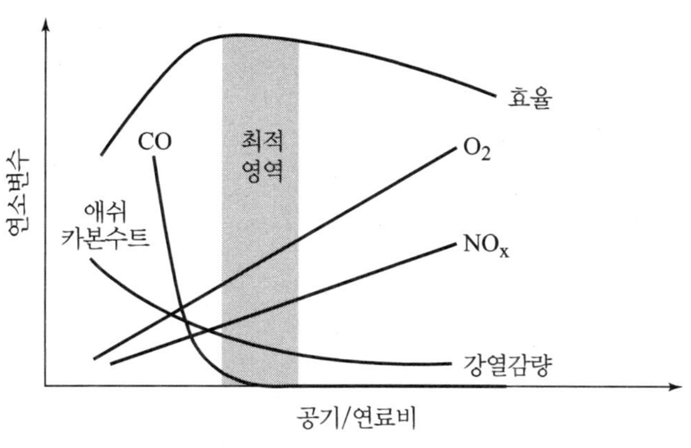

그림 8-22 과잉산소 운전 최적화 관계

(7) NO_x 보정식 (Correction Equation)

측정 NO_x와 보고 NO_x는 상이할 수 있다. 따라서, NO_x를 환경청 등에 보고 시에는 3% O_2를 기준으로 한 보정치여야 하며 보정식은 다음과 같다.

➡ 보정 NO_x (ppm) = (21 − 3) / (21 − 실제 O_2) × 실제 NO_x (ppm)

▌ 연습문제 5

연돌 O_2 8%에서 측정 NO_x가 40 ppm일 때 3% O_2로 보정하라.
해답 ➡ (21 − 3) / (21 − 8) × 40 = 55.4 ppm

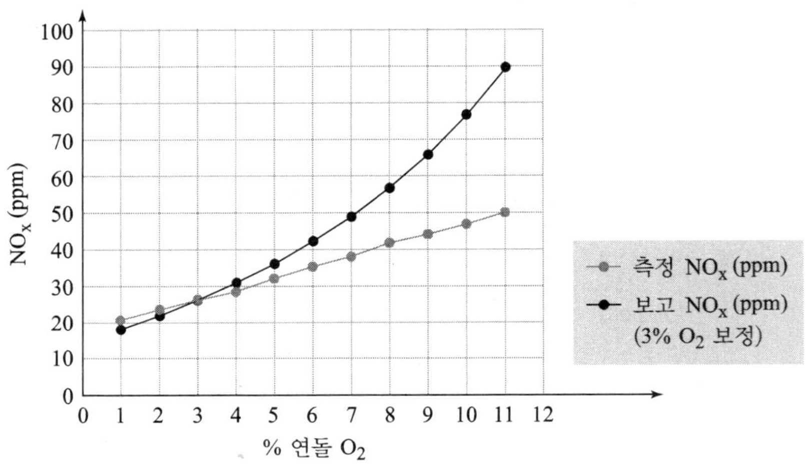

그림 8-23 NO_x 측정치와 NO_x 보정치

8.3 버너 형태

일반적으로 버너는 크게 재래식 버너와 저 NO_x 버너 (Low NO_x Burner)로 나눈다. 재래식 버너에는 최초 가스버너 (Raw Gas Burner), 프리믹스 버너 (Premix Burner), 고강도 버너 (High Intensity Burner)가 있다. 그리고 저 NO_x 버너에는 단계적 공기 버너 (Staged Air Burner), 단계적 연료 버너 (Staged Fuel Burner), 내부 배출가스 재순환 (Internal Flue Gas Recirculation) 버너, 배출가스 재순환을 가지는 프리믹스 버너 (Premix Burner with Flue Gas Recirculation)로 구분한다. 이들을

정리하면 그림 8-24와 같다.

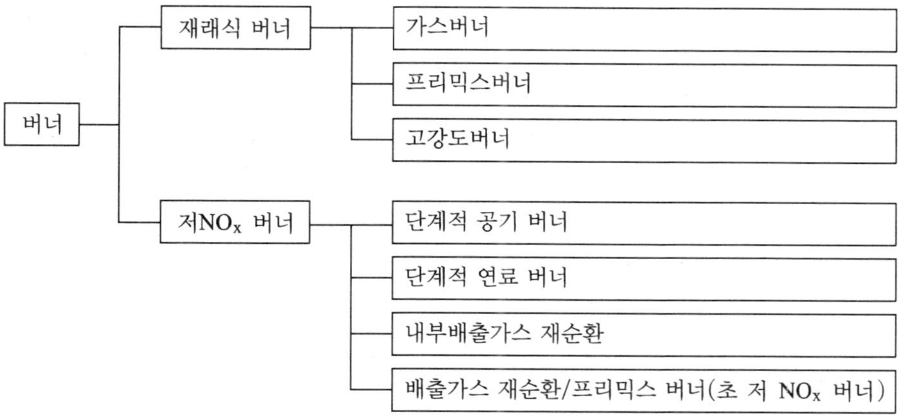

그림 8-24 버너 형태 분류

그림 8-25는 여러 가지 버너 형태별로 NO_x 생성을 비교하였다.

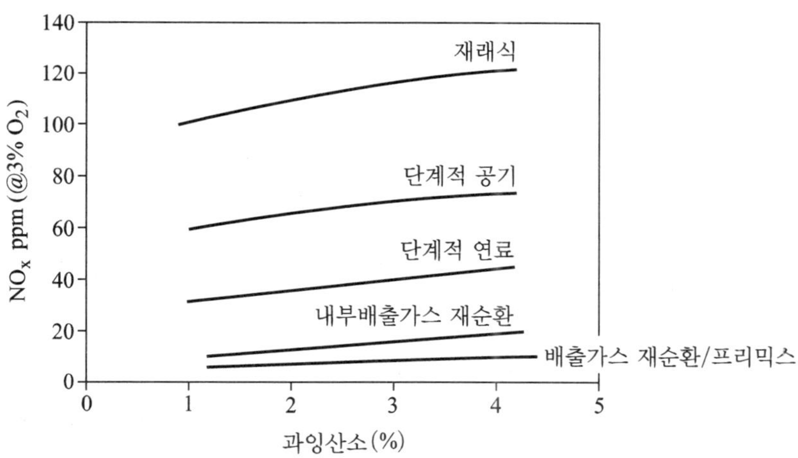

그림 8-25 버너 형태별 NO_x 생성 비교

(1) 확산버너 (Diffusion Burner)

다음은 최초 재래식 형태의 확산버너이다.

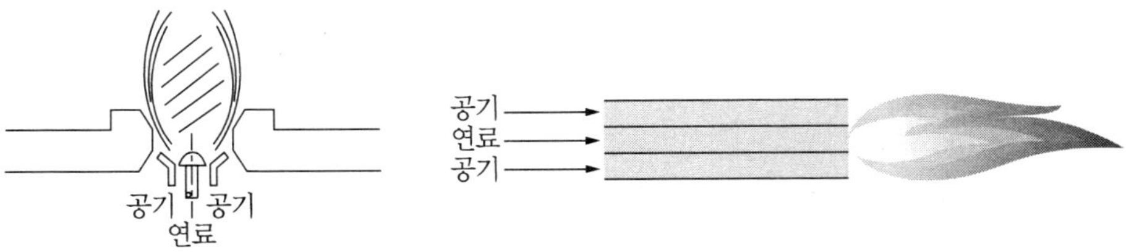

그림 8-26 재래식 확산버너

(2) 프리믹스버너 (Premix Burner)

다음은 연소 전 공기와 연료를 부분적으로 혼합하는 프리믹스 형태의 버너(Partially Premix Burner)를 가리킨다. 대부분의 파일럿버너 (Pilot Burner)는 프리믹스버너이다.

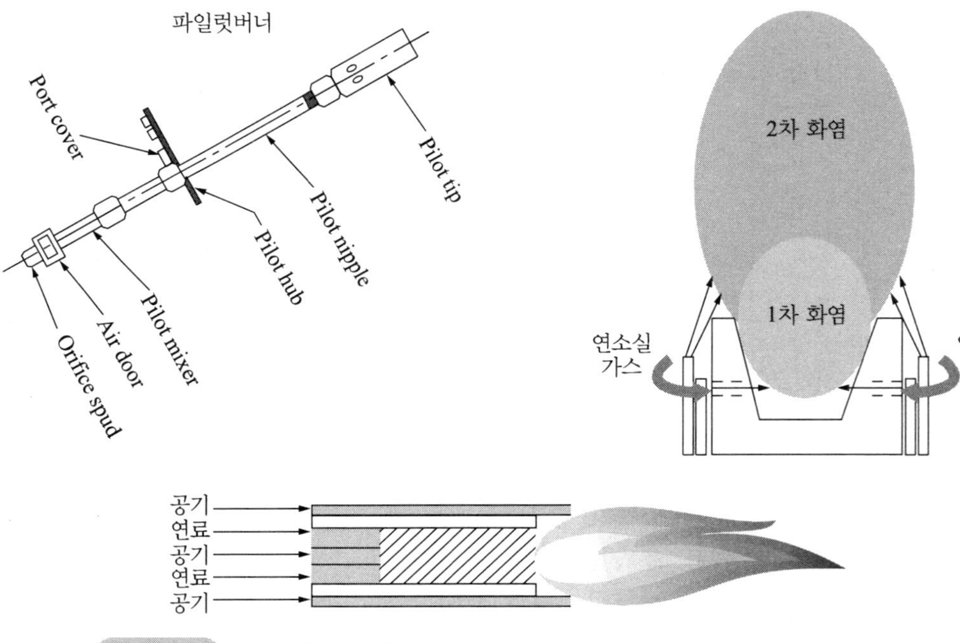

그림 8-27 부분 프리믹스버너

(3) 단계적 공기 버너 (Staged Air Burner)

제1연소영역 (Primary Combustion Zone), 제2연소영역 (Secondary Combustion Zone), 그리고 제3연소영역 (Tertiary Combustion Zone)의 공기가 있다. 제1연소영역은 고농도 연료 존 (Fuel Rich Zone)으로 연료 NO_x 생성을 억제한다. 제2연소영

역은 고농도 공기 존(Air Rich Zone)으로 제2의 공기에 의한 연소반응 및 냉각으로 Thermal NO_x 생성을 억제한다. 제3연소영역 공기는 제2연소영역의 외부에 공급되며 상대적으로 낮은 연소온도에서 연료가 완전연소 되도록 한다.

단계적 공기 버너는 NO_x 생성을 줄이는 데는 효과적이나 화염 형태에는 불리한 영향을 준다. 단계적 공기 저 NO_x 버너에서는 일반적으로 기존버너(Conventional Burner)에 비해 화염의 길이가 길어진다. 그러나 재래식 버너에 비해 약 30~40%의 NO_x 저감 효과를 나타낸다.

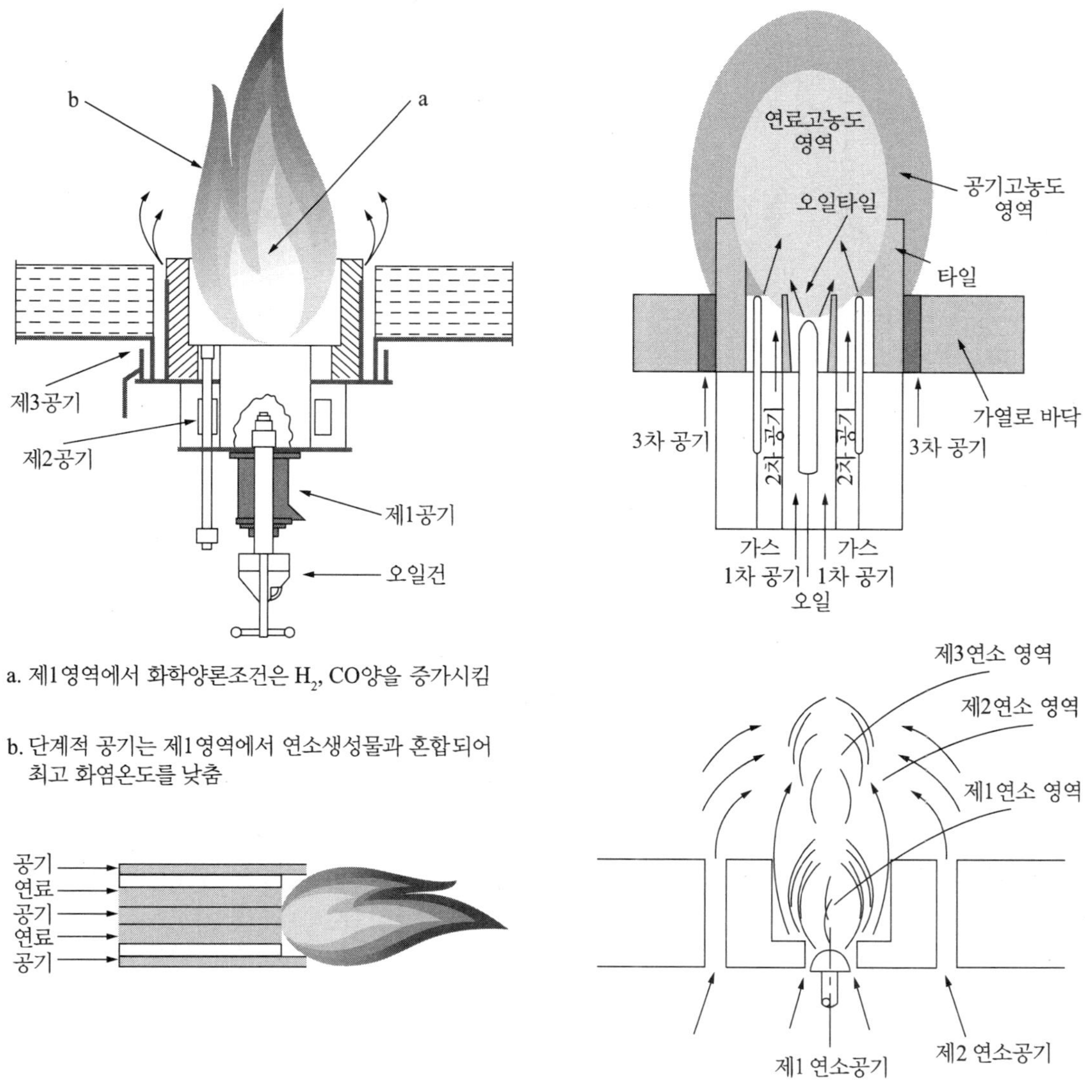

그림 8-28 단계적 공기 버너

(4) 단계적 연료 버너 (Staged Fuel Burner)

제1 연소영역은 고농도 공기 존(Air Rich Zone)으로 Thermal NO_x 생성을 억제한다. 제2 연소영역은 단계적 가스혼합 존(Staged Gas Mixing Zone)으로 제한된 O_2 이용도로 Thermal NO_x 생성을 억제한다.

단계별 연료 기술은 Thermal NO_x 저감에는 효과적이나 Fuel NO_x의 생성에는 큰 영향을 주지 못한다. 전형적인 단계별 연료 저 NO_x 버너에서는 40～70%의 연료가 제1 연소영역을 통과하여 제2 연소영역에서 연소한다. 버너 제조사 테스트에 의하면 약 72%까지 NO_x 저감율을 나타냈다.

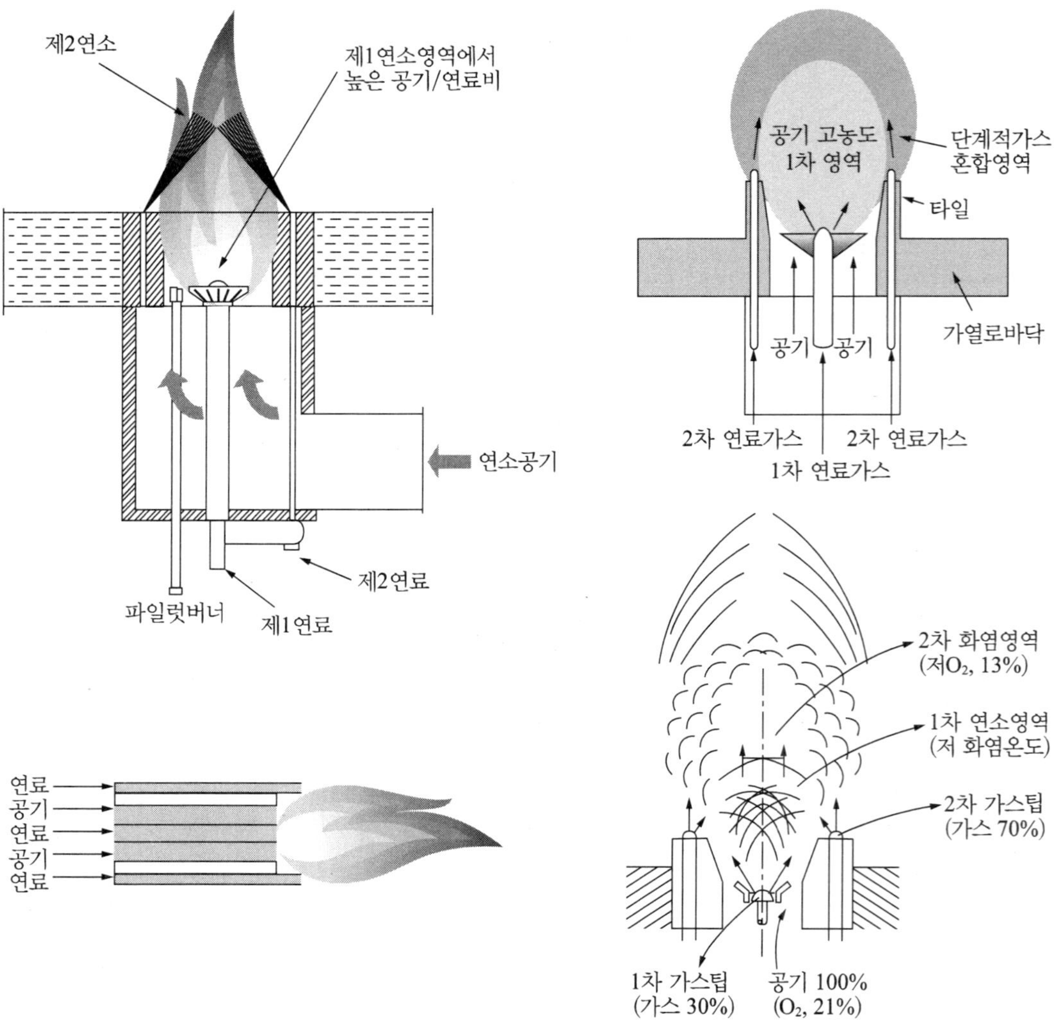

그림 8-29 단계적 연료 버너

다음 표 8-5는 여러 가지 버너 형태의 연소 제어량을 나타낸다.

표 8-5 연소제어량

제어 방법	제어량
단계적 공기 버너	제1연소영역에 30~40% 공기
단계적 연료 버너	제1연소영역에 30~40% 연료가스
외부의 배출가스 재순환	배출가스 25~30% 재순환
스팀주입	0.5~1.0파운드 스팀/연료 파운드

다음 표 8-6은 여러 가지 버너 형태의 NO_x 저감의 잠재력을 나타낸다.

표 8-6 NO_x 저감 잠재력

저감 방법	잠재력
단계적 공기 버너	25~30%
단계적 연료 버너	30~40%
내부 배출가스 재순환	40~50%
외부 배출가스 재순환	50~60%
공기/연료 단계적 + 배출가스 내부 재순환 버너	55~75%
공기/연료 단계적 + 외부 배출가스 재순환 버너	60~80%

(5) 초 저 NO_x 버너 (Ultra Low NO_x Burner)

① 가스버너 경우

그림 8-30은 초 저 NO_x 버너 (Ultra Low NO_x Burner) 모형도이다. 이것은 가스버너로써 NO_x 생성을 30 ppm 이하로 줄일 수 있다. 이것이 가능한 이유는 그림에서 보는 바와 같이 퍼니스 (Furnace) 내에서 연소한 배출가스 일부를 다시 버너타일 내부와 외부로 각각 재순환시킬 수 있도록 디자인되어 있기 때문이다. 즉, 타일 내부로 들어가는 일정량의 배출가스/연료 (프리믹스)는 제1 연소영역의 연료가스와 함께 1차 화염의 NO_x 제어에 영향을 주고, 타일 외부로는 배출가스/연료가 경사진 타일 (Tile) 면을 타고 제2 연소영역의 2차 화염 NO_x 제어에 영향을 주도록 디자인되어 있다.

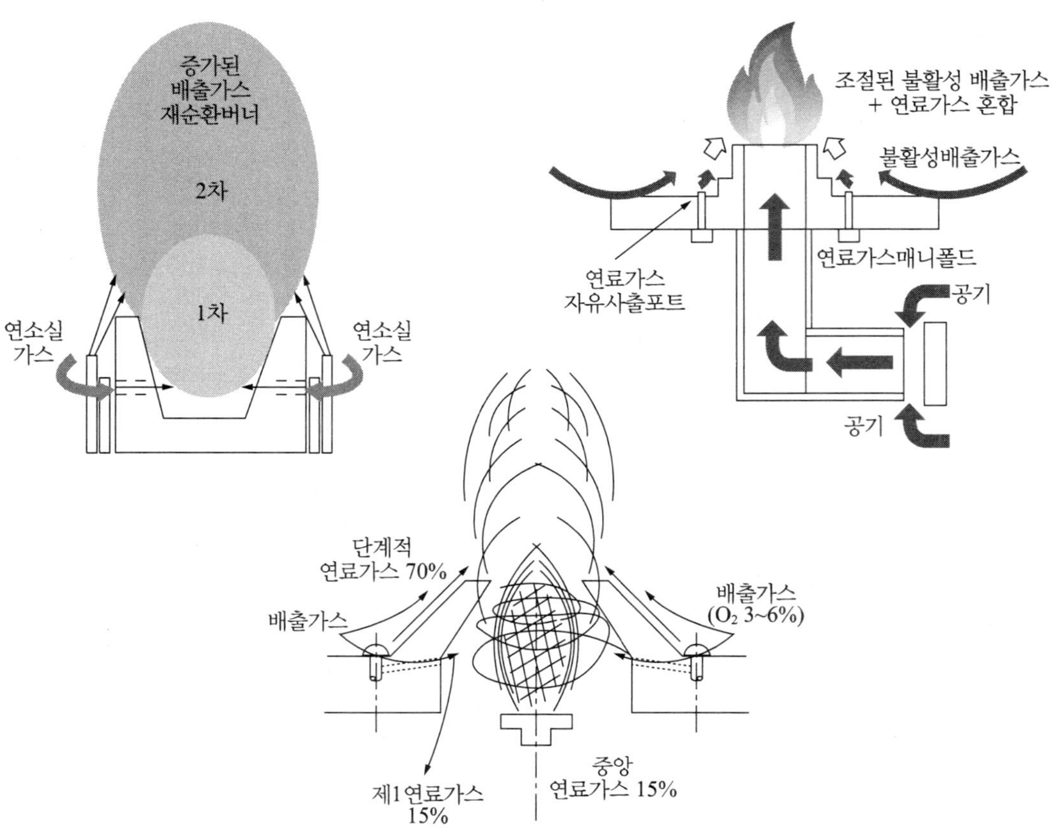

그림 8-30 초 저 NO_x 버너 (단계적 연료/배출가스 재순환/프리믹스 버너)

이들 재순환하는 배출가스는 결국 연소에 필요한 공기량 속의 질소(N_2) 함량을 낮게(Lean N_2) 유지하여 N_2의 NO_x로 전환량을 감소시켜주는 역할을 한다. 연료가스 배분은 중앙(Center) 15%, 제1(Primary) 연소영역 15%, 제2(Secondary, Staged) 연소영역 70%로 각각 공급이 된다.

② 가스/오일 혼소 버너 경우

아래 그림 8-31은 가스/오일 혼소의 초 저 NO_x 버너를 나타내고 있다. 버너 구조는 기존 저 NO_x 혼소 버너에 비해 타일이 1 Piece이고 그것은 길고 깊으며, 오일팁(Oil Tip)은 제1 가스팁(Gas Tip)과 그림에서처럼 같은 레벨에 나란히 배열되어 있다. 이 버너의 특징은 혼소에서 NO_x 저감과 스팀절약에 초점을 두고 개발되었다. NO_x 저감은 버너타일 구조에 따른 디프 드라프트(Deep Draft), 안정된 화염 유지, 단계적 공기 및 비율(제1 연소영역 30%, 제2 연소영역 70%), 단계적 가스 및 비율로 가능해진다. 단계적 공기(80%)을 증가시키면

Thermal NO_x (공기 속 N_2에서 NO_x로 전환비율)은 감소되나 화염질 (Flame Quality)이 나빠진다.

스팀절약은 이 버너가 특수 오일건 (상품명: HEROgun)을 사용하고 있기 때문이다. 이 건 (Gun)의 특징은 에토마이징 스팀 (Atomizing Steam)을 2단계로 분사하여 분사 스팀 입자가 기존에 비해 더 미립화 되어 오일 분산을 양호하게 함으로써 오일과 공기의 접촉면을 보다 더 원활하게 해주기 때문이다. 버너 메이커에 따르면 이 버너는 NO_x 50 ppm정도 (100% 오일연소 경우) 더 감소하고 스팀은 0.1 kg 스팀/오일 kg (기존 0.3 kg스팀/오일 kg, HEROgun 0.2 kg스팀/오일 kg) 절감된다고 한다.

실제 운전에서 NO_x 절감은 오일 70%연소에서 기존 저 NO_x 버너에 대비하여 20~30 ppm 더 감소하였다. 그러나 2차 가스팁의 고온산화 및 열화, 높은 스팀 ΔP, 높은 가격, 까다로운 운전 등 개선되어야 할 부분이 여전히 남아 있다.

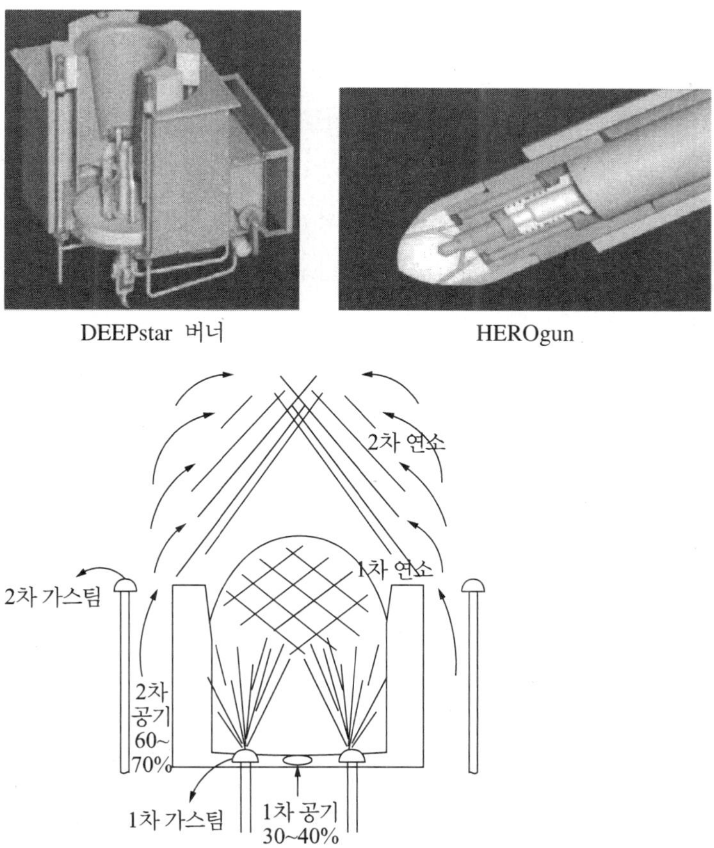

그림 8-31 초 저 NO_x 혼소 버너

다음에는 여러 가지 형태의 버너 화염과 NO_x 관계를 나타내고 있다.

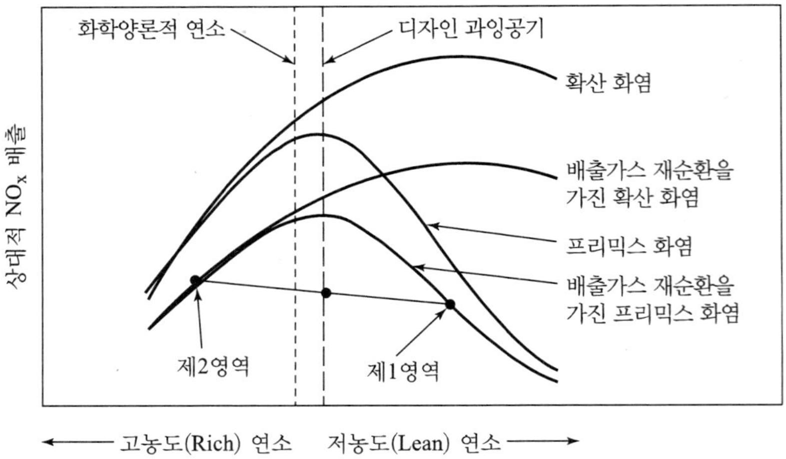

그림 8-32 초 저 NO_X 버너 (INFURNOX[TM] 연소)

(6) 재래식 저 NO_x 버너 원리

에어레지스터 (Air Register)가 3개 있는 플랫 저 NO_x 혼합 (PLNC, Plat Low NO_x Combination) 버너 형태는 1개 버너에서 오일과 가스를 동시 혹은 단독으로 Firing 할 수 있는 저 NO_x 혼소 버너이다. 버너로 유입되는 전체 연소공기의 30~40%가 제1연소공기로, 나머지 60~70%는 제2연소공기 및 제3연소공기로 공급되도록 디자인되어 있다. 제1연소공기는 오일 연소 시 오일건 (Oil Gun)이 장착되어 있는 리젠타일 (Regentile) 속으로 유입되어 오일 연소에 참여하게 된다. 이 버너가 오일 단독 연소 시 통상 제1에어레지스터 도어는 100% 개방으로 하고 제2에어레지스터 (50~60%) 및 제3에어레지스터 (0~20%)는 적절히 도어를 개방하여 완전연소 혹은 NO_x 제어에 이용한다.

그리고 제1연소공기는 화염강도 (꼿꼿하게 서게 함)을 높이는 역할을, 제2연소공기는 단계적 공기로 저 NO_x 개념의 역할이 강하다. 일반적으로 가스 단독 연소의 경우 (오일 연소 없음)도 역시 앞서 언급한 것과 같이 에어레지스터 개방을 가지나 실제 운전에 있어서는 O_2를 낮게 유지하기 위하여 제1에어레지스터를 40~50% 개방을 하고 제2에어레지스터를 닫기도 한다. 또한 각 에어레지스터의 역할은 동일하며 연소가 버너타일 (머플 블록, 가스타일) 안에서 일어나는 것이 오일연소와 다른 점이다. 모두 제1연소공기는 화염을 지지하고, 제2연소공기는 NO_x를 제어하며, 제3연소공기는 O_2를 제어하는 역할을 각각 하게 된다. 이와 같은 단계적 방법에는 단계적 공기 (오일 경우)와 단계적 연료 연소 (가스 경우)가 있다.

그리고 최신 기술인 배출가스 재순환 (퍼니스에서 타일 내부, 퍼니스에서 화염 쪽으로 각각)에 의한 초 저 NO_x 버너 (Ultra Low NO_x Burner) 또한 널리 상업화되어 있다. 이들은 결국 공급 O_2 (공기)양의 최소화로 화염이나 배출가스 온도를 내림으로써 NO_x를 저감하는 원리로 요약된다.

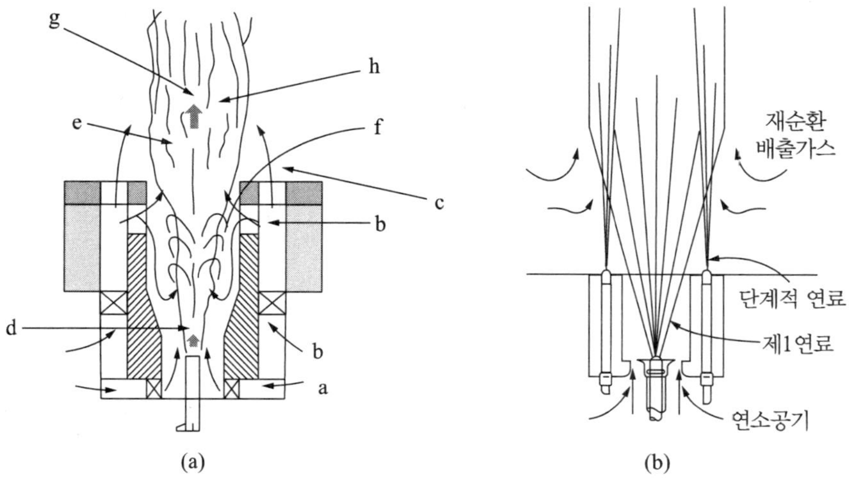

a. 제1공기
b. 제2공기 (O_2, N_2)
c. 제3공기
d. 연료 (C_mH_n)
e. 가스화반응: $C + O_2 \rightarrow CO_2$, $CO_2 + C \leftrightarrow 2CO$, $C + H_2O \rightarrow CO + H_2$,
$C_mH_n + mH_2O \leftrightarrow mCO + [(2m+n)/2]H_2$
f. 연소생성물 CO_2, H_2O, N_2, O_2, 기타
g. 가스화 가스 CO, H_2 rich
h. 재연소가스 CO_2, H_2O, N_2, O_2

그림 8-33 재래식 저 NO_x 버너: (a) 단계적공기 (b) 단계적연료

(7) 초 저 NO_x 버너 원리 정리 - 가스연소

아래 그림은 가스연소의 초 저 NO_x 버너 연소 화염도이다. 이는 단계적 연료 공급 기초에서 퍼니스 내 배출가스를 2가지 방법으로, 즉 하나는 경사진 타일면으로 다른 하나는 타일 내부로 재순환시켜 각각 낮은 공기 농도 (Lean Air), 프리믹스 (Premix)에 의한 낮은 연료 농도 (Lean Fuel) 분위기를 만들어 초 저 NO_x를 가능하

게 한다. 즉, 퍼니스 내에서 연소한 배출가스의 일부를 다시 버너타일 외부와 내부로 각각 재순환시키는 것이다. 다시 말해 타일 내부로 들어가는 배출가스는 제1연료가스(15%)와 함께 프리믹스되어 제1화염에 영향을 주고, 타일 외부로는 배출가스가 단계적 연료가스(70%)와 함께 경사진 타일면을 타고 제2화염에 영향을 주도록 각각 디자인되어 있다. 이들 재순환되는 배출가스는 결국 연소에 필요한 공기량 속의 질소(N_2) 함량을 낮게 유지하여 질소의 NO_x로 전환량을 감소시키는 역할을 한다. 게다가 연소공기의 산소농도를 낮게 하여 저 NO_x에 영향을 준다. 참고로 연료가스는 중앙으로 15%, 제1연료 15%, 제2연료(Staged Fuel) 70%로 공급이 된다.

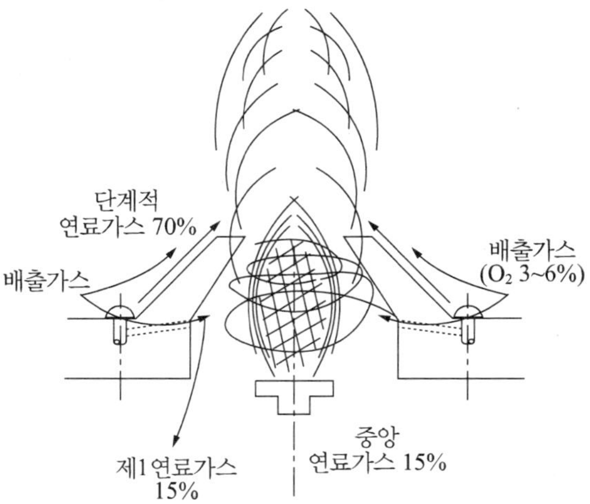

그림 8-34 초 저 NO_x 버너(단계적연료 / 내부배출가스 재순환 / 내부프리믹스 버너)

(8) 초 저 NO_x 버너 원리 정리 - 가스/오일 혼소

아래 그림은 오일/가스 혼소의 DEEPstar(상품명) 초 저 NO_x 버너이다. 구조는 기존 PLNC (Plat Low NO_x Combination) 버너에 비해 리젠타일(Regentile, 1차 타일, 오일타일)이 길고(깊고, Deep) 그 리젠타일 하부에는 오일건과 1차 가스팁 2개가 서로 가까이 위치하고 있다. 타일(머플블럭, 2차 타일, 가스타일)은 높이가 낮은 4개의 조각으로 구성되고 조각 사이에 전체 4개의 2차 가스팁이 퍼니스 내부로 노출되어 있다. 그리고 리젠타일, 타일, 2차 가스팁의 상단 레벨은 동일하다.
이 버너의 특징은 NO_x 저감과 에토마이징 스팀(Atomizing Steam) 절약에 초점을 두고 개발되었다.

① DEEPstar 버너 구성

그림 8-35 (a)는 버너를 나타내고 오른쪽은 연소 화염 모형도이다. DEEPstar 버너는 깊은 리젠타일 (DEEP Regentile) (③)과 리젠타일 하부 목에 HERO Oil Gun (①)을 중심으로 2개의 제1차 가스팁 (②), 리젠타일 상부 가장자리에 4조각의 제2타일 (⑤) 및 4개의 2차 가스팁 (Staged Gas Tip) (④)으로 구성되어 있다. 공기는 1차로 버너댐퍼 에어레지스터에서 조정이 되고, 윈드박스 (Plenum) 하부에서는 리젠타일 목을 통해 제1가스팁으로 그리고 나머지는 제2가스팁으로 공기가 공급되도록 디자인되어 있다.

② DEEPstar 버너 특성

DEEPstar는 DEEP regentile STaged Air Recirculation을 줄여 부르는 것으로 오일건과 1차 가스팁이 서로 인접해 있고 제2가스팁은 퍼니스에 노출되어 열화에 취약한 구조이다. 특히 NO_x 생성을 줄이기 위하여 오일연소는 단계적 공기 그리고 가스연소는 단계적 연료를 도입한 기술이다. 또한 깊은 리젠타일은 오일을 증기화 (Vaporizing)하고 혼합 (Mixing)을 도와 NO_x를 감소시키는 역할을 한다. 기존버너 대비 리젠타일의 길이 비교는 다음과 같다.

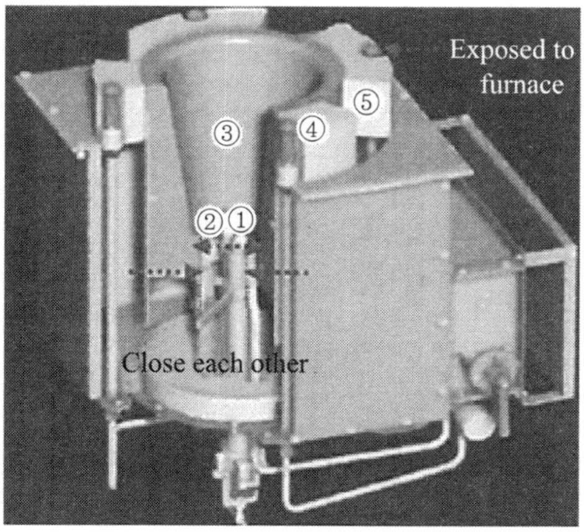

(a)

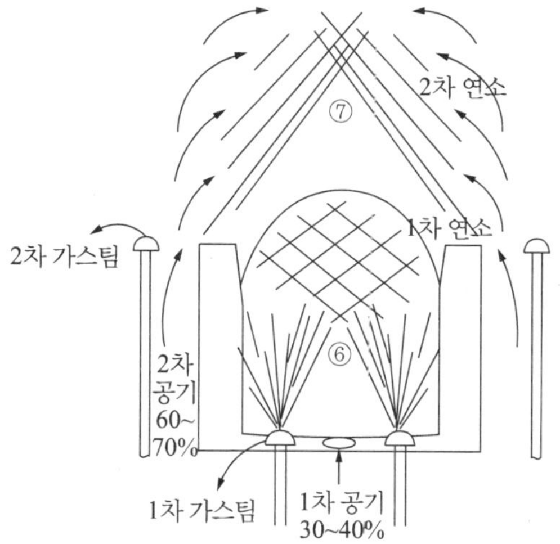

(b)

주) ① HERO Gun ② Primary Gas Tip ③ Deep Regentile ④ Staged Gas Tip ⑤ Secondary Tile ⑥ 1st Combustion Flame ⑦ 2nd Combustion Flame

그림 8-35 초 저 NO_x 혼소버너: (a) DEEPstar (b) 화염도

표 8-7 전형적인 리젠타일 길이

	DEEPstar 버너	기존 PLNC 버너
리젠타일 길이	41~46 cm	33~38 cm

주) PLNC: Plat Low NO_x Combination

③ DEEPstar NO_x 저감 원리

일반적으로 단계적 연료 버너의 NO_x 저감은 전체 연료의 약 30%가 제1가스팁으로 분사되어 리젠타일 하부로 흡입되는 공기와 혼합하는데 이때 높은 과잉공기는 1차 연소의 화염온도를 낮추어 Thermal NO_x를 감소시킨다. 나머지 70% 연료는 2차 가스팁(Staged Gas Tip)으로 분사되어 1차 연소 화염에서 이미 30% O_2를 사용했기 때문에 2차 연소 화염의 연소(Burning) 속도는 느려진다. 이 느린 연소 화염의 연소열은 복사열 형태로 튜브로 전달된다. 이 결과 화염길이가 더 길어지고 NO_x는 현저하게 감소하게 된다. 다음은 기존버너 대비 NO_x 저감성능을 나타낸다.

표 8-8 전형적인 NO_x 저감 성능

	DEEPstar 버너	기존 PLNC 버너
가스연소	40 ppm	80 ppm
오일연소	150 ppm	200 ppm
가스/오일 혼소(50 : 50)	20 + 75 = 95 ppm	40 + 100 = 140 ppm

▌참고▐ DEEPstar 버너 가스 연소

공기는 심도 리젠타일(Deep Regentile) 하부 목(Throat)을 통해 1차 연소(1차 화염 형성)에 필요한 공기가 공급되고 나머지 공기는 2차 연소(2차 화염 형성)에 필요한 단계적(2차) 공기로 사용된다. 즉, 제1가스팁에서 전체 연료가스의 약 30%가 연소하는데 리젠타일 목을 통해 공기와 혼합하게 된다. 이 제1가스팁으로 초과 공기 유입은 화염온도를 낮추고, 30% 연료 연소에서 O_2사용으로 단계적 가스팁에서는 낮은 O_2와 보다 긴 연소시간을 가져온다. 게다가 1차 연소 영역으로 배출가스를 유입시켜 버너 발열량의 손실 없이 초기 화염온도를 낮출 수 있어 현저한 NO_x 저감(NO_x 약 50%)을 가져온다.

④ DEEPstar 스팀절감

DEEPstar 버너는 오일연소 시 HERO Gun이 사용되고 있다. 이 건(Gun)은 High Efficiency Residual Oil (HERO) Gun을 약해서 부르는 것으로 기존 오일건(EA, MEA)에 비해 2단계 분사에 의한 오일 액적(Oil Droplet)을 보다 미세하게 하여 오일과 공기의 접촉면적을 높여 줌으로서 효율 향상을 꾀하고 에토마이징스팀(Atomizing Steam)을 절약할 수 있도록 디자인 되었다.

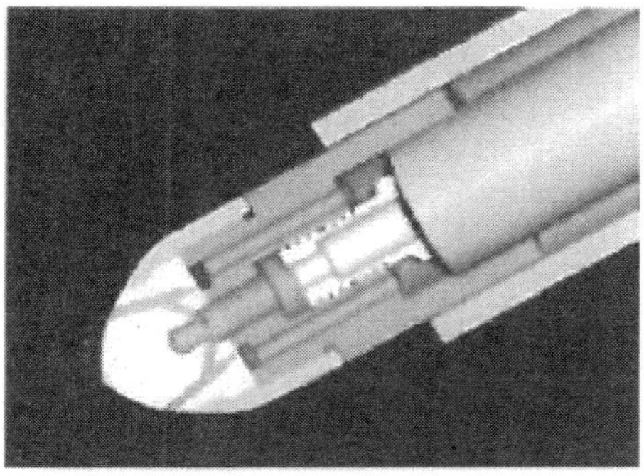

그림 8-36 HERO Gun 모형도

표 8-9는 기존 오일건에 대비하여 HERO Gun의 스팀 사용량을 비교하였다.

표 8-9 전형적인 에토마이징 스팀 사용량

	DEEPstar 버너	기존 PLNC 버너
오일건 형태	HERO Gun	기존 MEA (혹은 EA)
스팀사용량	0.2 kg-steam/kg-oil	0.35 kg-steam/kg-oil

▌참고 ▌ 기존 PLNC 버너

제1, 제2, 제3의 단계적 공기 연소 혼소버너로써 그림과 같이 오일건은 리젠타일(오일타일) 내부 하부 중앙에 그리고 가스팁은 가스타일 내부 하단 가장자리에 각각 위치하고 이들의 거리는 떨어져 있어 상대적으로 열화에 덜 노출되어 있다. 공기는 에어레지스터에서 3단계로 필요 요구량을 조정하여 NO_x를 제어하도록 디자인되었다.

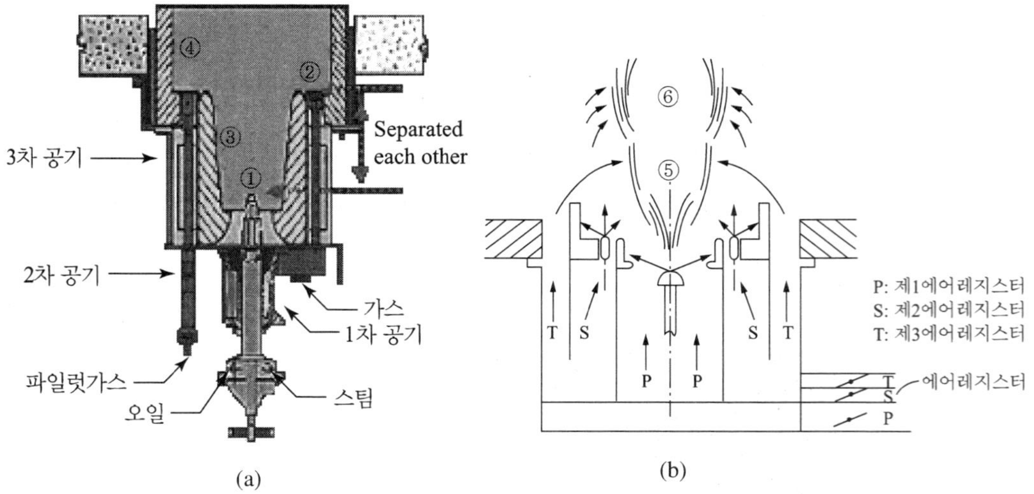

주) ① MEA Oil Gun ② Gas Tip ③ Regentile ④ Gas Tile
⑤ 1st Combustion Flame ⑥ 2nd Combustion Flame

그림 8-37 기존 저 NO_x 버너: (좌) PLNC (우) 화염도

그림 8-38은 오일연소에서 사용하는 기존 오일건(MEA/EA)의 모형도를 나타낸다.

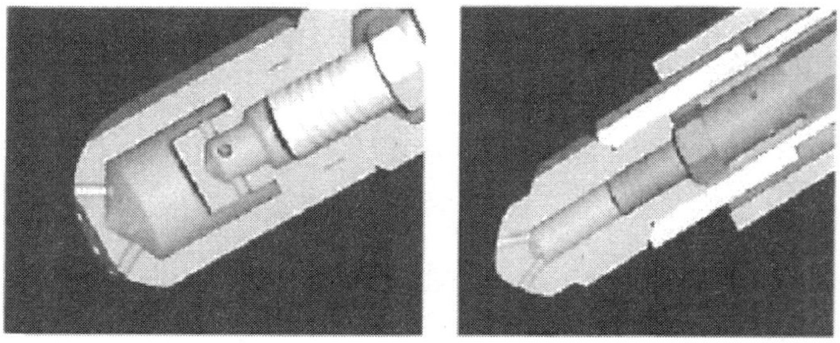

그림 8-38 기존 Oil Gun 모형도 (좌) MEA (우) EA

(9) DEEPstar 버너의 버너팁 개조에 의한 화염제어 테스트(사례)

2013년 2월, 4월 원유예열 가열로의 튜브 스킨 서모커플(Tube Skin Thermo Couple) 손상에 대한 개선을 위하여 다음과 같이 가스팁(Gas Tip)을 변경하여 수차례 테스트를 실시하였다. 그 결과 아래와 같이 리젠타일 내부벽 상단에 코크(Coke) 생성 문제가 발생하였다. 이들에 대한 테스트 과정과 결과는 다음과 같다.

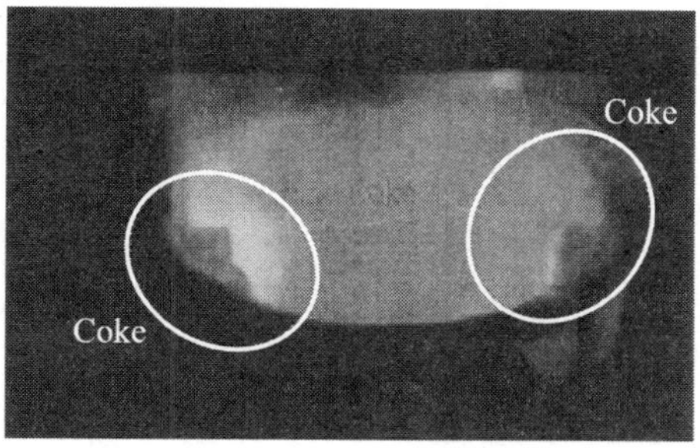

그림 8-39 코크 생성 및 성장

① 1, 2차 가스팁 변경 테스트

서모커플 손상에 대한 개선 목적으로 제1가스팁의 포트(Port) 사이즈와 분사각도를 수정하여 제1가스팁의 연소비(Firing Ratio)를 증가시켜 테스트를 실시하였다. 즉, 제1가스팁/제2가스팁 연소비를 원래 10~12%/88~90%에서 18~20%/80~82%로 변경하여 테스트를 실시하였다. 그러나 이것은 심도 리젠타일(Deep Regentile) 내에서 공기와 가스의 혼합을 나쁘게 하여 오히려 그림 8-39와 같은 코크 생성의 주요 원인이 되었다. 게다가 1차 테스트에서는 보다 짧은 화염을 만들기 위해 2차 가스팁에서 연소포트(Firing Port) 1개를 추가하였고, 2차 테스트에서는 1차 가스팁의 연소포트 사이즈를 약간 크게 하였다. 표 8-10은 1, 2차 테스트의 가스팁 변경 내용을 상세히 정리한 것이다.

표 8-10 1, 2차 테스트의 가스팁 변경 사항

	제1가스팁		제2가스팁		
	Crossover Port EA/mm	Firing Port EA/mm	Ignition Port EA/mm	Crossover Port EA/mm	Firing Port EA/mm
기존(Original)	2-ϕ2.6	1-ϕ2.6	1-ϕ2.6	1-ϕ3.2	2-ϕ5.6
1차 테스트(2013.2)	2-ϕ3.2	1-ϕ3.2	1-ϕ3.0	2-ϕ3.2	2-ϕ4.4
2차 테스트(2013.4)	2-ϕ2.6	1-ϕ4.1	1-ϕ3.0	2-ϕ3.2	2-ϕ4.4

위쪽: 제1가스팁 2개 (3개 Port/tip)
① Crossover port 2개
② Firing port 1개

아래쪽: 제2가스팁 4개 (4개 Port/tip)
③ Ignition port 1개
④ Crossover port 1개
⑤ Firing port 2개

그림 8-40 기존 가스팁 사양

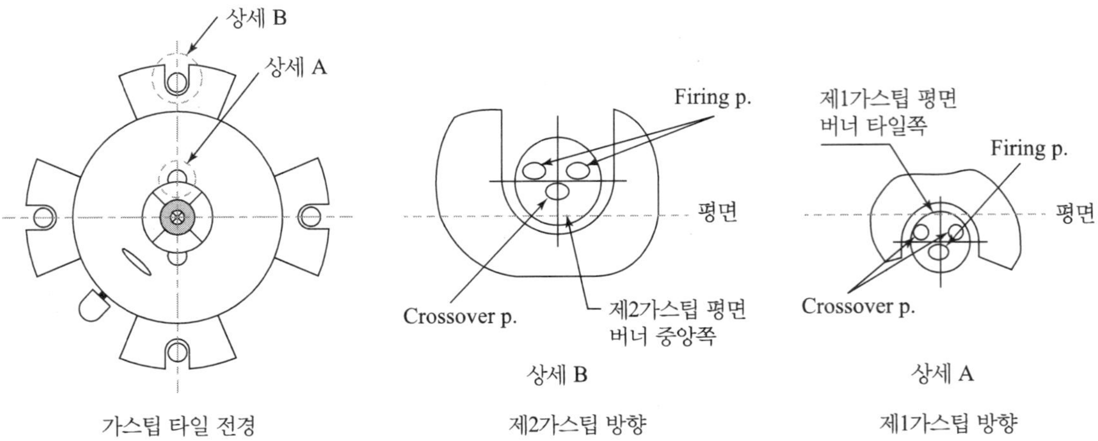

그림 8-41 기존가스팁 방향과 Port 수

② 3차 가스팁 변경 테스트

2013년 7월 코크생성 문제 해결을 위하여 다시 가스팁을 변경하여 3차 테스트를 실시하였다. 가스팁 변경 내용은 리젠타일 내부에서 공기와 가스의 혼합 조건을 양호하게 하기 위하여 1차, 2차 테스트와 유사한 제1가스팁과 제2가스팁의 연소비에서 제1가스팁에 연소포트 (Firing Port) 1개를 추가 (다중포트가 단일 포트보다 더 짧은 화염)하여 테스트를 실시하였다. 그 결과 코크생성 문제가 개선되었으며 기존의 가스팁을 모두 3차 테스트 가스팁으로 교체하게 되었다. 그러나 2차 화염 (Staged Flame)의 낮아진 용량으로 인해 NO_x는 약간 증가하는 경향을 나타내었다. 1, 2차 테스트와 같이 버너축에 대한 제1가스팁의 포트각도 (Port Angle)는 동일하고, 제1가스팁의 추가 연소포트 (Firing Port)는 기존포트의 각도와 상이하게 만들어 리젠타일 내에서 공기와의 혼합 (Mixing)을 보다 양호하게 만들었다.

표 8-11 3차 테스트의 가스팁 변경 사항

	제1 가스팁		제2 가스팁		
	Crossover Port EA/mm	Firing Port EA/mm	Ignition Port EA/mm	Crossover Port EA/mm	Firing Port EA/mm
3차 테스트 (2013.7)	2-ϕ2.6	2-ϕ2.9	1-ϕ3.0	2-ϕ3.2	2-ϕ4.4

위쪽: 제1가스팁 1개 (4개 Port/tip)
① Crossover port 2개
② Firing port 2개

아래쪽: 제2가스팁 4개 (5개 Port/tip)
③ Ignition port 1개
④ Crossover port 2개
⑤ Firing port 2개

그림 8-42 테스트 가스팁 사양

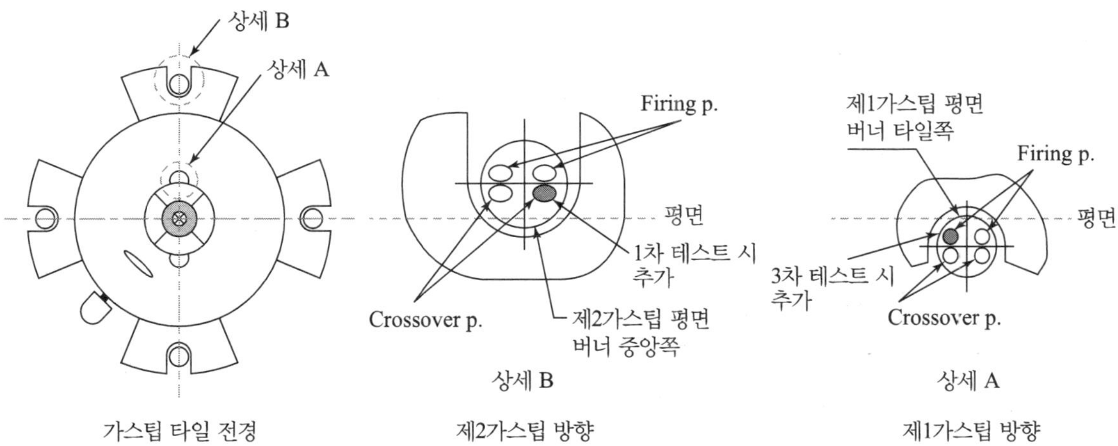

그림 8-43 테스트 가스팁 방향과 Port수

(10) 버너 NO_x 제어기술 발전

버너 NO_x 제어기술은 버너 발전 역사와 함께 하고 있다. 그 발전사를 보면 재래식 버너에서 시작하여 저 NO_x 버너 (Low NO_x Burner), 초 저 NO_x 버너 (Ultra Low NO_x Burner), 차세대 버너 (Next Generation Burner)로 발전하고 있다. 버너형태 및 적용기술에 따라 NO_x 제어범위는 표 8-12와 같다. 저 NO_x 버너는 고유디자인에 의해 NO_x 방출량을 감소시킨다.

표 8-12 NO_x 저감 버너와 기술 정리

형태	적용기술	NO_x ppm (가스연소)	NO_x ppm (오일연소)
재래식	가스 혹은 프리믹스	~80~150	~200~300
저 NO_x	• 단계적 공기 (1984) • 단계적 연료 (1986) • 단계적 공기 + 단계적 연료	~50~100	~150~200
초 저 NO_x	• 단계적 공기 + 단계적 연료 + 배출가스 재순환 (1992)	~15~30	-
차세대	• 단계적 배출가스, 강화된 배출가스 재순환, 사전 프리믹스 등	~10~20	-

그림 8-44는 John Zink 사의 버너 발전 역사를 나타내고 있다. 그림에 의하면 최초 재래식 버너의 NO_x 150~200 ppm 제어에서 시작하여 단계적 공기 (100~130 ppm), 단계적 공기/단계적 연료 (25~40 ppm), 내부배출가스 재순환 (20~25 ppm), 내부배출가스 재순환 + 공기/연료 프리믹스 (20 ppm 이하) 버너로 발전하였다.

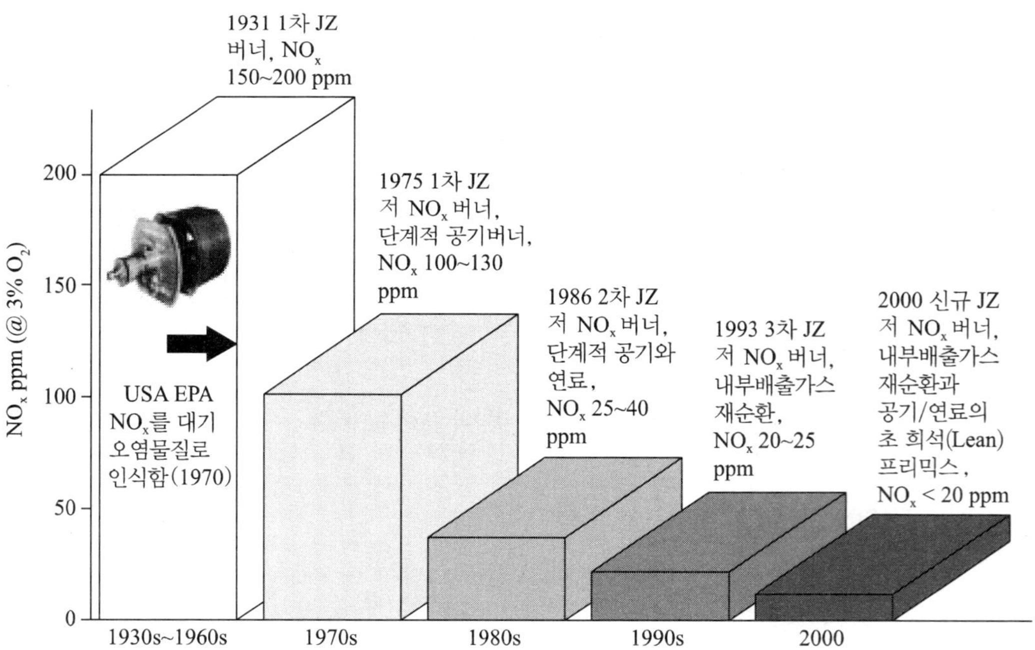

그림 8-44 버너 발전 역사

(11) NO_x 저감 기술 비교와 경제성 검토 정리

다음 표 8-13은 NO_x 저감 기술의 특징과 장단점, 그리고 경제성 등을 비교 검토하였다.

표 8-13 NO_x 저감 기술 비교와 경제성 검토

구분	단위	SCR (Selective Catalytic Reduction)	SNCR (Selective Non-Catalytic Reduction)	FGR (Flue Gas Recirculation)	2단 연소법 (Over Firing Air Port)	버너팁 개조	$DeNO_x$ 스팀 *
연소가스	Nm^3/hr	–	100,000	스팀 80 ~130 Ton/hr	–	–	–
비용	원	10억	4~5억	2억	1~2천 만	2~3천만	1천만
적용업체		팬아시아	호남화력발전	호남석유화학	팬아시아	팬아시아	GS칼텍스
		남해화학	포스코	팬아시아 3호기	–	LG화학나주공장	–
기술제공사		(주)신텍	–	(주)신텍	(주)신텍	(주)조인텍	–
장점		저감효과 높음	설치 및 운영비 적음	유지비용 저렴	설치비용 저렴	설치비용 저렴	Gas Tip 개조
		대용량에 적합	모든 연소로에 적용 가능	에너지 절약	–	–	–
		–	노즐 설치 (Simulation 기초)	–	–	–	–
단점		투자비 높음	투자비 낮음 (SCR 대비)	설치면적 필요	불완전 연소	불완전 연소	스팀 소모
		운영비 높음	운영비 낮음 (SCR 대비)	–	Smoke 발생	Smoke 발생	연료 소모
		Duct에 설치 (300℃)	암모니아 사용 시 냄새	–	–	–	–
저감효율	%	70~90	25~50	–	–	–	–

* 버너당 6개 가스팁 중 2개를 개조하여 #250 스팀을 주입하게 되어 있으며, 오일을 많이 사용하여 부하 증가 시 상승하는 NO_x를 제어하기 위함.

표 8-14는 정유공정의 원유예열 가열로의 재래식 버너를 저 NO_x 버너로 교체하기 위하여 6개사 버너메이커 자료로부터 기술 및 상업적 평가내용을 정리한 것이다. 참고로 버너 디자인 규격(Burner Design Specification)은 사용자가 버너 메이커에 제시한 규격이다.

표 8-14 오일/가스 혼소버너 디자인 규격과 기술평가

버너 디자인 규격				버너 제작사				
				John Zink	Zeeco	Callidus	Hamworthy	NFK
모델명	공정가열로 A	–		DEEPstar	AK180	LE-CSGC-10W	ENVIROMIX2000/25	NFK-M-SRG-030W-C
	공정가열로 B			DEEPstar	AK210	LE-CSGC-16W	ENVIROMIX2000/25	NFK-M-SRG-025W-C
과잉 O_2	오일버너	%	3	3 (3)	3 (3)	3 (3)	3 (3)	3 (3)
	가스버너		2	2 (2)	2 (2)	2 (2)	2 (2)	2 (2)
에토마이징 스팀	#150스팀/연료	kg	0.3 이하	0.2	0.3	0.2	0.25	0.35
NO_x (@4% O_2 dry)	오일버너	ppm	150	150 (190)	150 (176)	236 (330)	207 (245)	–
	가스버너		50	50 (75)	50 (111)	50 (50)	51 (67)	50 (70)
발열량	최대	mmkcal/hr	–	2.82 (3.72)	2.82 (3.70)	2.82 (3.72)	2.82 (3.72)	2.50 (3.08)
	최소			0.86 (1.00)	0.94 (1.00)	0.94 (1.24)	0.94 (1.24)	0.80 (1.00)
턴다운비	공정가열로 A	최대/최소 발열량	3/1	3/1	3/1	3/1	3/1	3/1
	공정가열로 B		4/1	4/1	3.6/1	3/1	3/1	3.1/1
화염	길이	m	–	5.0 (7.0)	4.8 (5.3)	5.1 (6.7)	4.8 (5.0)	5.5 (4.7)
	폭			1.25 (1.25)	1.08 (1.20)	1.00 (1.10)	1.10 (1.10)	1.00 (0.90)
압력강하 (@버너)	12.7 mmH_2O	mmH_2O	–	11.0 (22.9)	11.1 (12.0)	11.1 (12.7)	8.0 (20.0)	15 (–)
기타 요구사항	운전 중 가스팁 교체용이 위한 가스버너 분리			OK	OK	OK	OK	OK
	연소실크기 고려하여 화염길이와 폭 최소화			OK	OK	OK	OK	OK
	파일럿 버너용 점화토치 설치			OK	OK	OK	OK	OK
예상가격	버너	개	US $	12,000	4,400	5,100	5,100	–

주) (   ) 수치는 공정가열로 B에 해당하는 값임

▌참고▌ 버너 가스팁 Port 및 기타

(a) 2차 가스팁의 4포트(Ports)

DEEPstar사 버너에서 2차 가스팁은 Ignition Port 1개, Crossover Port 1개, Firing Port 2개로 구성되어 있다. 이들은 긴 화염(Long Flame)과 낮은 화염온도(Low Flame Temperarure) 형성에 영향을 미친다. 즉, 이들 가스팁(Staged Gas Tip)의 4개 Port는 각각 1차 화염, 2차 화염, 3차 화염에 영향을 주도록 디자인되어 있다.

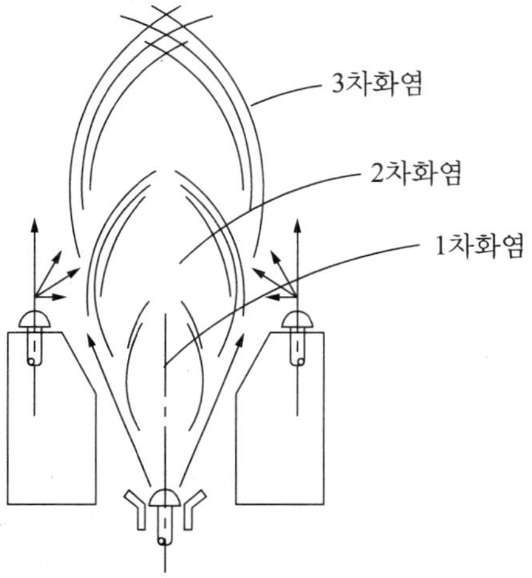

그림 8-45 2차 가스팁의 4개 Ports

(b) 1/2차 가스팁 Ports

1차 가스팁의 3개 Ports(Crossover Port 2개, Firing Port 1개)를 통해 연료가스 30%가 1차 화염에 분사되고, 나머지 70%는 2차 가스팁의 4개 포트를 통해 2, 3차 화염으로 분사된다. 그 결과 1차 연소영역은 저화염온도가 되고 2차 화염영역은 산소(O_2) 13%로 저농도산소가 된다.

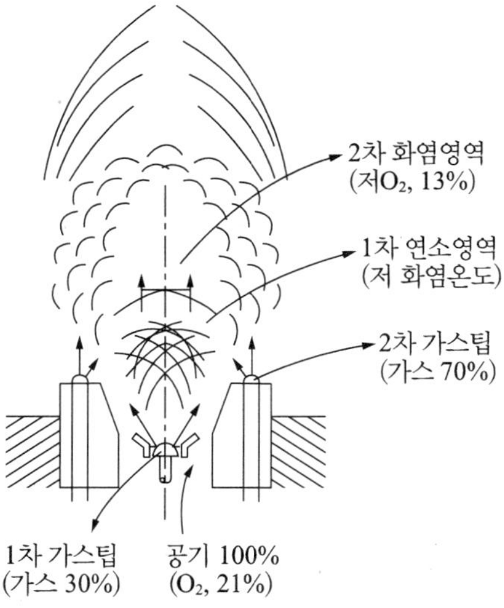

그림 8-46 1/2차 가스팁의 Ports 역할

(c) 에어레지스터 (Air Register)/버너 윈드박스 (Plenum) / 가스팁 (Gas Tip)

에어레지스터에서 윈드박스로 공기가 유입되어 100% (1차 공기 70%, 2차 공기 30%)가 연소에 참여하고 연료가스는 1차 가스팁으로 30%, 나머지 70%는 2차 가스팁으로 공급되어 전체 화염을 제어하도록 디자인되었다.

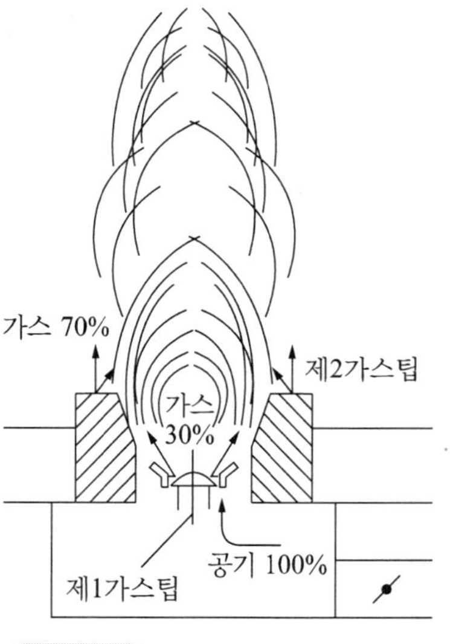

그림 8-47 에어레지스터 / 윈드박스 / 가스팁

8.4 배출가스 탈질 설비

이미 발생된 NO_x를 환원제 (Reduction Agent)를 투입하여 환원시키는 방법을 말한다. 이것에는 선택적 촉매 환원법 (SCR, Selective Catalytic Reduction), 선택적 비촉매 환원법 (SNCR, Selective Non Catalytic Reduction), SCR / SNCR을 혼용한 하이브리드 (Hybrid)를 비롯하여 여러 가지 방법이 있다.

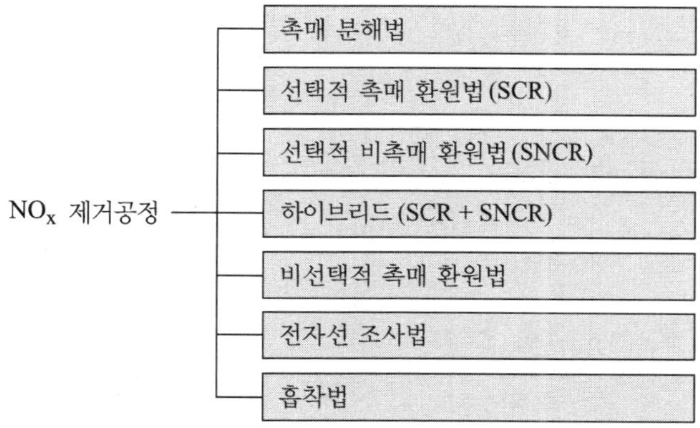

그림 8-48 배출가스 탈질 설비

(1) 선택적 촉매 환원법 (SCR)

환원제와 NO_x의 반응은 고온에서 형성되나 촉매를 이용하여 낮은 온도 영역에서도 NO_x를 활성화시켜 환원제와 반응을 유도하는 방식으로 적용 촉매의 구성비에 따라 200~220℃에서 운전 가능한 경우와 280~330℃에서 운전 가능한 경우로 크게 나눈다. 환원제의 소모량이 적고 안정적인 탈질 효율을 보이나 투자비 및 운전비용 (촉매 교체 비용 감안)이 높은 편이다.

(2) 선택적 비촉매 환원법 (SNCR)

환원제와 NO_x의 반응은 고온에서 형성되므로 고온의 영역에 직접 환원제를 투입하여 NO_x를 제거하는 방식으로 대략적인 환원제 주입 부위의 온도는 800~1000℃ 정도이며 이때의 체류시간은 0.3~0.6초 정도이다. 탈질 효율은 SCR에 비해 떨어지며 안정적이지 못하다. 단 투자비와 운전비용이 저렴하다.

(3) 하이브리드 (Hybrid)

SNCR과 SCR을 혼용한 형식으로 일정량의 NO_x를 SNCR에서 이미 제거하여 SCR로 유입시키므로 촉매의 적용 부피를 줄일 수 있으며 SNCR의 단점 중 하나인 암모니아 Slip을 최소화 할 수 있다. 일반적으로 대형 화력발전소에 적용되며 SCR의 촉매를 가스-가스 가열로의 열매체 (Heat Element)에 코팅하여 SCR로서 역할을 수행할 수 있게 설계하기도 한다.

표 8-15는 위에서 언급된 질소산화물에 대한 저감 및 방지 시설 그리고 장단점과 효율을 개략적으로 정리한 것이다.

표 8-15 질소산화물 방지 및 저감 기술 요약

제거기술	장점	단점	탈질 효율
탈화학양론비	• 운전비용 저렴	• 투자비 높음 • 불안정한 NO_x제거율	30～60%
저 NO_x 버너	• 운전비용 저렴 • 배출가스 재순환 병용 시 탈질 효율 증가	• 투자비 높음 • 연소로/연료에 따라 제한 • 불안정한 NO_x제거율	30～50%
배출가스 재순환	• 탈질 효율 높음 • LNG 공정에 적용 쉬움	• 투자비 높음 • 운전비 높음 • 불안정한 NO_x제거율	40～80%
감소된 공기예열 (Air by-pass)	• 탈질 효율 높음	• 열효율 나쁨 • 불안정한 NO_x제거율	25～65%
선택적 촉매 환원법 (SCR)	• 탈질 효율 최대 • 안정적인 NO_x제거율	• 투자비 최대 • 운전비 높음	70～90%
선택적 비촉매 환원법 (SNCR)	• 투자비 저렴 • 소요 동력 낮음 • 비독성 화학제 사용	• 온도 의존성 • 퍼니스 운전에 따른 제약 • 암모니아 Slip	25～50%

09 선택적 촉매 환원법(SCR) 공정 이론 및 실제

선택적 촉매 환원법(SCR)의 공정 화학에서 다음 식 (1)~(3)은 선택적인 바람직한 반응인데 대하여 (4), (5)는 선택적이지 못한 바람직하지 않은 반응이다.

$4NO + 4NH_3 + O_2 \rightarrow 4N_2 + 6H_2O$ ………… (1)

$6NO_2 + 8NH_3 + O_2 \rightarrow 7N_2 + 12H_2O$ ……… (2)

$2NO_2 + 4NH_3 + O_2 \rightarrow 3N_2 + 6H_2O$ ………… (3)

$2NH_3 + 1/2O_2 \rightarrow N_2 + 3H_2O$ …………………… (4)

$SO_2 + 1/2O_2 \rightarrow SO_3$ ………………………………… (5)

촉매는 TiO_2 / V_2O_5 / WO_3 / MnO_3, Fe/Cr산화물(Oxide), 제올라이트(Zeolite)가 있다. 이들 촉매 하에서 환원제인 암모니아(NH_3)는 산소(O_2)와 함께 NO_x를 N_2와 H_2O로 분해 환원시킨다. 그리고 환원제에는 암모니아를 비롯하여 우레아, 시아누르산, 하이드라진 하이드레이트가 있으며 이들의 화학반응식은 다음과 같다.

(1) 암모니아(Ammonia)

$4NO + 4NH_3 + O_2 \rightarrow 4N_2 + 6H_2O$ (주반응)

$6NO_2 + 8NH_3 + O_2 \rightarrow 7N_2 + 12H_2O$

$2NO_2 + 4NH_3 + O_2 \rightarrow 3N_2 + 6H_2O$ (주반응)

(2) 우레아(Urea)

$NH_2CONH_2 + 2NO + 1/2\ O_2 \rightarrow 2N_2 + CO_2 + 2H_2O$

(3) 시아누르산(Cyanuric Acid)

$(HNCO)_3 + 3NO + 3/4\ O_2 \rightarrow 3N_2 + 3CO_2 + 1.5H_2O$

(4) 하이드라진 하이드레이트(Hydrazine Hydrate)

$N_2H_4 + 2O_2 \rightarrow 2N_2 + 2H_2O$

9.1 탈질 촉매(Denitrogen Catalyst)

촉매란 그 자신은 소모됨 없이 화학 반응을 평형에 접근시키는 물질로 화학반응의 활성화 에너지를 낮추어 낮은 온도에서도 반응 대상물을 활성화시키는 역할을 한다. 구조는 다공성과 높은 표면적을 갖고 있으며, 실제 촉매 반응은 촉매의 기공(Pore) 내에 분포되어 있는 활성점(Active Site)에서 일어난다. 아울러 촉매의 상용화 여부는 촉매독으로 인한 영향을 얼마나 최소화시키는가에 달려있다.
촉매의 반응 과정은 다음과 같이 구분할 수 있다.

(1) 배출가스 내의 NO_x(흡착질)가 촉매 표면으로 접근(External Diffusion)
(2) 흡착질이 촉매내부 기공 속으로 확산(Internal Diffusion)
(3) 기공 내 활성점에 도달하여 물리화학적으로 흡착(Adsorption)
(4) 촉매 반응하여 NO_x가 환원
(5) 환원된 질소(N_2)들이 활성점에서 분리(Desorption)
(6) 내부 기공을 지나 촉매표면으로 이동(Internal Diffusion)
(7) 배출가스 내로 환원체가 전달(External Diffusion)

이들 반응 단계를 그림으로 나타내면 그림 9-1과 같다. 촉매는 단위 부피당 엄청난 표면적을 가지고 있다. 그러므로 상대적으로 큰 입자나 표면장력이 큰 입자가 흡착되면 주변의 다른 반응면적이 역할을 상실하게 된다. 이를 촉매독(Catalyst Poison)이라 한다. 촉매독에는 표면의 오염으로 기공 내부로의 확산이 제한되는 파울링

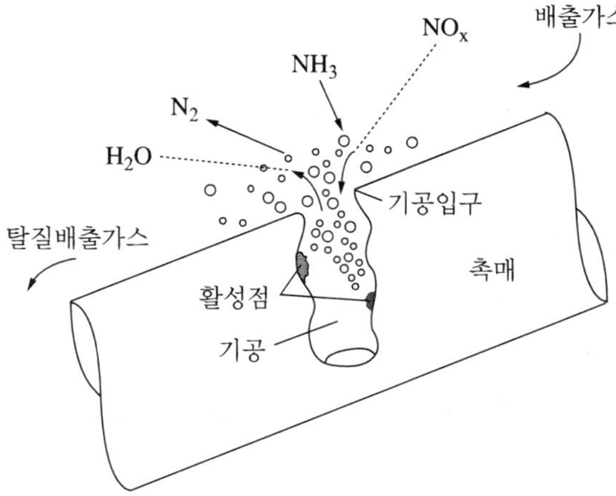

그림 9-1 SCR 반응 모형도

(Fouling)현상, 기공이 오염물질에 의해 막히는 플라깅(Plugging)현상, 국부적인 연소 등으로 기공이 녹아 없어지는 소결(Sintering)현상 등이 있다.

촉매는 각기 구성 성분 및 혼합비에 따라 활성화 온도가 다르며 일반적으로 200~330℃에서 활성화된다. 운전온도가 낮을수록 촉매의 수명은 짧아진다. 가공된 촉매는 일반적으로 벌집(Honeycomb)형, 플레이트(Plate)형, 펠릿(Pellet)형으로 나눈다. 일반적으로 널리 사용되고 있는 것은 벌집형으로 분진의 유입량에 따라 셀 사이즈(Cell Size)가 결정된다(3~10 mm).

부반응 생성물(By-product)인 암모늄바이설파이트(ABS, Ammonium Bisulfite, NH_4HSO_4)는 매우 끈적끈적하고 부식성이 있는 물질로 촉매독으로 작용할 뿐 아니라 반응기 및 후단 설비의 부식(Corrosion)을 초래할 수 있다. 그러므로 이러한 암모늄염이 생성되지 않은 운전 온도를 항시 유지해야 한다. 또한 과량의 SO_x가 유입되는 공정일 경우 운전온도와 촉매구성 성분비를 조정하여 SO_2의 SO_3로의 전환을 일정 수준 이하로 막아야 한다. 촉매 성분 내의 바나듐(V) 양의 조정도 이러한 조작의 하나이며 바나듐이 많이 함유된 촉매일수록 SO_3로의 전환율이 증가한다. 세라믹 기초의 촉매, 특히 제올라이트(Zeolite)는 SO_3로의 전환율이 낮은 것으로 보고되고 있으며 300℃에서 1% 미만의 전환율을 보이는데 반하여 귀금속류는 5~10% 정도의 전환율을 보인다. 이 밖에 전환된 SO_3는 반응기 내부의 국부적인 온도강하로 인하여 미스트(Mist)화 될 때 알루미나(Al_2O_3)가 포함된 촉매에 촉매독으로 작용한다. 이러한 점을 고려할 때 귀금속류의 촉매는 300℃ 미만에서 적용하기에는 무리가 있다. 그러나 일부 촉매, 특히 산화티탄(TiO_2)에 기초한 촉매는 200℃에서 상용 운전되게 개발되었다. 다만 설치 위치가 깨끗한 공기 쪽이므로 SO_2 함량이 10 ppm 이하일 경우에 적용한다.

9.2 반응기 공간속도(Space Velocity)

배출가스흐름 중 실질적으로 NO_x 제거 공정에 요구되는 촉매량을 선정하는 기준이 되는 지표로써 촉매의 종류, 적용공정의 특성, NO_x 제거량 등에 따라 정해진 범위를 가지고 있다. 다음은 몇 가지 실례에 따른 공간속도를 기술하고 있다.

표 9-1 사용 촉매량 선정 기준 (실례)

적용	촉매	운전온도	공간속도 ($Nm^3/hr/m^3$)
디젤엔진	제올라이트	최소 280℃	6,000~9,000
벙커씨보일러	Ti / V계	최소 330℃	6,000~8,000
석탄보일러	메탈 (Metal)계	최소 380℃	1,700~4,500
소각로	제올라이트	최소 280℃	3,500~4,500
소각로	TiO_2계	최소 200℃	2,500~4,000

앞서 기술된 내용은 NO_x 제거율 60% 이상을 유지해야 할 경우이며 제거효율이 높아짐에 따라 공간속도는 감소한다. 바꾸어 말하면 기 설치된 촉매 반응기의 공간속도가 증가한다는 것은 NO_x 제거율이 낮아짐을 의미한다.

9.3 환원제 암모니아 주입량

NO_x 제거량에 따라 제어되며 보통 이론요구량 대비 90~105% 사이의 양을 주입한다. 주입량이 증가함에 따라 NO_x의 배출농도는 낮아지나 105% 이상으로의 주입 시는 제거량의 변화가 급격히 둔화되며, 이에 반하여 암모니아 Slip이 증가한다. 보통 암모니아는 25% 정도로 희석하여 사용하고 주입방법은 고압 공기와 함께 반응기 내로 주입하는 방법과 희석송풍기에 의해 공기와 함께 주입하는 방법으로 나눌 수 있다. 이 중 후자의 방법은 200℃ 정도에서 운전되는 촉매 반응기에 적용되며 별도의 기화설비가 필요하다.

SCR의 부가기능으로 다이옥신 (Dioxin) 제거가 있으며 다이옥신 제거 반응은 산화반응이고 반응식은 다음과 같다.

$$C_{12}H_nCl_{8-n} + (9+0.5n)\,O_2 \;\rightarrow\; (n-4)\,H_2O + 12CO_2O + (8-n)\,HCl$$

이러한 과정을 통하여 생성되는 염산 (HCl)은 아주 극미량으로 부가적인 오염원으로써 작용하지 않으므로 활성탄을 이용한 흡착방식에 비해 2차 오염원을 생성하지 않은 장점이 있다.

그리고 질소산화물(NO_x)과 다이옥신 제거를 위한 탈질 설비에는 선택적 촉매환원 반응탑, 암모니아(혹은 요소수) 저장 설비, 암모니아(요소수) 공급 설비, 암모니아 기화 설비, 암모니아(요소수) 주입 설비 등으로 구성된다.

9.4 환원제 주입량 제어방법 및 공급설비 특징

연돌 가스분석기로부터 NO_x 방출 농도를 연속적으로 측정한 신호를 이용하여 암모니아 기화 설비로 공급되는 암모니아의 양을 배관상에 설치된 제어 밸브에 의해 제어하게 되어 있다. 공급되는 암모니아 양이 많을수록 NO_x의 제거효율은 증가하나, 이에 따른 미반응 암모니아의 누출로 인하여 주변 지역에 악취로 인한 2차 오염이 발생할 수 있다. 이러한 이유로 암모니아 공급량의 제한은 연돌 가스분석기로부터 암모니아 배출량을 기준으로 정해지게 된다. 다이옥신(Dioxin)의 제거는 연속적으로 배출량을 측정하기가 불가능하므로 연돌 가스분석기로부터 가스유량을 측정하여 비례적으로 제어하게 되는데 선택적 촉매환원 반응기에서는 이미 촉매장입량이 고정되어 있으므로 전단에 설치된 건식주입기로 분사되는 활성탄 공급량을 조절함으로써 제거율을 조정하게 된다. 단, 촉매반응기에서는 여분의 예비 촉매층이 설치되어 있어 활성탄 공급만으로 제거가 힘든 경우 또는 지나치게 많은 활성탄 소비로 인한 운전비 상승문제를 해결할 수 있게 설계에 반영되어 있다. 그러나 예비 촉매층은 다이옥신 제거를 위한 여분의 여유보다는 추후 촉매의 교체 시 기존 촉매의 재장입 공간 또는 일부 교체 시 사용되는 것을 기본으로 설계된다.

9.5 SCR 촉매교환 방법

촉매의 수명은 촉매 내에서 실제로 반응이 일어나는 활성점(Active Site)의 물리적 혹은 화학적 오염으로 인하여 반응의 활성화 에너지를 낮출 수 없을 때까지의 시간을 말하며 이는 NO_x 배출 농도의 증가로 확인할 수 있다. 일반적으로 촉매의 수명은 16,000시간 정도이며, 운전상태 등에 따라 증감된다.

수명이 다한 촉매는 재활성화 공정을 거쳐 재생되기도 하는데 물리적인 오염에 의한 수명 저하는 고온 열풍을 주입 또는 물세척 후 장시간 강제건조 등의 재활성화 공정에 의해 쉽게 재생되기도 한다. 그러나 화학적 오염에 의한 활성점의 손상 시에는 재활성화가 어렵다.

예측된 시간 후에 촉매의 교체는 전체를 한 번에 장입하는 방법과 순차적으로 층 단위로 교체하는 방법이 있다. 후자의 경우는 기존 운영되었던 촉매 중 일부를 그대로 사용하고 여분의 층에 새로운 촉매를 장입하고 일정한 주기에 따라 도미노 식으로 교체하는 방식이므로 여분의 층에 대한 압력손실을 설계 시 고려하여야 한다. 일반적으로 SCR에 사용되는 촉매는 대개 벌집 (Honeycomb) 형상을 하고 있어 자체로서도 구조 강도를 지니고 있다. 게다가 분리된 셀 (Cell)로 구분되어 있어 교환하기에 용이하다. 이러한 촉매 셀들이 한 개의 층에 수십 개씩 고정되어 있으며 이들은 지지 틀에 의해 각각의 모듈로 나뉘어져 있다. 수명이 지난 촉매는 제거되어 새로 재 활성화되거나 폐기 처분하게 되는데 주로 폐기하는 경우가 많다. 선택적 촉매 환원 반응기 내부의 촉매 모듈을 제거하는 방식은 다음과 같다.

(1) 선택적 촉매환원 반응기의 도어를 연다.
(2) 지지대에 설치되어 있는 모듈을 도어로 이동시킨다.
(3) 호이스트를 이용하여 촉매 모듈을 보수대로 이동시킨다.
(4) 이를 다시 호이스트를 사용하여 지상으로 이동시킨다.
(5) 기존촉매 엘리먼트 (Element)를 제거하고 새로운 촉매로 교체한다.
(6) 제거의 역순으로 반응기내로 촉매 모듈을 장입한다.

9.6 탈질설비의 설치 위치 및 설비 구성

연소 장치별 탈질설비의 설치 위치는 주로 온도를 고려하여 결정되며 일반적으로 다음과 같다.

(1) 발전 및 보일러 경우

일반적으로 SCR 탈질설비는 이코노마이저 후단에 설치한다.

① 선택적 촉매 환원(SCR)

보일러 → 이코너마이저 → 선택적 촉매 환원(SCR) → 가스/가스열교환기
→ 팬 → 배출가스 탈황 → 연돌

② 선택적 비촉매 환원(SNCR)

보일러 → 선택적 비촉매 환원(SNCR) → 이코너마이저
→ 가스/가스열교환기 → 팬 → 배출가스 탈황 → 연돌

③ 하이브리드(SNCR + HCR)

보일러 → 선택적 비촉매 환원(SNCR) → 이코너마이저 → 선택적 촉매 환원(SCR)
→ 가스/가스열교환기 → 팬 → 배출가스 탈황 → 연돌

④ 기타

보일러 → 이코너마이저 → 가스/가스열교환기[선택적 촉매 환원(SCR)]
→ 팬 → 배출가스 탈황 → 연돌

(2) 소각로 경우

보통 SCR 탈질설비는 가장 마지막에 위치하고 이로 인해 부가적인 열원이 요구될 수도 있다.

① 선택적 촉매 환원(SCR)

소각로 → 이코너마이저 → 폐열 보일러 → 반건식반응기 → 백필터
→ 덕트버너 → 선택적 촉매 환원(SCR) → 팬 → 연돌

② 선택적 비촉매 환원(SNCR)

소각로 → 선택적 비촉매 환원(SNCR) → 이코너마이저 → 폐열 보일러
→ 반건식반응기 → 백필터 → 팬 → 연돌

③ 하이브리드(SNCR + HCR)

소각로 → 선택적 비촉매 환원(SNCR) → 이코너마이저 → 폐열 보일러
→ 반건식반응기 → 백필터 → 덕트버너 → 선택적 촉매 환원(SCR)
→ 팬 → 연돌

9.7 국내 SCR 촉매 현황

국내 선택적 촉매 환원(SCR, Selective Catalytic Reduction) 촉매 시장은 국산화 비중이 50%에서 점점 높아지고 있다. SCR 촉매의 수요 비중은 발전소가 80%로 가장 높으며 화학플랜트와 소각로가 각각 10%를 차지하고 있다.

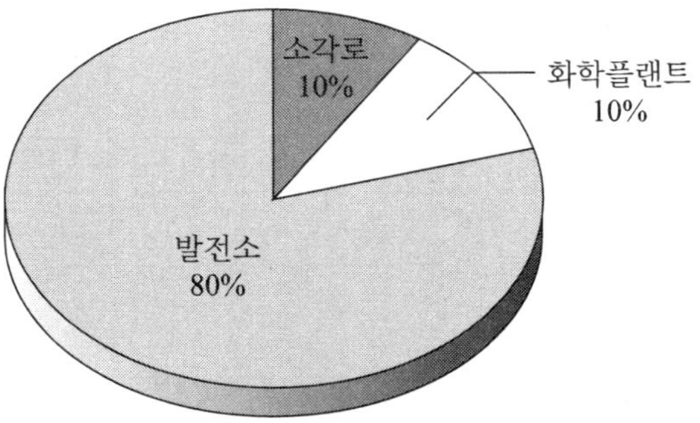

그림 9-2 SCR 촉매 수요비중 (2010년)

그리고 국내 SCR 촉매 시장은 KOPEC(한국전력기술), SK이노베이션, 나노 3사가 메이저를 형성하고 있다. 국내 생산능력은 KOPEC 5,000 m^3, SK이노베이션 3,000 m^3, 나노 3,000 m^3이다. 이들 국내 생산업체의 시장점유율은 KOPEC과 SK이노베이션이 20%로 같은 수준이고 나노가 10%를 각각 차지하고 있다. 그 밖에 외국기업으로 일본 BHK와 덴마크 Haldor Topsoe, 그리고 미국의 Argillon 3사가 50% 시장을 점유하고 있다.

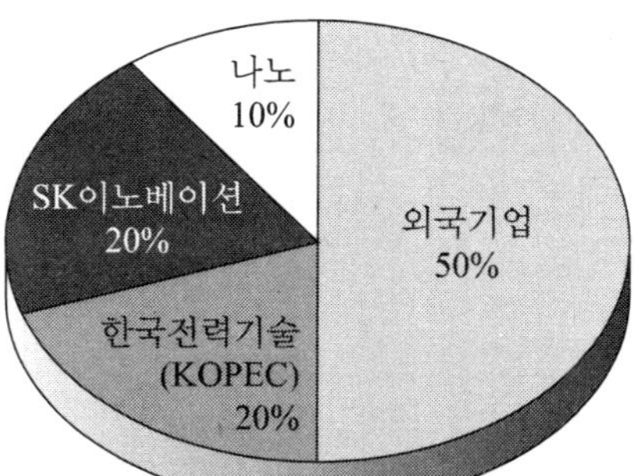

그림 9-3 SCR 촉매 시장 점유율 (2010년)

SCR 촉매는 다음과 같은 3가지의 형태가 있고, 표 9-2에 물성비교를 나타내었다.

(a) (b) (c)

그림 9-4 촉매형태: (a) 벌집형 (b) 플레이트형 (c) 골판지형

표 9-2 플레이트형/벌집형 촉매의 물성비교

	플레이트형	벌집형	비고
활성도	○	○	TiO_2계
분진에 대한 내식성	◎	△	중앙 금속 연함
플러깅 가능성	◎	△	모서리 거의 없음
압력손실	○	△	–
취급	○	△	작고 조밀함
장기운전을 위한 초기충진의 촉매부피	△	○	비표면
	○	△	긴 수명/촉매적재

주) ◎ 매우양호, ○ 양호, △ 보통

그리고 SCR 촉매는 고가의 제품으로 운전시간에 따라 4년 또는 2만 4천 시간 이후 주기적인 교체를 요하기 때문에 막대한 환경설비의 운영비가 소요됨에 따라 신규 촉매를 교체하는 것에 비해 훨씬 저렴한 비용으로 탈질 효율을 달성할 수 있는 재생기술이 부각되고 있다.

3가지의 SCR촉매 시장 비중은 벌집형이 70%, 플레이트형이 25%, 골판지형이 5%로 나타난다. SK이노베이션과 나노는 벌집형을 생산하고 있으며, 골판지형은 KOPEC이 생산하는데 벌집형에 비해 제조일이 적게 소요되고 열충격 저항성과 마모성이 뛰어나지만 분진이 많은 곳에서는 사용하기 어려운 단점이 있다.

또한 촉매층에 암모니아 또는 요소를 분사하는 SCR은 노 내에 암모니아 또는 우레아를 직접 분사하는 SNCR보다 투자비용이 비싸다. 탈질효과는 40% 가까이 높지만 분진이 많은 곳에서는 사용하기가 어렵다. 이에 따라 하이브리드(Hybrid) 방식을 채용하기도 하는데 SCR방식과 SNCR방식을 병렬식으로 설치하여 분진이 많을 때는 SNCR방식을, 적을 때는 SCR방식을 활용해 투자비용을 절감하고 효율을 높일 수 있다. 이와 같은 경우 외에 SCR 촉매가 비싸므로 촉매 사용 기간을 연장하는 차원에서 대부분 하이브리드(SCR + SNCR) 직렬 방식을 도입하기도 한다. 그리고 이들 NO_x 저감 설비의 장단점은 표 9-3과 같이 정리할 수 있다.

표 9-3 NO_x 저감 설비

구분	선택적 촉매 환원(SCR)	선택적 비촉매 환원(SNCR)	저 NO_x 버너
개요	• 촉매층에 NH_3 분사 • NO_x를 환원	• 로 내에 우레아를 분사 • NO_x를 환원	• 단계적 연소 방법 • 산소농도/화염온도저하
NO_x제거율	70~90%	25~50%	30~50%
투자비	높음	낮음	중간
운전비	중간	높음	낮음
고려사항	• 설치공간 • 촉매수거/교체	• 연소로구조 • 환원제체류시간	• Fan 용량 • 화염안정성
비고	• 중/대규모 설비에 적합	• 운전조건 제약	• 소형설비에 적합 • NO_x 제거율 한계

9.8 선택적 촉매 환원법(SCR) 시스템 개요

SCR은 촉매를 사용하기 때문에 넓은 온도범위(149～593℃)에서 적용이 가능하고 매우 높은 NO_x 저감 효율(90% 이상)을 가진다. SCR은 환원제로 암모니아(NH_3)를 사용하고, 암모니아는 NO_x와 반응하여 아래와 같은 기본적인 반응을 하게 된다.

$$4NO + 4NH_3 + O_2 \rightarrow 4N_2 + 6H_2O$$
$$6NO + 4NH_3 \rightarrow 5N_2 + 6H_2O$$
$$2NO_2 + 4NH_3 + O_2 \rightarrow 3N_2 + 6H_2O$$
$$6NO_2 + 8NH_3 \rightarrow 7N_2 + 12H_2O$$
$$NO + NO_2 + 2NH_3 \rightarrow 2N_2 + 3H_2O$$

NO_x의 90%는 NO이고, 위에서 첫 번째 반응이 NO_x 전환의 대부분을 차지하고 있다. 그리고 암모니아의 도입시스템은 그림 9-5 / 9-6과 같은 액체 암모니아(Aqueous Ammonia)와 그림 9-7 / 9-8의 무수 암모니아(Anhydrous Ammonia) 형태가 있다.

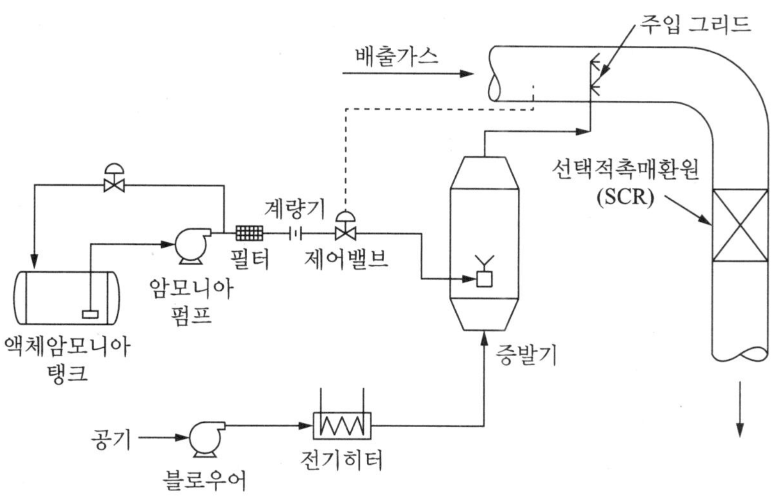

그림 9-5 액상 암모니아 주입시스템 개요도

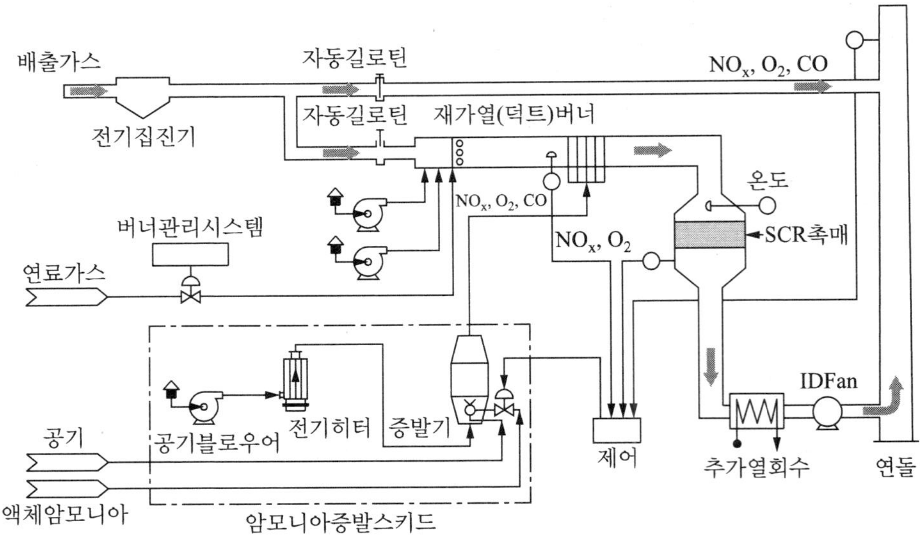

그림 9-6 액체 암모니아 공정 상세 흐름도

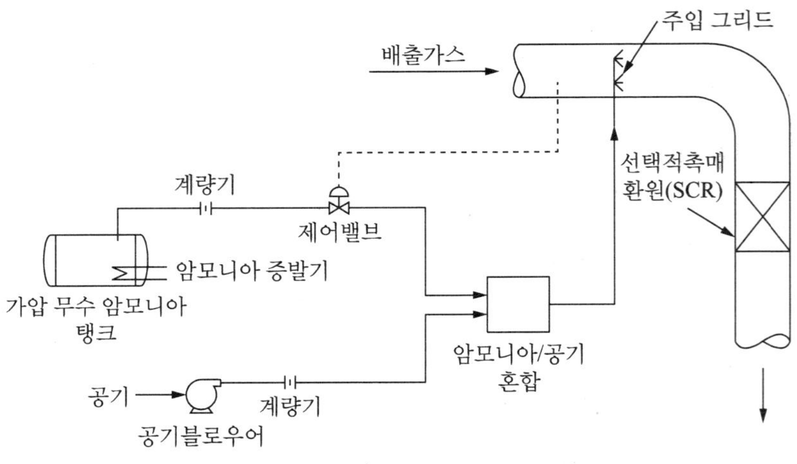

그림 9-7 무수 암모니아 주입 시스템 개요도

기본적으로 사용 촉매는 백금계 (Platinum Based), 바나듐-티타니아계 (Vanadium -titania Based), 그리고 제올라이트 (Zeolite)의 3가지 형태가 가능하다. 이 중에서 바나듐-티타니아계 촉매가 가장 널리 사용되고 있다. 촉매 형태에는 펠릿 (Pelletized)형, 벌집 (Monolithic Honeycomb)형, 플레이트 (Plate)형, 그리고 골판지 (Corrugated) 형이 있다.

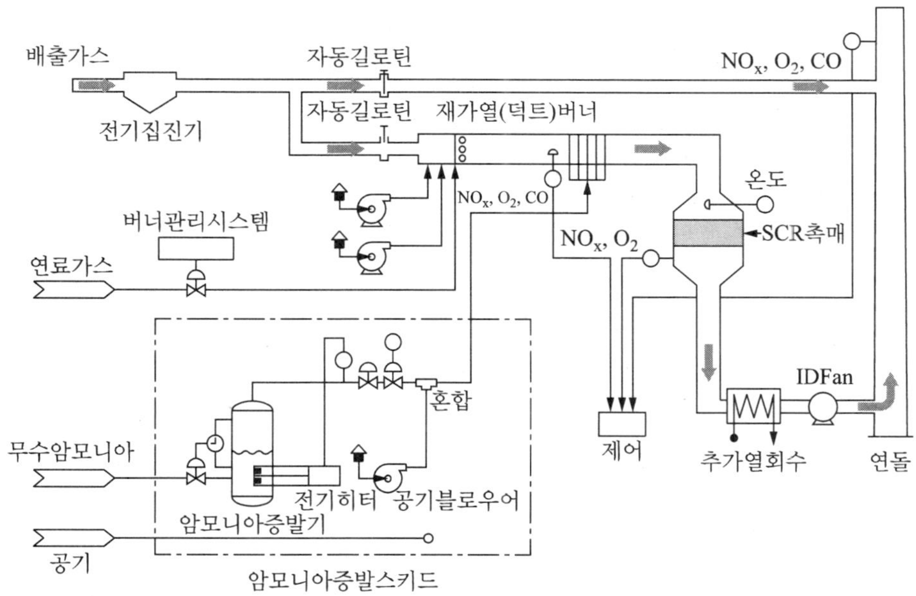

그림 9-8 무수 암모니아 공정 상세 흐름도

그림 9-9는 SCR 촉매의 적용 온도범위를 나타내는데 그림에서 보는 바와 같이 바나듐-티타니아 촉매는 3가지 온도 범위에 모두 적용되고 있다. 이것의 펠릿형은 저온 영역에, 플레이트형/골판지형은 중온 영역에, 그리고 모놀리식형(벌집형)은 고온 영역에 각각 사용되고 있다.

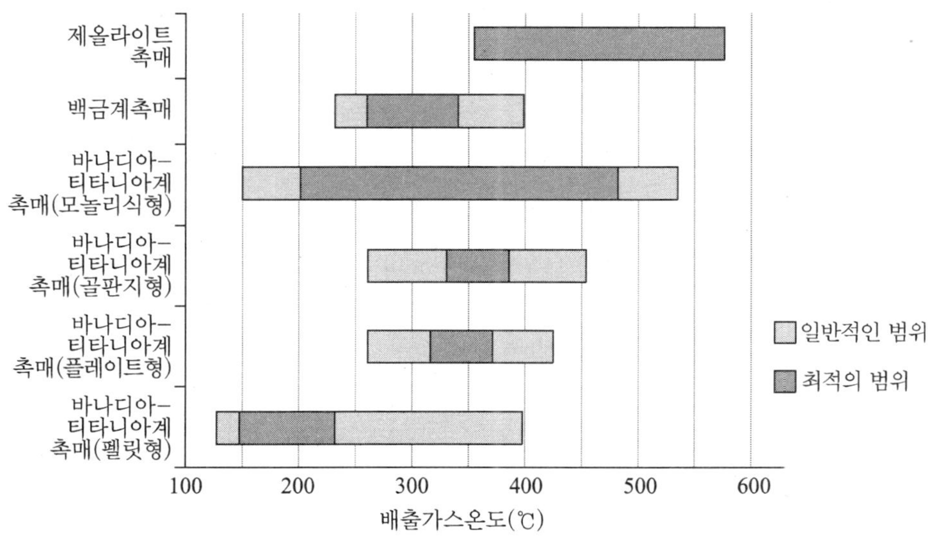

그림 9-9 SCR 촉매의 적용온도 범위

(1) 저온촉매 (Low Temperature Catalyst)

저온촉매의 특성으로는 NO_x 전환율이 최대 95% 이상이고 미반응 암모니아(암모니아 Slip)는 2 ppm까지 가능하다. 표 9-4는 저온촉매의 특성을 타나낸다.

표 9-4 저온촉매의 특성

항목	단위	전형적인 범위	가능한 범위
운전온도	℃	178～232	149～360
압력강하	inch H_2O	2～3	최저 1
NO_x 전환율	%	90	최대 95
암모니아 Slip	ppm	10	최저 2

표 9-5는 저온촉매의 연료가스 내 황함량에 대한 최소 허용 온도를 나타낸다. 예를 들면, 연료가스 내 황화수소(H_2S) 함량이 12 ppm인 경우는 배출가스 온도를 최소 204℃ 이상을 유지해야 한다. 그렇지 못할 경우에는 후속 공정에 파울링 및 부식(Corrosion)과 같은 심각한 문제를 야기할 수 있다.

표 9-5 저온촉매의 연료가스 내 황함량 영향

H_2S (ppm)	최소 허용 배출가스 온도(℃)	H_2S (ppm)	최소 허용 배출가스 온도(℃)
0	163	12	204
6	177	130	232

그림 9-10은 여러 가지 온도에 따라 SO_3/NH_3농도에 대한 암모늄염, 즉 암모늄설페이트 [$(NH_4)_2SO_4$] / 암모늄바이설파이트 (NH_4HSO_4)가 형성될 수 있음을 보여주고 있다.

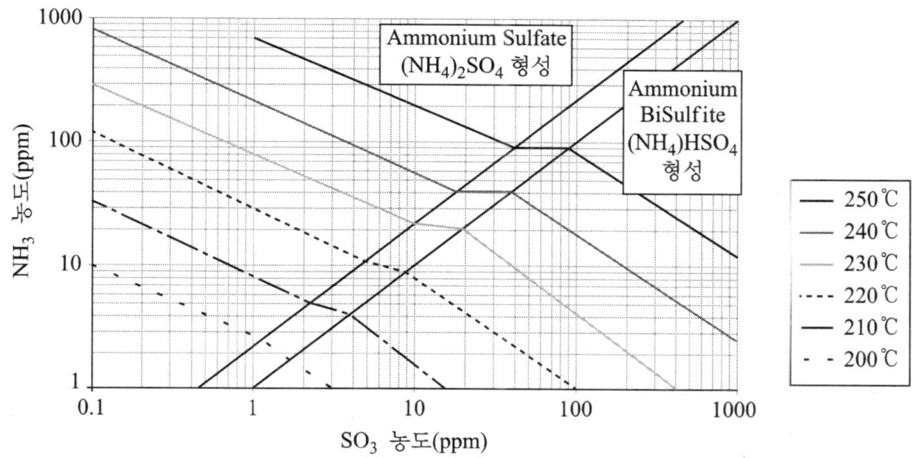

그림 9-10 SO_3/NH_3농도에 따른 암모늄염 형성

(2) 중간온도 촉매 (Medium Temperature Catalyst)

중간온도 촉매는 바나듐-티타니아계 촉매로서, 세라믹 벌집형(Ceramic Honeycomb) 혹은 금속물질(Metallic Substance) 상에 산화텅스텐(WO_3) 5~10 wt%, 산화바나듐(V_2O_5) 0~4 wt%, 산화티타늄(TiO_2) 80~90%가 코팅이 되어 있다. 표 9-6은 중간온도 촉매의 특성을 나타내고 있다.

표 9-6 중간온도 촉매의 특성

항목	단위	전형적인 범위	가능한 범위
운전온도	℃	288~399	246~427
압력강하	inch H_2O	2~3	–
NO_x 전환율	%	90	92 이상
암모니아 Slip	ppm	10	최저 2

(3) 고온촉매 (High Temperature Catalyst)

고온촉매는 제올라이트 촉매로서 활성금속(Active Metal) 성분을 가지고 있지 않으며 649℃ 이상에서는 촉매가 손상을 입게 된다. 표 9-7은 고온촉매의 특성을 보여주고 있다.

표 9-7 고온촉매의 특성

항목	단위	전형적인 범위	가능한 범위
운전온도	℃	454~510	427~679
압력강하	inch H_2O	3~4	–
NO_x 전환율	%	90	–
암모니아 Slip	ppm	10	–

(4) 저온/중간온도/고온촉매의 선택적 촉매 환원(SCR) 시스템 공정

아래 그림은 모두 가열로 공정의 선택적 촉매 환원 시스템을 나타내고 있다. 각 공정 시스템의 SCR 전단 배출가스 온도는 모두 다르다. 즉, 그림 (a)의 배출가스온도가 가장 낮고 그림 (b)는 중간 온도 그리고 그림 (c)는 배출가스 온도가 가장 높게 디자인 되어 있다.

따라서 위에서 설명한 바와 같이 그림 (a)는 저온촉매 SCR을 그리고 그림 (b)와 (c)는 각각 중간온도촉매 SCR과 고온촉매 SCR을 적용하는 것이 바람직하다.

(a) 저온 149~360℃ (황에 의존)　(b) 재래식 288~399℃　(c) 고온 427~566℃

그림 9-11 저온/중온/고온 촉매 SCR 공정도

(5) NO_x 제거기술 선택을 위한 비교

표 9-8은 NO_x 제거기술 별로 일반적인 저감율을 비교한 것이다. 표에 따르면 SCR 기술이 가장 높은 저감율을 나타내고 다음은 초 저 NO_x 버너 그리고 SNCR 순으로 나타난다.

표 9-7 NO_x 제거기술 비교

NO_x 제거기술	전형적인 저감율비 (%)	최저 가능 배출량 (ppm)
저 NO_x 버너 사용	25~30	30~80
초 저 NO_x 버너 사용	40~60	15~30
선택적 비촉매 환원 (SNCR)	25~50	35~60
선택적 촉매 환원 (SCR)	70~90	10~20

9.9 SCR 촉매 최적 관리 (사례)

표 9-9는 연료별 촉매 비활성화 형태와 비활성화 물질을 나타낸다.

표 9-9 사용연료별 SCR촉매 비활성화

연료	비활성화 형태	비활성화 물질
석탄	파울링	마이크론 애쉬 입자
바이오매스	촉매독	수용성 알칼리 (K) 성분
오일	촉매독	수용성 알칼리 (K, Na) 성분
가스	소결 (> 500℃)	구조변화 (아나타제 to 루틸)
폐기물 소각	촉매독	납 화합물

(1) 연료와 촉매독

바이오중유 사용은 SO_x와 NO_x 함량을 감소시킨다. 그러나 배출가스 중에 알칼리금속 (K, Na 등) 농도 증가와 촉매독을 증가시키는 미세분진 발생량을 증가시킬 수 있다. 알칼리 금속의 증가 근원은 바이오디젤 생산 과정 (촉매, 첨가제)에서 비롯된다. 표 9-10은 연료와 촉매독 및 대기오염물질에 대한 테스트 결과를 나타낸다.

표 9-10 연료와 촉매독 및 대기오염물질

촉매독/대기오염물질	총배출농도 (mg/Nm^3)			
	중질유		바이오중질유 (U화력발전소)	
	P화력발전소	U화력발전소	20% 중질유혼합	100% 바이오중질유
CaO	3.5	3.4	4.2	2.7
K_2O	0.7	1.1	4.0	4.0
MgO	5.4	0.5	11.0	3.8
Na_2O	3.2	1.6	8.3	26.3
P_2O_5	–	–	0.4	0.3
SO_2	1131.3	1014.0	170.7	56.9
NO_x	208	334	254.9	166.9
분진	375.7	352.4	62.2	49.0

(2) 환원제 암모니아 분배 개선

표 9-11은 환원제인 암모니아 분배 개선을 통해 5% 정도의 탈질 효율 개선 효과를 나타낸다.

표 9-11 암모니아 분배 개선 효과

구 분	P화력발전소		U화력발전소	
	개선 전	개선 후	개선 전	개선 후
CV (%)	221	116	241	144
입구 NO_x (ppm)	184.4		212.8	
출구 NO_x (ppm)	46.3	36.7	48.7	40.6
NO_x 제거율 (%)	75	80	77	81
암모니아 Slip (ppm)	1.07	0.89	1.52	1.22

주) CV (Coefficient of Variation): 변동계수

(3) 촉매 피독 영향 평가

테스트용 담지 촉매를 제조(제조과정: 용액조제 → 담지 → 건조 → 소결 → 촉매 시편)하여 시험한 결과는 표 9-12와 그림 9-12와 같다. 즉, 촉매독(피독) 영향이 큰 순서는 K > Mg > Na > Ca > P로 나타났다. 촉매 교체시기의 추정은 촉매 초기 활성의 60%가 되는 시간을 교체시간으로 가정하여 배출가스 중에 포함된 촉매 독성물질의 농도와 누적 율로부터 누적 필요 시간을 산정한다. 계산식은 다음과 같다.

$$t = \frac{M_{침적}}{F \times C \times f \times V}$$

여기서, t: 초기활성의 60% 수준까지의 시간(hr)

$M_{침적}$: t시간 동안 흡착된 독성물질의 원자량 비(독성물질 질량/독성물질 원자량)

F: 배출가스 유량(Sm^3/hr)

C: 배출가스 중 독성물질 농도(mg/Sm^3)

f: 배출가스 중 독성물질의 촉매 표면 부착율, 0.05

V: 촉매에 포함된 바나듐의 원자량 비(촉매 중 바나듐 함량/바나듐 원자량)

표 9-12 초기활성의 60% 수준을 나타내는 M/V 원자비

K	Na	Mg	Ca	P
0.4	0.9	0.8	1.5	4.2

촉매독	K	Na	Ca	Mg
K	0.40	0.35~0.40	0.18~0.30	0.25~0.37
Na	–	0.90	1.70~0.30	0.25~0.40
Ca	–	–	1.87	0.30~0.55
Mg	–	–	–	0.75

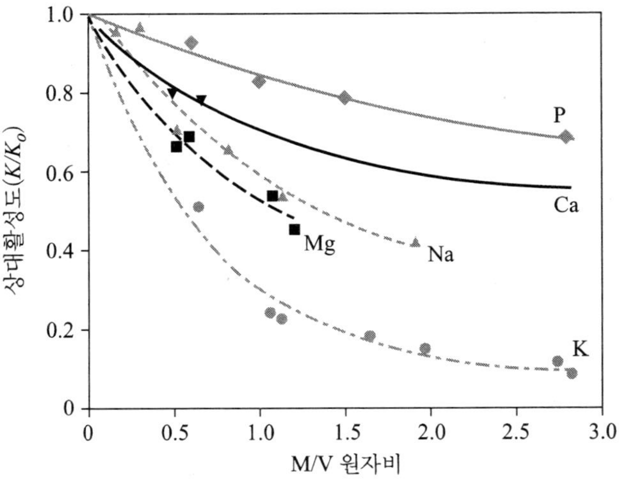

그림 9-12 M/V 원자비와 촉매활성도

(4) 촉매선택 및 설치위치 결정

표 9-13에서 보듯이 온도는 각 연소 시설의 배출가스 온도가 중요하고 배출온도에 따라 촉매가 결정된다.

표 9-13 일반적인 연소시설의 적용 촉매 및 온도

배출가스온도		200~210℃	280~300℃	300~500℃
연소 시설	석탄화력발전소			
	가열로/소각로			
	일반보일러			
	경유보일러			
	디젤엔진			
적용촉매		산화티탄 / 산화바나듐	제올라이트	제올라이트

배출가스 중에 분진 함량이 낮을 경우는 일반적으로 SCR 공정을 전기집진기 후단 및 공기예열기 전단에 설치하고 분진이 많을 경우는 퍼니스 후단 및 공기예열기 전단에 각각 설치한다. 참고로 후자는 배출가스온도가 전자보다 높아 고온에 적용하는 촉매를 선택함이 바람직할 것이다.

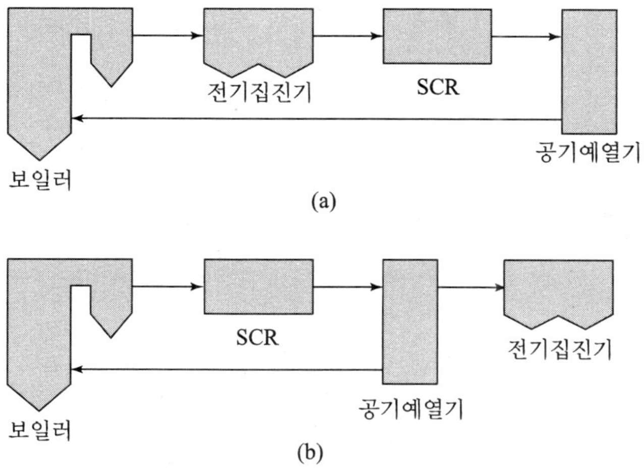

그림 9-13 SCR 공정 시스템 설치 위치: (a) 저분진 경우 (b) 고분진 경우

10 선택적 촉매 환원법(SCR) 공정 운전 및 문제점

선택적 촉매 환원법은 적당한 촉매를 사용하여 배출가스에 환원제를 첨가해서 NO_x를 환원하는 방법으로 NO_x 뿐만 아니라 자유산소까지도 환원제로써 소비하는 특성을 가지고 있으며 NO_x만이 최종적으로 질소가스로 환원된다. 적합한 촉매와 더불어 환원제 가스로 암모니아(NH_3), 요소[$(NH_2)_2CO$], 수소(H_2), 일산화탄소(CO) 심지어 황화수소(H_2S)도 사용하지만 현재 가장 보편적으로 암모니아를 많이 이용한다. 암모니아를 배출가스 속에 주입하며, 그 혼합가스를 촉매(Catalyst)로 접촉시켜 NO_x를 N_2와 H_2O로 분해하게 된다. 배출되는 질소산화물의 대부분은 NO의 형태로 존재하며 200~400℃ 범위에서 촉매를 통과하면서 환원제와 반응하게 된다. 이 온도 범위에서는 환원제가 O_2 등과는 거의 반응하지 않고 NO와 선택적으로 반응하기 때문에 선택적 촉매 환원법이라고 한다. 대표적인 반응식을 표시하면 다음과 같다.

$$4NO + 4NH_3 + O_2 \rightarrow 4N_2 + 6H_2O$$
$$NO + NO_2 + 2NH_3 \rightarrow 2N_2 + 3H_2O$$
$$2NO_2 + 4NH_3 + O_2 \rightarrow 3N_2 + 6H_2O$$
$$6NO_2 + 8NH_3 \rightarrow 7N_2 + 12H_2O$$

SCR 시스템은 암모니아 혹은 요소주입 설비, 촉매탈질 설비, 탈다이옥신(Dedioxin) 설비, 가스열교환기 등으로 구성되어 있다. 그림 10-1은 전형적인 SCR의 공정 흐름도를 나타낸다.

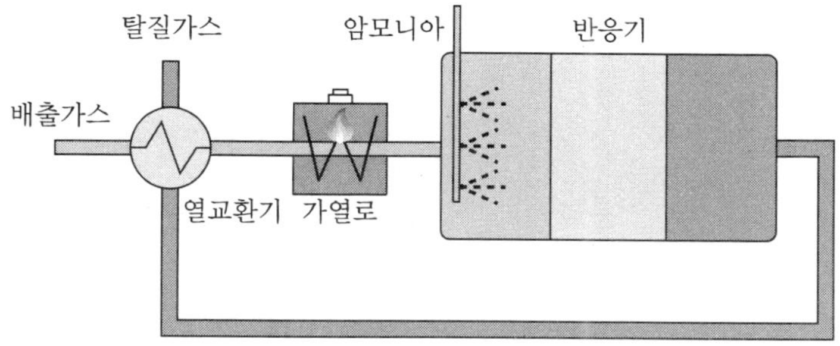

그림 10-1 SCR 공정 흐름도

SCR에 주로 사용되는 촉매는 화학적 조성과 기하학적 모양에 따라 매우 다양하지만 현재 사용되고 있는 것은 산화티타늄계, 제올라이트(Zeolite)계, 산화철계, 활성탄계이다. 사용촉매의 종류와 적용 가능한 온도 범위를 살펴보면 산화티타늄 계통은 270~400℃, 제올라이트 계통은 300~430℃, 산화철 계통은 380~430℃, 활성탄 계통은 100~500℃이다.

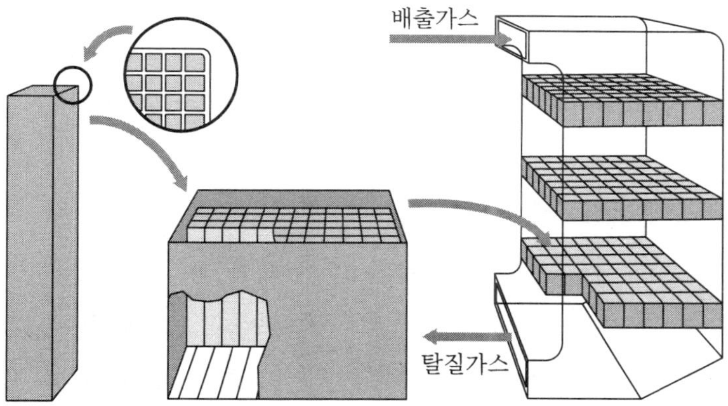

그림 10-2 충진된 촉매 반응기 모형도

촉매의 활성도는 질소산화물 제거 효율에 매우 중요한 요소이다. 활성도가 증가하면 촉매의 선택성이 감소하게 되는데 이는 아황산가스(SO_2)의 산화반응이 촉진됨을 의미한다. 아울러 NO_x의 환원제로 사용되는 암모니아의 경우 과도하게 주입하거나 미반응시 누출에 따른 문제가 발생할 수 있으므로 암모니아 배출 허용기준치 초과에 주의해서 운전해야 한다.

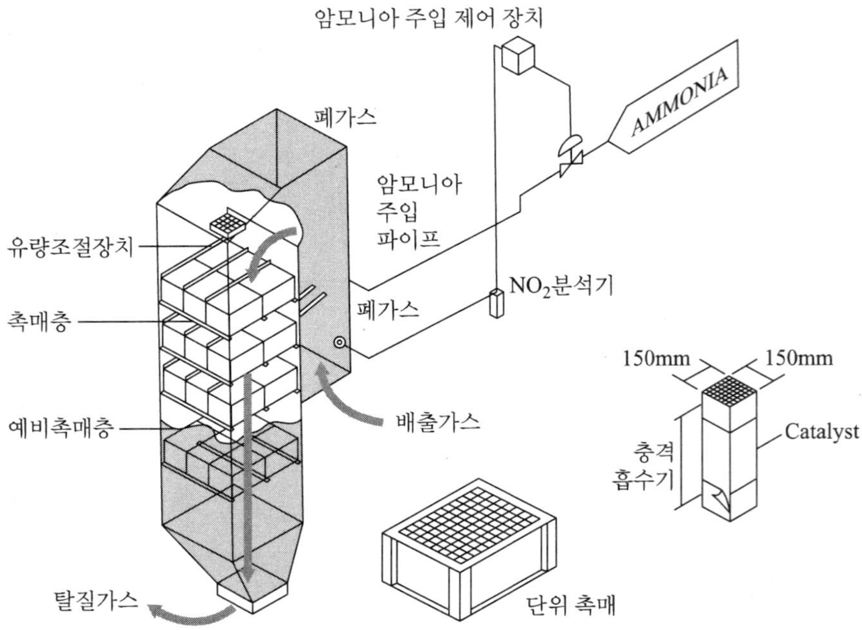

그림 10-3 SCR 시스템 흐름도

SCR 시스템의 적용 및 운전 중 일어나기 쉬운 문제점과 대책을 간략히 정리하면 다음과 같다.

(1) 저온가스의 유입문제

SCR 시스템 내로 유입되는 배출가스의 온도가 적정치에 미달하는 경우, 즉 적정온도 이하에서는 요소 [$CO(NH_2)_2$] 용액이 열분해 덕트 (Pyrolysis Duct)에 분사되더라도 암모니아 (NH_3)로 분해가 잘 되지 않을 뿐만 아니라 NO_x의 환원 반응에 의한 효율 또한 매우 저조하기 때문에 SCR 본체의 입출구에 설치되어 있는 열전대 (Thermocouple)에서 온도를 감지하여 적정치 이하일 경우에는 제어장치에서 펌프를 자동으로 멈추게 한다. 그리고 SCR의 적정온도는 232~449℃이고 최적온도는 357~449℃이다. 또한 다이옥신 (Dioxin)의 재합성 온도가 250~450℃이기 때문에 저온 촉매의 필요성이 대두된다.

(2) 촉매의 오염에 의한 ΔP 상승

촉매층이 분진 (Dust)에 의하여 심하게 오염되었을 경우에는 반응기 (Reactor) 입출구의 정상적인 압력손실(ΔP)은 40~90 mmH_2O 정도이며, 이를 초과하여 최대 200 mmH_2O 정도에 다다르면 펌프는 자동적으로 멈추게 된다. 센서는 반응기의 입출구에 설치하여 차압을 측정할 수 있으며, 정압을 측정하여 제어기에서 차압을 계산하거나 압력손실을 직접 측정할 수 있다.

(3) 촉매의 플라깅 현상

배출가스 중에 황산화물인 SO_x (특히 벙커씨 오일의 연소)가 존재할 경우 암모늄설페이트 [$(NH_4)_2SO_4$] 혹은 암모늄바이설파이트 [$(NH_4)HSO_4$]에 의한 촉매의 플라깅(Plugging) 현상이 발생한다. 요소(Urea)에서 전환된 암모니아는 NO_x와 반응하지 않고 오히려 SO_x와 반응하여 암모늄염 [$(NH_4)_2SO_4$, $(NH_4)HSO_4$] 같은 부생성물을 만들어 내며 이들은 SCR에 심각한 영향을 미친다. 이들 생성물은 산화바나듐(V_2O_5) 촉매 하에서 생성이 촉진되며 공교롭게도 V_2O_5는 질소산화물을 N_2로 환원시키는데 필요한 촉매로써 작용한다. 그러므로 만약 SO_x가 배출가스 중에 존재한다면 V_2O_5의 함유율을 산정하는데 세심한 주의가 필요하다. 이 생성물들은 미세한 분말상태의 백색입자로 존재하며 촉매층을 통과하면서 그 일부가 촉매표면에 부착하고 시간의 경과에 따라 그 정도가 더 심해지고 결국 막힘현상(Plugging)으로 압력손실이 증가하며, 이로 인해 SCR 시스템은 정지하게 된다. 이 경우에는 시스템의 부대설비인 가열장치를 가동시켜 SCR 내부온도를 400℃ 이상으로 2~3시간 정도 유지시킴으로써 문제를 해결할 수 있다. 이와 같이 SCR 시스템에서 SO_x는 촉매독으로 작용하여 플라깅 현상을 초래하고 환원제를 불필요하게 허비하므로 가능한 저유황 연료를 사용하는 것이 바람직하다.

(4) 노즐에서의 문제점

SCR 시스템에서 가장 큰 비중을 차지하는 것이 바로 노즐(Nozzle)로서 분무입경을 최소화하는 것이 중요하다. 요소 주입량에 따라 압축공기의 압력 및 공급량 등을 조절하고 노즐의 헤드 부분을 개량하거나 각도 조절 및 수량을 증가시켜 노즐당 부하량을 줄이는 것이 필요하다.

그림 10-4 설치된 SCR 시스템

10.1 중질유 분해공정 가열로 SCR 시스템(사례)

그림 10-5는 중질유분해공정인 감압잔사 수소분해공정(Vacuum Residue Hydrocracker)의 상압증류탑피드 예열가열로와 감압증류탑피드 예열가열로 장치에 설치된 선택적 촉매 환원(SCR) 시스템을 나타내고 있다. 사용 연료는 100% 오일 사용, SCR 입구/출구 배출가스 온도는 각각 340℃/330℃, 그리고 NO_x/암모니아 Slip은 각각 49 ppm/4 ppm으로 디자인 되었다. 그림 10-5에서 감압잔사 수소분해공정의 SCR 공정 흐름도를 보면 2개의 피드 예열가열로의 배출가스(Flue Gas)가 합해져서 SCR 반응기로 들어간다. 배출가스(Flue Gas)는 반응기(SCR)에서 NO_x가 제거된 후 공기예열기(Air Preheater), 전기집진기(EP, Electric Precipitator), 연돌(Stack)을 거쳐 대기로 배출된다.

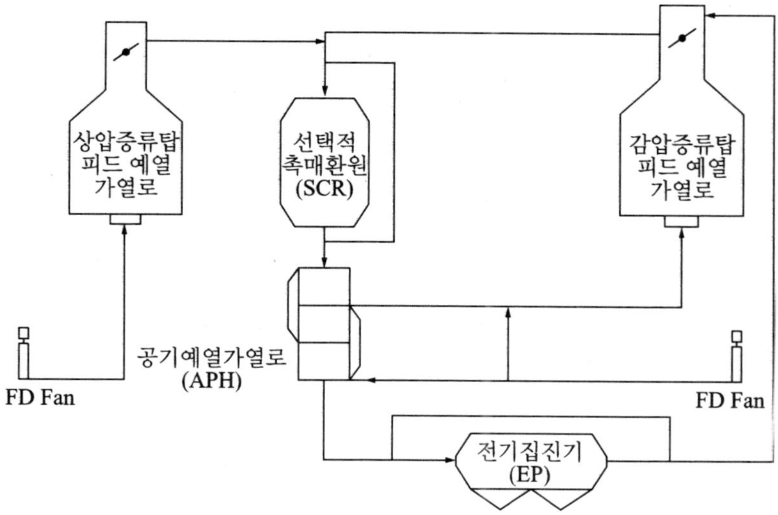

그림 10-5 중질유 분해공정 SCR 시스템

사용촉매는 그림 10-6과 같이 모놀리식 벌집(Monolithic Honeycomb) 형태이고, 주요 촉매 성분은 산화티타늄(TiO_2)/산화텅스텐(WO_3) / 산화바나듐(V_2O_5)이며, 수명은 보통 24,000시간(3년)이다. 그리고 촉매독은 알칼리금속(Alkali Metals), 알칼리토금속(Alkaline Earth Metals), 염소(Chlorides), 오산화인(P_2O_5), 비소(AS) 등이다.

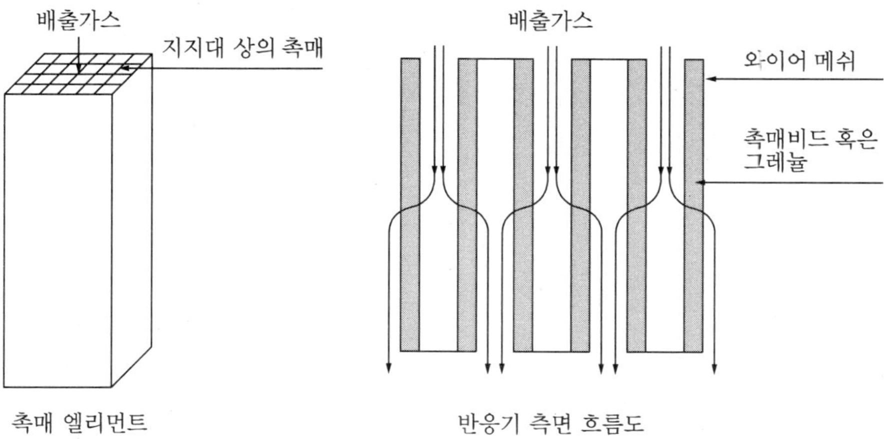

그림 10-6 모놀리식 벌집형 촉매 엘리먼트 및 측면 흐름도

그림 10-7은 중질유 분해공정에서 SCR 시스템만을 상세히 나타내고 있다. 그림을 보면 우레아 저장 탱크에서 우레아가 공기압으로 인젝터(Injector)를 통해 SCR 반응기 내부로 분사된다. 그리고 반응기 내부로 공기가 별도로 분사되어 주기적으로 반응기 촉매상에 쌓인 분진을 제거하여 청소하도록 디자인되어 있다.

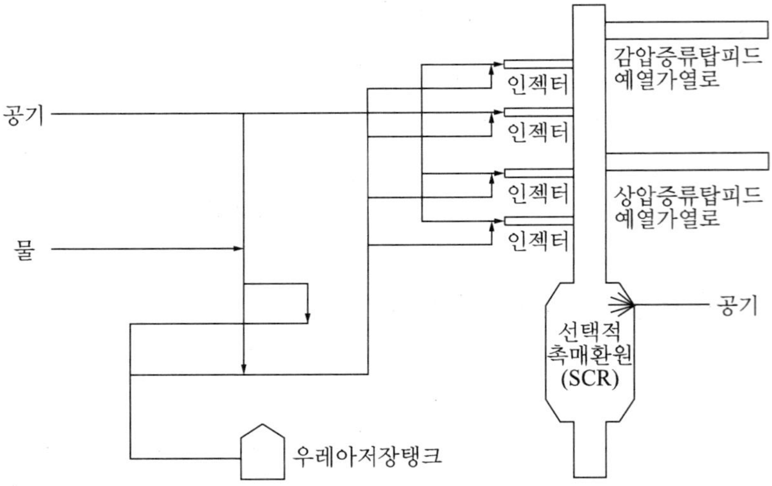

그림 10-7 중질유 분해공정 SCR 공정 상세 흐름도

그림 10-8은 사용촉매의 규격을 나타내고 있다. SCR 촉매의 반응온도는 340℃이고, 산화티타늄(TiO$_2$, Support), 산화바나듐(V$_2$O$_5$, Active Metal), 산화텅스텐(WO$_3$, Tungsten Trioxide)의 벌집(Honeycomb) 형태로 치수(D × D)는 150 mm × 150 mm이다. 그리고 SCR 시스템은 최초 100% 오일(벙커씨, 0.3% 황) 사용 규격으로 디자인 되었다.

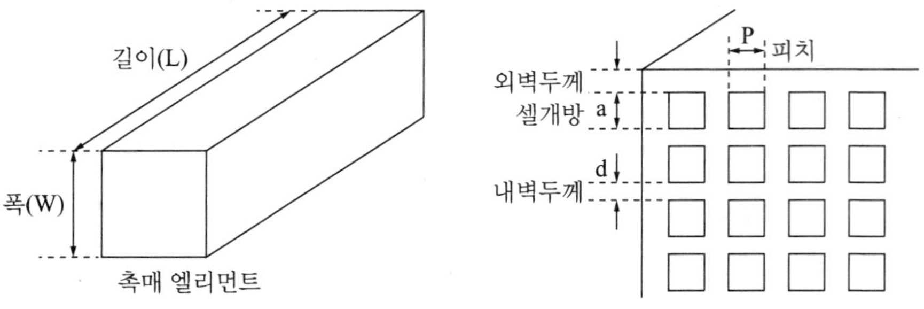

그림 10-8 SCR 촉매 엘리먼트 치수

다음은 DCS상의 특정 시각에서 SCR 시스템의 운전현황을 나타내고 있다. 즉, 2011년 8월 23일 오후 4시 16분에 연료오일 65% 사용, 과잉산소 5.8%, NO_x 26.9 ppm, SO_x 9.3 ppm, Dust 3.1 mg/m^{3}이다. 주어진 조건에서 대기배출 오염 물질이 규제치 안에 들어가므로 SCR 성능은 양호한 상태임을 알 수 있다.

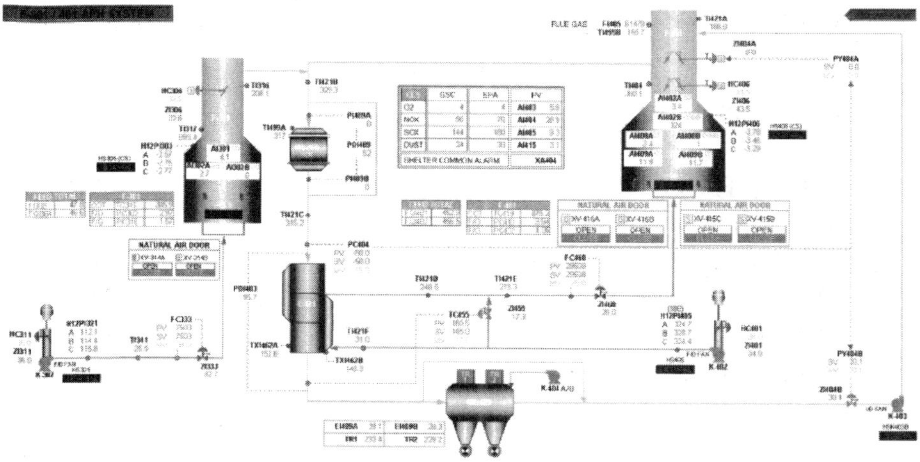

CLS	GSC	EPA	PV	
O2	4	4	AI403	5.8
NOX	56	70	AI404	26.9
SOX	144	180	AI405	9.3
DUST	24	30	AI415	3.1

F-301		
COT	TC315	345.9
F/O	PC302	2.97
F/G	PC316	1.57

F-401		
COT	TC419	375.2
F/O	PC410	3.94
F/G	PC422	1.35

그림 10-9 실제 SCR 공정운전 화면 (2011년 8월 23일 4:16 pm)

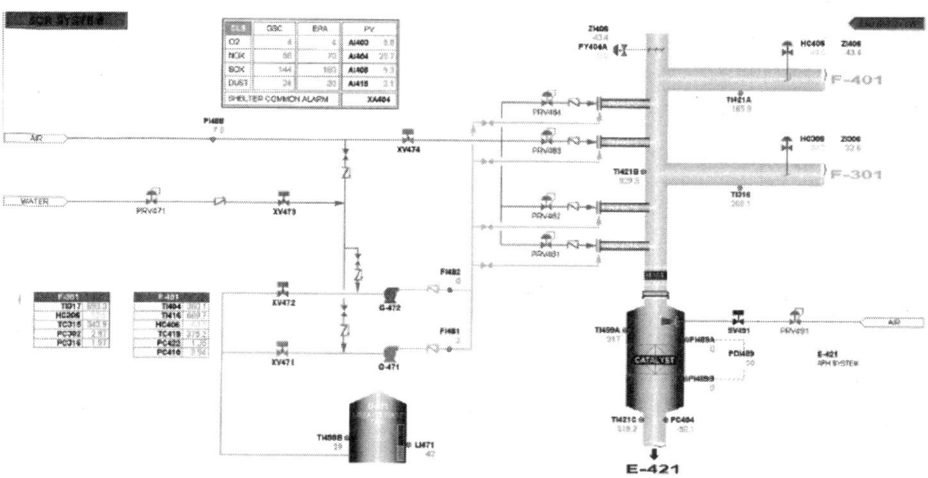

그림 10-10 실제 SCR시스템 운전 화면 (2011년 8월 23일 4:16 pm)

표 10-1은 SCR 시스템에 대한 운전, 정비, 촉매설계에 대한 상세 내용을 정리하여 요약한 것이다.

표 10-1 중질유 분해공정 SCR 시스템 정리 및 요약

	항목	감압잔사수소분해 공정의 SCR 시스템
1	연료형태 (오일 혹은 가스 %)	오일 100% (@디자인)
2	오일종류 (No.6, 벙커씨, 중질오일, 디젤 등)	벙커씨
3	연료오일 규격 API 저발열량 (kcal/kg) 황함량 (wt%) 나트륨 (ppm) 바나듐 (wt%) 니켈 (ppm) 미량금속 (ppm)	 19 10,397 0.27 77 25 28 납, 칼슘 등
4	연료가스 규격 저발열량 (kcal/kg) 분자량 황화수소 (ppm)	 11,164～11,925 20.42～38.60 0.04
5	전체발열량 (mmkcal/hr)	44.24
6	배출가스조성 (@SCR입구) CO_2 (vol%) H_2O (vol%) N_2 (vol%) O_2 (vol%) NO_x (ppm@3% O_2 dry)	 11.9 13.3 72.3 2.5 190
7	배출가스조성 (@SCR출구) CO_2 (vol%) H_2O (vol%) N_2 (vol%) O_2 (vol%) NO_x (ppm@3% O_2 dry) 암모니아 Slip (ppm@3% O_2 dry)	 49 4
8	배출가스온도 (@SCR입구, ℃)	340
9	배출가스온도 (@SCR출구, ℃)	330

	항목	감압잔사수소분해 공정의 SCR 시스템
10	환원제주입 시스템 형태 수분함유 (wt%) 무수물 우레아	40%우레아 수용액 아토마이징 공기
11	어떤 특별한 촉매디자인 특징은 가스연소에 걸쳐 오일연소를 수용하도록 되어 있는가?	수트블로우어 적용: 촉매반응기 및 촉매가 가연성 가스(탄화수소를 포함하는 혼합물) 혹은 미연소 연료(벙커씨)에 노출되지 않도록 함 그것은 재연소에 의해 촉매의 기계적 안정성을 파괴할 뿐 아니라 촉매성능의 손상을 심하게 야기할 수 있기 때문
12	촉매형태 모놀리식벌집형 골판지형 플레이트형	모놀리식벌집형 조성: 바나듐−티타니아 계통 ($TiO_2+WO_3+V_2O_5$)
13	촉매피치	4.9 mm
14	촉매엘리먼트/판두께 (mm)	촉매엘리먼트 a. 치수: 150 mm (D) × 150 mm (D) × 800 mm (L) b. 셀수: 30 ×30 c. 내벽두께 (t_i): 0.55 mm d. 외벽두께 (t_o): 1.2 mm e. 셀개방 (d): 4.39 mm f. 촉매엘리먼트수: 7 × 13 g. 모듈수: 2 × 2 h. 층수: 1
15	각반응기 촉매배드수	1
16	오일연소를 할 수 있도록 수트블로우어 설치와 같이 어떤 SCR 클리닝장치가 포함되어 있는가?	수트블로우어
17	수트블로우어가 사용된다면 어떤 형태의 수트블로우어인가? 로터리형 (Rotary) 리트랙터블형 (Retractable) 레이크형 (Rake) 초음파형 (Sonic)	음향기 (Acoustic sonic horn)
18	수트블로우어수	1

	항목	감압잔사수소분해 공정의 SCR 시스템
19	촉매배드상에 암모늄바이설파이트(ABS)와 암모늄설페이트(AS) 축적으로 어떤 문제를 경험한 적이 있는가?	없음
20	열교환기와 유도통풍식팬과 같은 다운스트림 장치에 암모늄바이설파이트(ABS)와 암모늄설페이트(AS)에 의해 어떤 문제를 경험한 적이 있는가?	없음
21	비활성화된 촉매를 활성화된 촉매와 함께 사용하는 것과 같이 어떤 구체적인 촉매관리계획을 실행하고 있는가?	a. 수트블로우잉 실시 공정 셧다운 있기 전, 저부하 운전 후, 현저한 압력손실 증가 후, 공정가열로의 수트블로우잉 사이클 종료 후 b. 매 12개월 주기로 배출가스 속 암모니아(NH_3) 측정 실시 c. 수트블로우어는 촉매표면에 침적된 회(Ash)를 제거하는 것보다는 오히려 회(Ash) 축적을 예방하는데 사용
22	촉매테스트 쿠폰처럼 오일연소 공정의 SCR에 대해 어떤 특정의 촉매성능관리를 위한 모니터링이 행해지고 있는가?	a. 운전온도를 380℃ 이상으로 하지 않음 b. 정상운전의 경우 최소 연속운전 온도가 303℃ 이하에서는 암모니아(NH_3)를 주입하지 않음 c. 촉매가 젖지(습하지) 않도록 함
23	배출가스 속 촉매독 관리	a. 알칼리금속: 최대 5 mg/Nm^3 b. 알칼리토금속: 최대 5 mg/Nm^3 c. 염산, 염화물: 최대 100 mg/Nm^3 d. 불산/플루오르화물: 최대 1 mg/Nm^3 e. 오산화인/비소/규소유기물/규소할로겐화물: 최대 0.005 mg/Nm^3 f. 납+아연: 최대 0.1 mg/Nm^3 g. Hg+Cd: 최대 0.1 mg/Nm^3

11 선택적 비촉매 환원법(SNCR) 공정 이론 및 실제

일반적으로 선택적 비촉매 환원법(SNCR)은 SCR에 비해 탈질효율은 떨어지나 초기 투자비 및 운영비가 상대적으로 낮아서 최근 국내 대다수의 소각장, 산업용보일러, 시멘트제조 공정에서 널리 적용되고 있다. SNCR 기술이 초기에 보급되기는 1975년 미국 Exxon이 암모니아(NH_3)를 이용한 탈질기술을 개발하여 특허를 취득하였으나 1990년 특허가 만료되었고 1980년 미국의 전력연구소(EPRI)에서 요소(우레아)를 이용한 특허를 취득하였으나 이 또한 특허가 만료되어 범용기술로 사용되고 있다. 탈질기술을 적용하여 일어나는 반응을 식으로 나타내면 아래와 같다.

$$CO(NH_2)_2 + 2NO + 1/2O_2 \rightarrow 2N_2 + CO_2 + 2H_2O$$

상기 반응은 조건이 활성화 되어야만 일어나는데 온도가 가장 중요한 변수로 차지한다. 실험실에서 질소산화물과 요소수의 반응을 이상적인 조건에서 실험한 결과인 다음 그림 11-1에서 알 수 있듯이 질소산화물의 제거효율은 800～1,000℃의 온도범위에서 70～90% 정도의 높은 효율을 나타내고 있으며 1,100℃ 이상의 고온에서는 오히려 질소산화물이 생성되는 것을 알 수 있다. 반응시간이 0.2～0.4초 정도의 비교적 짧은 시간에서도 온도 구간만 적절하고 혼합이 이상적으로 이루어진다면 70% 이상의 높은 반응 효율을 얻을 수 있음을 볼 수 있다.

현실적으로 소각로나 보일러 등 연소설비에서는 탈질기술을 적용하기에는 실험실과 같은 조건을 만족하기에는 많은 제약들이 있다. 그것들을 나열하면 급격한 온도강하, 접근의 불용이성, 불균일한 혼합, 액체 물방울의 증발시간 지연, 불균일한 운전조건, 개별 운전자의 다양성 등이다. SNCR 기술의 적용을 위해 대상 시설에 대한 정확한 진단과 예상되는 문제점의 대안 확보가 필요하다. 일반적으로 소각로나 산업보일러는 SNCR 기술 적용이 효과적이어서 범용적으로 적용되고 있다.

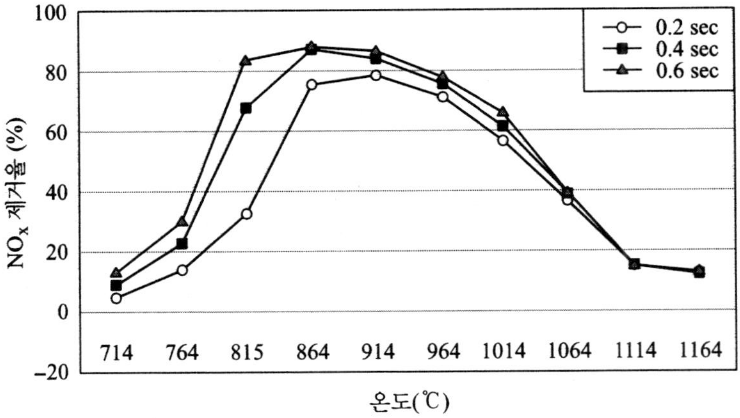

그림 11-1 반응 온도별 NO_x 생성 변화

그림 11-2는 최적의 요소수 주입 온도 지점을 나타내는데 1,000~1,050℃ 범위이다. 이 온도 범위는 적용 대상 시설의 구조, 운전조건, 요구되는 질소산화물 제거 효율 등 여러 조건에 따라 다를 수 있지만 연소실 내부의 온도강하, 액체 물방울의 증발시간, 분사된 약품의 분포경로 및 분산에 소요되는 시간 등을 고려하여 결정된다.

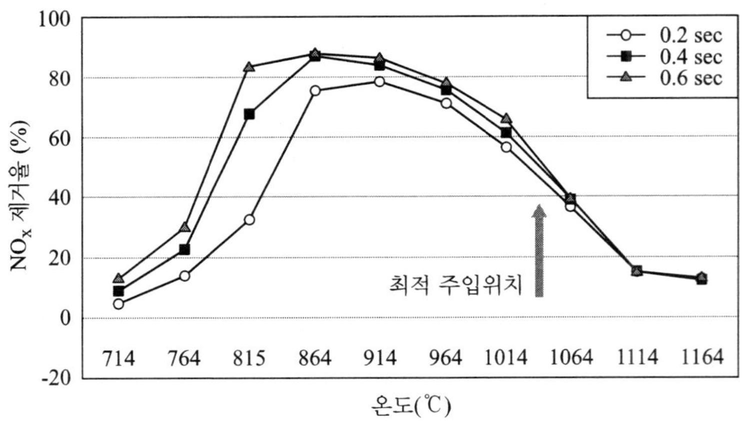

그림 11-2 최적의 요소주입 위치 포인트

SNCR 시스템은 Exxon 공정이 가장 대표적이고 최소의 투자와 공정의 단순성 때문에 많은 관심을 끌고 있으나 NO_x 제거율이 상대적으로 낮고 (25~50%), NH_3 (환원제)/NO (NO_x) 공급비가 높아서 (3 이상) 보일러 가스/가스 열교환기에 누적되어 ΔP 상승을 유발하는 황산암모늄 [NH_4HSO_4와 $(NH_4)_2SO_4$]을 형성하기 쉽다. 또한

반응온도에 따라 NO_x 제거율이 민감하여 운전이 어려운 단점이 있다.

촉매를 사용하지 않고 고온의 배출가스에 암모니아, 암모니아수, 요소수 등의 환원제를 직접 분사하여 NO_x를 N_2와 H_2O로 분해하는 방법이다. SCR 방법과 비교할 때 별도의 반응기나 고가의 촉매를 사용하지 않기 때문에 공정이 비교적 단순하고 기존설비에도 비교적 쉽게 적용이 가능하므로 투자비용이 적은 것이 특징이다. 그러나 반응온도가 약 900~1000℃ 정도로 높고, NO_x의 제거 효율이 25~50% 정도로 낮다는 단점이 있다. 주 반응식을 소개하면 다음과 같다.

$4NO + 4NH_3 + O_2 \rightarrow 4N_2 + 6H_2O$

SNCR에서 질소산화물 제거 효율에 미치는 대표적인 인자는 온도, 반응시간, 초기 NO_x의 농도, NO_x 농도에 대한 환원제의 투입비율(NH_3/NO), 산소농도 등이 있고 이외에도 설비의 형태나 규모 등 엔지니어링 측면에서의 고려도 매우 중요하다.

운전조건에서 온도는 760~1,090℃가 좋으나 930℃ 이상일 때가 이상적이다. 요소는 액체 상태이므로 암모니아 사용 시와 대비 더 많은 체류시간이 필요하다. 과잉의 요소(혹은 암모니아)를 분무 시에는 SO_3와 반응하여 황산암모늄(산성의 점도가 높은 물질로 부식과 파울링의 원인 물질)에 의한 백연발생의 가능성이 있다.

11.1 선택적 비촉매 환원(SNCR) 공정 시설

SNCR 기술이란 소각로, 보일러 등 폐기물이나 연료의 연소과정 중에 발생되는 질소산화물을 무해한 질소와 물로 환원시켜 제거하는 것으로서 반응의 촉진을 위해 촉매를 사용하는 SCR과 구별되는 기술이다. 일반적으로 SNCR은 SCR에 비해 탈질효율은 떨어지나 초기투자비 및 운전비가 상대적으로 낮아 최근 많은 소각장, 산업용 보일러, 시멘트 제조공정에 널리 적용되고 있다. 주요 설비 구성 및 기능은 다음과 같다.

(1) 요소수 저장 및 순환 장치(Storage & Circulation Module)

40% 요소수를 7일간 저장할 수 있는 용량의 탱크로서, 탱크 내에 전기히터를 부착하여 요소수 석출온도 이상을 유지한다. 즉, 40% 요소수 석출온도는 0℃이므로 전기히터로 운전온도 10℃를 유지한다.

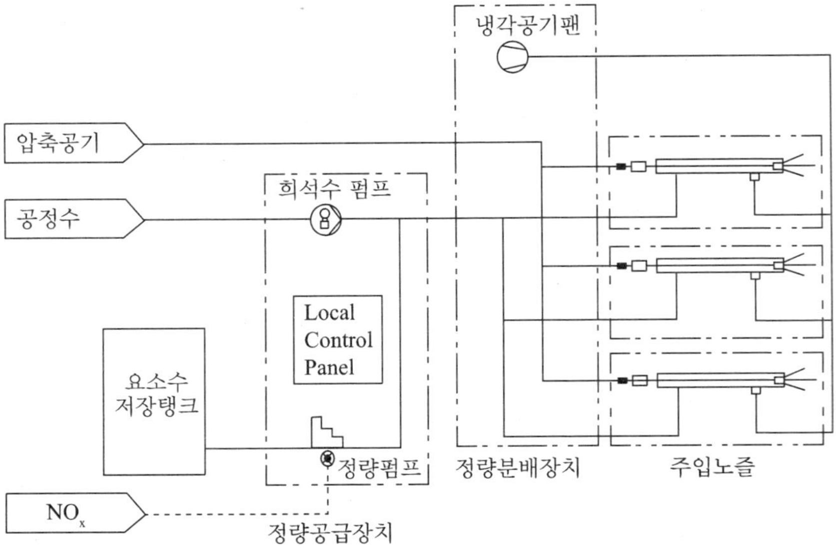

그림 11-3 SNCR 시스템 엔지니어링

그림 11-4 요소수 저장 탱크

그림 11-5 순환장치

(2) 요소수 정량 공급 장치 (Metering Module)

요소수 양을 조절하는 장치로 보일러 운전부하, 출구온도, 질소산화물 농도, 산소농도의 신호를 받아 요소수 정량 공급펌프 회전수를 조절한다. 이것은 정량 공급펌프와 희석수펌프로 구성된다. 요소수 양 변동은 연소로에서 노즐분사 조건이 불안정하여 균일분사 및 균일분포 조건을 확보할 수 없으므로 노즐 공급유체 압력조절을 위해 희석수펌프와 압력조절밸브가 반영된다. 그리고 요소수 정량공급 장치는 자동세척 기능이 반영되어 있다.

그림 11-6 계량장치/총괄제어 장치

(3) 요소수 정량 분배 장치 (Distribution Module)

요소수 분무노즐에 균일하게 분배되기 위한 필요한 장치이다. 이를 위해 요소수 및 압축공기의 미세유량 및 압력조절이 필요하다. 연소로 내의 유동조건에 따라 압력 및 유량의 조정이 필요할 때가 있다. 따라서 개별노즐에 공급되는 요소수 양 조절과 압력공기 압력조절을 위해 조절밸브 및 유량계, 압력계 등 현장계기가 설치되어 있다. 또한 냉각공기 송풍기가 설치되어 운전 중 분무노즐의 과열방지를 위해 냉각용 공기를 공급한다. 필요에 따라 몇 개씩 요소수 라인과 압축공기 라인을 조로 구성하여 1개가 이상이 있을 경우 나머지 다른 조로 분산 공급될 수 있도록 해야 한다.

그림 11-7 분배장치

(4) 요소수 분무 노즐 (Injector Assemblies)

이것은 정량 분배장치로부터 조정된 유량과 압력의 요소수 및 압축공기가 연소실 내부로 최종적으로 분사되는 장치이다. 정상 운전 시 연소로 내의 연소가스 유속에 따라 내부에 50~100 mm 정도 요소수 분무노즐이 삽입되어 요소수를 분무한다. 요소수 분무노즐의 삽입 및 후진을 위해 노즐 연결배관은 Flexible Hose 및 Tubing 자재로 구성되어 있으며 유지보수상으로도 용이한 구조로 되어 있다.

▌참고▐ 개략적인 SNCR 시스템 설치 투자비

10만 Nm^3/hr 연소배출가스 용량에 SNCR 시설을 할 경우 소요비용은 대략 4~5억 원으로 예상한다. 구성 장비로는 SNCR 반응기 (우레아 분해조), 요소탱크 1기, 펌프 4기 (요소 2기, 순환 2기), 컨트롤판넬, 노즐, 기타 배관 및 계기 그리고 케이블 등을 포함한다.

그림 11-8 인젝터 어셈블리

그림 11-9 컴퓨터 제어 및 디스플레이 장비

11.2 방향족공정 가열로의 SNCR 개조 검토 (사례)

NO_x 저감 ($DeNO_x$) 설비인 SNCR이 적용된 보일러에서 튜브 Leak가 발생하였다. 튜브 Leak 원인분석 결과 SNCR의 우레아 주입 불량으로 우레아 액체 물방울이 직접 튜브에 낙하 접촉하여 부식을 발생시킨 것으로 분석되었다. 방향족공정의 경우 공정 튜브 Leak시 위험성이 매우 큰 공정으로 면밀한 설계 검토를 통해 튜브 Leak 발생 가능성을 없애기 위해 SNCR 개조 검토를 실시하게 되었다.

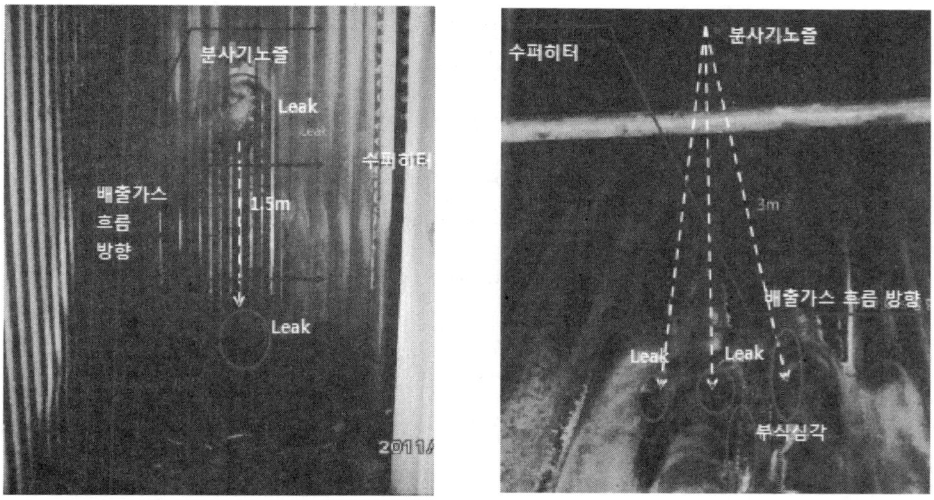

그림 11-10 스팀보일러 튜브 리크 현상: (a) 보일러 A (b) 보일러 B

액상 우레아 SNCR 부식 예방 방안으로는 다음과 같다.

(1) 우레아 주입 노즐과 튜브 끝부분의 거리를 기존 5 cm에서 30 cm로 증가시켜 액체 물방울이 튜브에 직접 접촉할 수 있는 가능성을 줄인다. 그러나 30 cm 이상 거리를 증가시킬 경우 분사 성능 저하 및 NO_x 제거효율 저하가 우려된다.

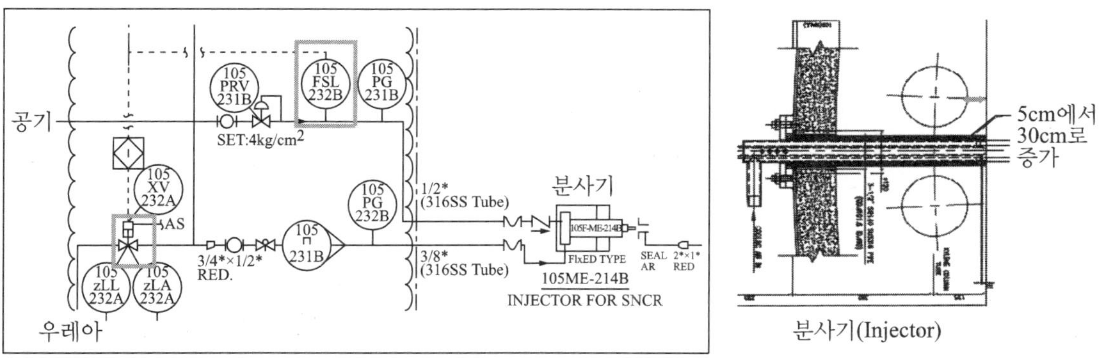

그림 11-11 분사기 공기공급 시스템

(2) 분사기에 10° 경사를 두어 액체 물방울이 분사기를 따라 가열로 벽면으로 흐르지 않도록 설계한다.

(3) 플랜트공기 (Plant Air)의 공급이 원활하지 않을 경우 우레아 물방울이 퍼니스

내부로 유입될 가능성이 높으므로 부식 예방을 위해 원활한 플랜트공기 공급이 이루어져야 한다.

(4) 개별 분사기에 플랜트공기 흐름 전송기 및 압력게이지를 설치하여 공기 흐름이 원활한지 모니터링이 가능하게 한다.

(5) 공기흐름 저하 시 해당 분사기 그룹 (분사기 2기)의 우레아 공급이 중단되도록 인터로크 로직 (Interlock Logic)을 구성한다.

(6) 운전 중 개별 분사기의 분사 상태를 육안으로 확인할 수 있도록 관찰구 (Peep Hole)를 설치한다.

(7) 플랜트공기 공급 개별 튜브에 전기열선 보온설비 (Electric Heat Tracing)를 설치하여 동절기 동파 방지를 예방한다.

(8) 가스 암모니아 SNCR 검토로 우레아를 가열로 외부에서 열원을 이용하여 암모니아 가스 상태로 가열로에 공급하는 방식이다. 열원으로 에어프리히터 전단 배출가스, 연료가스버너, 고압스팀 등을 사용할 수 있다. 가스상태로 암모니아를 주입하여 액상 우레아 방울에 의한 부식 발생 가능성이 없다. 그러나 아래와 같은 우레아 분해 챔버 및 캐리어 가스 블로우어 설치가 요구된다.

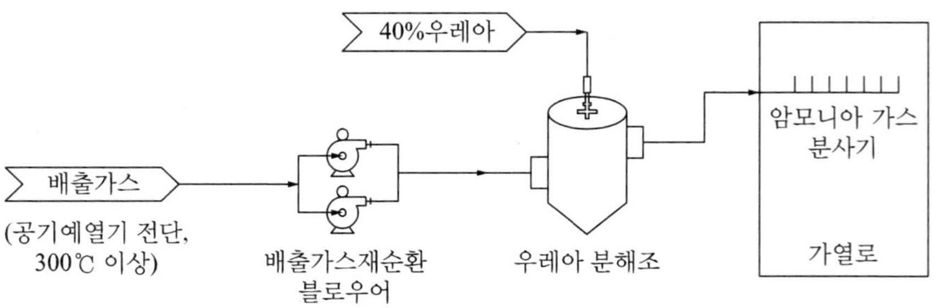

그림 11-12 배출가스를 인출하여 사용하는 암모니아가스 SNCR 개요도

표 11-1은 SNCR에서 환원제로 암모니아와 요소 (우레아)를 각각 사용했을 경우의 장단점을 비교하였다.

표 11-1 가스 암모니아 대비 액상 우레아 SNCR 비교

	암모니아 SNCR	요소(우레아) SNCR
장점	• 가열로 튜브 부식의 우려 없음	• 안정적인 NO_x제거효율 유지가능 • 투자비 감소 • 우레아는 유독성 물질이 아님 • 국내 50여개소 적용(공정가열로)
단점	• 암모니아 Slip에 의한 후단 막힘 발생 가능성이 있음 • 안정적인 NO_x제거 효율유지 어려움 • 투자비 증가 • 암모니아는 유독성 물질로 분류됨 • 국내 적용 사례 없음	• 암모니아 Slip에 의한 후단 막힘 발생 가능성이 있음 • 가열로 튜브 부식에 의한 Leak 사례 발생함

11.3 방향족공정 가열로의 SNCR 개조 검토 결과(사례)

방향족 공정의 가열로 SNCR 부식 예방 대책으로 다음의 표 11-2와 같이 여러 안들을 검토하였다. Case 1의 연료가스 단독 연소도 튜브 Leak 방지를 위한 대안이 될 수 있으나 다음과 같은 제약사항이 있어 제외되었다.

(1) 연료가스 단독 연소 운전 시 운전비 증가는 우레아 SNCR 대비 최소 26억 원 증가하는 것으로 예상되었다.
(2) 연료가스 조성 변화가 있을 경우 가열로 용량(Duty)이 부족해질 수 있다.
(3) 안정적인 운전을 위해 전용 C_3 증발기(Vaporizer)를 추가 설치해야 한다.
(4) Case 3, 4의 SCR과 Case 5의 신규 가열로 설치방안은 투자비과다 및 부지(Plot) 검토 시 공간제약으로 인한 시공 및 설치의 어려움으로 모두 제외되었다.

따라서 최종적으로 우레아 SNCR을 설치하는 것으로 결정하였다.

▌참고▐

표 11-2에서 ①은 버너메이커의 NO_x 배출 농도 시뮬레이션 값으로 100% 연료오일 연소 시 157 ppm, 연료가스 100% 연소 시 76 ppm이다. ②는 기존 가열로를 그대로 유지하고 부족한 열용량(Duty)에 대하여 신규 가열로를 설치한다. 신규 가열로는 연료가스 단독 연소의 초 저 NO_x 버너(Ultra Low NO_x Burner)를 사용하여 30 ppm을 충족한다. ③은 개조 후 운전비용 계산 기준은 1~2월 연료가스는 2010년 평균 C_3가격을, 3~12월은 2011년 평균 LNG 가격을 각각 적용하였다.

표 11-2 방향족공정 가열로의 SNCR 부식 예방 대책 검토 (안)

Case 설명		현재	Case 1	Case 2	Case 3	Case 4	Case 5 ②
			• 가스연소로 운전변경 • C_3 증발기 추가	• SNCR추가로 NO_x 50% 제거 • 오일 최대 70% 가능	• SCR추가로 NO_x 61% 제거 • 오일 최대 80% 가능	• SNCR+SCR 추가로 NO_x 61% 제거 • 오일 최대 80% 가능	• 가스버너 신규가열로 추가
NO_x 배출 정부기준	ppm	최대 150	최대 100	최대 70	최대 70	최대 70	최대 150
NO_x 배출 사내기준	ppm	최대 120	최대 80	최대 50	최대 50	최대 50	최대 110
최대 오일 연소비율	%	70	0	70	80	80	67
가열로 발열량	mmkcal/hr	69.4	83.3	83.3	83.3	83.3	83.3
예상 NO_x 배출농도 ①	ppm	131	76	66	55	55	만족
실제운전 오일 60%	ppm	80	–	–	–	–	–
전체운전 비용 ③	억원/년	376	480	454	452	452	454
전체운전 비용증가 (현재기준)	억원/년	–	104	78	76	75	77
전체운전 비용증가 (오일 80% Case4 기준)	억원/년	–	29	3	1	0	2
전체투자비	억원	–	10	14	40	38	44

11.4 공정가열로/스팀보일러의 파울링 경향 지수 검토

암모늄바이설파이트 (ABS)에 의한 파울링 경향을 나타내는 지수로서 다음과 같은 데포지션넘버 (Deposition Number)라고 하는 경험식을 사용한다.

데포지션 넘버 = [암모니아 Slip ppm] × [SO_3 ppm]
× [ABS 형성온도 (℃) − 공기예열기 출구 금속온도 (℃)]

데포지션넘버가 7,000 이상인 경우 파울링 경향이 있는 것으로 판단한다. 사례로서 NO_x 제거율 20%, 암모니아 Slip 5 ppm으로 설계하여 데포지션넘버가 2,100 수준이었고 1년간 운전한 결과 파울링 현상이 없었다. 다음 표 11-3은 공정가열로와 스팀보일러의 데포지션넘버를 각각 나타내고 있다. 스팀보일러의 경우 암모니아 Slip이 15 ppm에서 데포지션넘버가 10,125로서 파울링 경향이 높음을 알 수 있다. 스팀보일러의 경우 배출가스 중에 SO_3가 높은 이유는 SCR 촉매에서 SO_2 + H_2O의 반응에 의해 SO_3가 추가 생성되기 때문이다. SNCR만 설치하는 경우 SO_3는 연료에 포함되어 있는 황 (Sulfur) 함량에 의해 SO_3가 결정된다. 공정가열로의 경우는 최고 SO_3 2 ppm으로 예상된다. 그러나 보일러의 SCR은 촉매에서 암모니아 Slip을 잡는 특성이 있어 하이브리드 (SNCR+SCR)의 암모니아 Slip을 5 ppm 이하로 관리할 수 있게 된다. 그러나 SCR 우회 라인 댐퍼 (Bypass Line Damper)에서 배출가스 Leak가 있어 과량의 암모니아가 이코너마이저로 유입되어 파울링을 형성할 수가 있다.

표 11-3 공정가열로와 스팀보일러의 파울링 경향 지수

(1) 공정가열로 파울링 경향지수 (SNCR)

배출가스 중 SO_3 (ppm)	배출가스 중 암모니아 Slip (ppm)	암모늄바이설파이트형성 시작온도 (℃)	공기예열기 출구 금속온도 (℃)	데포지션넘버 (Deposition Number)	암모늄 설페이트형성 온도 (℃)
2	5	155	0	1,550	182
2	15	160	0	4,800	190
2	21	163	0	6,846	210

(2) 스팀보일러 파울링 경향지수 (Hybrid)

배출가스 중 SO_3 (ppm)	배출가스 중 암모니아 Slip (ppm)	암모늄바이설파이트형성 시작온도 (℃)	공기예열기 출구 금속온도 (℃)	데포지션넘버 (Deposition Number)	암모늄 설페이트형성 온도 (℃)
15	5	155	120	3,000	182
15	15	165	120	10,125	190
15	21	169	120	15,120	210

▌참고▐ 공정가열로 SNCR (S사 사례)

공정가열로 SNCR에서 튜브부식 사례 및 공기예열기 (APH, Air Preheater) 파울링 사례는 없었다. 그리고 우레아 액체 물방울의 튜브 접촉에 따른 부식현상과 관련하여 설계단계에서 검토된 바도 없었다. 공기예열기 (APH) 파울링도 암모니아 Slip을 5 ppm으로 낮게 설계하였고 데포지션넘버 (Deposition Number)도 2,100 수준으로 낮아 발생 가능성이 낮다. 반면에 G사 방향족공정 가열로의 데포지션넘버가 4,800으로 상대적으로 높은 편이다. 또한 S사의 공정가열로의 SNCR은 비교적 마일드 (Mild)한 운전 조건이다. 즉, S사의 SNCR 디자인 규격은 NO_x 유입/유출이 230 → 180 ppm (제거율 20%, 암모니아 Slip 최대 5 ppm)인데 반하여 G사 방향족공정 검토 가열로는 NO_x 유입/유출이 130 → 65 ppm (제거율 50%, 암모니아 Slip 최대 15 ppm)이다.

11.5 화력발전 SNCR 설치 및 가동 (사례)

산업단지 내 전력을 공급하는 화력발전소에서 스팀 850톤/연소배출가스 95만 Nm^3/hr의 대형 보일러에 유연탄을 사용하고 이 장치에서 발생하고 있는 NO_x제거를 위하여 1999년 1~9월에 선택적 비촉매 환원 (SNCR, Selective Non Catalytic Reduction) 시설에 약 60억 원을 투자하였다. 이 SNCR 장치로 NO_x 발생율을 40% 감소시키고 (400 → 240 ppm) 사용 화공약품 (우레아) 비용이 연간 약 20~40억 원에 이르는 완전 자동제어시스템을 갖추었다. 그림 11-13은 SNCR 공정 흐름도를 나타내고 있다. 참고로 당시 다른 공장의 신설 보일러에서는 국산화 촉매를 사용하는 SCR (Selective Catalytic Reduction)을 설치하여 테스트 예정에 있었다.

SNCR 기술 및 시스템은 다음과 같이 정리 요약하였다.

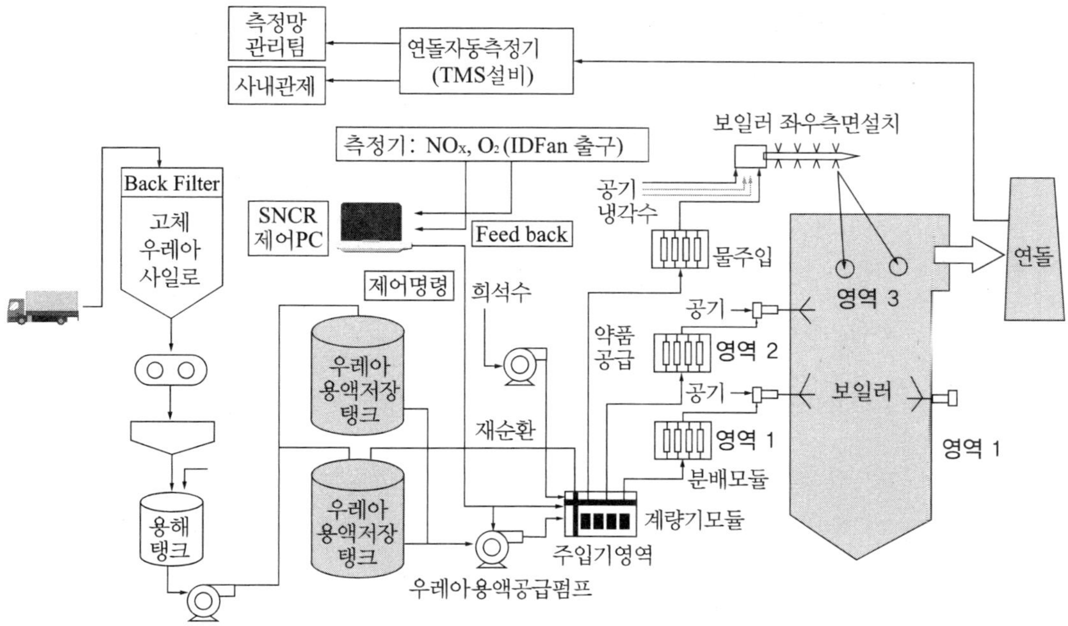

그림 11-13 화력발전소 SNCR 공정 흐름도

(1) 화력발전소 SNCR 구성 설비

① 우레아 공급 순환펌프

② 희석수 공급펌프

③ 우레아 용액 저장조 (70 m^3)

④ SNCR 제어 모니터

⑤ 희석수 공급모듈

⑥ 환원제 공급/순환모듈

⑦ 환원제 주입 계량모듈

⑧ 다중노즐 환원제 분사기: 수평분사형 (각 좌우 5개씩 Nozzle 10개)/수직분사형 (각 상하 11개씩 Nozzle 22개)

⑨ 다중노즐 랜스 (Lance)용 분배모듈

⑩ 자동단식 분사기: 1단 14개, 2단 8개

⑪ 자동단식 분사기용 분배모듈

⑫ 순환용액 압력 조정부

⑬ 냉각수 압력 조정부

⑭ 온도 감지기

(2) 화력발전소 SNCR 개요

환원제 (우레아 용액)를 보일러에 주입하여 노 (Furnace) 내에서 생성되는 NO_x를 분해하는 선택적 비촉매 환원 (SNCR)을 부지 및 설비보강 문제점 등을 고려하여 이 기술을 채택하였다. 촉매를 사용하지 않고 단지 우레아 용액을 환원제로 사용하여 보일러 연소시 직접 연소실 내의 고온영역 (870~1,200℃)에 분사함으로써 노 내에서 발생되는 NO_x를 N_2로 환원시켜 오염물질 농도를 저감하는 시설이다. 일반적인 NO_x 제거 반응식은 다음과 같다.

$$CO(NH_2)_2 + 2NO + 1/2\,O_2 \rightarrow 2N_2 + CO_2 + 2H_2O$$

위 반응은 연소실 내의 온도, 잔류시간, 배출가스조건, 환원제 (우레아) 량 등에 따라 반응이 좌우되며 보일러 연소조건에서 최적화시키는 주 요소는 환원제를 연소실 내의 적정온도 영역에 골고루 분사시키는 것이다.

(3) 화력발전소 SNCR 효율

환원제 (우레아) 주입 온도영역에 따라 NO_x 저감효율이 달라지며, 연소실 내의 온도 영역은 연소배출가스 흐름 형태 및 위치에 따라 넓은 분포를 가지고 있으므로 주입부의 온도분포를 고려하여 NO_x 제거효율을 40%로 설정하였다. 그림 11-14는 부하별 최적 분사영역에 대한 CFD (Computational Fluid Dynamics) 모델링 결과를 나타내고 있다.

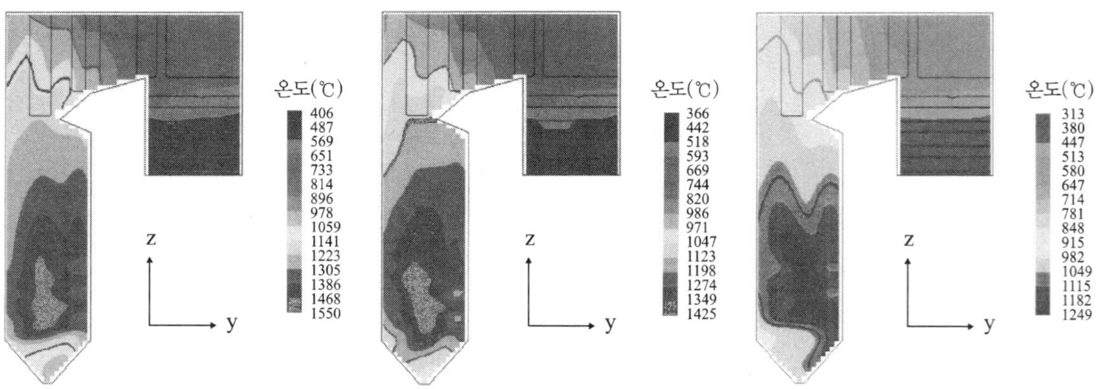

(a) 250MW(100%)　(b) 180MW(70%)　(c) 130MW(50%)

그림 11-14 부하별 최적분사 영역 CFD 모델링 결과

NO_x 제거효율 40% 여유를 확보하기 위하여 약품주입 영역을 최적온도 영역 (870~1,100℃)으로 좁혀 운전함으로써 기준효율보다 높은 효율 유지가 가능하였다. 그리고 온도측정센서 (Sensor)에서 감지된 운전 온도에 따라 주입 영역을 조정하고 또한 환원제 주입 범위 조절을 통하여 NO_x 제거효율을 고효율로 유지할 수 있었다. 또한 NO_x 제거 방법이 환원제 (우레아)를 고온부에 주입하여 생성 NO_x와 화학반응시켜 N_2 및 CO_2 가스로 변화시키는 방법이므로 배출가스 중에 기존가스와 다른 오염 물질 발생은 거의 없다.

(4) 화력발전소 SNCR 설계기준

① 설계업체: 한국중공업㈜

② 공사기간: 1999년 1월 4일~1999년 9월 3일 (8개월)

③ 공사비용: 59억 5천만 원

표 11-4 설계 기준

구 분	설계기준	비 고
발전용량	250 MW	857 Ton/hr
NO_x @입구온도	400 ppm (O_2 6%)	개선 전 출구 농도 280~450 ppm
NO_x @출구온도	240 ppm (O_2 6%)	
우레아 소요량	566 kg/hr (호기당)	우레아용액 소요량 44.8 Ton/day (1호기+2호기)
우레아 주입 농도	50%	
우레아용액 소요량	0.93 Ton (0.83 m^3)/hr (호기당)	
용수 소요량	22.4 Ton/day (1호기+2호기)	–
우레아 저장 사일로용량	170 m^3 1기	5 days (120 Ton)
우레아용액 저장조	70 m^3 × 2기	3 days

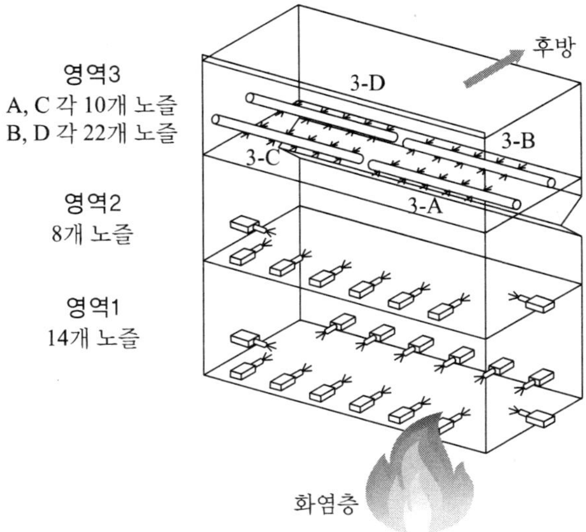

그림 11-15 SNCR 분사노즐 설치 배열

(5) 기타 SNCR 적용기술 팁 (Tip)

우레아는 50% 용액으로 40~50℃로 유지사용하며, 고농도일 경우 (60% 이상) 퍼니스 튜브 표면에 흰색의 물질 (우레아)이 축적되므로 주의해야 하고, 실제 분사직전 단계에서는 희석수에 의해 농도가 7~8% (과량 시 10~20%)로 저하한다. 우레아는 상온 (17~23℃)에서 결정화하므로 적절한 온도유지가 필요하다. 최적 분사영역은 Thermal NO_x가 급격히 생성 존재하는 870~1,200℃ 퍼니스 상부 부위이고 NO_x와 반응시간은 순간적이며 0.2~0.5초이다. 이들은 당량 대 당량으로 반응 [$CO(NH_2)_2/NO$, 당량비 60/30 = 2]하게 되므로 NO_x 저감 및 우레아 사용량의 예측이 가능하다.

우레아 분사는 가능한 미세입자로 하여 고온지역의 넓은 면적을 접촉 커버할 수 있도록 해야 하고, 이를 위해 최적의 분사압력 (아토마이징 공기 + 수용액)을 유지하며, 분사 노즐 (Port수, 크기, 각) 선택과 개발이 매우 중요하다. 실제 우레아/희석수 공급펌프 압력은 12~14 kg_f/cm^2, 아토마이징 공기 (Atomizing Air) 압력 5~7 kg_f/cm^2, 노즐 선단/퍼니스 내 4.8~6.8 kg_f/cm^2로 한다.

(6) SCR 대비 SNCR 탈질기술 비교

표 11-5는 탈질기술에 있어 SCR 대비 SNCR의 원리, 설치위치, 장단점, 그리고 설치비용 등에 대하여 비교 정리하였다.

표 11-5 SCR 대비 SNCR 비교

구분	선택적 촉매 환원법 (SCR)	선택적 비촉매 환원법 (SNCR)
원리	NH_3, CO, H_2S 등을 사용, NH_3가스 → 배출가스에 분사 → TiO_2 또는 V_2O_5 촉매층을 통과, 최적 탈질 반응온도는 300～350℃ (300℃ 이하의 온도에서는 촉매활성이 저하, 450℃ 이상의 온도에서는 NH_3가 산화 분해됨), 일반적 운전조건은 300～400℃ 정도 $4NH_3 + 6NO \rightarrow 5N_2 + 6H_2O$ $4NH_3 + 4NO + O_2 \rightarrow 4N_2 + 6H_2O$	촉매 없이 870～1200℃ 온도범위의 고온 배출가스에 NH_3 또는 우레아 (요소)를 분사, 반응메커니즘 • 우레아 $(NH_2)_2CO + 2NO + 1/2O_2 \rightarrow 2N_2 + CO_2 + 2H_2O$ 우레아는 고온에서 산소 및 수증기와 반응하여 NH_2를 생성하여 반응 $NO + NH_2 \rightarrow N_2 + H_2O$ $2NO + 4NH_2 \rightarrow 3N_2 + 4H_2O$ • 암모니아 $NH_3 + NO + 1/4O_2 \rightarrow N_2 + 3/2H_2O$
설치위치	반응온도가 300℃이므로 덕트 (Duct)에 주로 설치함. 설치 위치의 다양성	노 상부의 측면에 설치됨. 노 특성에 맞추어 환원제를 균일하게 분사시킬 수 있는 위치에 설치 (시뮬레이션을 통하여 결정함)
장점	높은 제거율 (70～90%), 다이옥신 제거, 공정이 단순, 백연현상 없음, 모든 연소에 적용 가능	SCR에 비해 설치 및 운영비 적음, 모든 연소로에 적용 가능
단점	고가 촉매 사용, 촉매의 교환 가능성, 황화합물/비소 (AS) 존재 시 촉매 수명 단축	제거율 25～50%, *백연현상 발생 우려, 황화합물 존재 시 황산 미립자 발생가능, 부하변동에 약하므로 일정한 처리 시설에 적용
설치비용**	배출가스 100,000 Nm^3/hr 7억원 배출가스 200,000 Nm^3/hr 9억원 배출가스 300,000 Nm^3/hr 12억원 주) 국내촉매가격: 약 2,500만원/m^3	배출가스 100,000 Nm^3/hr 기준 4～5억원 (설치 노즐 개수가 가격상승 주요 변수임)

주) * 백연현상은 암모니아를 스팀이나 물로 고온에서 분사하므로 백연이 나타날 수 있음
** 설치비용은 현장조건 및 사용자 규격에 따라 달라지며 일반적인 사양을 기준으로 함

12 하이브리드 (Hybrid) 탈질 공정의 이론과 실제

탈질이란 배출가스에 환원제를 주입하여 NO_x를 N_2로 환원하여 제거한다. 환원제는 40% 우레아 용액에 파울링과 부식방지제용 소량의 첨가제를 혼합한 것이다. 탈질 시스템에는 SNCR, SCR, 하이브리드 (SNCR+SCR)가 있다. SNCR은 촉매를 사용하지 않고 높은 연소배출가스의 온도를 이용하여 850℃ 이상에서 NO_x를 제거하며 주요변수로는 배출가스의 온도와 환원제의 분산정도이다. 이는 전체 NO_x 제거효율의 30%를 차지한다. SCR은 촉매를 이용하여 배출가스 중의 NO_x를 250~450℃에서 제거한다. 주요변수에는 배출가스의 온도와 촉매의 활성도이다. 이는 전체 NO_x 제거효율의 약 70%를 차지한다. 그리고 하이브리드 (Hybrid)는 SNCR과 SCR을 직렬 혹은 병렬로 함께 조합한 시스템을 말한다.

12.1 탈질 반응 (DeNO$_x$ Reaction)

주요 반응식은 다음과 같다.

SNCR: $CO(NH_2)_2 + 2NO + 1/2O_2 \rightarrow 2N_2 + CO_2 + 2H_2O$ (850℃ 이상)

SCR: $4NO + 4NH_3 + O_2 \rightarrow 4N_2 + 6H_2O$ (촉매, 250~450℃)

$NO + NO_2 + 2NH_3 \rightarrow 2N_2 + 3H_2O$ (촉매, 250~450℃)

NH_3 생성: $(NH_2)_2CO + H_2O \rightarrow 2NH_3 + CO_2$

일반적으로 환원제로 요소수 (우레아), 암모니아수, 암모니아가스를 주로 사용하고 있으며, 이들 환원제의 특성은 표 12-1과 같다.

표 12-1 환원제 특성

구분	요소수 $(NH_2)_2CO$	암모니아수 NH_4OH	암모니아 가스 NH_3
반응 위한 체류시간	나쁨	좋음	매우 좋음
분산용이성	좋음	좋음	나쁨
장치비용	좋음	좋음	나쁨
유해성	좋음	나쁨	매우 나쁨
취급용이성	좋음	나쁨	매우 나쁨
법 규제	좋음	나쁨	매우 나쁨

그림 12-1은 환원제(Reduction Agent)와 NO_x의 일반적인 반응 메커니즘을 나타낸다. 즉 환원제인 암모니아, 우레아(Urea), 그리고 시아누르산(Cyanuric Acid)이 유해물질인 NO_x를 무해한 N_2와 H_2O로 반응 환원시킨다.

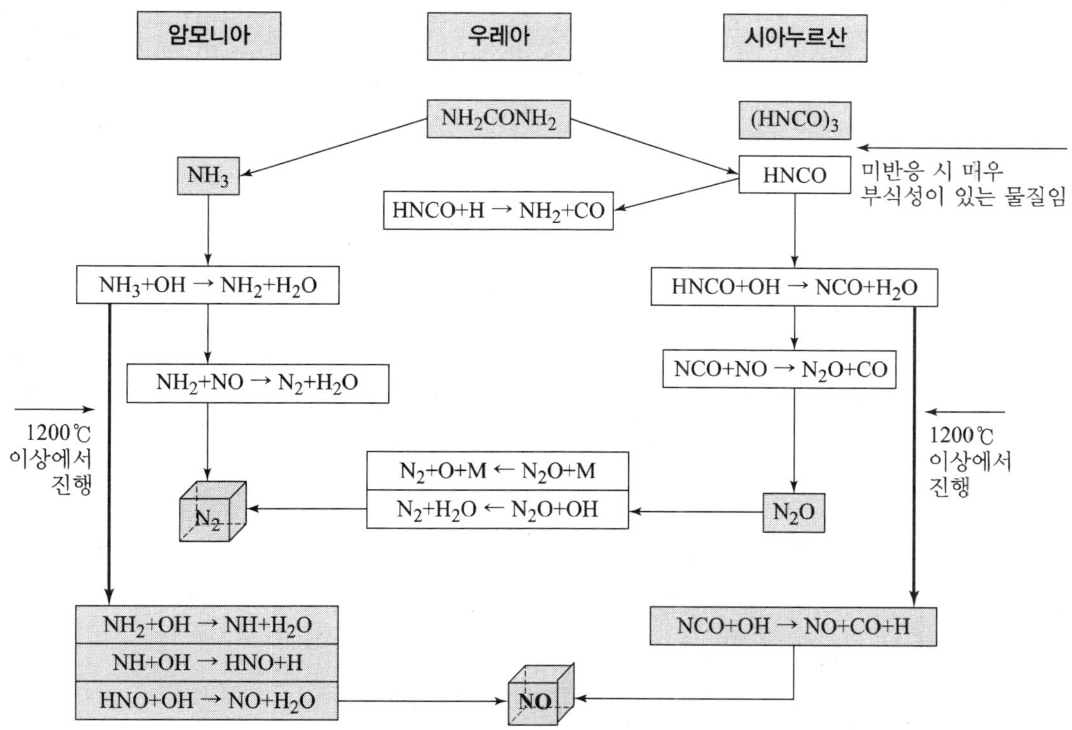

주) HNCO: Isocyanic acid (이소시안산)
NCO: Isocyanate group (이소시아네이트기)

그림 12-1 NO_x 제거반응 메커니즘

▌참고▐ $(HNCO)_3$: Cyanuric Acid (시아누르산) 분자구조

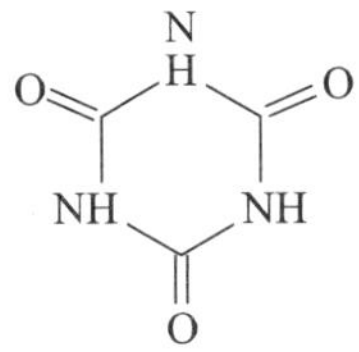

주) 화학식: $C_3H_3N_3O_3$ (1,3,5-triazinane-2,4,6-trione)

12.2 탈질공정 디자인 고려 요소

탈질 ($DeNO_x$) 공정을 디자인 할 때 고려해야 할 2가지 요소가 있다. 한 가지는 화학적 인자로 온도 (Temperature), 첨가제 (Additive), 배출가스조성 (Flue Gas Constituents), 체류시간 (Residence Time), 초기 NO_x 함량 (Initial NO_x), 투입 환원제비 (Reagent Ratio), 산소 (O_2) 등이 있다. 다른 한 가지는 물리적인 요소로 배출가스온도 (Flue Gas Temperature), 배출가스 속도 (Flue Gas Velocity), 분사기 위치 (Injector Location), 혼합 (Mixing) 등이 있다.

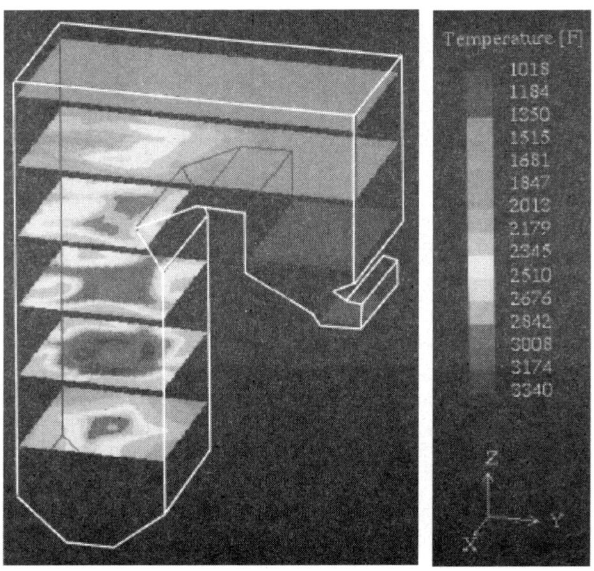

그림 12-2 CFD 모델링 온도 분포도

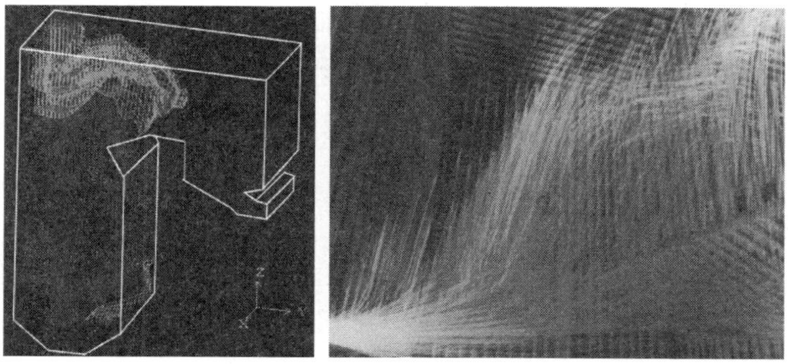

그림 12-3 MCR (최대연속부하)에서 표면온도

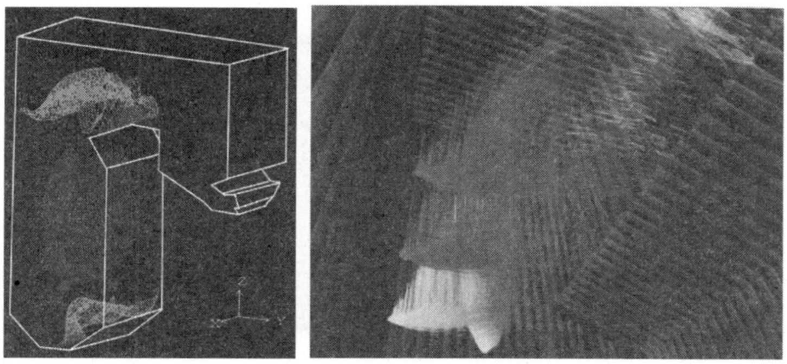

그림 12-4 80% MCR에서 표면온도

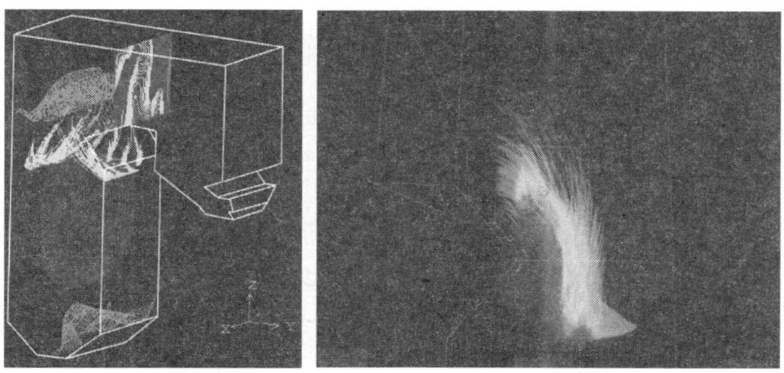

그림 12-5 40% MCR에서 분사 표면온도

(1) 반응온도

SNCR의 경우 환원제에 따라 그림 12-6과 같이 온도창(Temperature Window)을 나타낸다. 다시 말해 암모니아수(NH_4OH) 경우는 950℃ 부근 그리고 요소수(우레아)는 1,000℃ 부근이 된다. SCR은 촉매에 따라 다르나 일반적으로 250~450℃가 된다. 또한 배출가스 온도가 언급된 온도조건을 만족시키지 못할 때 NO_x가 상승하고 미반응 암모니아 Slip이 발생하여 공정 문제(Trouble)를 야기할 수 있다.

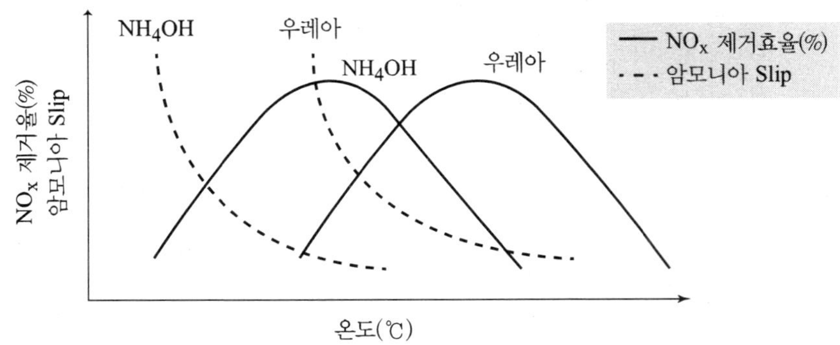

그림 12-6 SNCR 환원제 반응온도

(2) 환원제 주입량

표준화학양론비(NSR, Normalized Stoichiometric Ratio)로 표현하고 표준화학양론비(NSR)은 환원제 주입량/이론적 환원제로 정의한다. 그림 12-7에서 보면 일정 온도 내에서는 NSR이 증가할수록 NO_x 농도가 떨어지나 온도가 높은 영역에서는 역으로 NO_x 농도가 증가함을 보여주고 있다. 따라서 표준화학양론비가 적절해야 하며 과량의 환원제 투입은 오히려 암모니아 Slip의 원인이 되어 여러 가지 부작용을 일으킬 수 있으므로 주의해야 한다.

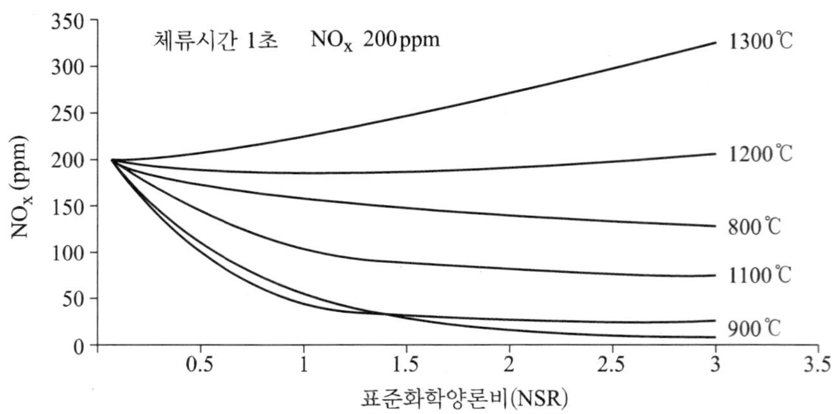

그림 12-7 SNCR 환원제 주입량

(3) 체류시간 (Residence Time)

SNCR에 요소수를 사용할 경우 요소는 퍼니스(Furnace) 내부로 분사되고 탈질($DeNO_x$) 반응을 위해 암모니아(NH_3)와 이소시안산(HNCO, Isocyanic Acid)으로 분해되어야 하는데 이를 위해 체류시간이 필요하며 최소 약 0.1초 이상이 필요하다. 체류시간을 1초 늘릴 경우 온도대에 따라 50~150 ppm 정도의 NO_x 저감효과를 기대할 수 있다.

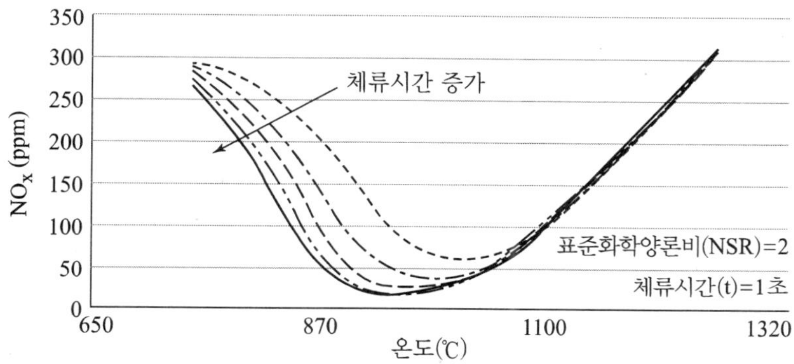

그림 12-8 SNCR 반응 체류시간

(4) 암모니아 Slip

이것은 다음과 같은 반응을 일으킨다.

$NH_3 + SO_3 + H_2O \rightarrow NH_4HSO_4$ (액상) .... (1)

$2NH_3 + SO_3 + H_2O \rightarrow (NH_4)_2SO_4$ (고상) .... (2)

식 (1)은 암모늄바이설파이트(ABS, Ammonium BiSulfite, NH_4HSO_4) 반응이고 주로 170℃ 이하에서 생성한다. 식 (2)는 암모늄설페이트[AS, Ammonium Sulfate, $(NH_4)_2SO_4$] 반응으로 250℃ 이하에서 생성한다. 이들 암모늄염(Ammonium Salt)의 축적은 공기예열기(Air Preheater)의 압력손실(ΔP)을 증가시킨다. 보통 암모니아가 산성 회(Acidic Ash)에 흡착되어 반응하게 된다.

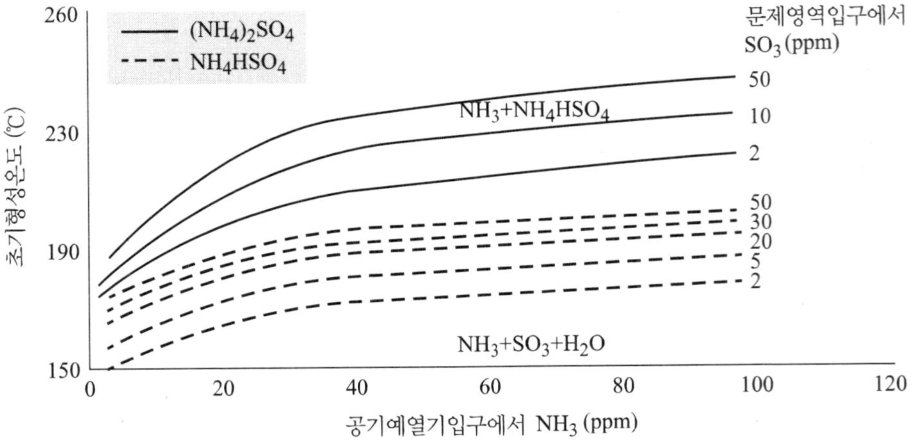

그림 12-9 암모니아 Slip에 의한 암모늄염 생성

그림 12-10은 어떤 연소공정에서 생성된 NO_x에 외부에서 유입 분사된 NH_3가 반응 소모되어 유출물로 새로운 생성물 (N_2, CO_2, H_2O)을 만들고 남은 미반응물 (NO_x, NH_3)의 경향을 온도에 대하여 나타내고 있다.

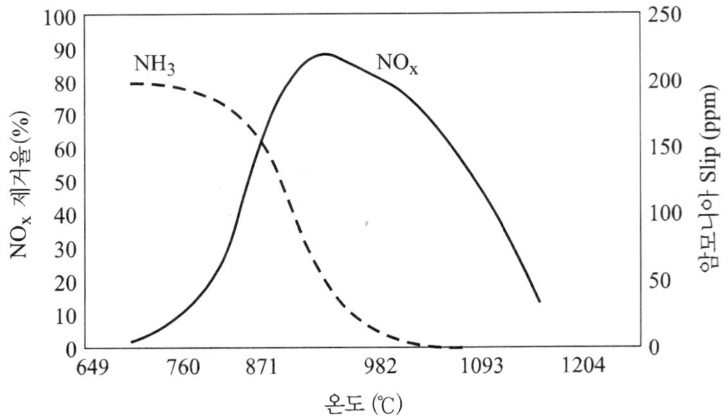

그림 12-10 NO_x 저감과 암모니아 Slip

(5) 암모늄염 (Ammonium Salt) 생성

11.4에서 언급된 파울링 경향지수로 데포지션넘버 (Deposition Number)의 정의를 다시 쓰면 다음과 같다.

데포지션넘버 (Deposition Number) $= [NH_3][SO_3]\{T_f - T_{CE}\}$

여기서, NH_3: 암모니아 Slip (ppm)

SO_3: 3산화황 (ppm)

T_f: 암모늄바이설파이트 (ABS) 생성 온도

T_{CE}: 공기예열기 출구 금속온도

여기서, 데포지션넘버가 7,000보다 클 경우 암모늄염의 파울링 잠재력 (Fouling Potential)이 존재하는 것으로 알려져 있다. ABS 생성반응과 파울링 잠재력은 다음과 같다.

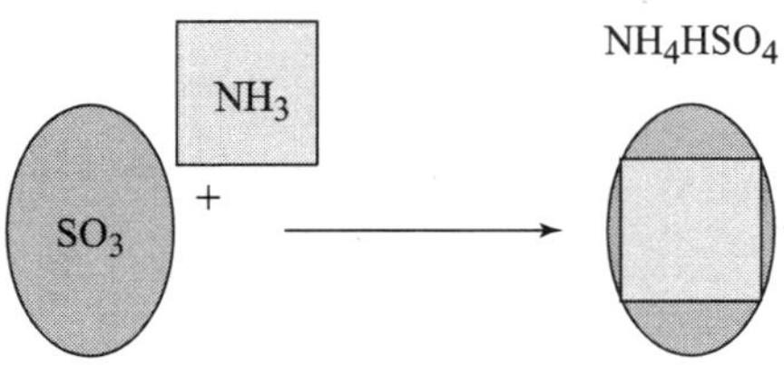

$NH_3 + SO_3 + H_2O \rightarrow NH_4HSO_4$ (암모늄바이설파이트)

$[NH_4HSO_4] = k[NH_3][SO_3]$

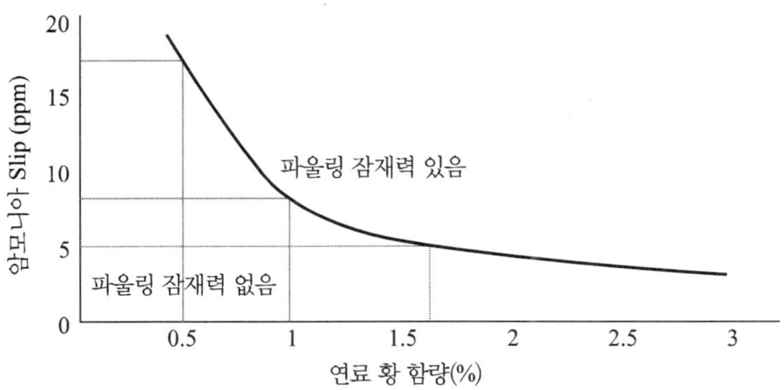

그림 12-11 암모니아 Slip/연료황 함량의 파울링 잠재력 (데포지션넘버 7000, T_{CE} 95℃, 연료황 100% SO_3로 전환)

NH_4HSO_4 (암모늄바이설파이트, ABS)는 NH_3와 SO_3가 없을 경우는 생성될 수가 없다. 그리고 0.3%황 함유 연료 (2 ppm SO_3)는 SCR 출구에서 SO_3 11 ppm이라고 하자.

① SCR에서 3 ppm 암모니아 Slip 경우
암모늄바이설페이트 농도 (NH_4HSO_4) = k [NH_3] [SO_3] = k × 3 × 11 = 33 k
② SNCR에서 15 ppm 암모니아 Slip 경우
암모늄바이설파이트 농도 (NH_4HSO_4) = k [NH_3] [SO_3] = k × 15 × 2 = 30 k

SNCR 쪽이 더 높은 암모니아 Slip에서도 불구하고 공기예열기의 암모늄바이설파이트 파울링을 야기할 경향은 더 적다. 그리고 연료 속 바나듐 (V) 성분은 SO_2를 SO_3로 전환하는 산화반응의 촉매로 작용한다. 이 SO_3 생성물은 다음과 같이 물 (H_2O)과 반응하여 황산 (H_2SO_4)에 의한 장치 저온부의 부식을 촉진시킨다.

$$H_2O + SO_3 \rightarrow H_2SO_4$$

마찬가지로 바나디아/티타니아 (Vanadia/Titania)계의 SCR 촉매도 SO_2를 SO_3로 전환시켜 암모늄바이설파이트 (ABS) 축적을 증가시킨다. 이것 또한 암모늄바이설파이트 (ABS) 축적의 잠재력을 높이게 된다.

(6) SCR 반응

SCR 반응에는 환원제 (NH_3)와 NO, NO_2의 반응이고, 촉매 하에서 150~450℃에서 일어난다.

$$NO + NO_2 + 2NH_3 \rightarrow 2N_2 + 3H_2O$$
$$4NO + 4NH_3 + O_2 \rightarrow 4N_2 + 6H_2O$$
$$2NO_2 + 4NH_3 + O_2 \rightarrow 3N_2 + 6H_2O$$

(7) SCR 부반응

SCR 부반응은 이산화황 (SO_2)의 산화와 암모늄염 (AS, ABS)의 생성이고, 이산화황 (SO_2)의 산화반응은 촉매 하에서 일어난다.

$$2SO_2 + O_2 \rightarrow 2SO_3$$

암모늄염 (AS/ABS)의 생성 반응식은 아래와 같으며 암모늄설페이트 (AS)는 백색의 과립 또는 사방정계 결정으로 냄새가 없으며 촉매표면의 활성점에 고착되어 NO_x 제거효율을 저감시킨다.

① Ammonium Sulfate (AS): $2NH_3 + SO_3 + H_2O$
  → $(NH_4)_2SO_4$ (250℃ 이하에서 생성)

② Ammonium BiSulfite (ABS): $NH_3 + SO_3 + H_2O$
  → NH_4HSO_4 (170℃ 이하에서 생성)

표 12-2는 SNCR/SCR의 시스템을 간단히 비교한 것이다.

표 12-2 SNCR/SCR 공정의 비교

구분	SNCR	SCR
반응온도 (℃)	850~1,150	200~400
촉매	–	V_2O_5/TiO_2, Platinum, Zeolite
NO_x 제거효율 (%)	25~50	70~90
NO_x 저감한계 (ppm)	35~60	10~20
표준화학양론비 (NSR)	0.8~2.5	0.4~1.0
초기투자비용	SCR의 15~50%	높음
운전비용 (US$)	8,000 /NO_2 Ton	11,000 /NO_2 Ton
암모니아 Slip	약 15 ppm	약 10 ppm
특성	설치공간이 작음	촉매탑 설치공간 필요
설치 시 고려사항	• 투입온도 • 혼합 • 암모니아 Slip • 효율	• 운전온도 및 기체가열 비용 • 촉매독 • 암모니아 Slip • 촉매교체비 및 설치공간
장점	• 장치가 간단하여 운전보수가 용이	• 높은 탈질효과 • 암모니아 Slip이 작음
단점	• 연소온도를 확실히 제어 (950℃ 이하) • 화학양론비가 큰 경우 암모니아 Slip에 의한 백연현상 발생	• 촉매의 수명이 유한함 • 가격이 비쌈 • 먼지/SO_x에 기인한 효율저하 • 압력손실이 큼

12.3 하이브리드 탈질 보일러의 SCR 촉매교체 성능(사례 1)

SCR 촉매 교체주기는 최소 3년으로 해당 패키지 보일러는 약 3.6년 가동하였으며, 보일러 정비기간 중 채취한 SCR 촉매 샘플의 활성도을 검사한 결과, 약 75%의 활성도가 나옴에 따라 수개월 연장 후 정비기간에 촉매를 전체 교체하였다. 촉매 교체후 SCR 입구의 NO_x는 200 ppm으로 교체 전 180 ppm보다 높았다. 교체 촉매 변경 내용으로 ① SCR 부피를 13 m^3에서 15 m^3으로 늘리고 ② 촉매성분 중 바나듐 함량을 높여 촉매 성능을 개선하였다. 촉매 교체 전/후 SCR의 주요 운전변수는 표 12-3과 같다.

교체 전에 대비하여 교체 후가 촉매의 활성도 향상으로 인한 NO_x 환원반응률 증가로 우레아의 주입량이 53 liter/hr에서 25 liter/hr로 감소하였다. 한편 이코너마이저 클리닝, 즉 튜브표면의 파울링 성분(암모늄염, 분진)을 제거함으로써 이코너마이저 ΔP가 127 mmH_2O에서 31 mmH_2O로 크게 감소하였다. 그림 12-12는 보일러 운전변수들의 경향을 나타내고 있다.

표 12-3 보일러 SCR 촉매 교체 전/후 주요 운전변수

구분	스팀부하 (Ton/hr)	우레아주입량 (liter/hr)	우레아비율 (liter/Ton)	이코너마이저 ΔP (mmH_2O)	NO_x (ppm)
교체 전	73	53	0.72	127	53
교체 후	56	25	0.43	31	52

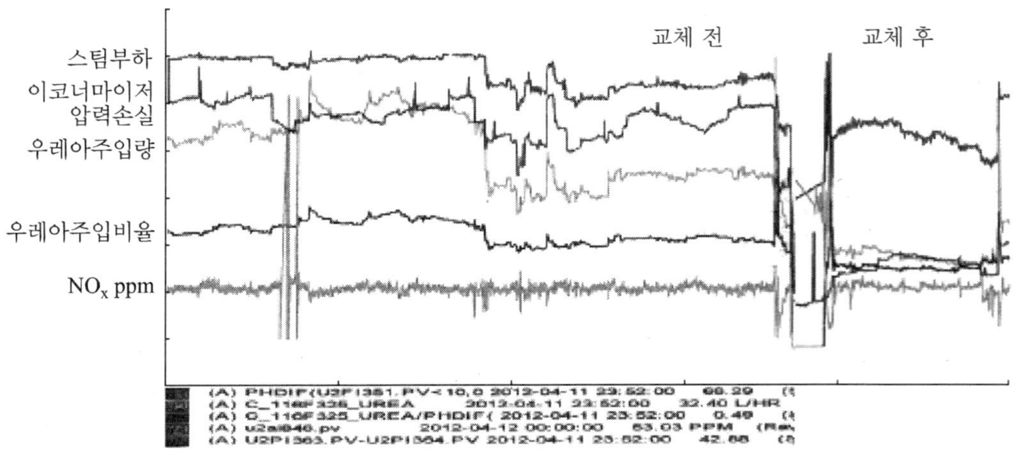

그림 12-12 보일러 SCR 촉매교체 전/후 운전변수 경향

12.4 하이브리드 탈질 보일러의 SCR 테스트 (사례 2)

테스트 보일러는 전형적인 패키지 스팀보일러로 그림 12-13과 같이 구성되어 있다. 테스트 스팀 보일러는 SNCR/SCR을 가지고 있는 하이브리드 (Hybrid) 시스템으로, 전체 NO_x 제거율의 70%가 SCR에서 나머지 30% 정도는 SNCR에서 일어난다. 사용 연료는 오일과 가스를 50 : 50 비율로 사용하였으며 이코너마이저 (Economizer) ΔP 상승속도가 급격히 증가하는 문제점을 가지고 있었다.

해당 보일러의 스팀생산 용량이 132 Ton/hr인데 최대운전 가능은 90 Ton/hr이며, 실제 90 Ton/hr을 생산 시 이미 배출가스 온도가 413℃가 되어 설계온도 418.7℃에 근접하여 운전에 제약이 따른다. 게다가 보일러의 SCR 촉매 운전온도 상한선인 440℃의 제약으로 보일러 최대연속부하 (MCR, Maximum Continuous Rating) 100%까지 상승이 어려운 실정이었다.

표 12-4는 문제 패키지 스팀보일러에 대한 탈질 ($DeNO_x$) 설비의 테스트 결과를 나타낸다. 표에 의하면 100% MCR 부하에서 NO_x 발생량과 배출가스 온도가 설계치 (NO_x 220 ppm/배출가스 온도 400℃)를 초과하고 있다.

스팀 생산부하를 높일 경우 SCR 전단 배출가스 온도가 높아지는 것은 퍼니스 튜브 (Furnace Tube)와 뱅크튜브 (Bank Tube)에 스케일 생성으로 인한 열전달 저하에 기인한다. 그러므로 튜브클리닝, Soot Blower 보수정비, 또는 SCR 촉매교체 등을 검토해야 한다. SCR 촉매교체의 경우 430℃ 이상의 고온에서는 촉매 모듈 (Module)의 열팽창계수와 내부의 촉매 엘리먼트 (Element)의 열팽창계수의 차이가 커져서 물리적인 파손이 일어날 수 있으며, 촉매표면의 미세한 기공 (Pore)들이 소결 (Sintering)에 의해 촉매활성도가 감소하게 된다. 따라서 SCR 전단온도가 440℃ 이상의 고온에서 지속적으로 운전을 하여야 하는 경우는 고온용 SCR 촉매 (550℃)로의 대체를 검토하여야 하다. 그러나 이 경우에는 상대적으로 저온 (300℃ 부근)에서 활성도가 취약해질 수가 있다.

한편으로 스팀 생산 최소부하 테스트에서는 스팀 40 Ton/hr 이하로 내릴 경우 버너 불꽃이 불안정하고 노 내 화염 (Flame)상태가 나빠져서 긴급 셧다운의 위험이 따를 것으로 예상되었다.

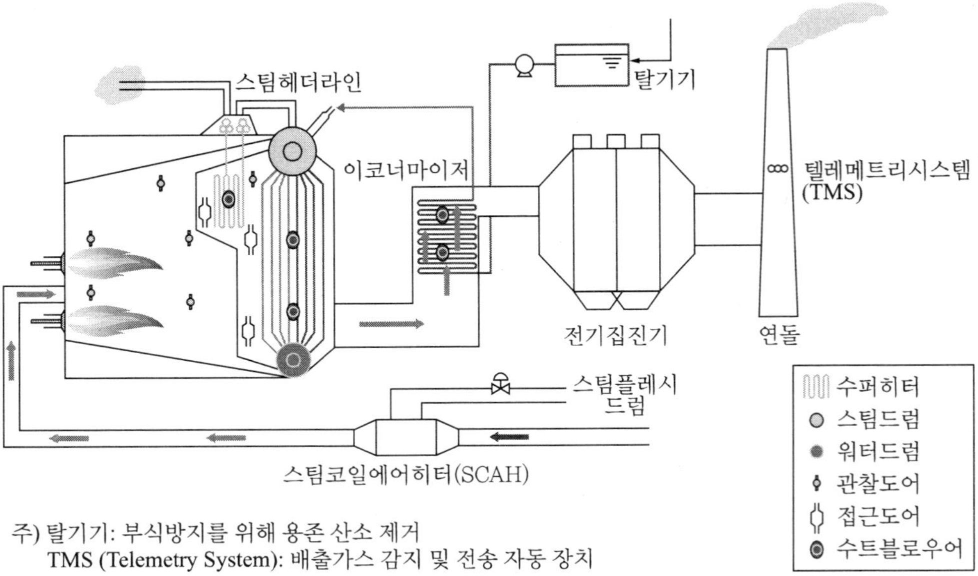

주) 탈기기: 부식방지를 위해 용존 산소 제거
TMS (Telemetry System): 배출가스 감지 및 전송 자동 장치

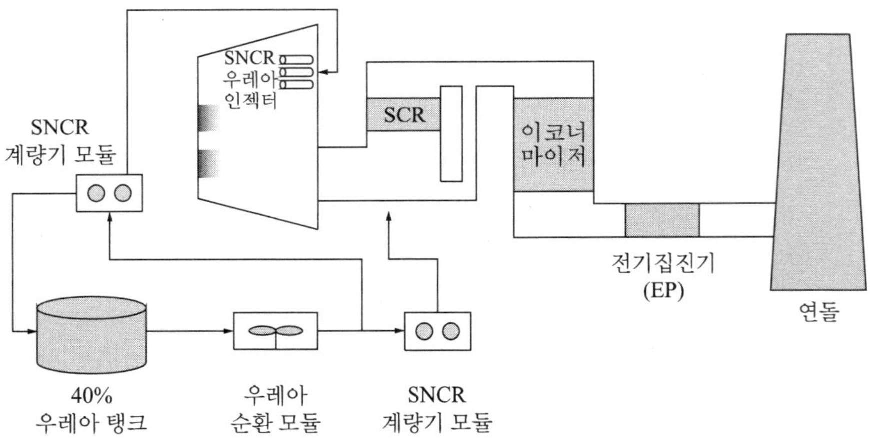

그림 12-13 테스트 스팀 보일러 공정도 (개요도)

표 12-4 보일러 탈질 (De NO_x) 설비 테스트 결과

보일러부하	SCR전단 NO_x	배출가스온도	우레아주입량 (SCR전단)	연돌 NO_x
100%	280 ppm	445℃	130 Liter	42 ppm

12.5 하이브리드 탈질 보일러의 ΔP 급상승 문제 (사례 3)

해당 패키지보일러는 오일/가스 혼소 버너로 다음과 같이 NO_x 제어는 직렬 하이브리드 (Hybrid) 시스템으로 구성되어 있다.

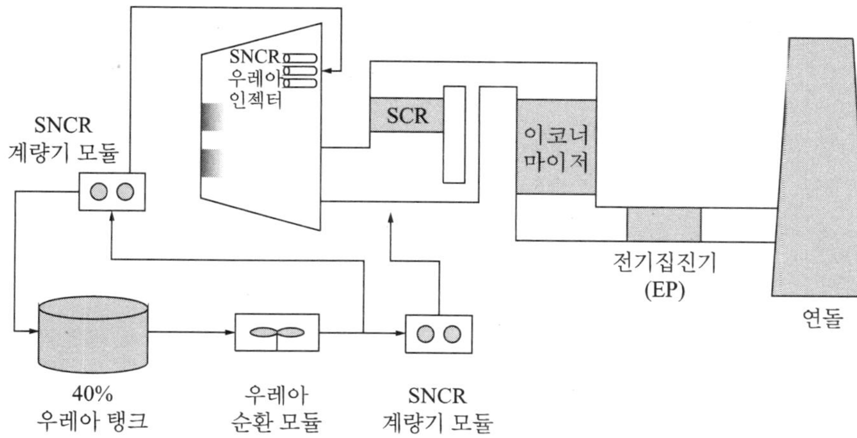

그림 12-14 하이브리드 (SNCR + SCR) 탈질 보일러 개요도

상세 보일러 운전조건은 다음과 같다.

① NO_x 제어: 하이브리드 (SCR + SNCR) 형태
② 스팀부하: 고압스팀 (58 kg_f/cm^2, 400℃) 60~70 Ton/hr (디자인 130 Ton/hr)
③ 사용연료: 오일 (50%)/가스 (50%)
④ 오일: 0.28% N_2, 0.3% 황 (Sulfur)
⑤ NO_x: 50~60 ppm
⑥ 암모니아 Slip: 1 ppm

통상 서비스 운전조건인 4% 황 (Sulfur) 연료오일 100% 사용 시 대략 연 1회 셧다운 정비에 비교했을 때, 상기 주어진 Mild 운전조건에서 이코너마이저 (Economizer)의 높은 ΔP에 의한 6개월에 1회 셧다운 정비 주기는 매우 빠른 경우였다. 왜냐하면 디자인과 운전조건이 동일한 다른 또 하나의 보일러에서는 이코노마이저 ΔP가 급격히 상승하는 문제가 없었고 셧다운 클리닝주기가 1.5년 이상이었기 때문이다.

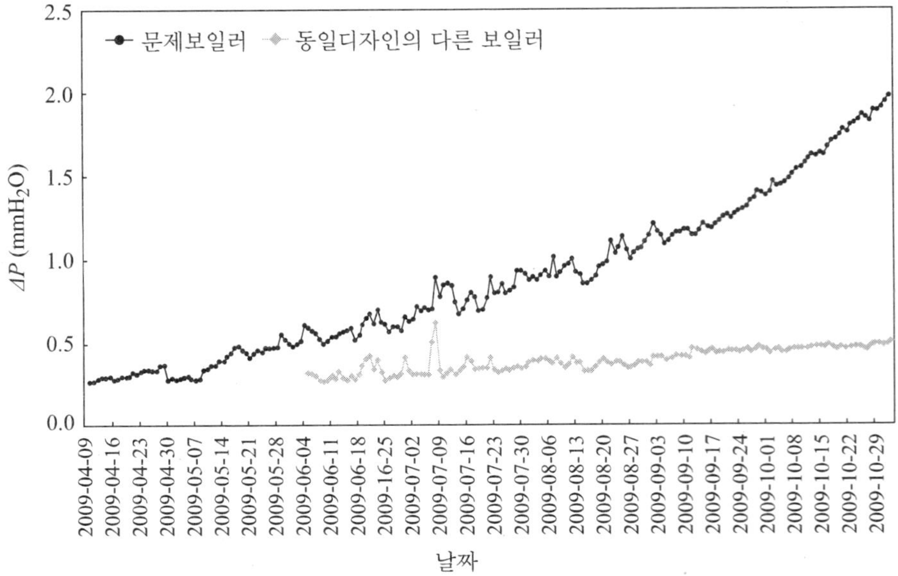

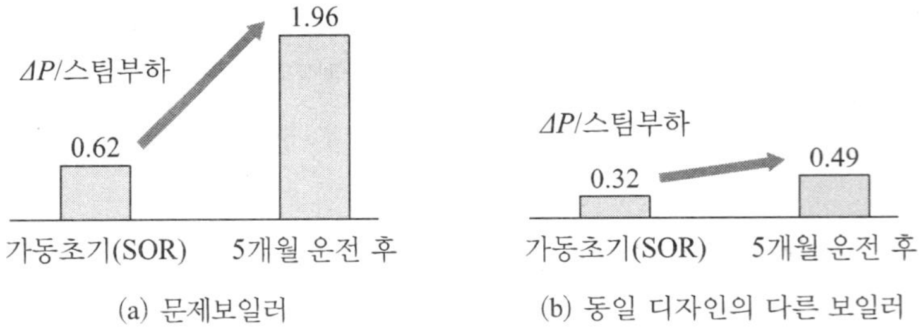

그림 12-15 스팀보일러 ΔP 상승 속도

(1) ΔP 상승현상 파악

문제 스팀보일러의 경우 5개월 만에 ΔP가 3.2배 증가(0.62 → 1.96)하여 셧다운 작업이전 수준으로 상승하고, 이에 반하여 동일 디자인의 다른 스팀보일러는 약 1.5배 증가(0.32 → 0.49)하였으나 문제 보일러대비 약 25% 수준이다. 단, 보일러 부하 변화에 따른 영향을 고려하기 위해 이코너마이저 ΔP를 보일러 부하로 나누어 분석하였다.

(2) 실제 운전현황 비교 결과

그림 12-16, 12-17은 문제 스팀보일러와 동일디자인의 다른 보일러의 비교를 위해 DCS 상의 운전 화면을 각각 나타내고 있다.

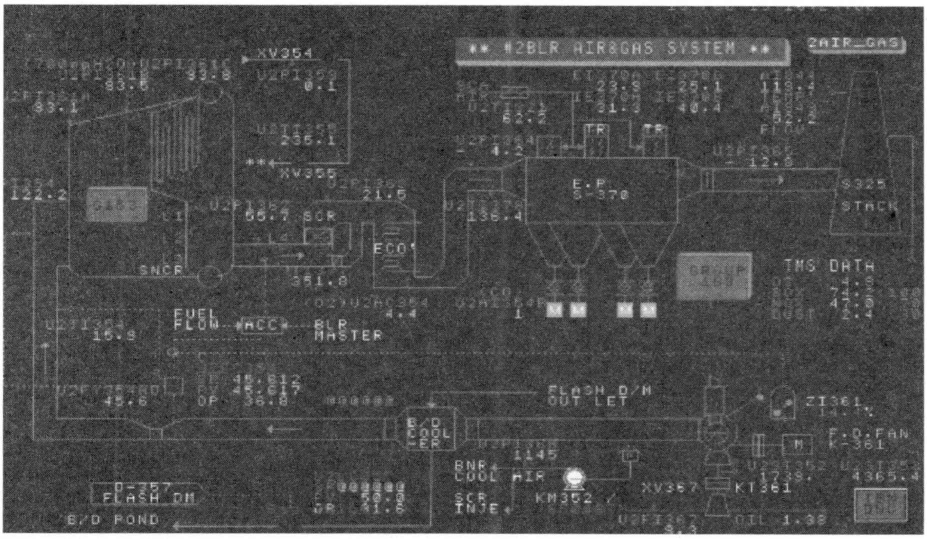

그림 12-16 문제 스팀보일러 운전 화면

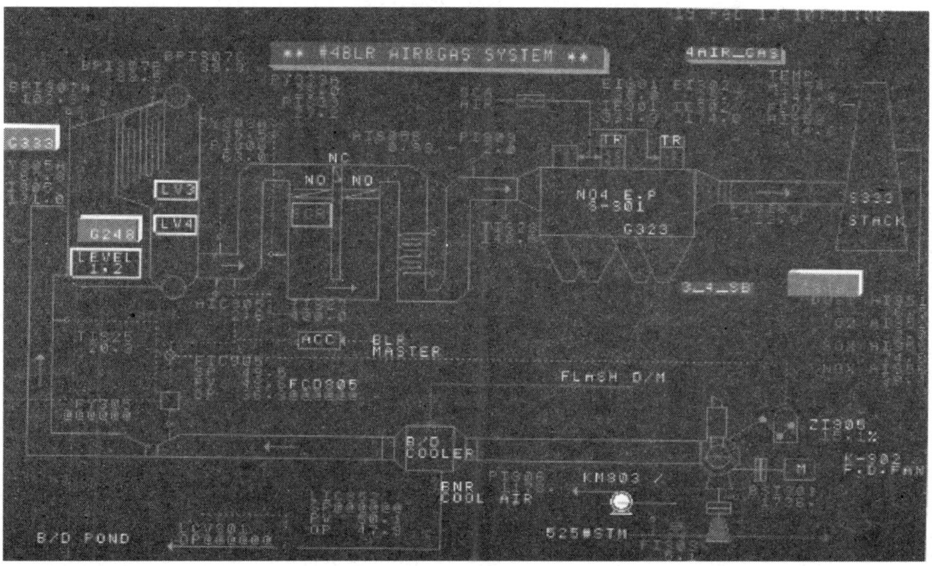

그림 12-17 동일디자인의 다른 스팀보일러 운전 화면

(3) 문제 스팀보일러 대기배출 오염 물질 경향

그림 12-18에서 12-21까지는 문제 스팀보일러의 대기 방출 오염물질(NO$_x$, 분진, CO)의 경향(Trend)을 나타내고 있다.

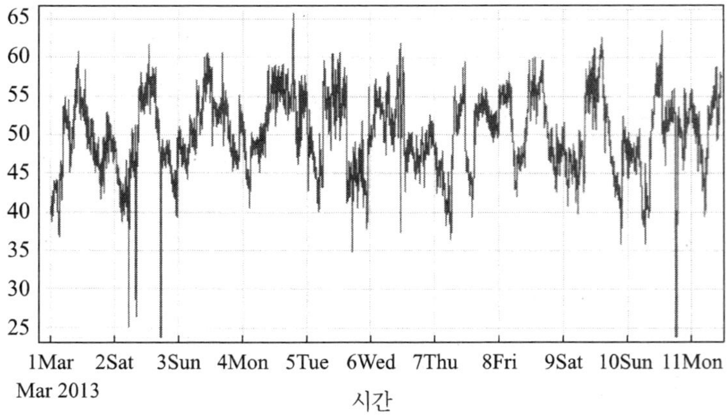

그림 12-18 문제 스팀보일러 연돌 NO_x (ppm)

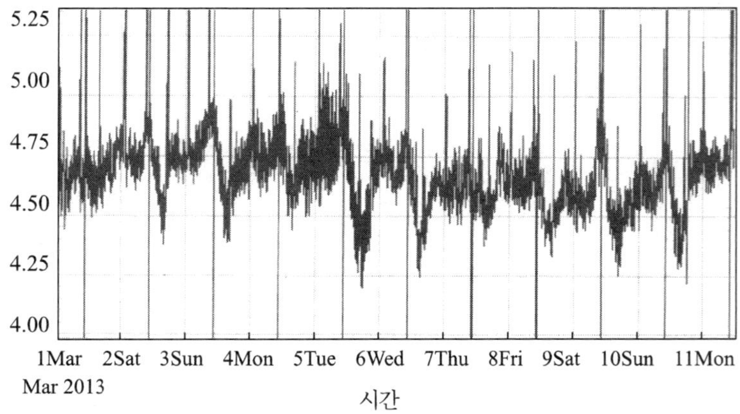

그림 12-19 문제 스팀보일러 분진 (mg/m^3)

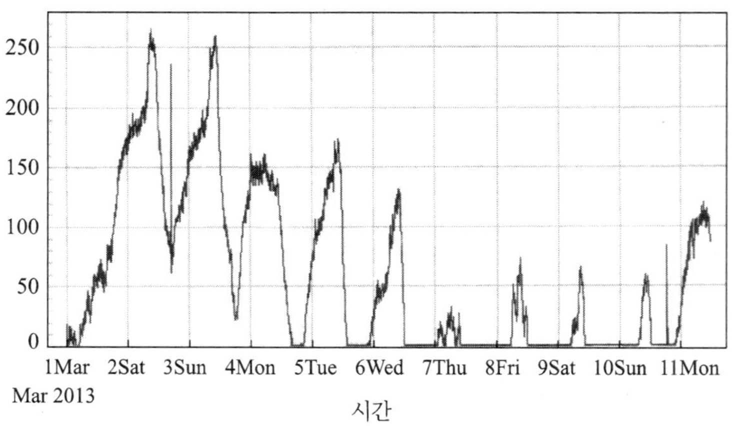

그림 12-20 문제 스팀보일러 CO (ppm)

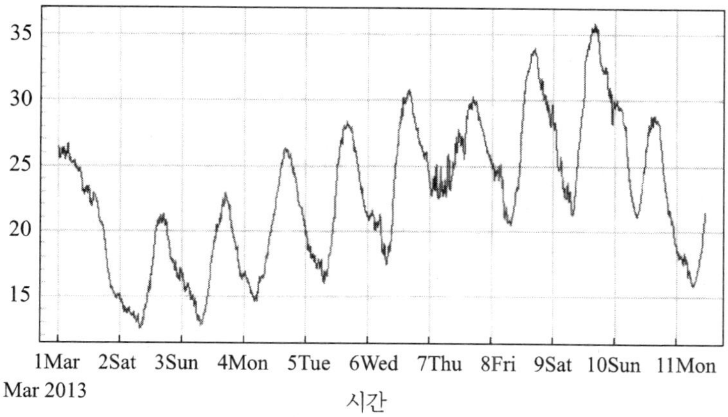

그림 12-21 문제 스팀보일러 연소공기 온도 (℃)

(4) 문제 원인 분석

문제의 원인은 여러 측면에서 살펴보아야 한다. 예를 들면 디자인 측면에서 초기 설계 시 듀브배열 (Tube Array), 핀밀도 (Fin Desity), 튜브길이 (Tube Length) 그리고 가동년수 (Run Number) 등도 ΔP에 영향을 미칠 수 있기 때문이다. 일반적으로 이코너마이저 (Economizer)의 드라프트 (Draft) ΔP가 증가하는 것은 ① 배출가스 유량이 증가하여 유속이 빨라져 상승하는 것과 ② 배출가스가 지나가는 통로가 좁아져서 빠른 유속에 의해 상승하는 2가지 경우로 볼 수 있다.

전자의 경우는 초기 설계치보다 배출가스 유량 및 온도가 증가한다면 유속이 증가할 수 있다. 후자의 경우로는 반응하지 않은 암모니아 (미반응 NH_3), 즉 암모니아 Slip에 의한 황산암모늄 (암모늄염)이 생성 축적되어 튜브 통로를 좁게 함으로서 유속 증가에 의한 이코너마이저 ΔP가 증가하는 경우이다.

① 스팀보일러 부하 변화

보일러 부하를 가능한 일정하게 유지하기 위하여 문제 보일러는 스팀생산 50~55 Ton/hr, 동일디자인의 다른 보일러는 50~51 Ton/hr로 하였다. 이와 같이 보일러 부하를 일정하게 유지한 후 이코너마이저 ΔP 경향은 크게 안정 (그림 12-22)되었으나 ΔP는 지속적으로 상승하였다.

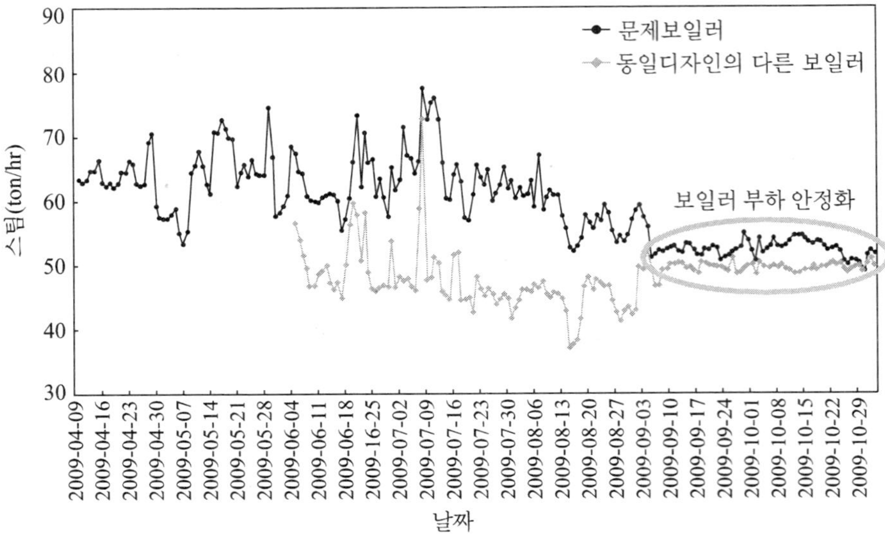

그림 12-22 스팀보일러의 스팀생산 부하 변화 비교

② 스팀보일러 NO_x 농도 변화

문제 보일러의 경우 평균 35 ppm 수준으로 NO_x 농도를 유지하였으나 이후 40 ~50 ppm으로 관리하고 있다. 반면에 동일디자인의 다른 보일러는 과도하게 낮은 NO_x 농도 (0 ppm)로 운전되는 경우도 있었으며 이전에는 NO_x 농도를 30~40 ppm 수준으로 관리하였으나 이후는 40~50 ppm 수준으로 관리하고 있다.

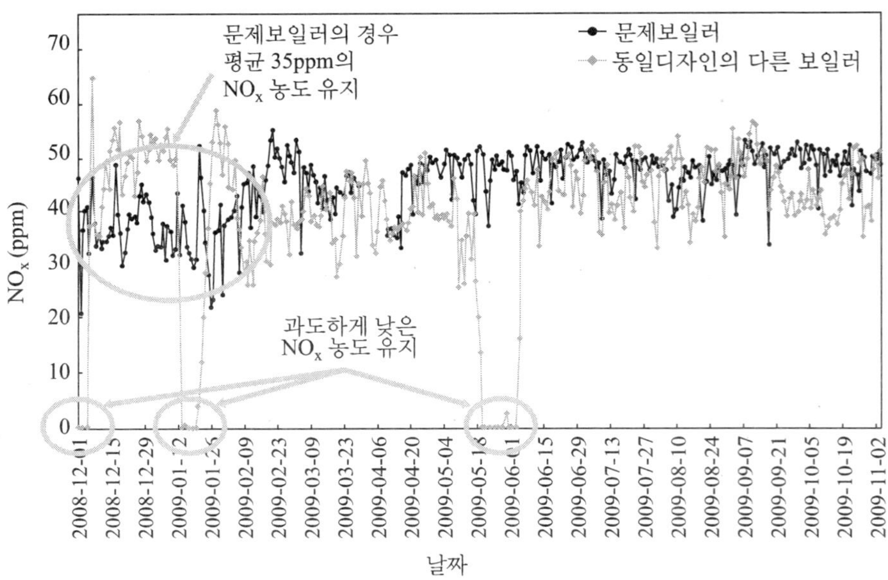

그림 12-23 스팀보일러 NO_x 농도 변화

③ 스팀부하와 NO_x 배출 관계

그림 12-24는 문제 보일러의 스팀 생산부하와 연돌 NO_x의 경향을 나타내고 있으며, 파울링에 의한 잦은 셧다운 정비에도 불구하고 NO_x은 규제치 내에서 관리되고 있음을 나타내고 있다.

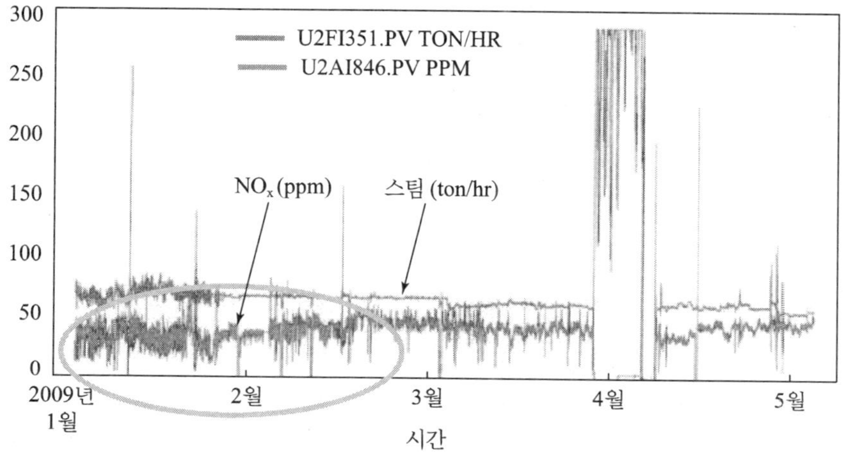

그림 12-24 문제 보일러의 스팀부하와 NO_x

(5) 셧다운 내부 검사 (Inspection) 결과

실제 셧다운 (Shut Down) 후 정비기간에 문제 보일러 내부를 검사한 결과, 그림 12-25와 같이 튜브 사이 통로의 막힘 (Plugging) 현상이 심각하였으며, 암모늄바이설파이트 (ABS, Ammonium BiSulfite)인 백색의 단단한 스케일과 흑색의 부드러운 회 (Ash) 성분이 축적되어 혼재해 있음을 확인하였다.

그림 12-25 문제 보일러의 파울링 현상: (좌) Fin Tube (우) Bare Tube

다음 사진은 튜브표면에 부착된 축적물로서 좌측은 검은색의 덩어리(Chunk) 형태로 흰 결정이 중간 중간에 산재해 있고 우측은 베어튜브(Bare Tube) 표면에 쌓인 약 2~3 mm 두께의 스케일을 나타내고 있다.

암모니아 Slip은 암모니아가 과도하게 주입되거나 SCR 촉매 효율이 떨어지면 발생하게 된다. 보통 암모니아 Slip은 2~4 ppm 유지한다. 따라서 SCR 후단에 암모니아 분석기를 설치하여 미반응 암모니아 함량을 체크해야 한다. 실제 문제 보일러를 체크한 결과 암모니아 Slip은 1 ppm 정도로 암모니아가 과도하게 들어가지 않은 것으로 나타났다. 그리고 과잉공기를 높이면 NO_x가 높아질 수 있으며 이 높아진 NO_x를 제어하기 위해서 암모니아를 더 투입하게 되는데 이로 인하여 암모니아 Slip이 증가할 수도 있다.

그림 12-26 보일러 이코너마이저 튜브 표면의 축적물

(6) 셧다운 정비후 ΔP상승 경향 분석

다음은 셧다운 정비기간에 보일러의 이코노마이저 튜브 표면에 축적된 파울링 물질(황산암모늄)을 워터젯(Water Jet) 방식으로 제거한 후 사진을 보여주고 있다.

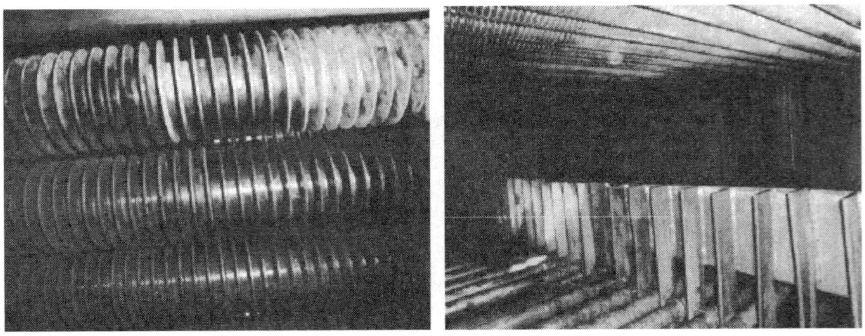

그림 12-27 셧다운 정비 및 클리닝 후 사진

셧다운 정비 이후 ΔP가 월 10 mmH_2O씩 증가하고, NO_x 경향으로 보았을 때 NO_x 제어를 위해 우레아 과다 주입의 빈도는 줄었으나 여전히 ΔP 상승문제가 발생하고 있음을 그림 12-28에서 알 수 있다. 즉, 셧다운 클리닝 후 4개월 정도 지난 시점에서 이미 가동말기(EOR, End Of Run) 수준의 ΔP를 보이고 있기 때문이다.

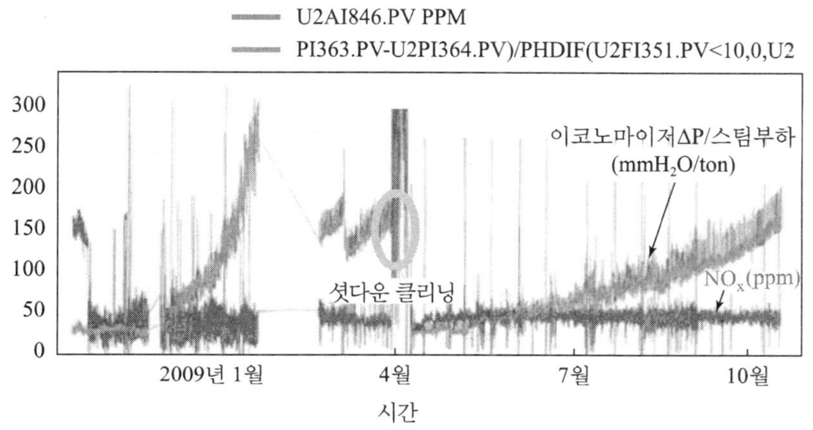

그림 12-28 이코너마이저 ΔP 상승과 파울링 관계

보통 SCR에서 분사된 미 반응 암모니아와 SO_x 및 연소가스의 수분(H_2O)으로 인해 다음과 같은 반응이 일어난다.

① $NH_3 + SO_3 + H_2O \rightarrow NH_4HSO_4$ (Ammonium BiSulfite, ABS, 170℃ 이하에서 생성)

② $2NH_3 + SO_3 + H_2O \rightarrow (NH_4)_2SO_4$ (Ammonium Sulfate, AS, 250℃ 이하에서 생성)

③ $NH_3 + H_2SO_4 \rightarrow NH_4HSO_4$

위와 같은 반응으로 생겨난 황산암모늄은 일반적으로 250℃ 이하에서 발생되며 관로 폐쇄 문제를 발생시킨다. 따라서 문제 보일러의 이코노마이저 ΔP 증가의 원인은 황산암모늄의 생성으로 이코너마이저의 튜브핀에 점착되어 배출가스 통로를 막음으로써 유로가 좁아졌기 때문으로 확인되었다.

▌참고▐ 하이브리드 탈질 보일러의 ΔP 급상승 문제 개선 정리

보일러 제작과 탈질 (DeNO$_x$) 시스템 제작 설치는 모두 국내에서 수행되었다.

(1) 클리닝주기 1개월

SCR Bypass 밸브에서 NH$_3$ Leak로 Block 밸브로 교체하고 우레아 과다주입을 프로그램으로 조정한 결과 주기가 완화되었다.

(2) 주기가 6개월로 늘어났지만 유사보일러에 비해 매우 짧음

보일러 제작사 추천으로 전체 4개 버너 중 2개 오일/2개 가스연소에서 4개 전체 오일/가스 혼소 테스트를 실시한 결과 클리닝주기에 효과가 없고 오히려 나빠졌다. 이것의 테스트 배경은 불완전연소에 의한 미연소 카본 (Unburned Carbon, Ash, Dust, Combustible등) 생성의 최소화 및 미연소 카본에 의한 사후연소 (After Burning) 유무에 있었다.

(3) 과잉산소 측정기 (Prober) 이동

SCR전단에서 SCR 후단, 즉 SCR과 이코너마이저 사이에 이동 설치한 결과 과잉산소 변화폭이 줄어들었다. 이것은 SCR에서 공기 혼합 (Mixing)이 좋음을 의미한다.

(4) 암모니아 Slip 센서 설치

SCR과 이코너마이저 사이에 설치하였다.

(5) 이코너마이저 ΔP

이코너마이저 입구와 출구의 압력차 (Pressure Drop) Check

(6) NO$_x$ 제거 (@ SNCR + SCR)

통상 전체 제거율은 SCR 70% + SNCR 30%

13 분진 (Dust)

분진 (Dust, Particulate)이란 우리의 눈에 보이지 않은 아주 작은 물질로서 대기 중에 떠다니다가 흩날려 내려오는 직경 10 μm 이하의 입자상 물질로 미세먼지는 인체에 큰 영향을 미치고 있다. 미세먼지는 입자의 크기에 따라 70 μm 이하인 총 먼지 (TSP, Total Suspended Particles)와 입자크기가 매우 작은 미세먼지로 구분한다. 다시 미세먼지는 지름이 10 μm보다 작은 미세먼지 (PM_{10})와 지름이 2.5 μm보다 작은 미세먼지 ($PM_{2.5}$)로 나눈다.

먼지의 입도 범위는 0.001～1000 μm이지만 70 μm 이상의 먼지는 발생 즉시 침강하므로 일반적으로 70 μm 이하의 먼지를 총 먼지 (TPS, Total Suspended Particles)라 부르기도 한다. 0.1 μm 이하의 먼지 입경은 초 (Ultra) 범위라 하며 대부분의 먼지는 0.1～10 μm 사이에 분포하게 된다. 0.1～1 μm 범위의 입자는 입경분포의 특성상 침강이나 응집이 쉽지 않기 때문에 대기 중에 체류시간이 길고 폐포 (허파꽈리)에 침투가 가장 용이하다. 그리고 0.5 μm 크기의 입자는 빛의 산란효과가 가장 커서 시정 감소 등의 원인이 되기도 한다.

13.1 분진의 분류

먼지에는 퓸 (Fume), 미스트 (Mist), 연기 등이 있다. 퓸이란 가스 상태에서 응축하여 생긴 것이며, 미스트란 액체가 증발하고 난 후 응축하여 생긴 것이고 연기는 연소에 의하여 생긴 탄화물이다.

크기에 따라 PM_{10} (미세먼지), $PM_{2.5}$ (초미세먼지), $PM_{1.0}$ (극초미세먼지)으로 나눈다. PM (Particulate Matter)이란 입자상 (대기 중에 떠다니는 고체 또는 액체 상태의 미세입자)이라는 뜻으로 PM_{10}은 입자의 크기가 지름 10 μm 이하, $PM_{2.5}$는 지름

2.5 μm 이하, $PM_{1.0}$은 지름 1.0 μm 이하의 먼지를 말한다.

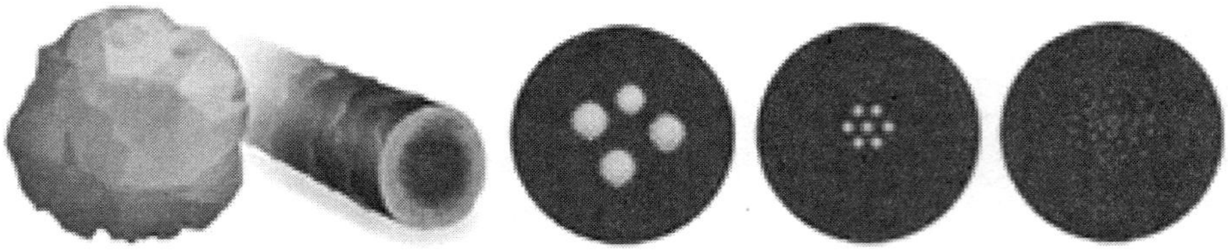

그림 13-1 먼지

(1) PM_{10} (10 μm 미만의 입자)

입자의 크기가 10 μm 미만인 먼지를 말한다. 한국에서 환경기준으로 연평균 50 $\mu g/m^3$, 24시간 평균 100 $\mu g/m^3$를 기준으로 하고 있다. 인체의 폐포 (허파꽈리)까지 침투하여 각종 호흡기 질환의 직접적인 원인이 되며 인체의 면역 기능을 약화시킨다. 세계보건기구 (WHO) 가이드라인으로는 연평균 10 $\mu g/m^3$, 24시간 평균 50 $\mu g/m^3$으로 설정되어 있으며 개발도상국의 경우 연평균 70 $\mu g/m^3$ 정도이다.

(2) $PM_{2.5}$ (2.5 μm 미만의 입자)

입자의 크기가 2.5 μm 미만인 먼지를 말한다. 이것은 초 (Ultra) 미세먼지라고 한다. 입자의 크기가 작을수록 건강에 미치는 영향이 크다는 결과에 따라 선진국에서 미세입자에 대한 기준을 90년대 후반부터 도입하기 시작했다. 한국은 2015년 1월에 시행했으며 연평균 25 $\mu g/m^3$, 24시간 평균 50 $\mu g/m^3$의 기준을 발표하였다. 미국은 연평균 15 $\mu g/m^3$, 24시간 평균 35 $\mu g/m^3$의 기준을 설정하였다. 세계보건기구 (WHO) 가이드라인으로는 연평균 10 $\mu g/m^3$, 24시간 평균 25 $\mu g/m^3$으로 설정되어 있다.

PM_{10}에는 자연의 토양 성분 등이 포함되어 있지만 $PM_{2.5}$의 경우 주로 다양한 오염원으로부터 배출되는 1차 오염물질이 대기 중에서 물리화학 반응을 일으켜 생긴 2차 오염물질로 이루어져 있다. 다시 말해 $PM_{2.5}$는 질소산화물, 황산화물, 암모니아, 휘발성 유기화합물 등의 전구물질이 대기 중에서 질산염, 황산염, 암모늄, 비휘발성 유기물, 유기탄소 등으로 바뀐 물질이다. $PM_{2.5}$의 대기 중 체류시간은 약 7일로, 바

람을 타고 장거리를 이동하여 주변국까지 영향을 끼친다. 한편 PM_{10}의 대기 중 체류시간은 $PM_{2.5}$의 1/2~1/3 수준이다.

(3) 총 부유입자 (TSP, Total Suspended Particles)

총 부유분진 또는 총 부유입자상 물질 또는 총 입자상 물질이라고 하며, 통상적으로 70 μm 이하의 모든 부유 먼지를 말한다. 입자의 크기가 10 μm 이상인 경우에는 도시 미관에 영향을 미치긴 하지만 인체의 건강에는 영향이 적기 때문에 90년대 후반 TSP에서 PM_{10}으로 환경 기준을 변경하였다.

13.2 분진 발생원인과 인체에 미치는 영향

미세먼지의 배출원은 자연적인 발생과 인위적인 발생으로 구분된다. 우선 자연적으로 생성되어 대기로 유입되는 미세먼지의 종류로 토양 입자 (모래바람 먼지), 해염 (소금) 입자, 꽃가루, 균류의 포자, 박테리아, 화산재, 산불 등이 있다. 그러나 인위적인 발생의 원인은 중국발 미세먼지을 비롯하여 대부분은 일상생활과 교통, 산업활동 등에 의해 발생하며 공장, 발전소, 농장 등의 사업장, 도로 (자동차), 가정에서 연소, 배출가스 방출 등에 의해 생성된다.

대기오염 물질이자 유해물질인 미세먼지는 빛을 산란시켜 대기를 흔탁하게 만들고 식물의 잎 표면에 쌓여 신진대사를 방해한다. 또한 건축물이나 동상 등의 설치물에 쌓여 부식을 유발하기도 한다. 무엇보다 호흡기와 폐 질환을 비롯하여 피부 및 안구 질환 등의 원인이 되어 인체에도 위험하다. 일반 먼지와 달리 코, 구강, 기관지에서 걸러지지 않고 신체에 축적된다. $PM_{2.5}$의 경우 폐포 (허파꽈리)까지 침투하고 혈관으로도 들어가 심혈관 질환도 일으킬 수 있다. 인체에 미치는 영향은 노인 사망률 증가, 천식, 두통, 아토피, 인슐린 저항성 등의 질병에 직간접적으로 영향을 미친다.

13.3 미세먼지 배출관리 및 예방과 대책

미국은 1997년부터 대기환경기준 $PM_{2.5}$를 운영하고 있으며 기준은 연평균 15 $\mu g/m^3$, 24시간 평균 35 $\mu g/m^3$으로 하고 있다. 미환경보호청(U.S. EPA, Environmental Protection Agency)을 중심으로 환경대기 중 미세먼지 농도 및 거동파악과 함께 시설 별 미세먼지 배출 자료를 확보하고 있다. 한국은 2015년부터 대기환경기준 $PM_{2.5}$를 운영하고 있으며, 기준은 연평균 25 $\mu g/m^3$, 24시간 평균 50 $\mu g/m^3$으로 하고 있다. 환경부 주관으로 환경대기 중 미세먼지 측정 및 거동평가 연구는 수행하였으나, 배출원에서의 측정 및 거동평가는 제한적이다.

우리나라의 미세먼지 배출 관리는 총 먼지(TP, Total Particle)만 관리 대상으로 하고(배출허용 기준에 총 먼지만 규정) 있다. 실질적으로 화력발전소를 예로 들면, 보일러 배출먼지 중 99% 이상은 전기집진기와 탈황설비에서 제거된다. 미세먼지는 배출현황 자료가 거의 없으며 연소배출가스 중 미세먼지의 분율이 높아 미세먼지 주요 배출원으로 오인하고 있다. 미세먼지는 측정 및 제어가 어려울 뿐 아니라 연도의 측정 환경이 열악하고 작은 입자의 측정이 용이하지가 않다. 미세먼지로부터 보호할 수 있는 가장 간단하고 보편적인 방법은 미세먼지 차단 마스크를 착용하는 것이다.

▌참고 ▌ 미세먼지 차단 마스크

미세먼지 차단 성능이 있는 마스크는 제품 포장에 의약품이라는 문자와 KF80, KF94, KF99 등이 표시되어 있다. KF80, KF94, KF99는 입자차단 성능을 나타내는데 KF80은 평균 0.6 μm 크기의 미세입자를 80% 이상 걸러낼 수 있으며 KF94, KF99는 0.4 μm 크기의 미세입자를 94%, 99% 이상 각각 걸러 낼 수 있다. KF 문자 뒤에 붙은 숫자가 클수록 미세입자 차단 효과가 더 크다.

14 분진저감 및 제어기술

분진 (Dust) 제어에는 여러 종류의 집진기가 사용되고 있는데 이들에는 전기집진기, 원심력집진기, 여과집진기, 세정집진기 등이 있으며 각각의 원리와 장단점은 다음과 같다.

14.1 전기집진기 (EP, Electric Precipitator)

전기적인 방법으로 가스 또는 액체 속에 부유하는 고체 및 액체의 입자를 제거하거나 모으는 장치를 말한다. 미국의 화학자 F. G. Cottrell에 의해 1906년에 처음 만들어져 코트렐 집진기 (Cottrell Precipitator)라고도 한다.

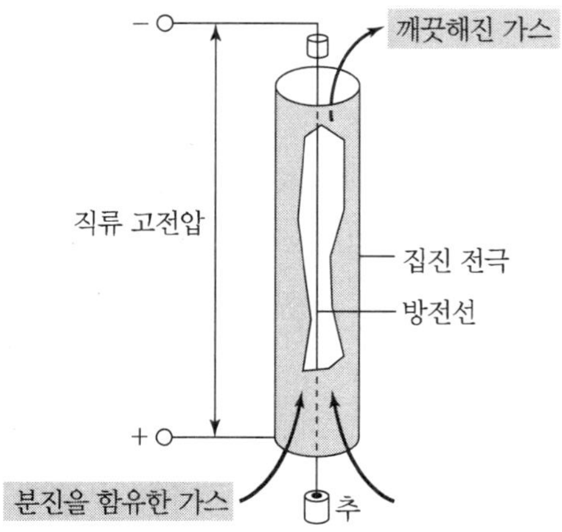

그림 14-1 전기집진기 구조

이 집진기는 원통형의 집진전극을 양으로 하고, 원통의 중앙에 매단 방전선에 음의 직류 고전압을 가해 놓은 뒤 이 원통 내에 분진을 함유한 가스를 밑에서 보내면 분진이 음으로 대전하여 원통 내면에 부착되므로 원통 상부로 빠지는 가스는 깨끗해진다. 원통에 쌓인 분진은 물로 씻어 내리거나 원통에 기계적 충격을 가해 제거한다. 전자는 습식 집진기라 부르고 후자는 건식 집진기라 한다.

전기집진기는 코로나방전 (Corona Discharge)에 의해 생긴 전하가 입자에 부착, 대전입자가 되어 정전기력에 의해 반대극성의 전극에 끌려 이동하는 원리를 이용하는데 화력발전소, 제철소, 금속가공, 시멘트/가스/황산제조공업 등에서 대기오염의 방지를 위해 널리 사용되고 있다. 예를 들면, 증기력발전소에 있어서 보일러의 배출가스에 함유된 많은 분진, 검댕 등을 제거하기 위해 연돌로 보내는 가스 흐름 도중에 전기집진기가 설치된다. 전기로 집진하기 위해서는 수만 볼트 (V)의 직류전압이 필요하다. 직류 고전압을 만들려면 50 또는 60 Hz의 교류전원을 사용하여 전압 조정기, 특별고압변압기, 정류기 등에 의해서 4∼7만 볼트를 만든다.

(1) 전기집진기의 특징

정전력을 사용하여 입자를 집진하는 장치로서 주로 다량 분진 배출시설에 효율적으로 사용되며, 입경이 작은 입자의 제진에 효과적이다. 그리고 99% 이상의 높은 집진효율을 얻을 수 있고, 약 0.1 μm 이상의 극 미립자도 포집할 수 있을 뿐 아니라 모든 종류의 분체, 미스트 (Mist) 물질의 집진도 가능하다. 또한 압력 손실이 적으므로 (10∼20 mmH_2O) 팬 (Fan)의 동력비가 적어 유지비가 적게 든다.

(2) 전기집진기의 형식

1단식과 2단식이 있다. 1단식은 입자에 하전을 주는 하전작용과 대전입자의 집진작용 등이 동일 전계에서 행해지고 보통 산업용이 이에 해당한다. 반면 2단식은 입자에 하전을 주는 하전작용과 대전입자의 집진작용이 서로 다른 전계에서 행해지는 방식으로 공기 정화용 에어클리너가 여기에 속한다.

그리고 1단식에서 전극에 부착 퇴적된 분진을 제거하는 방법으로 건식과 습식으로 구분한다. 건식은 입자를 건조 상태로 포집하여 기계적 충격에 의해 포집 먼지를 집진전극으로부터 탈리 (탈진)하는 방식을 말한다. 습식은 집진 전극 표면에 물을 스프레이 하여 수막을 형성해서 포집된 먼지를 물과 함께 흘려서 제거한다.

(3) 전기집진기의 구조

주요 구성부품은 방전극, 집진극, 추타장치, 고압하전장치, 가스정류장치, 애자장치 (Insulator) 및 호퍼 등으로 이루어진다. 일반적으로 ① 방전극은 선 또는 방전특성이 좋은 날카로운 형태로 되어 있어 코로나방전이 쉽게 발생되며, 처리가스를 이온화하여 분진을 충전시키는 한편 전장(Electric Field)을 만든다. ② 집진극은 보통 원통 또는 평판으로서 방전극이 음극을 띠는데 대해서 양극으로 충전되며 충전된 입자를 집진하는 역할을 한다. ③ 추타장치는 전극에 충격 또는 진동을 주어 전극에 부착된 분진을 털어내는 기능을 한다. 추타장치는 방전극과 집진극 모두에 작용하여 이들 전극에 분진퇴적을 방지한다. ④ 호퍼는 전기집진기 하단에 설치되어 있으며 추타 후 분진을 포집하는데 사용된다.

(4) 전기집진원리 (코로나방전 및 집진원리)

직류 고전압을 사용하며, 집진극(Collecting Electrode)을 양극, 방전극(Discharge Electrode)을 음극으로 적당한 불평등 전계를 형성하고 이 전계에 있어서의 코로나 방전(Corona Discharge)을 이용하여 가스 중의 분진에 전하를 주어 이 대전입자를 쿨롱 힘(Coulomb Force)에 의하여 집진극에 부착 포집하는 장치이다. 코로나 방전에는 정(+)코로나 방전과 부(−)코로나 방전이 있으며 부코로나 방전은 정코로나 방전에 비해 코로나 방전개시 전압이 낮고 불꽃 방전개시 전압이 높으며 안정성이 있으므로 보다 많은 코로나 전류를 흘릴 수 있고 보다 큰 전계 강도를 얻을 수 있다. 따라서 일반적인 공업용 전기집진기에서는 부코로나 방전을 이용한다.

부코로나 방전에 의해 생긴 양이온과 음이온은 서로 다른 극성의 전극을 향해 이동하게 된다. 이때 전리 영역이 방전극, 즉 음극 근방에 국한되어 있는 까닭에 양이온은 단거리 행정을, 음이온은 장거리 행정을 갖게 되므로 분진입자의 거의 대부분은 음이온으로 대전되어 양극으로 이동되며, 따라서 양극인 평판 전극 또는 원통 전극 집진극이라 한다. 또한 음극인 방전극은 지속방전을 위한 전자를 방출한다는 의미이다.

그리고 분진 입자의 대전 방법으로는 이온이 전계에 의해 에너지를 얻어 분진 입자와 충돌하여 대전시키는 충돌대전과 기체 중의 이온이 기체분자운동론의 법칙에 의해 불규칙한 열운동을 하게 되어 확산하게 되어 이러한 확산에 의해 분진 입자에 부착하여 대전시키는 확산대전이 있다. 전극으로 이동된 분진 입자는 전극 표면에 부착 포집되고, 이는 다시 탈진 또는 세정되어 낙하 탈진된다.

(5) 역 방전 (Back Corona)현상이 발생한 상태

역 방전현상이 발생한 상태에서는 양극간의 방전전류는 증가하지만 불꽃 발생 개시 전압이 낮아지고 양극으로부터의 이온에 의한 분진의 대전량이 증가하므로 집진 효율은 현저히 저하하며, 일반적으로 분진입자의 전기 비저항이 고저항이면 역 방전 현상이 발생한다. 또한 역으로 분진의 전기 비저항이 지나치게 작으면 전계 내에서 대전된 분진입자는 집진극에 도달하자마자 대전된 전하를 집진극으로 쉽게 방전하여 분진입자가 집진극 표면에 퇴적될 수 있는 부착력을 잃는다. 따라서 분진 입자는 다시 가스 흐름에 의해 재 비산되었다가 재 대전되어 다시 집진극으로 향한다. 그러나 다시 쉽게 전하를 방출하여 재 비산되고 그 현상이 거듭되므로 해서 집진효율은 크게 저하한다. 비저항이 작은 분진의 재 비산 시 이를 방지하기 위해서 집진극에 배플 (Baffle)을 설치하기도 한다. 그러므로 정상적인 집진을 위해서는 가스를 조정하여 분진입자의 전기 비저항을 적절한 범위 내로 유도한다.

(6) 가스 중 수분량/온도/처리가스량 및 가스흐름분포

일반적으로 가스 중 수분량이 증가할수록 분진입자의 전기 비저항이 낮아져 집진 효율이 증가한다고 할 수 있다. 온도가 150~160℃ 이하의 경우는 온도가 낮아질수록 가스의 상대습도가 높아져 분진입자 표면에 수분의 응축으로 인해 전하의 전도도가 증가되어 전기 비저항이 낮아지는 것으로 생각되며, 250℃ 이상의 경우는 분진 입자 내의 분자가 반도체적 물성을 띠게 되어 전기 전도도 증가 (체적 전도의 증가)에 의한 것으로 추정된다. 따라서 장치 처리 가스온도는 150℃ 이하이거나 250℃ 이상이 전기집진 작용에 유리함을 알 수 있다.

보통 가스량이 증가하면 집진 효율은 감소하는 것으로 알려져 있다. 실제에 있어서도 동일 전기 집진기 내의 처리 가스량이 증가하면 가스의 유속이 증가하게 되며, 가스 유속이 어느 정도 이상으로 증가하면 분진입자의 재 비산으로 인하여 집진효율은 현저히 감소한다. 그러나 가스유속이 설계치보다 매우 낮으면 가스유속의 분포가 균일하게 되지 않아 집진효율은 감소한다. 따라서 전기집진 장치 내에서 처리가스의 흐름은 균일하게 분포되어야 한다.

(7) 분진입자의 전기고유저항

건식 전기 집진기의 경우 집진극에 분진 입자가 부착 퇴적되면 분진층의 전기 저항으로 인하여 방전극과 집진극 사이의 전계형성에 영향을 준다. 보통 퇴적 분진층 내의 가스부분의 전계강도는 가스와 분진의 유전율이 달라 분진의 형상 및 부착 상태 등에 의해 평균 전계보다 훨씬 크게 된다. 따라서 분진층 내의 가스는 방전극의 코로나 방전개 시 전계강도보다 매우 낮은 값에서 전리하기 시작한다. 집진극의 분진층 내부 또는 표면에 있어서 가스가 전리하면 집진극으로부터 방전을 개시하여 방전극으로부터의 방전에 대하여는 역으로 집진극에서 양이온이 방출되어 방전극 쪽으로 향하려 하게 된다. 이와 같이 분진층의 영향으로 방전극 및 집진극이 함께 방전하는 현상을 역 방전(Back Discharge)현상 또는 역 코로나(Back Corona)현상이라고 한다.

(8) 분진농도/분진입자경/ 물리적 성질의 영향

분진포함 농도가 높게 되면 인가전압이 일정한 경우 코로나 전류는 감소한다. 따라서 일정한 코로나 전류를 흐르게 하기 위해서는 인가전압을 높게 할 필요가 있다. 또 단위 용적당에 포함되어 있는 분진의 비표면적이 커지게 되면 집진영역 내에서의 전계강도가 증가하므로 동일 코로나 전류를 인가하면 분진농도에 의해 집진효율은 상승하나 전계강도가 일정한 영역이상이 되면 스파크(Spark)가 발생되어 안정하전이 되지 않을 우려가 있다. 입자경이 작으면 대전 전하량이 작아져 집진극으로의 이동속도가 느리게 되므로 집진효율이 감소한다. 또한 분진의 입자경이 작으면 기계적 부착력과 전기력 부착력 모두 강해진다. 전기적 부착력이 강해지는 것은 분진의 입자경이 작아질수록 분진 입자의 비표면적이 증가하여 대전량이 증가하기 때문인 것으로 추정된다. 또 분진의 응집작용은 입자의 흡수성에 의해서도 촉진된다. 그리고 분진의 부착은 고온이 됨에 따라 저하되어 분진의 유동이 증가하는 것으로 알려져 있다.

(9) 전기집진기의 장점

① 미세한 입자에 대해서도 집진효율이 매우 높다.

② 낮은 압력손실로 대량의 가스를 처리할 수 있다.

③ 재생성 물질은 건식으로 집진하고 훈연이나 연무는 습식으로 집진한다.

④ 광범위한 온도 범위에서 설계가 가능하다.

⑤ 매우 높은 효율이 요구될 때를 제외하고는 운영비용이 적다.

(10) 전기집진기의 단점

① 설치비용이 많이 든다.

② 가스상 오염물질을 제어할 수 없다.

③ 일단 설치되면 운전조건의 변화에 따라 유연성이 적다.

④ 넓은 설치면적이 필요하다.

⑤ 비저항이 큰 분진은 제거하기 어렵다.

14.2 중질유분해공정의 CO보일러 후단 전기집진기 적용 및 운전(사례)

전기집진효율에 미치는 인자는 입자크기, 혼입된 분진량(가스 중 입자의 함유량), 입자의 전기적 고유저항, 입자의 물리화학적 조성(유전율, 비저항의 변화), 가스의 조성 및 건습도(분진저항과 코로나 개시전압, 이온전류 변화) 등이 있다.
전기집진기의 특징은 표 14-1과 같다.

표 14-1 전기집진기 특징

장점	단점
• 높은 효율(> 99.9%) • 초 미세 분진 집진 • 건조하거나 습한 환경에서도 가능 • 최소 압력손실 • 용이한 정비 • 높은 온도 가스 처리 • 무거운 가스 용량 처리	• 높은 초기투자 비용 • 분진 특성에 따른 집진 성능 변화 • 보조 시스템 필요 - SO_3, NH_3 주입 시스템 - NaOH 분사 시스템 - 물 Quenching 스프레이어 • 적용을 위해 방폭(Anti-explosion) 요구됨

(1) 전기집진기의 구성

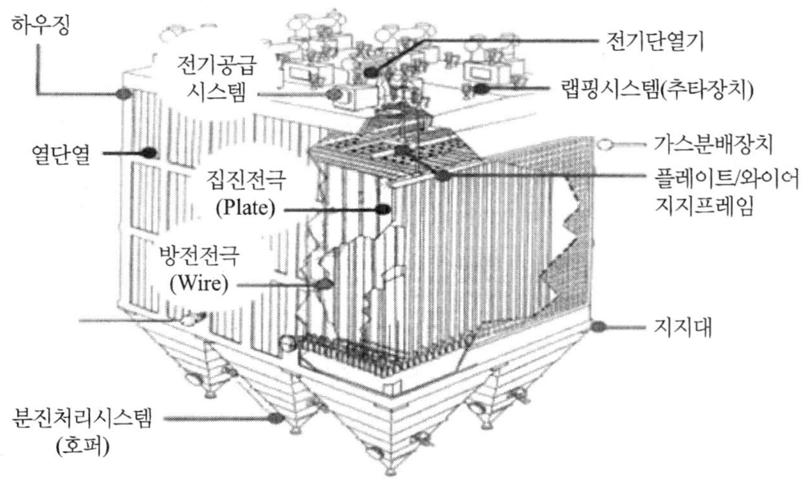

그림 14-2 전기집진기 구성 부품

(2) 고저항 분진의 역 코로나 (Back Corona)

① ~5×10^{11} Ohm-cm 이상의 고저항 분진

② 집진극 (CE, Collecting Electrode)의 분진층 절연 파괴 (10~20 kV/cm)

③ 역 코로나 상태에서 전류를 증가시키면 집진효율이 감소하므로 운전전류를 감소시켜야 함

④ 역 코로나는 (+) 전하를 방출하여 (−) 하전된 분진의 전하량을 감소시킴

⑤ 분진이 재 비산하여 분진이 폭발함

⑥ 방전극 (DE, Discharge Electrode) 표면의 분진량이 증가함

⑦ 포집 분진층의 두께 (d)가 크면 역 코로나 발생 시 스파크 (Spark)로 이행할 가능성이 큼

역 코로나 에너지 (Back Corona Energy)는 $0.5\,CV^2$ (C: 농도, V: 전압), $(1/d) \times (d)^2 = d$ (d: 분진층 두께)에 비례한다.

전기집진기의 운전모드에는 직류하전 방식, Semi-Pulse 방식, Micro-Pulse 방식이 있으며 상세 내용은 표 14-2와 같다.

▌참고 ▌역코로나 (Back Corona)

비저항이 너무 높으면 집진판에 포집된 분진이 전자를 방전하지 않기 때문에 집진층의 전압차가 너무 커져서 분진층의 얇은 틈을 통해 대량의 양전하가 발생하여 역 전리 현상을 발생시켜 집진효율 저하의 원인이 된다. 즉, 이것은 집진극의 분진층 내부 또는 표면에 있어서 가스가 전리하면 집진극으로부터 방전을 개시하여 방전극으로부터의 방전에 대하여는 역으로 집진극에서 양이온이 방출되어 방전극 쪽으로 향하려 하게 된다. 이와 같이 분진층의 영향으로 방전극 및 집진극이 함께 방전하는 현상을 역 방전(Back Discharge)현상 또는 역 코로나(Back Corona)현상이라고 한다. 그리고 포집 분진층의 두께(d)가 크면 역 코로나 발생 시 스파크(Spark)로 이행할 가능성이 커진다.

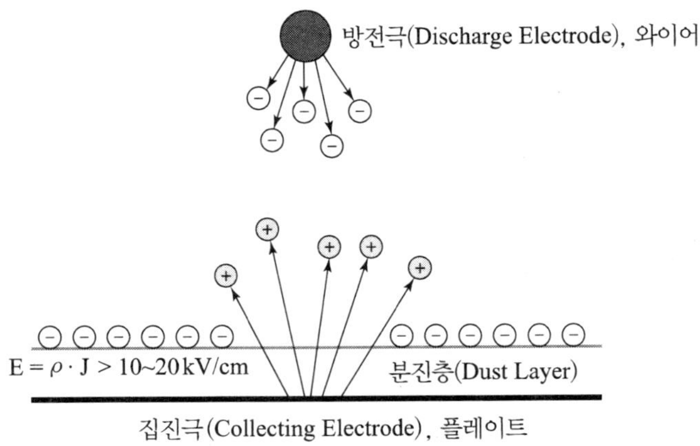

그림 14-3 역 코로나(Back Corona) 발생 과정

표 14-2 전기집진기 운전 모드(사례)

	직류하전 방식 (2007년 이전)	Semi-Pulse 방식 (2007년 4월~2009년 2월)	Multi-Pulse 방식 (2009년 정기셧다운 이후)
운전방식	직류전압 40 kV	직류전압 25~35 kV Pulse 전압 35 kV Pulse 주파수 On time set 3 cycle Off times set 8 cycle	직류전압 25~27 kV Pulse 전압 40 kV Pulse 주파수 25~45 Hz
EP출구분진량	72 mg/Nm^3	19.90 mg/Nm^3	9.85~9.26 mg/Nm^3
측정일자	2007년 12월 1~4일	2008년 11월 12~13일	2009년 6월 4~5일(1차) 2009년 8월 3~5일(2차)
전압형태	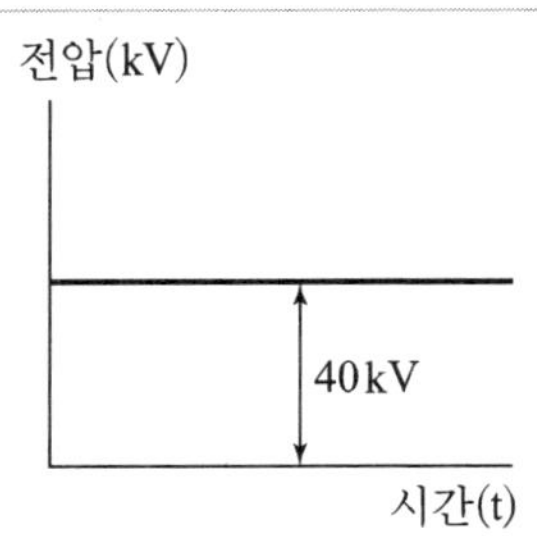	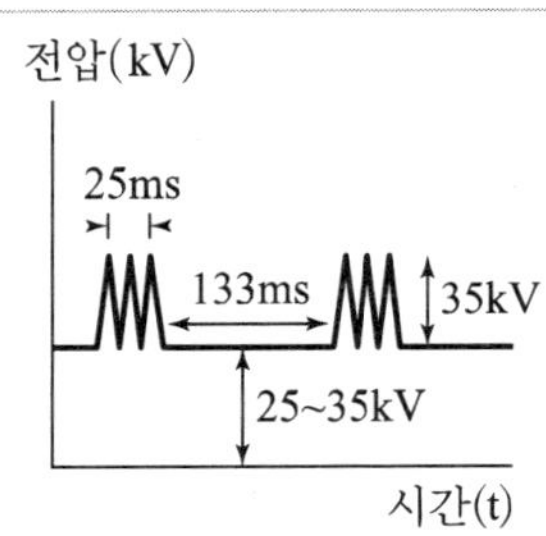	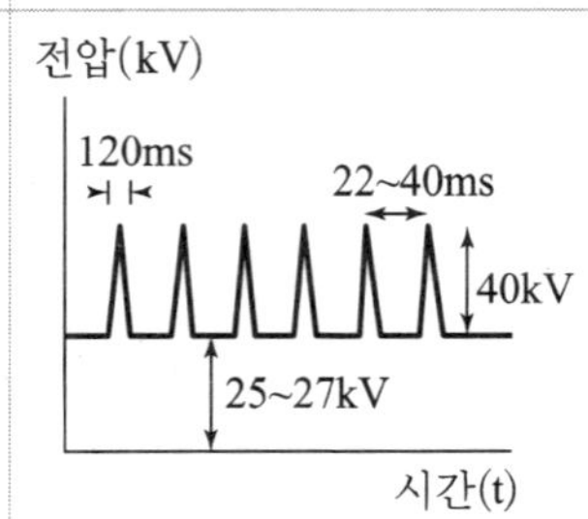

(3) 전기집진기 집진 효율에 미치는 인자

① 분진입자의 전기 고유저항

분진의 전기저항성이 높을 경우 집진효율을 높이기 위해 고전압을 인가할 경우 역 코로나 현상이 발생하여 분진의 재 비산으로 인해 집진효율이 저하한다. 일반적으로 전기저항 10^{11} (Ω/cm) 이상의 고저항 분진의 경우 Pulse 방식을 적용할 경우 순간적인 고전압의 인가를 통해 집진효율을 높일 수 있다.

② 가스온도

온도가 150～160℃ 이하의 경우는 온도가 낮아질수록 가스의 상대습도가 높아져 분진입자 표면에 수분의 응축으로 인해 전하의 전도도가 증가되어 전기 비저항이 낮아지는 것으로 생각되며, 250℃ 이상의 경우는 분진 입자 내의 분자가 반도체적 물성을 띠게 되어 전기 전도도 증가(체적 전도의 증가)에 의한 것으로 추정된다. 따라서 장치 처리 가스온도는 150℃ 정도 이하이거나 250℃ 정도 이상이 전기집진 작용에 유리함을 알 수 있다.

③ 분진의 크기

분진의 입자경이 작으면 입자의 이동속도가 감소하고 기계적인 부착력이 강해져서 집진효율이 저하한다. Pulse 방식의 경우 순간적으로 인가되는 고전압의 Pulse 외의 Base 전압이 낮아 입자경이 작은 분진의 집진판 부착력이 감소하게 되어 입자경이 작은(1～10 μm) 미세입자의 집진 효율이 우수하다. 그리고 수트 블로우(Soot Blow)에 의한 분진 증가는 분진입자가 일반적인 분진에 비해 상대적으로 클 것으로 예상되어 Pulse 방식에서의 집진효율은 감소할 것이다.

④ 유량 및 이동속도

일반적으로 가스량이 증가하면 집진 효율은 감소하는 것으로 알려져 있다. 실제에 있어서도 동일 전기 집진기 내의 처리 가스량이 증가하면 가스의 유속이 증가하게 되며, 가스 유속이 어느 정도 이상으로 증가하면 분진 입자의 재 비산으로 인하여 집진효율은 현저히 감소한다.

(4) 하전 방식

① 직류 하전

집진판에 쌓인 고저항 성분의 분진에 고전압을 연속 가압하면 분진층이 중화되는 속도보다 빠르게 재충전되어 집진판의 표면전위를 높이므로 상대적으로 방전극과의 전위차를 낮춰 코로나 발생이 저하되어 집진효율의 감소를 가져온다. 집진판의 집진된 분진표면 층간에 서로 다른 전위차가 생기며 주위보다 높은 전위차가 생긴 부분에서 스파크(Spark)에 의한 절연파괴가 일어나 재 비산을 유발시킨다.

② 간헐 하전

순간하전 전압은 높지만(65 kV) 평균하전 전압(30 kV)은 낮아서 고저항 성분의 분진이라도 쉽게 중화되어 표면전위가 낮아지므로 방전극과의 상대전위의 감소가 생기지 않아 높은 순간전압에 의해 분진을 쉽게 대전시켜주므로 집진성능이 크게 향상된다.

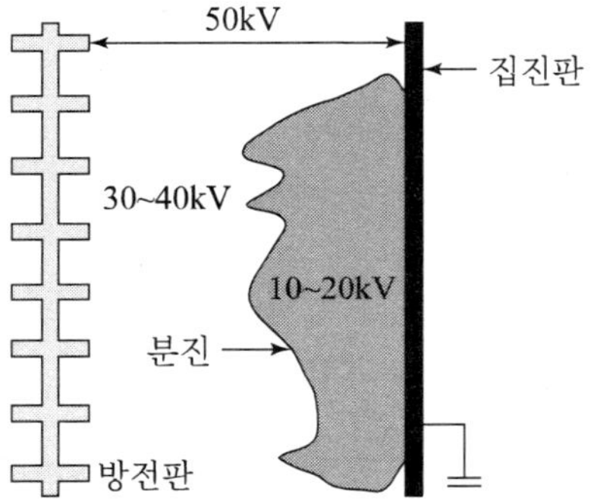

그림 14-4 간헐 하전 방식

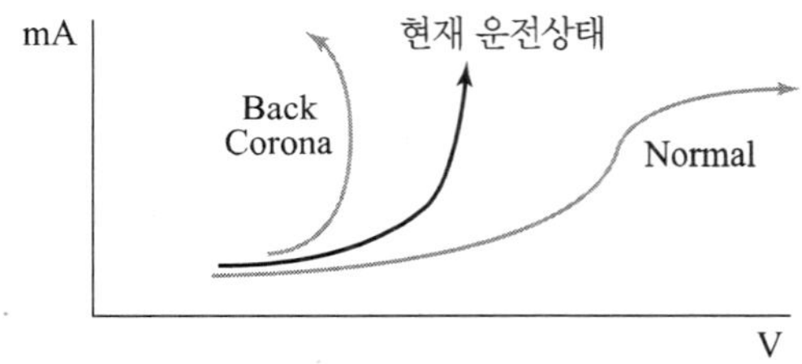

그림 14-5 전압과 전류

▌참고▐

실제 현장운전 설정은 평균값 기준 85~90%인 61.2~64.8 kV이다.

(5) 전기집진기의 분진분석기 측정원리

가스에 함유된 분진입자(Dust Particle)를 통과하는 빛의 감쇄 여부를 감지하여 측정하는 방식이다. 분진의 양은 불투명도(Non-linear)와 광학밀도(Linear)로 표시가능하고 현재 광학밀도를 사용하고 있다. 측정장소에 따라 교정(Calibration)이 필요하며 일반적으로 분진의 입자 크기와 흐름(Flow) 형상이 변화될 경우 분진 측정치가 바뀔 수 있다. 센서(Sensor) 및 반사기(Reflector)가 오염될 경우 1일 1회 자동교정(Auto Calibration)을 통해 보정된다. 왜냐하면 센서 및 반사기 오염도에 따라 분진 측정치가 미세하게 변화되기 때문이다.

I_o = Source Intensity, I = Receive Intensity

① Transmission, $T = I / I_o$

② 분진 농도, C = (1/Length) × (2.3/k) × log (1/T)

③ 광학밀도의 변화율에 따라 분진 측정

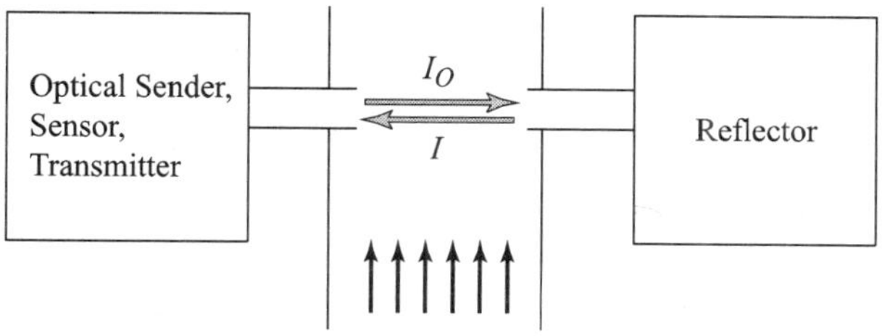

그림 14-6 분진분석기 측정원리

14.3 원심집진기 (Centrifugal Dust Collector)

원심력을 이용한 집진기 또는 사이클론 집진기들은 공기나 배출가스로부터 분진을 회수 및 분리하는데 폭넓게 사용된다. 사이클론의 일반적 구조는 매우 간단하며 다른 집진기에 비해 비용이 적게 든다. 사이클론 자체만으로는 엄격한 대기오염 규정을 만족시킬 수 없지만 자본비용이 적게 들며 유지보수가 거의 필요 없기 때문에 전기 집진장치나 여과장치와 같은 비용이 비싼 최종처리의 전처리 단계로서 이상적이다.

(1) 사이클론 장점

① 구매에 비용이 적게 든다.

② 고온에서 운전이 가능하다.

③ 간단한 구조로 유지보수에 적은 비용이 든다.

(2) 사이클론 단점

① 분진제거효율이 낮다(특히 미세분진의 경우).

② 압력손실 때문에 운전비용이 비싸다.

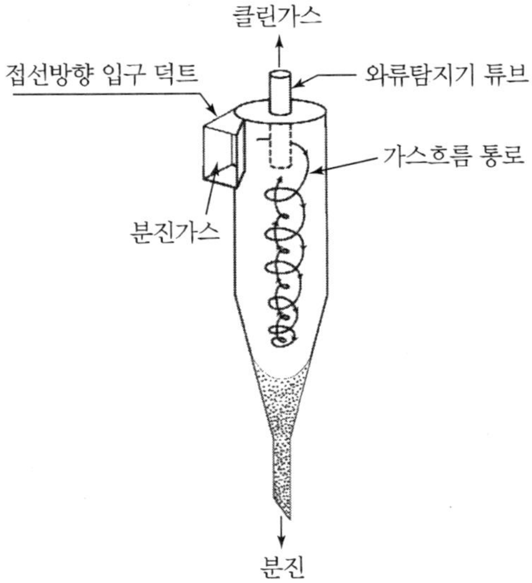

그림 14-7 원심력집진기

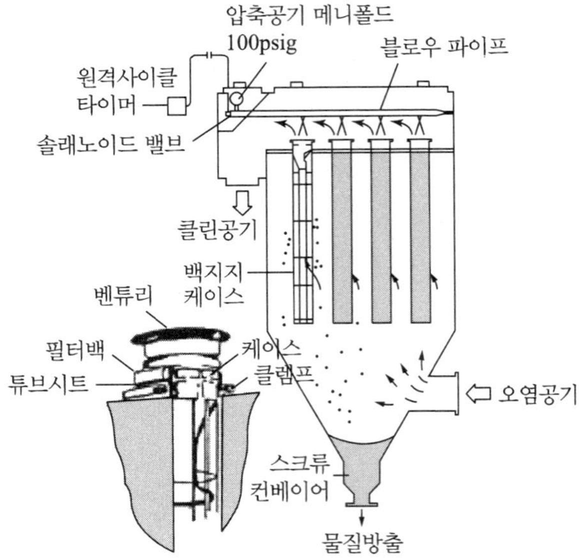

그림 14-8 여과집진기

14.4 여과집진기(Filter Dust Collector)

여과집진기는 분진이 함유된 배출가스를 나란히 설치된 여러 개의 여과포에 통과시키고 분진이 여과포에 포집되게 하는 장치이다. 섬유자체는 약간의 분진을 포집하지만 더 중요한 역할은 직물위에 빠르게 쌓이는 먼지층이 지지체로서 작용하는 것이다. 미세분진은 먼지층에 의해 더욱 효율적으로 포집된다.

(1) 여과집진기의 장점

① 미세한 입자에 대한 집진효율이 높다.

② 여러 가지 형태의 분진을 포집할 수 있다.

③ 설계는 모듈방식으로 이루어지며 각 모듈은 공장에서 조립될 수 있어 다양한 용량을 처리할 수 있다.

④ 비교적 작은 압력강하를 요구한다.

(2) 여과집진기의 단점

① 넓은 설치 공간이 필요하다.
② 여과재는 높은 온도와 부식성 화학물질에 손상될 수 있다.
③ 여과포가 밀폐될 수 있기 때문에 습윤 환경에서는 사용할 수 없다.
④ 화염과 폭발의 위험성이 있다.

14.5 세정집진기 (Wet Scrubber)

유독가스 (Fume)와 미스트 (Mist) 같은 부유분진의 습식 제진 장치를 세정기 (Scrubber)라 부른다. 이러한 종류의 오염방지장치는 일반적으로 물 (액체)과 직접적인 접촉에 의해 분진입자를 제거한다.

(1) 습식세정기의 장점

① 가연성, 폭발성 먼지를 처리할 수 있다.
② 단일장치에서 가스흡수와 분진포집이 동시에 가능하다.
③ 미스트 (Mist)를 처리할 수 있다.
④ 고온가스를 냉각시킬 수 있다.
⑤ 포집 효율을 변화시킬 수 있다.
⑥ 부식성 가스와 먼지를 중화시킬 수 있다.

(2) 습식세정기의 단점

① 부식 잠재성이 있다.
② 유출수가 수질오염 문제를 일으킬 수 있다.
③ 배출가스는 가시적인 연기를 피하기 위해 재 가열이 필요하다.
⑤ 포집된 분진은 오염될 수 있고 회수할 수 없다.
⑥ 폐기물 오니 (Sludge)의 처리비용이 비싸다.

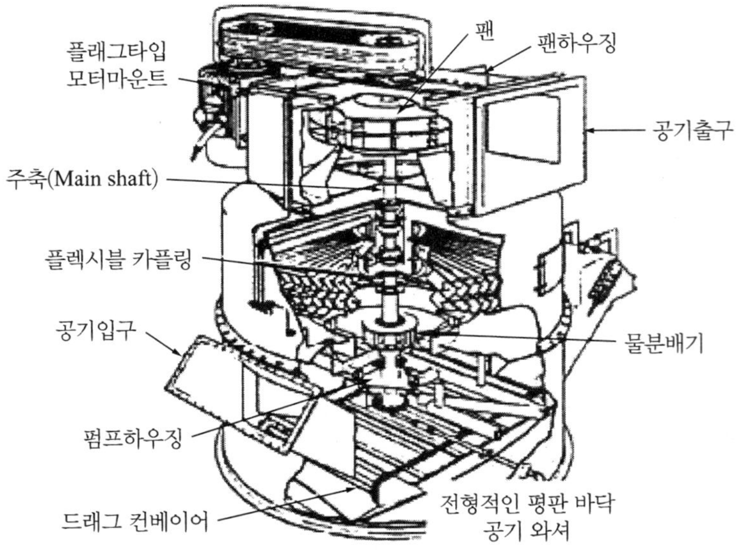
팬
팬하우징
플래그타입
모터마운트
공기출구
주축(Main shaft)
플렉시블 카플링
공기입구
물분배기
펌프하우징
드래그 컨베이어
전형적인 평판 바닥
공기 와셔

그림 14-9 세정집진기

15 휘발성 유기화합물 저감 및 제어 기술

휘발성 유기화합물 (VOC, Volatile Organic Compounds)은 그 자체로도 인체에 유독한 물질들이며 이것들이 대기 중에 있는 질소산화물 (NO_x)과 강한 햇빛 (자외선)과 반응하여 오존 (Ozone)을 생성하며 알데히드 (Aldehyde)와 같은 2차 오염물질을 생성하여 맑은 날에도 안개가 낀 것처럼 시야가 뿌옇게 보이고 눈, 코, 폐 등의 점막을 자극하여 인체뿐 아니라 동식물들에게도 나쁜 영향을 초래한다. 이러한 현상을 광화학 스모그라 한다. 특히 오존은 저농도에서도 인체에 매우 유해한데 대도시 (서울, 인천 등)에서는 오존주의보가 발령되는 등 오존의 환경 기준을 초과하는 경우가 빈번히 발생됨에 따라 VOC에 대한 규제가 시급히 요망되고 있다. 이에 환경부에서는 1995년 12월 '휘발성 유기화합물의 규제' 규정을 신설하였다.

휘발성 유기화합물이란 레이드증기압 (Reid Vapor Pressure)이 10.3 KPa (또는 1.5 psi) 이상인 석유화학제품과 유기용제를 말한다. 이들 중 환경부장관이 고시한 것은 표 15-1과 같다.

표 15-1 휘발성 유기화합물질 (환경부고시)

아세트알데히드	사이클로헥산	메틸렌클로라이드 (디클로로메탄)
아세틸렌	1,2-디클로로에탄	메틸터셔리부틸에테르
아세틸렌 디클로라이드	디에틸아민	프로필렌
아크롤레인	디메틸아민	프로필렌옥사이드
아크릴로니트릴	에틸알코올 (공업용)	1,1,1-트리클로로에탄
벤젠	에틸렌	트리클로로에틸렌
1,3-부타디엔	포름알데히드	휘발유
부탄	n-헥산	납사
1-부텐, 2-부텐	이소프로필알코올 (2-프로판올)	원유
사염화탄소	메탄올	
클로로포름	메틸에틸케톤	

앞에서 언급한 바와 같이 VOC는 그 자체로서도 유해하지만 오존과 같은 2차 오염을 유발하기 때문에 더욱 유해하다. 각 물질별로 2차 오염물질을 유발하는 광화학반응 능력의 차이가 나는데 표 15-2는 여러 가지 물질들의 광화학 반응성을 나타내고 있다. 광화학반응성은 에틸렌을 기준물질 (POCP = 100)로 하여 광화학 오존 생성 잠재력 (POCP, Photochemical Ozone Creation Potential)으로서 표현한다.

표 15-2 개별화합물의 POCPs

VOC	POCP	VOC	POCP
메탄	1	에틸렌	100
에탄	10	프로필렌	105
프로판	40	1-부텐	95
n-펜탄	40	2-부텐	100
n-헥산	50	2-메틸부틸렌	80
2,3-디메틸부탄	40	1,3-부타디엔	105
벤젠	20	아크로레인	120
톨루엔	55	벤즈알데히드	−35
에틸벤젠	60	아세톤	20
울소 자일렌	65	메탄올	10
메타 자일렌	105	에탄올	25
파라 자일렌	90	n-오로파놀	45
1,2,3-트리메틸벤젠	115	사이클로헥산	25
1,2,4-트리메틸벤젠	120	메틸렌클로라이드	1
포름알데히드	40	메틸클로로포름	0

상기 표 15-2에서 보면 올레핀 탄화수소류와 방향족 탄화수소류가 높은 POCP 값을 나타내고 메탄 및 클로르포름 등 할로겐화 탄화수소류는 낮은 POCP 값을 나타내고 있다. 즉, 올레핀 및 방향족 탄화수소류가 더 많은 광화학 스모그를 유발함을 알 수 있다. 따라서 VOC 규제대상 물질의 선정은 그 자체로서 얼마나 유독하느냐와 광화학 반응성이 얼마나 큰 가를 기초로 선정되었다. 참고로 표 15-3은 VOC의 반응속도와 누출되었을 경우 대기 중에 존재하는 시간을 나타내고 있다.

표 15-4는 VOC 규제물질을 취급하는 제조시설, 저장시설, 출하시설에 대한 시설규제를 나타내고 있다.

표 15-3 주요 VOC의 반응속도 및 대기 중의 존재시간(반감기)

화합물	반응속도 (cm^3/mol sec)	대기 중 수명(일)
n-헥산	5.58×10^{-12}	2.07
n-헵탄	7.20×10^{-12}	1.61
벤젠	1.28×10^{-12}	9.04
톨루엔	6.19×10^{-12}	1.87
에틸벤젠	7.50×10^{-12}	1.54
올소 자일렌	14.7×10^{-12}	0.79
메타 자일렌	24.5×10^{-12}	0.47
파라 자일렌	15.2×10^{-12}	0.76
사염화탄소	$\times 11.000^{-15}$	(31년)
1,1,1-트리클로로에탄	1.19×10^{-12}	97.26
트리클로로에틸렌	2.36×10^{-12}	4.90
테트라클로로에틸렌	1.67×10^{-13}	69.31

표 15-4 VOC 규제 대상 시설 및 세부내용

대상시설	세 부 내 용
펌프, 압축기, 압력완화장, 개방식 밸브, 배관에 대한 측정 및 수리	• 매월 액체의 누출여부를 눈으로 검사하고 이를 기록 및 보존 • 검사결과, 액체의 누출이 확인된 경우에는 즉시 측정기를 이용한 휘발성 유기화합물질의 배출농도를 측정하고 이를 기록 • 측정결과, 누출농도가 10,000 ppm 이상인 경우에는 15일 이내에 수리. 다만, 동 시설의 수리로 인하여 전체 제조공정의 가동 중지가 불가피하다고 지방 환경청장이 인정하는 경우에는 그 기간을 연장할 수 있다.
압축기	• 가스켓 등 봉인장치를 설치하여야 한다.
개방식 밸브나 배관	• 뚜껑, 블라인드 플랜지, 마개 또는 이중밸브를 설치
시료채취 장치	• 끝이 막힌 배관장치 또는 밀폐된 배출관로를 설치/VOC를 공정 중으로 재회수시키거나 처리시설로 이송하여 처리할 수 있는 구조로 설치
배수장치	• 물 등을 이용한 유(U)자형 봉인장치(Water Seal Controls)를 설치
중간 집수조	• 덮개를 설치하거나 덮개 및 환기배관(Open Vent Pipe)을 설치
폐수처리장 집수조	• 휘발성 유기화합물을 80% 이상의 효율로 억제 및 제거할 수 있는 부유 지붕이나 상부 덮개를 설치 및 운영
폐수처리장	• 폐수처리장의 유수 분리조나 휘발성 유기화합물질을 배출하는 저장탱크는 부상지붕(Floating Roof) 설치
저장시설	• 이중 봉인형태(Double Seal Type)/내부 부상지붕(Internal Floating Roof) 설치
출하시설	• 하부적하(Bottom Loading) 방식에 적합한 구조로 개선 • 출하 시 발생하는 VOC를 포집하여 처리하는 방지시설 설치

이에 따른 정유사의 시설개선 및 대응방안(사례)은 표 15-5와 같다.

표 15-5 정유사의 시설개선 및 대응방안(사례)

대상시설	공장시설
펌프, 압축기, 압력완화장, 개방식 밸브, 배관에 대한 측정 및 수리	• 각 생산팀에서 육안검사 결과를 교대일지에 기록 • LDAR 도입(2006년 6월 No.1 방향족에 설치)
압축기, 개방식 밸브나 배관, 시료 채취 장치, 배수장치, 중간 집수조	• 적합시설 설치
폐수처리장 집수조 및 폐수처리장	• 촉매산화장치 설치(2000년 6월) • 폐수저장탱크는 이중 봉인 형태의 외부 부상지붕으로 교체 • 이중 봉인 형태의 내부 부상지붕 또는 외부 부상지붕 탱크 설치
저장시설	2004년 하부적하(Bottom Loading) 방식 구조로 개선
출하시설	• 증기회수시스템(Vapor Recovery System) 설치

다음 표 15-6은 각 장치별로 배출농도에 따른 배출계수를 나타내고 있다. 배출농도가 높을 경우 이를 수리할 때 배출량은 현저히 감소할 것임을 알 수 있다.

표 15-6 장치의 농도별 배출계수(US EPA)

장치	상태	배출계수(kg/hr/source)		
		0~1,000 ppm	1,001~10,000 ppm	10,000 이상
압축기	기체	0.01132	0.26400	1.70800
펌프	경질유 중질유	0.00198 0.00380	0.03350 0.09260	0.43700 0.38850
밸브	기체 경질유 중질유	0.00014 0.00028 0.00023	0.00165 0.00963 0.00023	0.04510 0.08520 0.00023
플랜지	모두	0.00002	0.00875	0.03750
압력안전장치	기체	0.01140	0.27900	1.69100
개방식 라인	모두	0.00013	0.00876	0.01195

현재 상업적으로 널리 이용되고 있는 VOC 저감 및 처리 기술에는 흡착, 흡수, 소각, 냉각/응축, 산화, 생물학적 방법이 있으며 일반적으로 흡수, 흡착, 소각기술은 고농도와 저농도의 배출가스 처리에 모두 적용될 수 있다. 그러나 냉각/응축기술은

고농도/고부가가치의 배출성분이 단일 유종인 경우에, 산화는 고농도 배출가스의 경우에, 그리고 생물학적 처리기술은 비교적 분해가 용이한 악취물질(Malodor Substance) 및 VOC를 함유하는 배출가스에 보통 적용된다. 각 적용시설 및 방법은 다음과 같다.

15.1 소각(Incineration)

VOC를 함유하는 다양한 배출가스를 처리하기 위하여 일반적으로 가장 널리 사용되고 있는 효과적인 방법으로 다음과 같은 다양한 유형의 소각설비가 사용되고 있다.

(1) 열소각로(Thermal Incinerator)

RTO (Regenerative Thermal Oxidation)라 부르기도 한다. VOC를 포함하는 배출가스가 연속적으로 방출되는 경우에 다양하게 사용될 수 있다. 그러나 VOC 농도나 배출가스의 특성에 변동이 있는 경우 및 유속에 심한 변동이 있는 경우에는 가스의 부적절한 혼합으로 인하여 불완전 연소를 일으킬 수 있다는 단점이 있으나, 일정 유속의 배출가스가 공급되는 경우 일반적으로 최고 99%의 VOC 처리 효율을 보인다. VOC의 혼합 농도가 희박(20 ppm 이하)한 배출가스의 경우에는 필요한 온도를 유지하기 위하여 보조연료를 연소하기도 하는데 540～815℃ 온도의 범위 내에서 0.3～0.5초의 체류시간 및 6～12 m/sec의 유속으로 설계하는 것이 일반적이다. 연료비는 열소각로 운영비용의 대부분을 차지하는데 열소각로 설계 시 가동온도의 결정은 전체 운영비용을 결정하는 중요한 요인으로 작용한다. 연료비는 열교환기를 이용하여 고온의 배출가스로부터 열을 회수하여 사용함으로써 삭감할 수 있는데 일반적인 열소각로의 경우 40～60%의 열회수가 가능하며 80%의 열회수도 실용화되고 있다. 축열재를 사용할 경우 95%까지의 열회수도 가능하다. 또한 VOC 혼합농도가 증가할 경우 자동 열작동이 이루어질 경우 연료비는 현저히 감소될 수 있다.

(2) 촉매소각로 (Catalytic Incinerator)

RCO (Regenerative Catalytic Oxidation)라 부르기도 한다. 열소각로와 매우 유사하나, 300~500℃의 낮은 온도 범위에서 VOC 소각을 가능하게 하는 촉매를 사용한다는 점과 설비가 차지하는 면적을 상당히 줄일 수 있다는 장점이 있다. 촉매로는 백금, 구리, 크롬, 바나듐, 니켈, 코발트 등의 금속과 옥사이드 계통이 사용되고 있다. 촉매소각로를 사용할 경우 열소각로에 비해 연료비는 20~30% 정도 절감할 수 있으나, 높은 초기 설치비와 촉매교환 비용을 고려하여야 한다. 특히 촉매소각로는 열소각로에 비해 배출가스의 특성에 더 민감하고 배출가스 내의 인, 비스무스, 납, 비소, 안티몬, 수은, 산화철, 주석, 아연과 같은 물질이 존재하면 촉매의 활성을 무력화시키는 현상에 의해 처리효율이 감소된다. 촉매산화에 의한 처리효율은 95~98%의 범위로 연속적으로 배출되는 배출가스의 처리에 적합하다.

(3) 불꽃연소법 (Flaring)

이것은 흔히 공정이 불안전하거나 비상사태가 일어난 경우에 배출가스를 완전하게 처리하기 위하여 사용되거나 배출가스의 VOC 농도가 높은 경우 사용되는 방법으로 갑작스러운 배출가스 방출처리에 사용될 수 있는 비상구조 설비 (Emergency Relief System)로 간주된다. 이 방법은 직접소화 장치로 1300℃ 정도의 고온을 필요로 하며 배출가스의 열용량이 250 kcal/Nm^3 이상일 경우 최고 98%까지의 처리효율을 얻을 수 있다.

(4) 보일러와 공정가열로 (Boiler/Process Heater)

기존 공장에 보일러와 공정가열로가 있는 경우 가끔 VOC 처리에 사용되기도 한다. 배출가스의 열용량이 250 kcal/Nm^3 이상으로 연속적으로 배출되는 경우 적절한 조건하에서는 98%까지의 처리효율을 얻을 수 있으며 다른 소각로에 비해 설치비용이 적고 운전비가 매우 낮으며 높은 열회수율이 가능하다. 그러나 발생되는 스팀을 사용하는데 많은 제한요인이 존재하며 배출가스 내에 부식성 물질이 들어있거나 배출가스의 VOC 농도나 유속의 변동 등에 따라 처리효율이 민감하게 저하하므로 세심한 주의가 요구된다.

15.2 흡착(Adsorption)

흡착은 배출가스가 다공성의 고체를 통과하는 동안에 VOC 분자가 물리 화학적 흡착에 의해 제거되는 현상을 말한다. 흡착제로는 활성탄(Activated Carbon)이 가장 보편적으로 사용되나 활성탄에 쉽게 흡착되지 않는 물질의 경우에는 화학물질을 함유하는 활성탄이 사용된다. 유기산(Organic Acid), 황화수소(H_2S), 이산화황(SO_2)을 포함하는 배출가스의 처리 시에는 수산화칼슘[$Ca(OH)_2$]을 함유하는 활성탄이 사용되고 암모니아(NH_3)를 포함하는 배출가스에는 인산(H_3PO_4)을 함유한 활성탄이 각각 사용된다. 유기산(Organic Acid), 알데히드(Aldehyde), 케톤(Ketone), 에스테르(Ester) 및 할로겐화 탄화수소(Halogen Hydrocarbon) 또는 C_{14} 이상의 탄화수소들은 탄소 혹은 재생스팀과 반응하거나 탄소 상에 중합체를 형성하므로 탈착이 어려운 화합물이다. 따라서 이들은 활성탄을 이용한 흡착에는 적합하지 않다. 일반적으로 널리 이용되는 고정상 설비와 고정상의 단점을 보완한 유동상 설비 및 이동상 설비가 있으며, 흡착제의 교체 및 재생을 위한 설비가 필요하다.

15.3 흡수(Absorption)

흡수란 배출가스 내의 VOC 혼합물이 비휘발성 액체로 전달, 흡수되는 과정이며 기상인 배출가스와 액상인 흡수액 간의 농도 차에 의해서 일어난다. 흡수탑은 유기화합물의 처리보다는 무기화합물의 처리에 더 많이 사용되고 있는데 VOC 성분의 특성과 흡수용매 등의 처리에 어려움이 있다. 일반적으로 물 용매에 흡수된 물질을 파괴하기 위하여 화학물질이 첨가되며, 처리제가 비싸고 처리 시 반응 산물이 용매에 남을 수 있다는 문제가 있다. 배출가스내의 VOC 농도를 배출허용기준 이하의 낮은 농도를 유지하기 위해서는 매우 높은 흡수탑, 긴 접촉시간, 높은 액/가스 비(Liquid Gas Ratio)라는 조건들이 제공되어야 하며 이러한 조건들은 처리비용을 높이게 된다.

15.4 응축(Condensation)

응축은 포화와 그 이후의 상의 변화에 의해 VOC를 함유하는 배출가스로부터 물질을 분리해내는 방법으로 간접 접촉응축장치와 직접 응축장치가 있다. 응축장치는 주로 소각이나 흡수와 같은 다른 처리를 하기 전에 사용될 수 있는 1차적 처리방법으로 사용되지만 VOC의 농도가 높은 배출가스의 경우에는 주요 처리방법으로 사용되기도 한다. 일반적으로 응축은 3,000 ppmv 이하에서는 효과가 없으며 50,000 ppmv 이상에서는 95%까지의 효율을 얻을 수 있다. 화학 및 제약공장에서는 VOC 농도가 1% (10,000 ppmv) 이상 존재할 경우, 응축처리를 하도록 제안되는데 보통 2,000 ppmv 이상의 낮은 유속을 가지는 배출가스 처리에 적합하다.

15.5 생물학적 처리(Biological Treatment)

생물학적 처리방법은 미생물을 이용하여 비교적 분해가 용이한 악취성 물질이나 식품제조공장, 향신료 및 향수제조공장, 폐수처리장 등에서 배출되는 VOC를 함유한 배출가스를 처리하는데 이용될 수 있다. 최근 많은 난 분해성 물질에 대해 높은 활성도를 보이는 미생물이 분리, 동정되고 있으며 이러한 결과는 낮은 농도로 존재하는 유독성 물질의 처리에 이용될 수 있다는 가능성을 보여준다. 현재 사용되고 있는 방법에는 생물여상, 생물세정, 생물살수 여상 등의 방법이 있다. 위에서 기술한 VOC 처리 설비에 대한 전체 내용을 표 15-7에 간략히 정리하였다.

표 15-7 VOC 처리 기술 정리

VOC 처리기술	장점	단점
소각	• 입증된 처리기술로 다양한 적용 예가 많음 • 기존 보일러, 소각로 등의 설비 사용 가능 • 배출가스의 유속 및 VOC 농도에 따른 다양한 시스템의 설계가능 • 모든 VOC의 완전한 파괴 • 혼합 VOC의 처리에도 적합	• 촉매소각의 경우 10,000 ppmv 이상의 VOC 농도에서 사용 불가 • 배출가스의 유속, 농도, 유량 변동 시에 처리효율의 변화 • 소각산물 생성 시 2차적 처리설비 요구 • 황 및 질소 화합물질의 처리에 부적합

흡착	• 다양한 사용 예에 대한 자료가 많음 • 작동법이 간단 • 다양한 VOC 처리 가능 • 필요 시 VOC 회수 가능 • 초기 고정 투자비 저렴	• 2차 오염물질의 발생 및 관련 처리설비가 요구됨 • 고농도 VOC 도입 시 운전비용 급상승 • 폐기용 흡착제 사용 시 흡착제 폐기비용 발생 • 일부 탄화수소에 적용 불가능 • 배출가스 중 수분 함량이 높거나 도입 온도가 높은 경우 낮은 처리효율
흡수	• 다양한 사용 예에 대한 자료가 많음 • 적합한 용매의 선정 시 매우 효율적으로 처리 • 초기 투자비 및 운전비 저렴 • 기존 세정기의 재사용 가능 • 용매가 물인 경우, 기존 폐수처리장에서 처리 가능	• 배출가스의 조성, 농도변화 시 처리 불가 • 고효율의 처리를 위하여 화학첨가물을 사용할 경우, 운전비 상승 • 여러 가지 종류의 VOC 처리 시 부적합 • 배출가스의 도입조건에 따라 처리효율이 변화 • 배출가스의 특성에 따라 배출허용기준 이하로 처리 불가능 • VOC 회수 불가능
응축	• VOC 회수 가능 • 2차 오염물질의 발생이 없음 • 운전 및 유지, 보수 간단 • 거의 모든 VOC에 적용 가능	• 응축기 내의 동결을 방지하기 위하여 배출가스의 전처리 필요 • VOC 농도 3,000 ppm 이하인 경우 부적합 • 배출가스의 유속, VOC 성분의 종류 및 농도 변화 시 처리효율 저하 • VOC 성분의 효율적 처리를 위해서는 상당히 낮은 온도의 냉매 필요 • 응축온도에서의 VOC 포화농도 이하의 처리 불가능
생물막 (Memb-rane)	• 산 생성물 VOC, 악취물질 등의 처리에 효과적 • 초기 고정투자비 및 운전비 저렴 • 환경 친화적 처리 설비	• 순환액의 pH • pH 중화에 의한 염의 생성 및 2차 처리 필요 • 넓은 처리공간이 필요

VOC 처리 기술을 선정하는데 있어서 앞에서 검토한 VOC 가스의 종류, 농도, 배출량, 조성 등과 같은 배출특성과 설계기본사항, 그리고 고려사항과 같은 운전특성이 결정 요인이 된다.

15.6 정유공장 VOC 방지시설(사례)

(1) 악취제거시스템(MRS, Malodor Removal System)

① 목적: 폐가성소다(Spent Caustic)를 저장하는 탱크에서 발생하는 H_2S를 포함하

는 악취가스 (Malodor Gas)를 포집하여 소각함

② 방식: 촉매소각 (Catalytic Incineration)

③ 용량 (Capacity): 1,600 m^3/hr

④ 투자비: 9억 5천만 원

⑤ 설치연도: 1997년

(2) 폐수처리장에 촉매소각로 (RCO) 설치

① 목적: 폐수처리장에서 발생하는 악취 (Malodor)/VOC 가스를 포집하여 소각함

② 방식: 촉매소각 (Catalytic Incineration)

③ 투자비: 42억 원 (공사비 포함)

④ 설치연도: 2000년 6월

(3) 악취 및 VOC 제거 방안

가열로 운전 중에는 연소공기로 유입 소각하고 정기셧다운 (Turn Around Shutdown) 시에는 활성탄으로 악취를 제거한다.

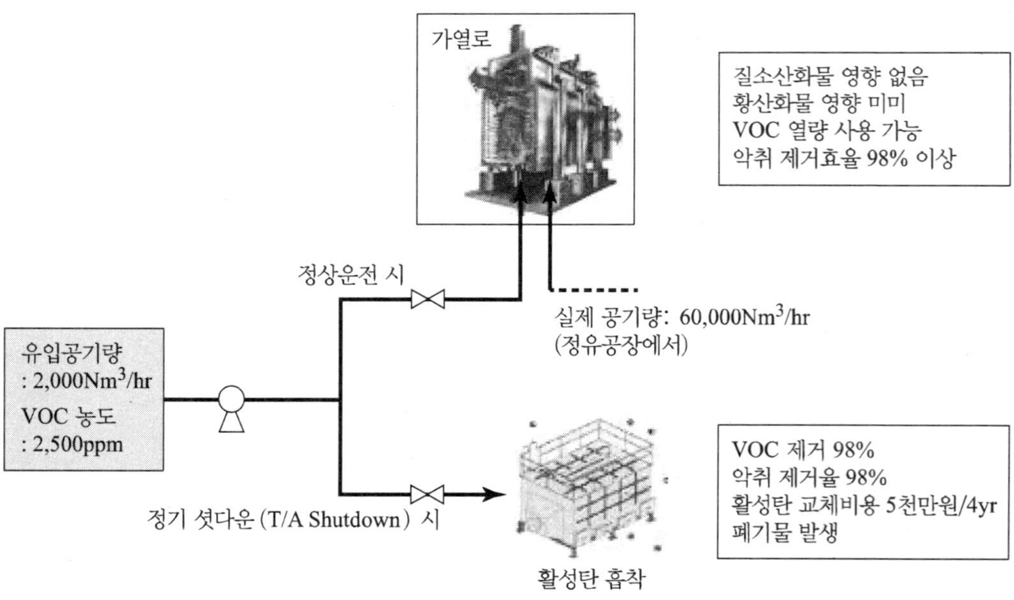

그림 15-1 악취 및 VOC 제거 방안

16 주요 화석연료 대체 에너지 현황

유한자원인 석유를 대체할 수 있는 에너지로 신재생에너지(New & Renewable Energy) 혹은 석유대체에너지(Petroleum Alternative Energy)가 연구 개발되고 있다. 신에너지(New Energy)는 새로운 물리력이나 새로운 물질을 기반으로 하는 수소에너지, 연료전지, 석탄액화가스화의 분야이며, 재생에너지(Renewable Energy)는 재생 가능한 에너지로 태양열, 태양광발전, 바이오매스(Biomass), 풍력, 조수력, 지열, 해양에너지, 폐기물에너지(Waste Energy) 분야가 있다.

미래에너지(Future Energy)는 재사용이 가능하고 지구를 오염시키지 않은 청정연료(Clean Fuel)여야 하고 그 자원의 보존량이 무한해야 한다. 그러한 연료들이 바로 대체에너지(Alternative Energy)로 기존의 석유를 대체할 수 있는 신재생에너지가 된다. 하지만 100% 무공해 에너지(Zero Emission Energy)는 존재할 수 없다. 그러나 이와 같은 대체에너지는 건설단가와 에너지단가가 아직 높은 수준이라는 점 때문에 전면적인 상용화(Commercialization)를 위해서는 보다 많은 연구개발이 요구된다. 아래는 이들 청정에너지(Clean Energy)에 대하여 보다 많은 이해를 돕기 위하여 간단히 소개하였다.

(1) 태양에너지 (Solar Energy)

일반적으로 태양에너지 이용 기술은 두 가지로 나눈다. 태양열(Solar Heat)과 태양광(Light of Sun) 기술 이용 방식이 그것이다. 우선 태양열 발전은 태양광선의 파동 성질을 이용하는 태양에너지 광열학적 이용 분야이며, 태양열의 흡수, 저장, 열변환 과정 등을 통하여 건물의 냉난방 및 급탕 등에 활용하는 기술이다. 태양열 이용 시스템은 통상 집열부, 축열부, 이용부로 구성된다.

또 다른 하나인 태양광 발전은 태양광을 직접 전기에너지로 변환시키는 기술이다. 태양광 발전은 햇빛을 받으면 광전효과(Photoelectric Effect)에 의해 전기를 발생시키는 발전 방식으로 태양광 발전(Photovoltaic Power Generation) 시스템은 태양전지(Solar Cell, Photovoltaic Cell)로 구성된 모듈과 축전지 및 전력 변환 장치로 구성된다.

그림 16-1 태양전지 및 태양광 모듈(Module)과 어레이(Array)

그리고 태양광 발전을 위해서는 핵심 구성품인 어레이(Array)와 함께 태양전지로부터 생성되는 직류 전기를 교류로 변환시키는 인버터(Inverter), 비 또는 눈이 며칠간 계속되는 경우를 대비한 축전지 등의 주변장치가 필수적이다. 태양전지는 태양광을 직접 전기로 변환시키는 태양광 발전의 핵심 소자다.

예로서 그림 16-2와 같이 반도체의 pn 접합으로 만든 태양광 전지에 반도체의 대역차 에너지(Band-gap Energy)보다 큰 에너지를 가진 태양광이 입사되면 전자-정공 쌍이 생성되는데 이들 전자-정공이 pn 접합부에 형성된 전기장에 의해 전자는 n층으로 정공은 p층으로 모이게 됨에 따라 pn간에 광 기전력(Photovoltage)이 발생하게 된다. 이때 양단의 전극에 부하를 연결하면 전류가 흐르게 되는 것이 작동 원리이다.

태양전지의 종류는 크게 두 가지로 나눈다. 우선 결정질 실리콘계 태양전지(기판형)는 시스템화 연구를 통해 상품화 단계에 도달한 기술이다. 여기서 한발 더 나아간 다결정질 실리콘 박막형 태양전지는 기초 연구 단계로 요소 기술을 확보했으나 상품화를 위한 제조설비의 투자비 과다로 사업화가 아직 덜 되었다. 다른 하나는 화합물계 태양전지다. 결정 화합물계 III-VI족(CdTe, CuInSe2 등) 태양전지는 효율이 높은 것이 장점이나 저가화, 대면적화가 문제로 이러한 부분을 해결하기 위한 기초 요소 연구를 수행 중이다.

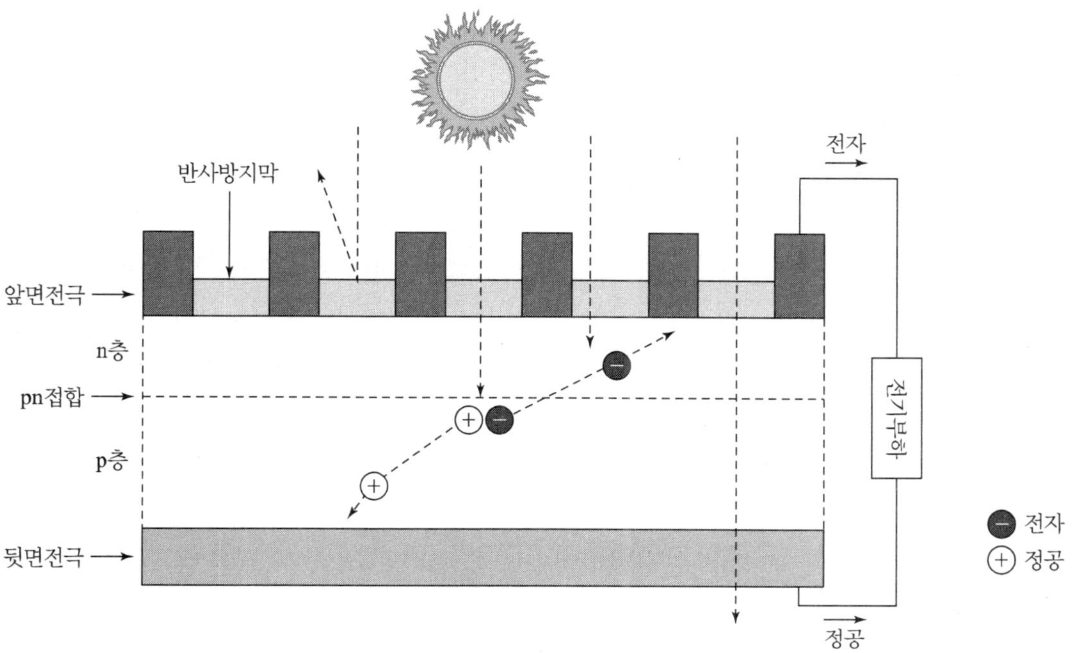

그림 16-2 태양전지 구조 및 작동원리

(2) 수소에너지/연료전지 (Hydrogen Energy/Fuel Cell)

석유와 석탄의 대체 에너지원으로서의 수소를 말한다. 수소의 원료인 물이 많고, 반응하더라도 연기를 뿜지 않는 등 수소는 미래의 무공해 에너지원으로 중시되는 인류 궁극의 연료로 지목되고 있다. 현재 세계의 수소 소비량은 많지만 물을 원료로 해서 값싸게 대량생산할 단계에 이르지 못하고 있다. 현재 연구되고 있는 주된 제법으로 원자력발전의 전력으로 물을 전기분해하는 방법과 열화학사이클법 등이 연구되고 있다.

화학 전지는 화학 변화가 일어날 때의 에너지 변화를 전기 에너지로 바꾸는 장치이다. 일반적으로 화학 전지는 전극을 구성하는 물질과 전해질을 용기 속에 넣어 화학 반응을 시키고 있지만, 이 전지는 외부에서 수소와 산소를 계속 공급해서 계속 전기 에너지를 낸다. 이는 마치 연료와 공기의 혼합물을 엔진 속에 공급하여 연소시키는 것과 유사하다. 이와 같이 연료의 연소와 유사한 화학 전지를 연료 전지라고 한다. 연료 전지에 공급된 수소는 연소시키는 것이 아니고, 수용액에서 전자를 교환하는 산화와 환원 반응이 진행되며, 그 과정에서 수소와 산소가 물로 바뀐다. 이때의 에너지가 전기 에너지로 전환된다. 연료 전지는 그 종류가 많을 뿐만 아니라 연료로 기체, 액체, 고체 어느 것이 사용되느냐에 따라 그 방식도 여러 가지가 있다. 반응을 일으키는 온도도 상온의 것에서부터 500℃ 이상으로 그 종류가 매우 다양하다. 이 중에서도 가장 기본적이라고 할 수 있는 수소−산소 연료 전지의 구조에 대해서 알아보자.

아직은 석유와 가스 등에서 생산된 수소를 연료로 공급해 공기 중의 산소와 반응시켜 전기와 열을 생산하고 있다. 수소 연료가 셀 (Cell)의 음극 (Cathode)에 공급되어, 전극의 빈 구멍 부분에 침입, 여기서 촉매 물질의 작용에 의해 전해질과 반응하여 전극에 전자를 내놓고 이 전자가 외부 회로를 통해서 양극 (Anode)으로 되돌아온다. 이 반응의 부산물은 물 (H_2O)과 열 (Heat)이다.

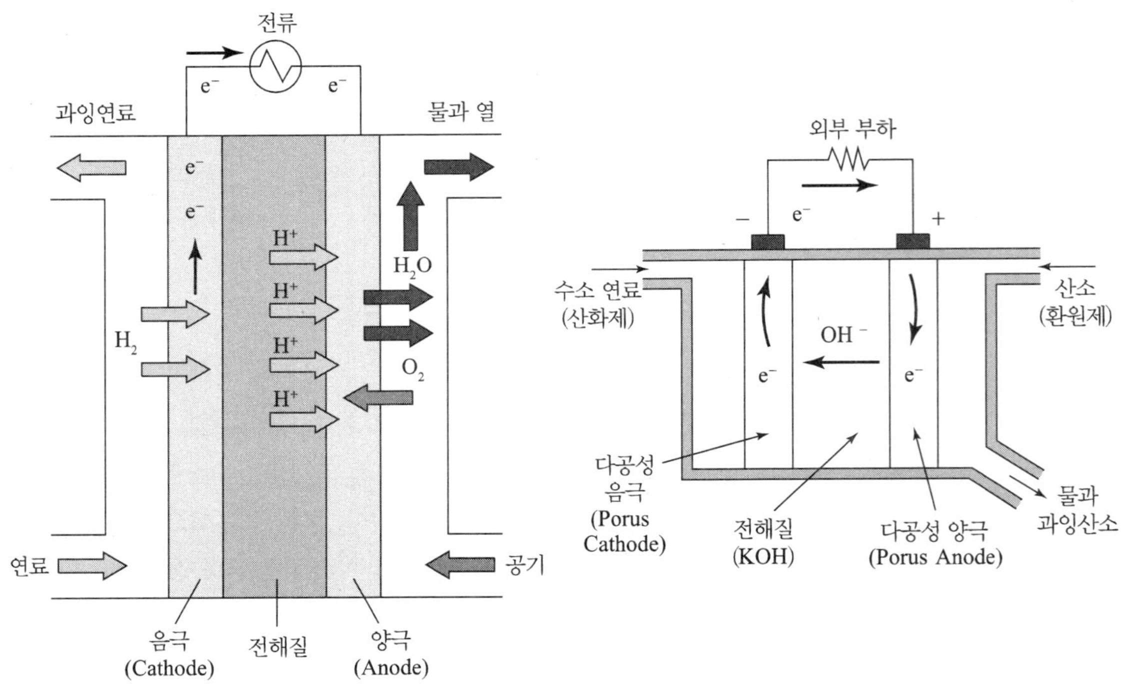

그림 16-3 수소 연료전지 구조

전극에는 두 극 모두 탄소 혹은 금속을 사용하고 있는데, 전극의 표면적을 증대시키기 위해 다공질로 되어 있다. 전해액은 수산화칼륨 (KOH) 용액이다. 수소 가스는 1~10 기압으로 보내지고, 수소가 스며드는 쪽이 (−)극, 산소 쪽이 (+)극이다. 수소는 (−)극에서 산화되고 산소는 (+)극에서 환원된다.

- (−)극: $H_2 \rightarrow 2H^+ + 2e^-$ 혹은 $2H_2 + 2OH^- \rightarrow 2H_2O + 2H^+ + 4e^-$
- (+)극: $1/2O_2 + 2H^+ + 2e^- \rightarrow H_2O$ 혹은 $O_2 + 2H^+ + 4e^- \rightarrow 2OH^-$
- 전체 반응: $H_2 + 1/2O_2 \rightarrow H_2O$ 혹은 $2H_2 + O_2^- \rightarrow 2H_2O$

이 반응식에서 볼 수 있듯이 수산화이온(OH^-)의 농도는 변하지 않고 단지 수소와 산소로 물이 만들어진다. 이것은 수소가 공기 중에서 연소하여 물이 되는 변화와 동일하다. 결국 연료전지의 전기발생 원리는 (1) 연료극에서 수소가 수소이온과 전자로 분해한다. (2) 수소이온은 전해질을 거쳐 공기 극으로 이동한다. (3) 전자는 외부회로를 거쳐 전류를 발생시킨다. (3) 공기 극에서 수소이온과 전자, 산소가 결합해 물이 된다. 아래는 수소연료전지차(Hydrogen Fuel Cell Vehicle)를 보여주고 있다.

그림 16-4 수소연료전지차

▌참고▐ 수소차와 전기차의 차이점

이들의 가장 큰 차이는 사용하는 전지의 구조에 있다. 전기차에는 전기를 공급해 충전하는 2차전지가 쓰이지만, 수소차에는 수소와 산소가 결합할 때 발생하는 화학에너지를 전기에너지로 바꾸는 연료전지가 쓰인다. 기존의 가솔린엔진 차가 휘발유를 태울 때 연소에너지가 방출되며 발생하는 열을 이용하는 것과 같은 원리이다. 하지만 수소차는 수소와 산소가 결합할 때 발생하는 화학에너지를 열이 아니라 전기에너지로 변환해 사용하며 그 핵심 장치가 연료전지이다. 연료전지는 두 개의 전극과 그 사이에 수소이온을 전달하는 전해막으로 구성된다. 한 전극에는 수소를 다른 전극에는 산소를 각각 공급한다. 수소측 전극에서는 수소분자가 수소이온과 전자로 분리되고 수소이온은 전해질 속으로 이동해 산소측 전극으로 전달한다. 산소측 전극에서는 수소이온과 산소가 결합하면서 물이 생긴다. 이런 과정을 거치면서 두 전극 사이에 약 0.7볼트(V)의 전압이 발생한다. 수소의 화학에너지가 전기에너지로 변환된 것이다. 이를 여러 개의 직렬로 연결하면 원하는 전압을 만들 수 있게 된다. 이것이 수소차 동력원이 생성되는 과정이다. 국내 수소연료전지차 생산업체인 H사에 따르면 충전 시간이 2∼3분 정도(전기차 1시간)이고 1회 충전 시 500∼700 km (전기차의 2배) 주행가능하다고 한다. 연료전지의 성능은 수소분자를 이온상태로 분해하고 분해된 수소이온을 산소와 결합하는 과정을 얼마나 효율적으로 진행하느냐에 달려 있다. 현재까지 이 반응을 촉진하는 촉매제로 백금(1대당 약 70 g 필요)이 가장 합리적인 물질로 알려져 있다. 관련 업체들이 고가의 백금을 대체할 효율적이고 저렴한 촉매 물질을 개발할려고 치열한 경쟁을 하고 있다. 수소차는 탱크에 수소만 있으면 언제든 연료전지를 작동할 수 있다.

(3) 수력에너지 (Water Power Energy)

보통 수력발전을 위해서 강을 막아 댐을 짓는다. 댐의 상류에 물을 가두었다가 수문을 열고 이를 댐의 하류로 떨어뜨려서 터빈을 돌린다. 이 과정에서 물의 위치에너지가 터빈의 운동에너지로 전환된다. 터빈 내부의 로터 코일이 터빈을 따라서 회전하면서 전자기 유도현상이 일어나 전류가 발생한다. 이 과정을 통해서 터빈의 운동에너지가 전기에너지로 변환된다.

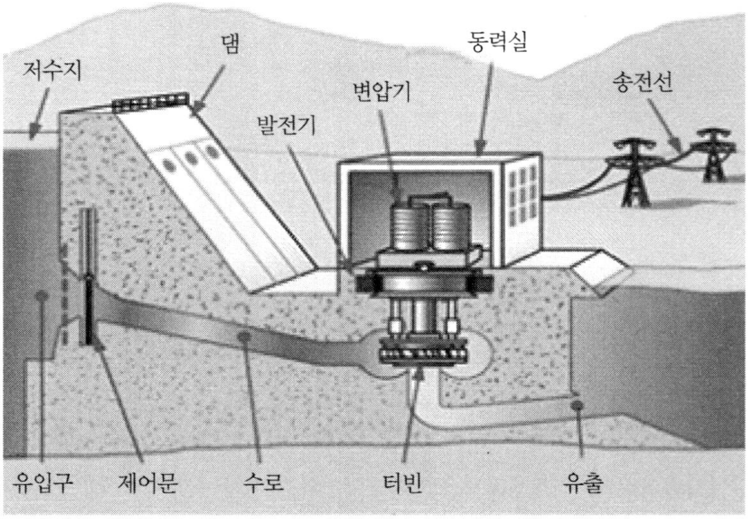

그림 16-5 수력발전용 댐 내부

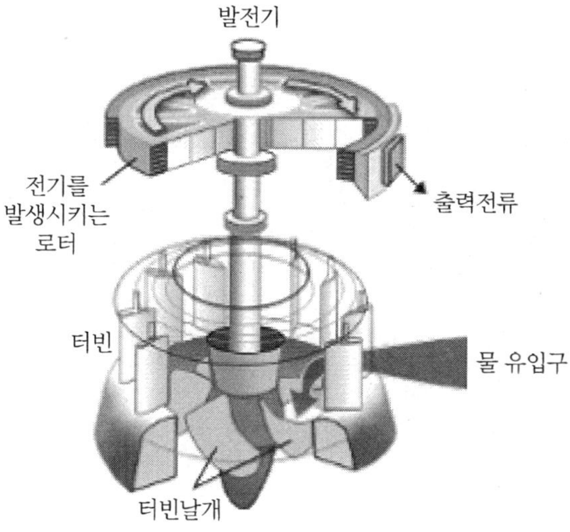

그림 16-6 발전기

수력발전의 경우에 발전용량을 늘리려면 물이 더 큰 위치에너지를 가지도록 해야 한다. 즉, 낙차가 클수록 유리하다. 자연낙차, 자연유량을 이용하는 방식을 수로식 발전이라고 하는데 그 발전량은 지형, 계절과 강우량의 영향을 많이 받는다. 따라서 안정적인 발전량을 유지하고 낙차도 크게 하기 위해서 댐식 발전을 사용한다.

댐을 짓더라도 댐의 상류에 비가 오랜 기간 오지 않으면 발전기가 지속적으로 작동할 수 없다. 따라서 여름철에 강수가 집중되어 다른 계절에는 발전에 필요한 물이 부족한 우리나라는 양수식 발전을 이용하기도 한다. 이는 전력 소비가 적은 야간에 남는 전력을 이용하여 댐의 하류로 흘려보낸 물을 펌프를 이용하여 다시 댐의 상류로 끌어올려 두었다가 낮에 다시 발전에 사용하는 방식이다. 우리나라에는 청평, 무주, 삼랑진 발전소에서 양수식 발전을 하고 있다.

그 밖에 큰 낙차를 얻는 방법으로 유역변경식 발전이 있다. 이는 기존의 하천의 흐름을 낙차가 큰 방향으로 변경하여 발전소를 세우는 방법이다. 우리나라에는 강릉 수력발전소가 이 방식을 사용한다.

그림 16-7 수력발전용 댐

(4) 풍력에너지 (Wind Power Energy)

풍력은 바람으로부터 얻는 에너지다. 아주 오래 전부터 사람들은 항해를 하거나 풍차를 돌리고 물을 퍼 올리는 데 풍력을 이용했다. 최근에는 전기를 생산하는 데 풍력을 이용하기 시작했다. 우리나라에도 제주도와 대관령 등에 풍력 발전기가 설치되어 있다. 풍력 발전이란 자연의 바람을 이용하여 풍차를 돌리고, 이것으로 발전기를 돌리는 발전 방식을 말한다. 풍력을 이용해 효율적으로 전기에너지를 얻기 위해서는 초속 5 m 이상의 바람이 지속적으로 불어야 한다.

따라서 풍력 발전소는 사막이나 바다와 가까운 지역에 많이 세운다. 풍력에너지는 환경오염 물질을 발생시키지 않는 깨끗한 에너지이기 때문에 세계 각국에서 그 활용에 큰 관심을 보이고 있다. 최근의 풍력 발전기는 풍력에너지의 약 30%를 발전기를 돌리는 에너지로 전환시킬 수 있다.

풍력 발전기는 수평 방향 바람의 운동에너지를 터빈의 회전 운동에너지로 바꾼다. 회전 운동에너지는 발전기에 의해 전기에너지로 전환된다. 풍력 발전기의 출력은 터빈의 크기와 바람의 속력에 따라 정해진다.

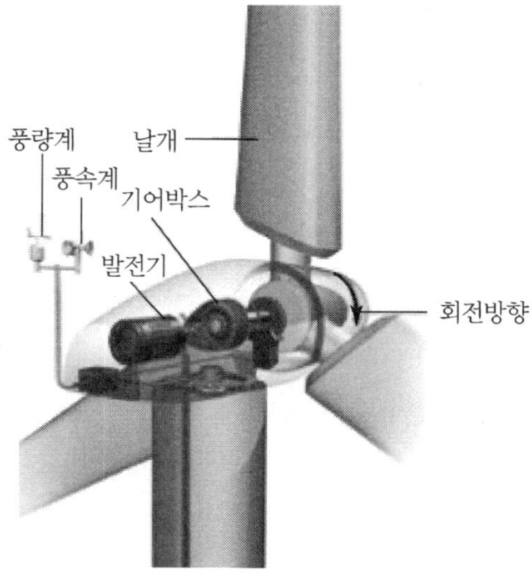

그림 16-8 풍력 발전기

바람은 높이 올라갈수록 강하게 불기 때문에 대형 풍력 발전기일수록 기둥을 높이 세워야 한다. 대형 풍력 발전기는 기둥의 높이가 100 m나 되는 것도 있다.

그림 16-9 풍력발전 시설

(5) 해양에너지 (Ocean Energy, Marine Energy)

해양에너지는 주로 파력발전(Wave Power Generation), 조력발전(Tidal Power Generation), 조류발전(Tidal Stream Power Generation), 해양온도차발전(Ocean Thermal Energy Conversion) 등을 통해 이용되고 있다. 파력발전은 파도에 의한 해면의 상하운동을 이용한 것이다. 파력발전에는 해안선에 발전장치를 설치하는 고정식과 근접한 바다에 발전 장치를 계류시키는 부체식이 있다.

조식발전은 달이나 태양의 인력에 의해서 생기는 조석에너지를 이용하는 것이다. 만(Bay) 내에 댐을 설치하여 밀물과 썰물 사이의 낮은 낙차를 이용한 것으로, 이를 실용화하고 있는 발전소로는 프랑스의 랭스조력발전소(발전출력 24만 kW)가 유명하다.

조류발전은 밀물과 썰물로 생기는 조류를 이용하는 것이다. 조류의 에너지는 방대하지만, 단위밀도가 낮은데다가 조류에너지를 이용하는 발전 장비를 설치하기 위해서는 대규모 토목공사가 필요하기 때문에 이를 실용화하는 데는 기술적인 어려움이 많다.

그림 16-10 조력발전장치

해양온도차발전은 표층과 심층의 해수의 온도차를 이용하여, 암모니아 등의 작동유체로 터빈을 돌려 발전하는 방식이다. 나우루나 하와이 주 등에서 실용화를 위한 연구가 진행되고 있다. 앞으로 발전 뿐 아니라 영양염이 풍부하고 잡균이 적은 심층수를 어류 양식 등에 사용할 수 있을 것으로 기대되고 있다.

(6) 지열에너지 (Geothermal Energy)

지열 (Geothermal Power)을 이용하여 지열발전 (Geothermal Power Generation)을 위한 소규모의 연구용 지열발전소 (Thermal Power Plant)가 건립되어 연구 진행 중에 있다. 에너지원으로 화산 (Volcano), 열수/온수 (Hydrothermal Water/Hot Water)가 이용된다.

지구 용융이 일어나는 중심부에서 지표 근처로 방출되는 열을 에너지원으로 이용한다. 보통 지표면 근처의 지중 온도는 10~20℃ 정도로 열펌프 (Heat Pump)를 통해 에너지로 이용되고, 일부 지중 온도가 80℃ 정도로 높은 지역의 열은 직접 냉방과 난방에 이용된다. 지표에서 지구 중심부로 갈수록 지중 온도는 25~30℃/km 정도로 증가하며, 주로 100℃ 이상의 고온 지대는 판의 경계에 나타나므로 대부분의 지열 발전소가 위치해 있다.

그림 16-11 아이슬란드의 지열발전소

장단점으로는 이산화탄소나 각종 유해물질을 배출하지 않는 친환경에너지 (Eco-friendly Energy)로, 장비의 유지비 외에 추가 비용이 발생하지 않아 발전 구동 비용이 저렴하다. 반영구적으로 사용 가능하지만, 발전 설비 적용 시 지중 상황 파악이 어려울 뿐 아니라 침전이 발생할 수 있고 발전 가능한 지역이 한정적이라는 문제가 있다.

이용방식으로 크게 149℃ 이하의 지열수(Geothermal Water)를 이용하는 직접 이용 기술 방식과 150℃ 이상의 지열 유체를 이용하는 간접 이용 기술 방식으로 나눌 수 있다. 직접 이용 방식은 30～50℃의 지하수를 다른 형태의 에너지로 변환하지 않고 열 자체를 바로 활용하는 방법으로, 화산(Volcano) 지대에서 자연스럽게 얻을 수 있는 지열수를 이용하며 주로 온천수(Hot Spring Water), 지역난방, 양어장, 화학 물질 추출 등에 쓰인다. 반면 간접 이용 방식은 주로 전기와 같은 다른 종류의 에너지로 변환하여 이용하는 방식으로, 화산 지대에서 150℃ 이상 되는 고온의 증기로 터빈(Turbine)을 돌려 발전한다.

아이슬란드(Iceland)의 경우 대서양 중앙 해령 중심으로 화산 활동이 활발히 일어나므로, 인구 대비 지열에너지의 직접 이용이 가장 높다. 또한 2013년 기준 미국 17,014 GWh, 필리핀 10,723 GWh, 일본 2,752 GWh 등의 지열 발전 설비 용량을 갖추었으며, 한국은 직간접 이용 기술보다 연중 땅 속의 온도가 일정한 지형을 활용해 지열 펌프를 이용하여 주변 주택 시설의 냉난방 시설에 에너지를 공급하고 있다.

▌참고 ▌ 지열발전

지열발전은 공해가 없어 친환경적이며, 기존의 화력이나 수력 그리고 기타 재생에너지에 비해 24시간 연속으로 가동할 수 있으므로 설비의 실제 가동률이 뛰어나다는 장점이 있다. 또한 지열발전은 풍력이나 태양광발전과 달리 날씨의 영향을 받지 않으며, 어떠한 연료도 필요로 하지 않고, 어떠한 폐기물도 만들어내지 않는다. 또한 유지보수비도 상대적으로 저렴하다. 지열에너지의 효용성과 가치에 대한 인식의 재고 및 관련 기술 개발에 대한 적극적인 투자가 필요하다.

(7) 원자력에너지 (Nuclear Energy, Atomic Energy)

핵에너지라고도 한다. 원자력에너지란 핵분열 시에 발생하는 열에너지로 이 열에너지를 이용하여 증기를 만들어 터빈을 회전시켜 발전하는 것이 원자력발전이다. 원자력은 공급 안정성, 환경특성, 경제성이 우수하여 석유대체에너지의 중추적인 역할을 하고 있다. 현재 원자력발전은 전 세계 에너지 소비의 7.2%를 차지하고 있으며 일본에서도 53기의 원자력발전소가 가동 중이며 총 발전 전력량의 약 30%를 차지하고 있다.

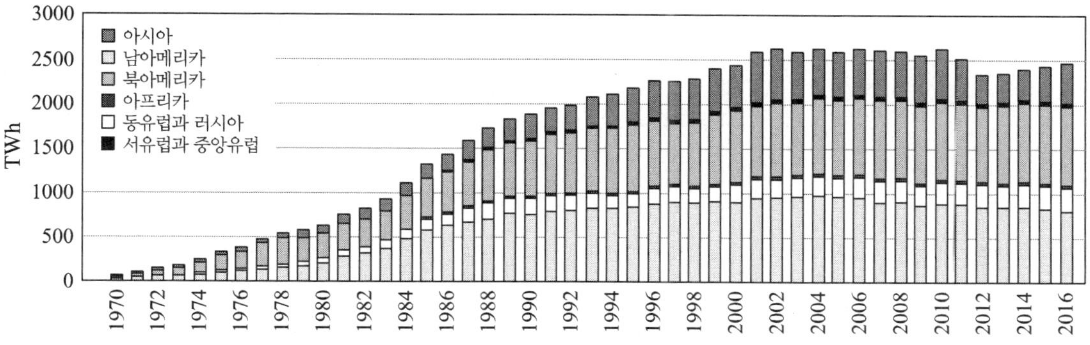

출처: 세계원자력협회 국제원자력기구 (IAEA) 원자로정보서비스 (PRIS)

그림 16-12 전 세계 원자력 이용 현황

자원이 부족한 일본에서는 사용이 끝난 연료를 재처리하여 회수된 플루토늄 및 우라늄을 재이용하는 재처리/재활용 노선을 기본으로 안전대책, 방사성 폐기물의 저장/처분, 핵 비확산 등의 과제에 중점을 두고 있다. 또한 최근에는 안전성에 대한 우려, 폐기물 대책의 곤란 때문에 일부의 유럽 국가 등에서는 원자력의 이용촉진에 신중하다.

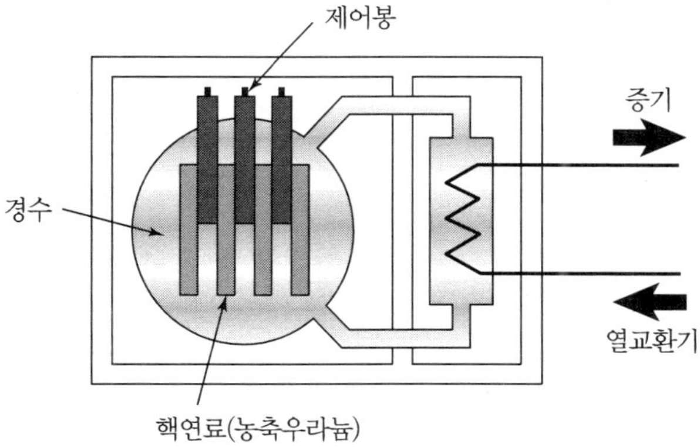

그림 16-13 원자력 개념도

원자핵에서 방출되는 에너지는 보통의 화학반응의 에너지와 비교하면 원자 1개당 수백만 배라는 거대한 것이 되고 그 에너지의 방출은 제3의 불의 발견이라고 하기에 적합하며, 인류의 장래 에너지원의 주력을 이룰 것으로 생각된다. 일반적으로는 인위적으로 원자핵 변환을 일으킴으로써 이용 가능한 에너지로 빼낸 것을 말한다.

이것의 방법에는 우라늄, 플루토늄 등 무거운 원소의 원자핵을 연쇄적으로 분열시키는 방법(핵분열)과 중수소 등 가벼운 원소의 원자핵을 융합시키는 방법(핵융합)이 있다. 초기 원자폭탄과 원자로는 이들 중 핵분열을 이용한 것이고, 수소폭탄은 핵융합을 이용한 것이다.

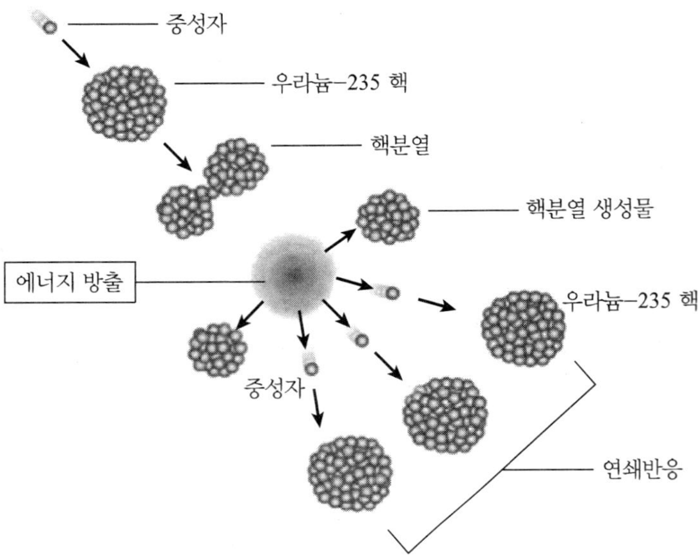

그림 16-14 우라늄(Uranium) 핵분열 모형도

원자력발전의 원리는 물을 끓여서 증기를 만들고 이 증기로서 터빈을 돌려 발전을 한다는 점에서는 일반 화력발전방식과 다를 바 없다. 화력발전에서는 물을 끓이기 위한 에너지원으로 석탄을 이용하지만 원자력발전에서는 원자로 내에서의 핵분열 반응에 의존한다는 점에서 차이가 난다. 화력발전은 석탄을 미세한 분말로 만들고 이를 보일러에서 연소시키지만, 원자력발전은 우라늄 원자에 중성자를 충돌시켜 핵분열이 일어나게 하는데 이때 핵이 분열하면서 막대한 열이 발생한다. 핵연료봉에 저장된 핵연료의 분열이 일어나면서 연료봉은 뜨거워지고 이 주위로 물을 흐르게 하여 뜨거운 증기를 만들어낸다. 이 증기는 터빈을 구동하여 발전기가 돌아가게 하는 원리이다. 다음은 오늘날 가장 널리 사용되고 있는 가압경수로를 나타내고 있다.

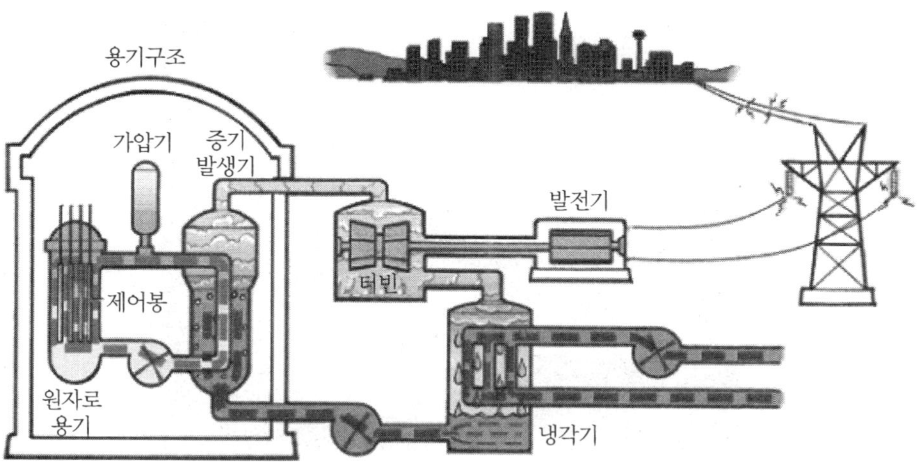

그림 16-15 가압경수로 개념도

한국은 1962년 3월 TRIGA MARK-2 연구용 원자로(열출력: 100 KW)가 가동된 이후 1978년 4월 고리1호기(가압경수형원자로: 587 MW)가 최초로 상업운전을 개시하면서 본격적인 원자력시대를 열었다.

그림 16-16 원자로

그림 16-17 핵 연료봉

에너지의 방출과 동시에 새로 생기는 원자핵은 많은 경우 방사능을 띠고, 핵분열에 의해 방출되는 중성자를 물질에 흡수시키면 모든 원소에 대하여 방사성동위원소가 얻어지므로, 이들을 인공방사선원으로 이용할 수 있다. 이것은 원자력의 이용 면에서 동력원과 함께 중요한 위치를 차지한다.

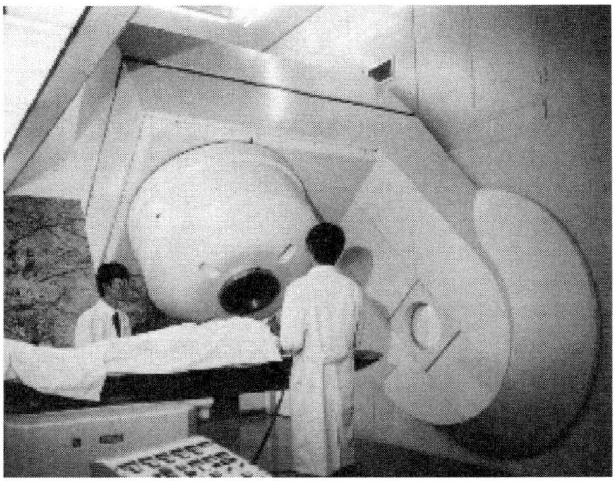

그림 16-18 원자력치료기

(8) 바이오에너지 (Bio Energy)

바이오매스에너지라고도 한다. 바이오매스란 식물이나 미생물 등을 에너지원으로 이용하는 생물체이다. 바이오매스에 들어 있는 석유 성분을 추출하거나, 사람이나 동물의 배설물을 메탄발효 (Methane Fermentation) 시키거나, 특수한 해조 (Algae) 나 폐기물 바이오매스를 메탄발효 또는 알코올발효 (Alcohol Fermentation) 등에 의하여 연료로 만드는 것 등이 바이오매스를 에너지로 사용하는 방법이다.

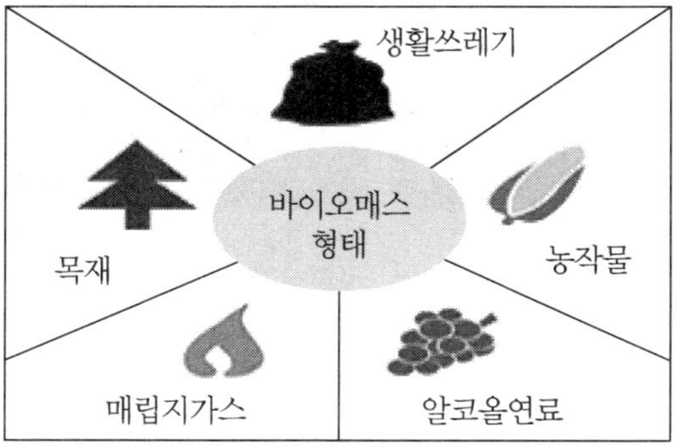

그림 16-19 바이오매스 종류

다시 말해 생물자원을 발효, 가스화 혹은 광합성함으로써 알코올, 메탄, 수소 등을 채취하여 이용하는 에너지를 말한다. 목재 등의 건조 바이오매스에서는 가스화 혹은 열분해에 의하여 가연 가스를 채취한다. 그리고 폐기액, 오물, 해조류 등에서는 혐기성 발효에 의하여 메탄가스를 얻어내고, 고구마 등에서는 알코올을 만들어낸다.

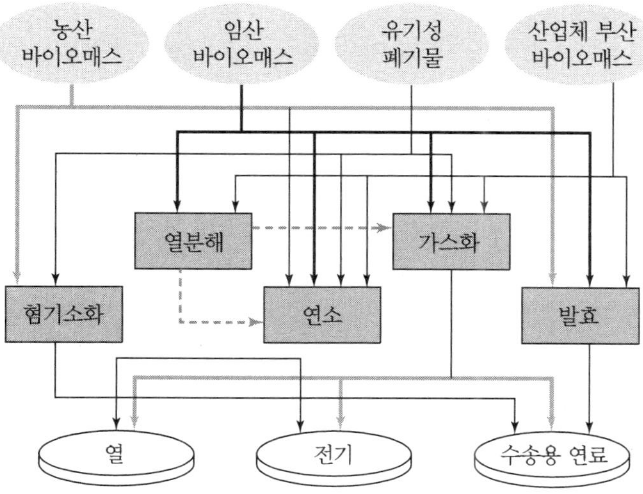

그림 16-20 바이오매스 기술 계통도

전 세계에 서식하는 식물을 조사한 바에 의하면 육상에서 새롭게 성장하는 식물의 양은 매년 시들어 죽는 양인 1.5×10^{11}톤과 같다고 한다. 이 모든 것을 연소하거나 바이오매스 에너지원과 같은 용도로 사용한다면, 매년 세계 에너지 사용량의 9배에 가까운 에너지가 생산될 것이다. 하지만 이것은 적절한 생각이라고 할 수 없다. 왜냐하면, 모든 산림이 파괴되고 식물은 물론 농경지 토양이 피해를 입을 것이기 때문이다.

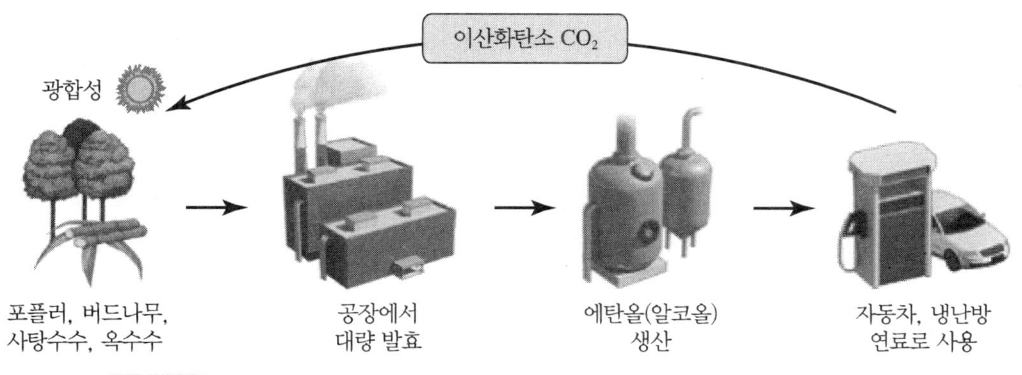

그림 16-21 바이오매스 에너지의 생산

그럼에도 불구하고 연료용 식물을 잘 통제하여 수확한다면, 산림을 파괴하거나 식량 공급에 지장을 주지 않고서도 연료용 바이오매스에너지 사용량을 늘릴 수 있을 것이다. 브라질, 미국, 중국 등 세계의 몇몇 나라에서 이러한 에너지원을 개발하기 위한 실험을 진행하고 있다.

▌참고▐ 바이오매스에너지 (Biomass Energy)

에너지 이용의 대상이 되는 생물체를 총칭하여 일반적으로 바이오매스라고 한다. 바이오매스는 생태학 용어로서 생물량 또는 생체량이라고도 한다. 원래 살아 있는 동물, 식물, 미생물의 유기물량을 의미하지만, 산업계에서는 유기계 폐기물도 바이오매스에 포함한다.
바이오에너지의 대상이 되는 주요 바이오매스 자원으로는 포플러, 버드나무, 아카시아 등의 나무, 사탕수수, 고구마, 옥수수 등의 초본식물, 그리고 수생식물, 해조류, 조류, 광합성 세균 등이 있다. 유기계 폐기물, 농산폐기물, 임산폐기물, 축산폐기물, 산업폐기물, 도시 쓰레기 등도 직접 또는 변환하여 연료화할 수 있다.
바이오매스를 에너지원으로 이용하면 에너지를 저장할 수 있고, 재생이 가능하며, 물과 온도 조건만 맞으면 지구 어느 곳에서나 얻을 수 있고, 적은 자본으로도 개발이 가능하며, 원자력 등 다른 에너지와 비교할 때 환경보전적으로 안전하다. 그러나 바이오매스를 얻기 위해 넓은 면적의 토지가 필요하며, 자원량의 지역적 차이가 큰 것이 단점이다.
바이오매스를 에너지원으로 이용하는 방법으로는 직접연소, 메탄발효, 알코올발효 등이 있다. 예를 들어, 생물이 공기가 없는 곳에서 썩으면 메탄가스가 발생한다. 이 과정을 무기호흡이라 하는데, 이때 생성된 메탄가스, 즉 바이오가스는 조리용, 난방용 등의 연료로 사용할 수 있다.
브라질, 캐나다, 미국 등에서는 알코올을 이용한 바이오에너지 공급량이 이미 원자력에 맞먹는 수준에 도달해 있다. 인도네시아, 일본도 상당한 수준의 바이오에너지 기술을 갖고 있다. 우리나라에서도 대체에너지 기술 개발 사업으로 바이오에너지에 대한 연구가 진행 중이며 보급이 많이 늘어날 것으로 전망된다.

(9) 폐기물에너지 (Waste Energy)

생활폐기물, 산업폐기물 중 에너지 함량이 높은 가연성 폐기물을 가스화, 소각, 열분해 등의 변환 과정을 거쳐 고체, 액체 및 가스 연료, 폐열 등으로 생산하는 것을 일컫는다. 이용하는 폐기물의 종류와 가공 및 처리 방식, 생산되는 연료의 형태 등에 따라 크게 플라스틱 열분해 연료유, 폐유 정제유, 성형고체연료, 폐기물 소각열 등 네 가지로 분류할 수 있다. 성형고체연료의 경우, 연소성이 높은 물질만을 선별하여 고형연료의 형태로 재생시킨 것으로, 폐기물 가공연료, 폐플라스틱 연료, 폐타이어 고체연료, 폐목재 연료 (Wood Chip Fuel) 등이 있다.
장단점으로 각종 폐기물을 감량하고 재활용함으로써 폐기물 처리 문제가 감소할 뿐 아니라 화석 연료를 대체하는 에너지로서 이산화탄소 감축 효과를 볼 수 있다. 또한 고체, 액체, 가스 등 다양한 형태의 에너지원으로 변형이 가능하므로 활용가치가 높고, 에너지 이용 과정 중 열이 사용되므로 지역에 난방열 공급이 가능하여 경제적인 효과도 기대할 수 있다. 그러나 폐기물 소각 시에 배출되는 환경오염 물질과 생산 및 보관 시에 발생하는 악취와 오염 물질로 인해 설치에 어려움을 겪을 수 있다.

그 현황으로 폐기물에너지 생산량이 가장 많은 국가인 미국은 고형폐기물의 소각열을 이용한 에너지 생산량이 활성화 되어 있으며, 2010년 기준으로 2,900만 톤의 생활폐기물이 에너지로 이용된다. 유럽의 경우 소각 시설의 폐열로 증기를 생산하는 다양한 원천 기술을 보유하고 있으며, 폐기물 고형연료 생산을 통해 화력발전소나 시멘트 공장의 보조연료로 사용되는 경우가 많고, 국가 간 고형연료의 거래도 활발하다. 일본 또한 2016년 기준으로 생활폐기물 고형연료화 시설을 약 70개 가동하고 있으며, 90% 이상의 생활폐기물을 소각 시설에서 처리하고 있다. 한편 국내의 경우 폐기물에너지가 신재생에너지 생산량의 60%를 차지하며, 태양광이나 풍력 등 다른 에너지원에 비해 높은 비중을 차지하고 있다.

표 16-1 우리나라 신재생에너지 사용 현황

구분	태양광	풍력	바이오	폐기물	연료전지	기타
생산량(%)	7	2	23	60	2	6

표 16-2 신재생 대체에너지 개발 현황

종류	특징	적용 및 응용
태양 에너지	• 무공해, 무한정한 태양에너지를 이용하므로 연료비가 불필요 • 대기오염과 소음공해가 없음 • 발전용량의 신축성 및 발전시설의 유동성 • 긴 수명 • 자동화로 유지관리 용이	• 태양열발전 및 우주발전 • 태양광발전 (실용화) • 냉/온수이용 (실용화) • 물을 전기분해하여 화학에너지로 변환 • 바이오매스전환 (광합성 등)
연료 전지	• 천연가스, 메탄올 등의 연료로부터 수소생산 • 연소과정이 없는 고효율 발전 • 공해물질 배출 및 소음이 없음 • 열과 전기를 동시에 공급할 수 있음 • 부지 선정이 용이 • 연료공급이 편리	• 연료전지 (축전지) • 연료전지 자동차
수소 에너지	• 풍부한 물로 제조, 사용 후 물로 다시 환원되는 청정 연료 • 지구온난화 방지에 기여 • 화석연료 고갈에 대비 • 지속적인 에너지와 자동공급 가능	• 수소에너지 자동차 개발 • 태양열을 이용한 수소제조 공장건설 • 수소전지
수력 에너지	• 무공해이며 재생가능한 환경친화적 에너지원 • 다른 대체에너지원에 비해 높은 에너지밀도 • 전력수급 급등 시 부하평균화 효과	• 수력발전
풍력 에너지	• 풍력자원이 풍부하고 재생가능 • 공해물질 배출이 없어서 청정에너지 • 풍력단지의 관광자원화 가능 • 단점으로는 소음 발생	• 풍력발전 (실용화)
해양 에너지	• 해양력 (파력 및 조력) 이용 • 자원이 풍부 • 오염물질 배출이 없는 청정에너지	• 파력발전 및 조력발전 • 해류발전 및 해류차발전
지열 에너지	• 재생불가능 에너지이나 지구 자체가 가지고 있는 에너지이므로 잠재력은 거의 무한대 • 고온의 에너지 (화산)	• 온수/열수의 이용 (실용화) • 증기발전 (실용화) • 화산발전 • 지열발전
화석 에너지	• 석유와 같은 유한 자원	• 석탄의 가스화 및 액화 (일부실용화) • 천연가스의 이용 (실용화) • 오일샌드/오일쉘 이용

17 환경오염과 감시체계 시스템

각 사업장에 설치된 각종 환경오염물질 자동측정기와 제어실의 컴퓨터를 온라인으로 연결하여 배출되는 오염물질의 농도를 신속히 파악함으로써 환경오염으로 인한 피해를 사전에 방지할 수 있는 환경오염 원격 감시망을 운영하고 있다.

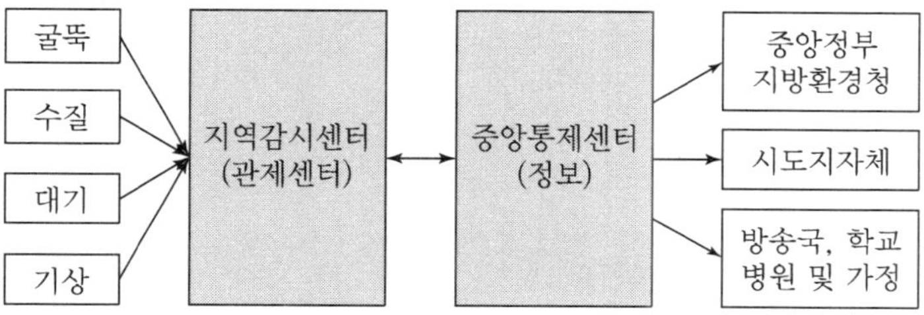

그림 17-1 환경오염 감시체계

그 중 공해감시는 환경오염 상황을 파악하는 환경감시와 고정배출원의 오염물질 배출과 관리상황을 파악하는 발생원감시로 구분한다. 여기서 연돌 연속 자동 측정망인 TMS (Telemetry System)는 발생원감시로 사업장 관련시설 (측정기)과 감시센터를 온라인 (On-line)화 하여 굴뚝에서 배출되는 오염물질의 양이나 관리상태를 원거리에서 자동으로 감시 및 제어할 수 있는 시스템을 말한다.

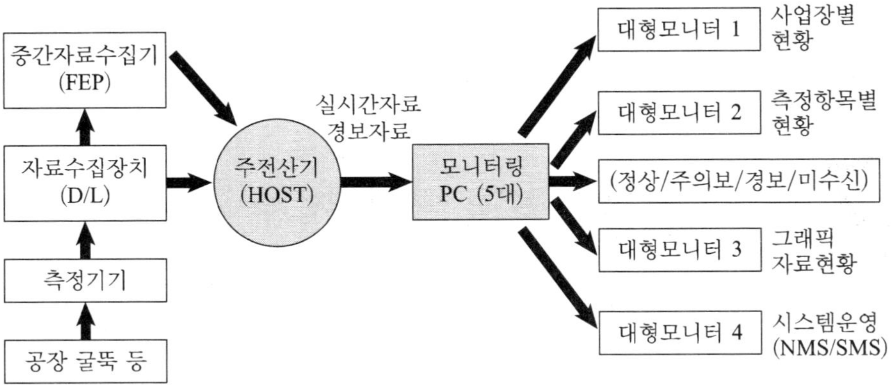

그림 17-2 대기오염 감시체계 (TMS)

국내 TMS 구축 및 가동현황은 다음과 같다.

17.1 설치시설 및 측정 항목

보일러, 열 공급, 제조공정 등의 배출시설에 먼지, SO_2, NH_3, HCl, HF 등 6개 항목의 측정기가 울산, 여수, 대산 산업공단에 설치되어 있다.

표 17-1 전국측정기 설치 현황 (2000년 2월)

구분	업소	굴뚝	배출시설	측 정 기											
				계	먼지	SO_x	NO_x	NH_3	HCl	HF	CO	CO_2	O_2	유량	온도
계	193	613	835	1,914	448	287	284	17	72	33	40	13	424	288	8

표 17-2 특별대책지역 측정기 설치 현황 (2000년 2월)

구분	사업장	굴뚝	측 정 기										
			계	먼지	SO_x	NO_x	NH_3	HCl	HF	CO	CO_2	O_2	유량
계	93	294	808	198	125	98	17	29	34	6	0	220	81
여수산단	25	113	361	56	55	53	6	7	8	6	0	89	81
울산, 온산	68	181	447	142	70	45	11	22	26	0	0	131	0

17.2 관련 법령

① 대기환경보전법 제15조 제3항 및 제4항, 동법 시행령 제10조
② 대기오염공정시험방법 제3장 제3절
③ 환경측정기기 형식승인 및 정도 검사에 관한 법률 제8조의 2항
④ 계량 및 측정에 관한 법률(온도계, 유량계 관련)

17.3 측정기기 설치 및 운영 현황

193개 사업장 내 835개 배출시설의 613개 연돌에 먼지, SO_2 등 12개 항목의 굴뚝 자동측정기기 1,914대를 운영하고 있다.

특별대책 지역은 행정명령, 이외 지역은 지자체 권고사항으로 설치하고 데이터는 감독기관에 전송 또는 자체 활용한다.

각 회사들은 환경친화 기업으로서의 이미지를 사회에 부각하기 위하여 환경친화적인 경영목표를 설정하고 이를 달성하기 위하여 인적, 물적 및 관리적인 기법을 규정된 절차에 따라 체계적이고 지속적으로 관리, 이행하는 환경경영 활동을 강화하고 있는 실정이다.

표 17-3 G사 TMS 설치 현황 일례 (1999년 10월)

Stack	측 정 항 목							전송여부
	먼지	SO_2	NO_x	CO	온도	유량	O_2	
16 Common Stack	○	○	×	×	○	○	○	○
76 Common Stack	○	○	×	×	○	○	○	○
No.3 CDU HTR (62F-201)	○	×	×	×	○	○	○	○
116 PKG BLR (116F-322)	○	×	×	×	○	○	○	○
No1. CCR HTR (103F-101 외)	○	×	×	×	○	○	○	×
No.1 Xylene HTR (105F-101A/B)	○	×	×	×	○	○	○	×
No.1 Isomar HTR (109F-101/102)	○	×	×	×	○	○	○	×
No.1 KD-HDS (67F-101)	○	×	×	×	○	○	○	×
15 SRU Incinerator (15F-402)	○	○	×	×	○	○	○	×
76 Spent Caustic Incinerator (76F-601)	○	×	×	○	○	○	○	×
No.2 Xylene HTR (205F-101A/B)	○	×	×	×	○	○	○	×
No.2 Isomar HTR (209F-101/102)	○	×	×	×	○	○	○	×
RFCC CO BLR (152F-402A/B)	○	○	×	×	○	○	○	×
216 PKG BLR (216F-301/302)	○	○	○	○	○	○	○	×
No.4 CDU HTR (72F-101/102)	○	○	○	×	○	○	○	×
No.2 KD-HDS (77F-101A/B)	×	○	×	×	○	○	○	×
75 SRU Incinerator (75F-502)	○	○	○	×	○	○	○	×
75 SRU HTR (75F-501)	×	○	×	×	○	○	○	×
No.2 CCR HTR (203F-101～104)	○	○	○	×	○	○	○	×
No.2 CCR HTR (203F-105)	×	○	○	×	○	○	○	×
No.2 NHT HTR (204F-101/102)	×	○	○	×	○	○	○	×
No.2 Co-Gen	○	○	○	×	○	○	○	×
No.3 Co-Gen	○	○	○	×	○	○	○	×
216 PKG BLR (216F-303)	○	○	○	○	○	○	○	×
WCN-HDS (54F-101)	○	○	×	×	○	○	○	×
76 RCO (76F-101)	×	○	○	×	○	○	○	×
No.3 KD-HDS HTR (97F-201)	○	○	×	×	○	○	○	×
계	21	17	10	3	27	27	27	

부록

1. 작용기(Functional Groups)

명칭	그룹	화학식	구조식	접두어	접미어	예
① 일반 탄화수소 Alkane	Alkyl	$R(CH_2)_nH$		alkyl-	-ane	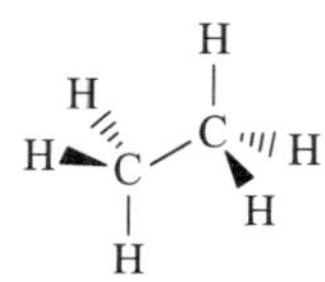 Ethane
Alkene	Alkenyl	$R_2C=CR_2$	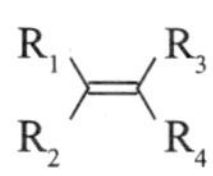	alkenyl-	-ene	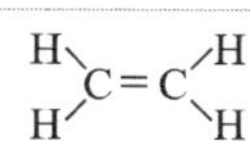 Ethylene (Ethene)
Alkyne	Alkynyl	$RC\equiv CR'$	$R-C\equiv C-R'$	alkynyl-	-yne	$H-C\equiv C-H$ Acetylene (Ethyne)
Benzene derivative	Phenyl	RC_6H_5 RPh	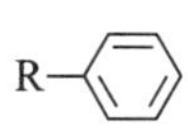	phenyl-	-benzene	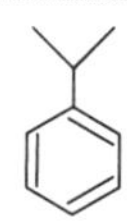 Cumene (2-phenylpropane)
② 할로겐 포함 Haloalkane	Halo	RX	R−X	halo-	Alkyl halide	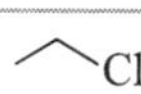 Chloroethane (Ethyl chloride)
③ 산소 포함 Alcohol	Hydroxyl	ROH	R−O−H	hydroxy-	-ol	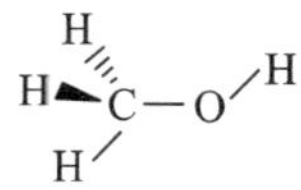 Methanol
Ketone	Carbonyl	RCOR'	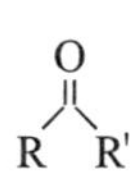	-oyl (-COR') or oxo- (=O)	-one	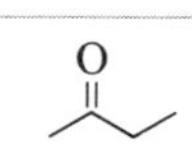 Butanone (Methyl ethyl ketone)

명칭	그룹	화학식	구조식	접두어	접미어	예
Aldehyde	Aldehyde	RCHO	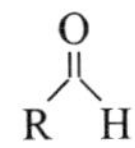	formyl (-COH) or oxo- (=O)	-al	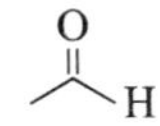 Acetaldehyde (Ethanal)
Acyl halide	Haloformyl	RCOX		carbonofluoridoyl- carbonochloridoyl- carbonobromidoyl- carbonoiodidoyl-	-oylhalide	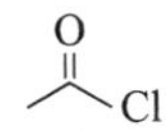 Acetyl chloride (Ethanoyl chloride)
Carbonate	Carbonate ester	ROCOOR	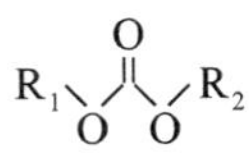	(alkoxycarbonyl) oxy-	akyl carbonate	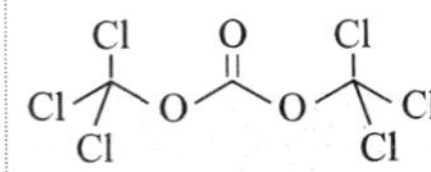 Triphosgene (bis (trichloromethyl) carbonate)
Carboxylate	Carboxylate	$RCOO^-$	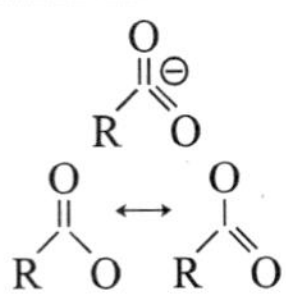	carboxy-	-oate	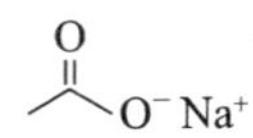 Sodium acetate (Sodium ethanoate)
Carboxylic acid	Carboxyl	RCOOH	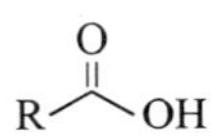	carboxy-	-oic acid	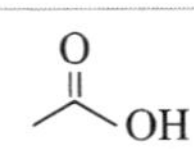 Acetic acid (Ethanoic acid)
Ester	Ester	RCOOR'	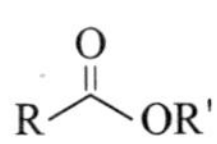	alkanoyloxy- or alkoxycarbonyl-	alkyl alkanoate	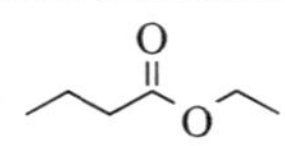 Ethyl butyrate (Ethyl butanoate)
Methoxy	Methoxy	$ROCH_3$	$R-O-CH_3$	methoxy-	–	–
Hydroperoxide	Hydroperoxy	ROOH	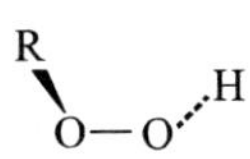	hydroperoxy-	alkyl hydroperoxide	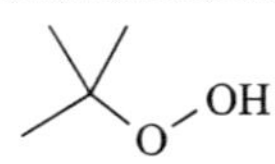 tert-Butyl hydroperoxide
Peroxide	Peroxy	ROOR	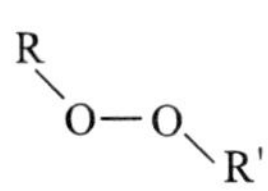	peroxy-	alkyl peroxide	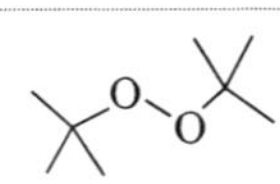 Di-tert-butyl peroxide
Ether	Ether	ROR'		alkoxy-	alkyl ether	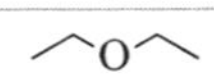 Diethyl ether (Ethoxyethane)
Acetal	Acetal	RCH(OR') (OR")	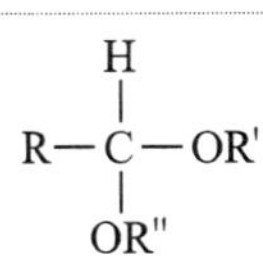	dialkoxy-	-al dialkyl acetal	–

명칭	그룹	화학식	구조식	접두어	접미어	예
④ 질소 포함						
Amide	Carboxamide	$RCONR_2$	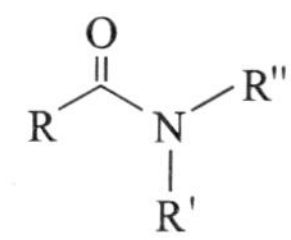	carboxamido- or carbamoyl-	-amide	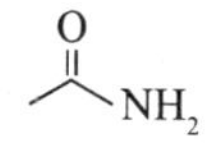 Acetamide (Ethanamide)
Amines	Primary amine	RNH_2	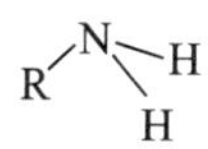	amino-	-amine	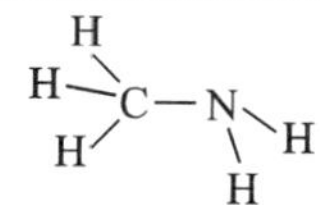 Methylamine (Methanamine)
	Secondary amine	R_2NH	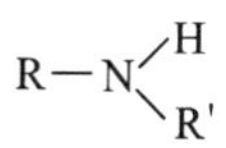	amino-	-amine	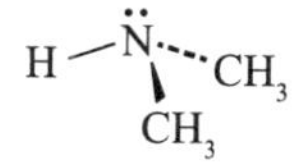 Dimethylamine
	Tertiary amine	R_3N	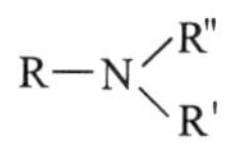	amino-	-amine	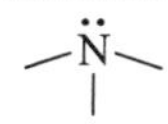 Trimethylamine
	4° ammonium ion	R_4N^+	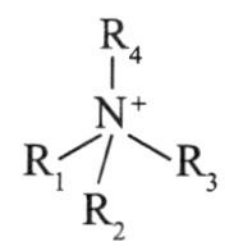	ammonio-	-ammonium	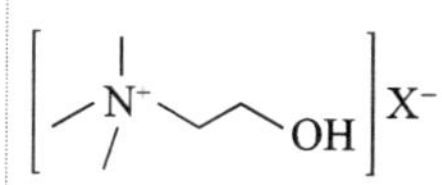 Choline
Imide	Imide	$(RCO)_2NR'$	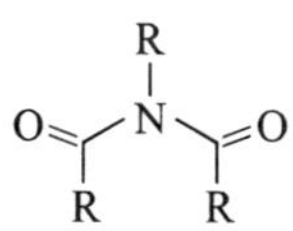	imido-	-imide	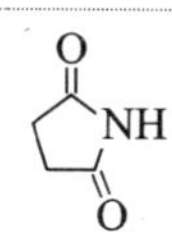 Succinimide (Pyrrolidine-2,5-dione)
Azo compound	Azo (Diimide)	RN_2R'	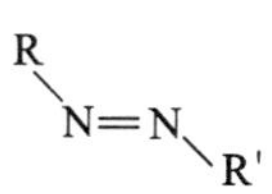	azo-	-diazene	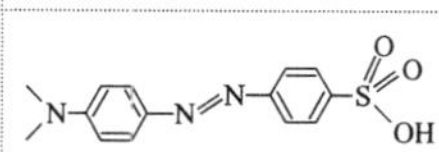 Methyl orange (p-dimethylamino-azoben zensulfonic acid)
Cyanates	Cyanate	ROCN	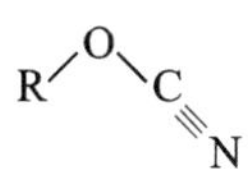	cyanato-	alkyl cyanate	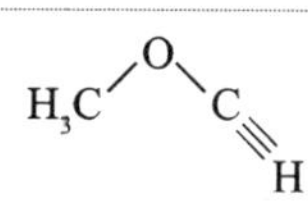 Methyl cyanate
	Isocyanate	RNCO	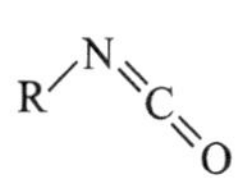	isocyanato-	alkyl isocyanate	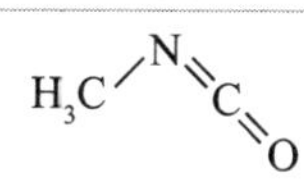 Methyl isocyanate
Nitrate	Nitrate	$RONO_2$	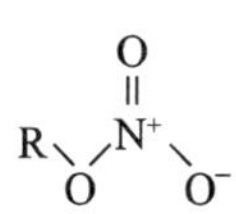	nitrooxy- nitroxy-	alkyl nitrate	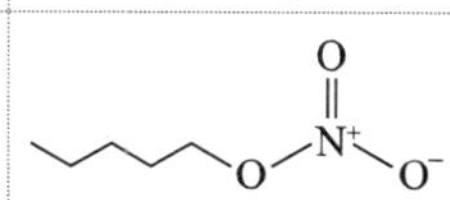 Amyl nitrate (f-nitrooxypentane)

명칭	그룹	화학식	구조식	접두어	접미어	예
Nitrile	Nitrile	RCN	R—≡N	cyano-	alkanenitrile alkyl cyanide	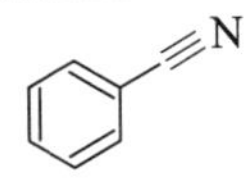 Benzonitrile (Phenyl cyanide)
	Isonitrile	RNC	$R-N^{+}\equiv C^{-}$	isocyano-	alkaneisonitrile alkyl isocyanide	$H_3C-N^{+}\equiv C^{-}$ Methyl isocyanide
Nitrite	Nitrosooxy	RONO	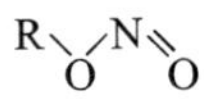	nitrosooxy-	alkyl nitrite	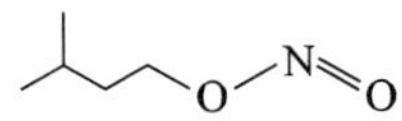 Isoamyl nitrite (3-methyl-1-nitrosooxybutane)
Nitro compound	Nitro	RNO_2	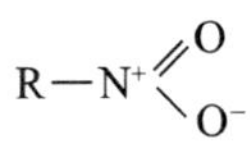	nitro-	–	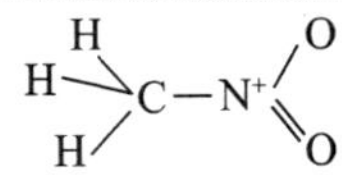 Nitromethane
Pyridine derivative	Pyridyl	RC_5H_4N	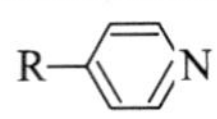 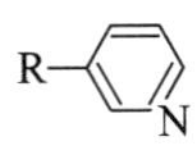 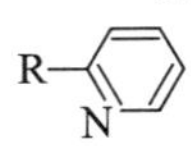	4-pyridyl (pyridin-4-yl) 3-pyridyl (pyridin-3-yl) 2-pyridyl (pyridin-2-yl)	-pyridine	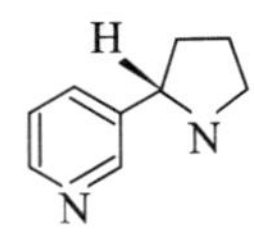 Nicotine
⑤ 황 포함 Thiol	Sulfanydryl	RSH	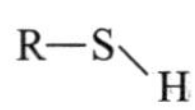	sulfanydryl- (-SH)	-thiol	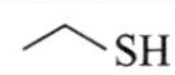 Ethanethiol
Sulfide (Thioether)	Sulfide	RSR'	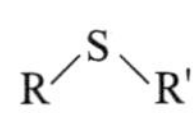	substituent sulfanyl- (-SR')	di(Substituent) sulfide	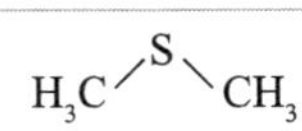 (Methylsulfanyl) methane(prefix) or Dimethyl sulfide (suffix)
Disulfide	Disulfide	RSSR'	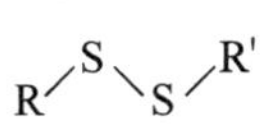	substituent sulfanyl- (-SSR')	di(Substituent) disulfide	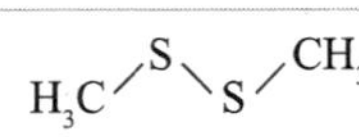 (Methylsulfanyl) methane(prefix) or Dimethyl disulfide (suffix)
Sulfone	Sulfonyl	RSO_2R'	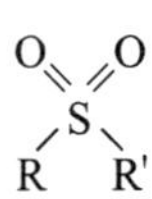	-sulfonyl ($-SO_2R'$)	di(substituent) sulfone	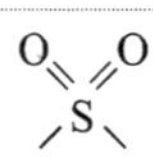 (Methanesulfanyl) methane(prefix) or Dimethyl sulfone (suffix)

명칭	그룹	화학식	구조식	접두어	접미어	예
Sulfinic acid	Sulfino	RSO_2H	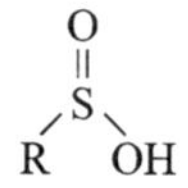	sulfino- $(-SO_2H)$	-sulfinic acid	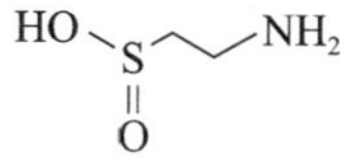 2-Aminoethanesulfinic acid
Sulfonic acid	Sulfo	RSO_3H	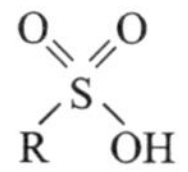	sulfo- $(-SO_3H)$	-sulfonic acid	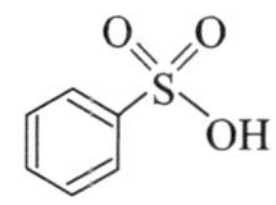 Benzenesulfonic acid
Thiocyanate	Thiocyanate	RSCN	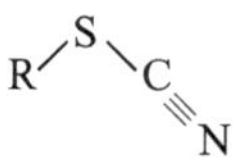	thiocyanato- (-SCN)	Substituent thiocyanate	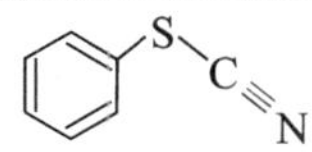 Phenyl thiocyanate
	Isothiocyanate	RNCS	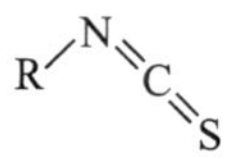	isothiocyanato- (-NCS)	Substituent isothiocyanate	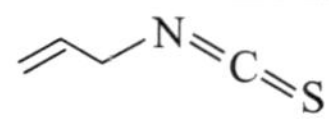 Allyl isothiocyanate
Thione	Carbonothioyl	RCSR'	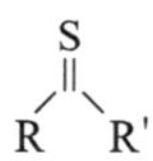	-thioyl- (-CSR') or sulfanylidene- (=S)	-thione	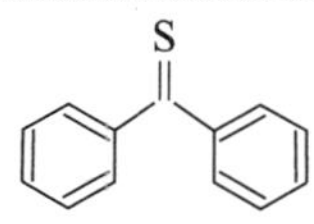 Diphenylmethanethione (Thiobenzophenone)
Thial	Carbonothioyl	RCSH	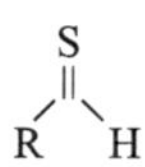	methanethioyl- (-CSH) or sulfanylidene- (=S)	-thial	–
⑥ 인 포함						
Phosphate	Phosphate	ROP (=O) $(OH)_2$	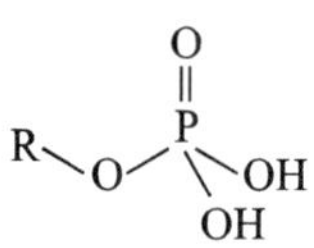	phosphonooxy- or O-phosphono- (phospho-)	substituent phosphate	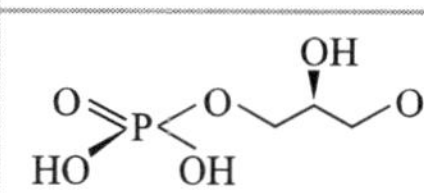 Glyceraldehyde 3-phosphate (suflix) 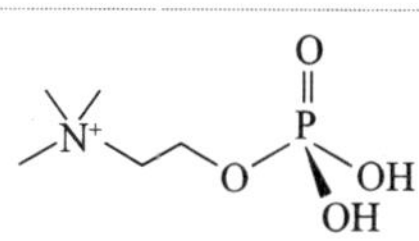 O-Phosphonocholine (prefix) (Phosphocholine)
Phosphodiester	Phosphate	HOPO $(OR)_2$	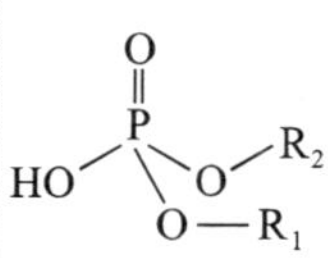	[(alkoxy) hydroxyphosphoryl] oxy- or o-[(alkoxy)hydroxyphosphoryl]	di(substituent) hydrogen phosphate or phosphoric acid di (substituent) ester	DNA o-[(2-Guanidinoethoxy) hydroxyphosphoryl] -L-Serine(prefix) (Lombricine)

2. 폐열 회수/대기배출물 저감

폐열 회수에 의한 에너지(연료) 절감은 곧 대기오염 배출량을 줄이는 것과 같다. 아래 그림과 같이 폐열회수 장치를 가지지 않는 고전적인 자연통풍식(Natural Draft)의 연소로에서 여러 가지 폐열을 회수하는 방법을 정리하였다. 단, 여기서 연소공기 온도 T_{air}, 연돌 배출가스 온도 T_{stack}, 연소로 코일 입구온도 T_{in}, 연소로 코일 출구온도 T_{out}, 연돌 산소 농도 O_2이다.

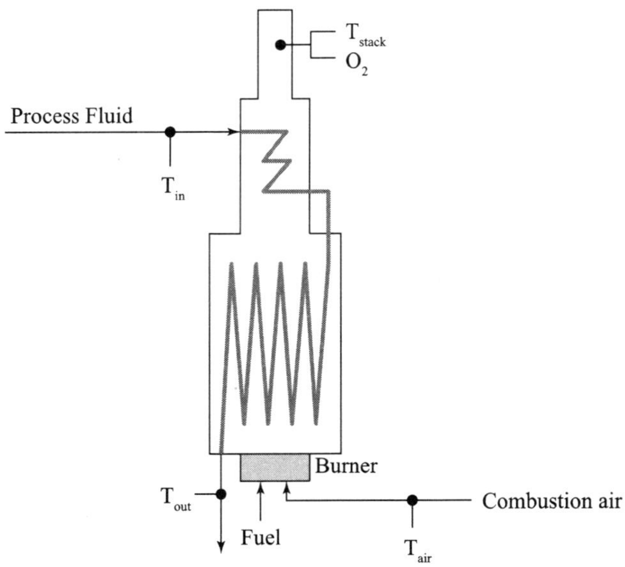

부록그림 1 공기 예열기를 가지지 않은 자연통풍식 연소로

(1) 공정 유체에 의한 연소공기 예열 경우

외부 공정 유체로부터 폐열을 이용하여 연소공기를 예열하는 경우를 나타내고 있다.

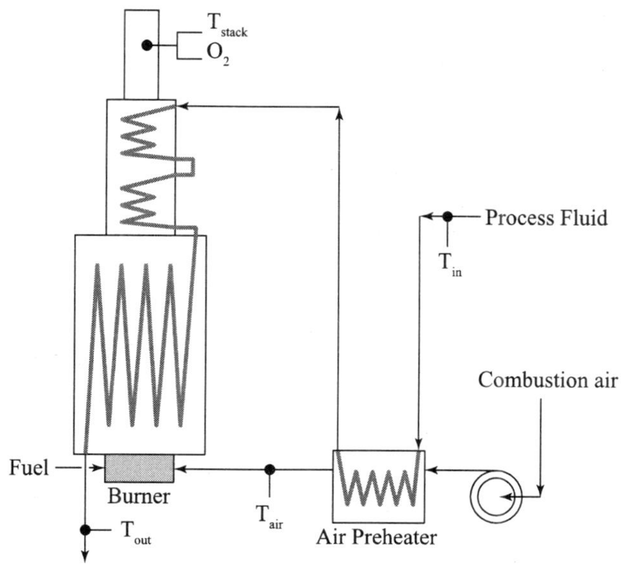

부록그림 2 공정 유체에 의한 공기 예열

(2) 연돌 배출가스에 의한 연소공기 예열 경우

연돌 배출가스로부터 폐열을 이용하여 연소공기를 예열하는 경우를 나타내고 있다. 부록그림 3의 위쪽은 연소공기 예열코일(Air Preheating Coil)이 대류부 상단에 배열되어 연돌로 배출되는 가스에서 폐열을 회수하고 있다. 아래쪽 그림은 에어프리히터(Air Preheater)라는 공기 예열기가 버너(Burner) 전단에 설치, 강제통풍식 팬(Forced Draft Fan)으로 연소공기를 흡입시키고 유도통풍식 팬(Induced Draft Fan)으로는 대류부(Convection Section)를 나와 연돌(Stack)로 빠지는 배출가스(Flue Gas)를 유도하여 서로 열교환(Heat Exchange)을 시켜 폐열(Waste Heat)을 회수하고 있다.

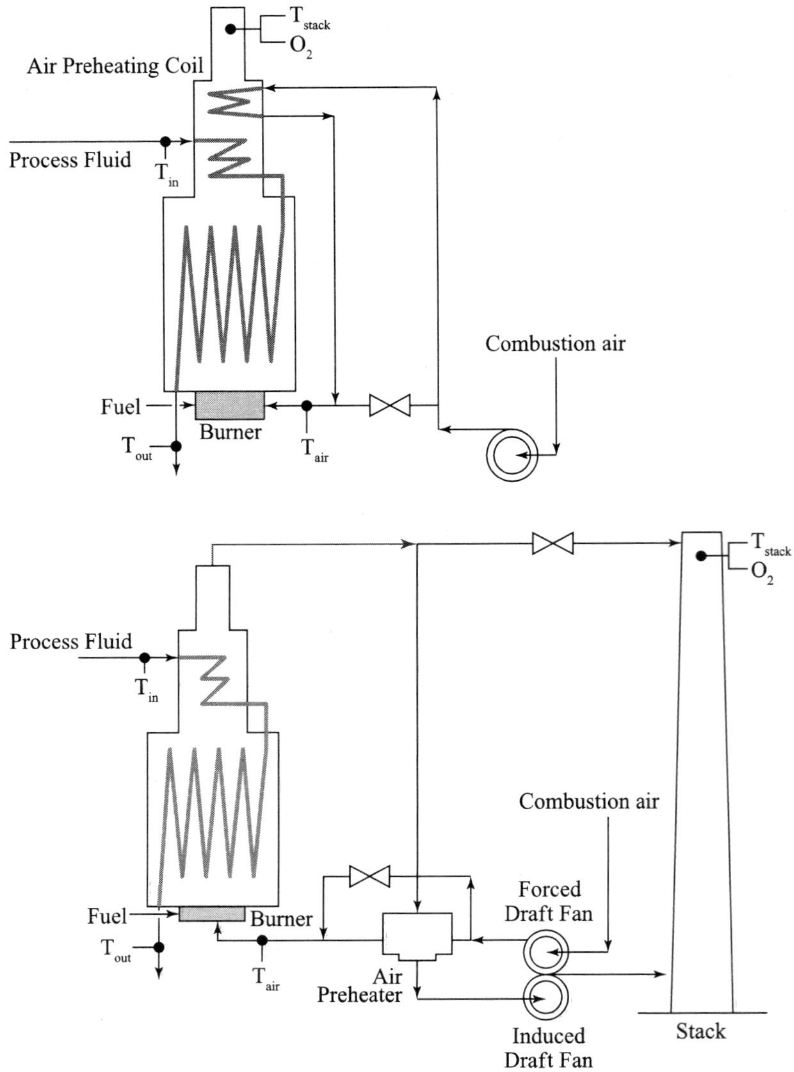

부록그림 3 연돌 배출가스에 의한 연소공기 예열
(상: 대류부출구 에어프리히팅코일 / 하: 버너 전단 에어프리히터

(3) 이송유체에 의한 연소공기 예열 경우

배출가스 대신에 열 이송유체 (Heat Transfer Fluid) 혹은 스팀 (Steam)과 물 (Water)을 사용하여 연소공기를 예열하는 경우이다. 이들 유체는 에어프리히터에서 공기와 열교환으로 열을 빼앗긴 후 다시 연소로 복사부 상단으로 들어가 가열되는 순환 과정 시스템으로 되어 있다.

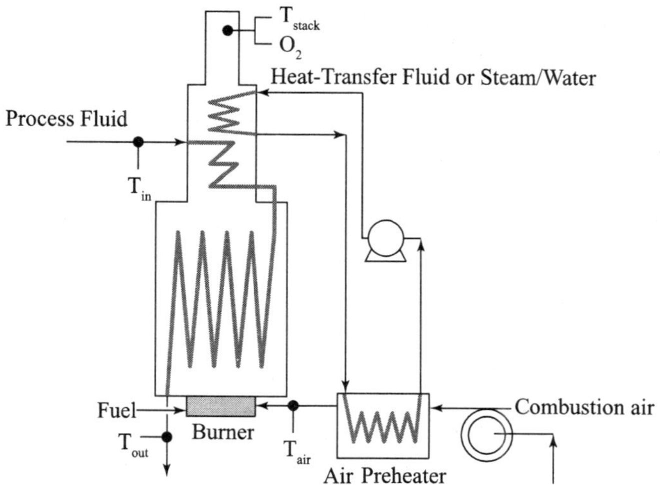

부록그림 4 이송유체에 의한 연소공기 예열

(4) 스팀 혹은 다른 폐열에 의한 연소공기 예열 경우

스팀이나 다른 폐열 소스를 이용하여 연소공기를 예열하는 경우를 말한다. 아래는 잉여스팀을 이용하여 연소공기를 예열하는 것을 나타내고 있다.

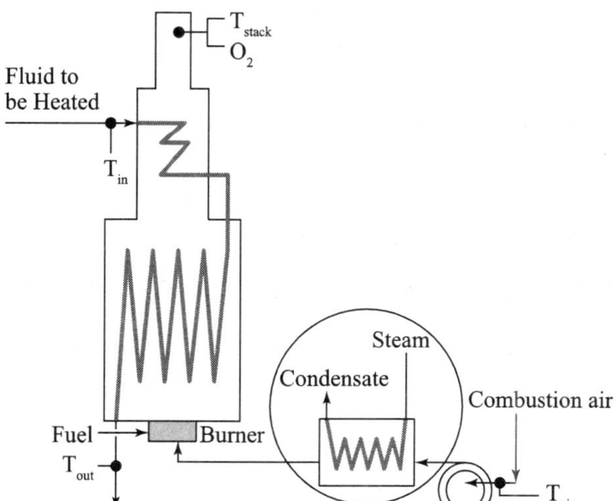

부록그림 5 스팀 혹은 다른 폐열에 의한 연소공기 예열

(5) 2개 공정흐름의 대류부 열용량으로 유체 예열 경우

서로 다른 2개 공정 흐름의 대류부 열용량을 이용하여 공정 유체를 예열하는 경우이다. 다음과 같이 2개의 연소로에서 연소로 1에서는 유체 1을 처리하고 연소로 2에서는 유체 2를 각각 처리하고 있다. 하지만 유체 2는 연소로 1의 대류부에서 배출가스 열을 이용하여 예열된 후 연소로 2의 대류부로 들어가는 흐름도를 나타내고 있다.

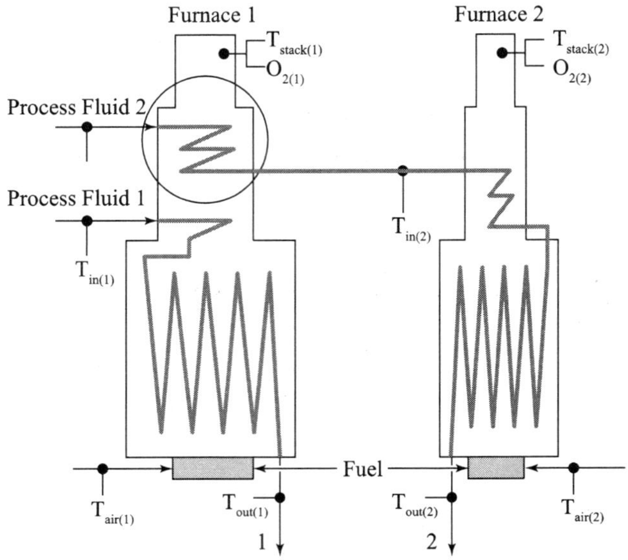

부록그림 6 대류부 열용량을 공정유체 예열에 사용

(6) 대류부 열용량으로 스팀 및 과열스팀 생산

대류부 가스 열용량으로 스팀을 생산하거나 생산된 스팀을 과열스팀으로 전환시키는데 이용함으로써 연돌로 빠져 나가는 열을 최소화한다. 이를 위하여 대류부 상단에 추가 튜브를 설치해야 한다.

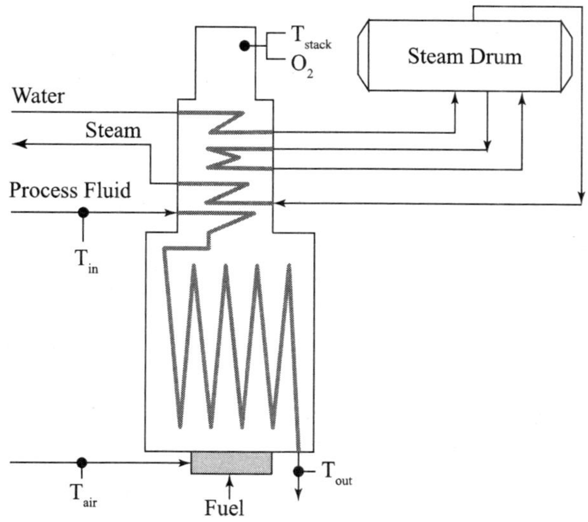

부록그림 7 대류부 열용량으로 스팀 및 과열스팀 생산에 이용

(7) 공용 덕트를 통해 대류부 폐열을 회수하는 경우

여러 개의 연소로에서 나오는 배출가스를 공용 덕트를 통해 모아서 스팀을 생산함으로써 폐열을 회수한다.

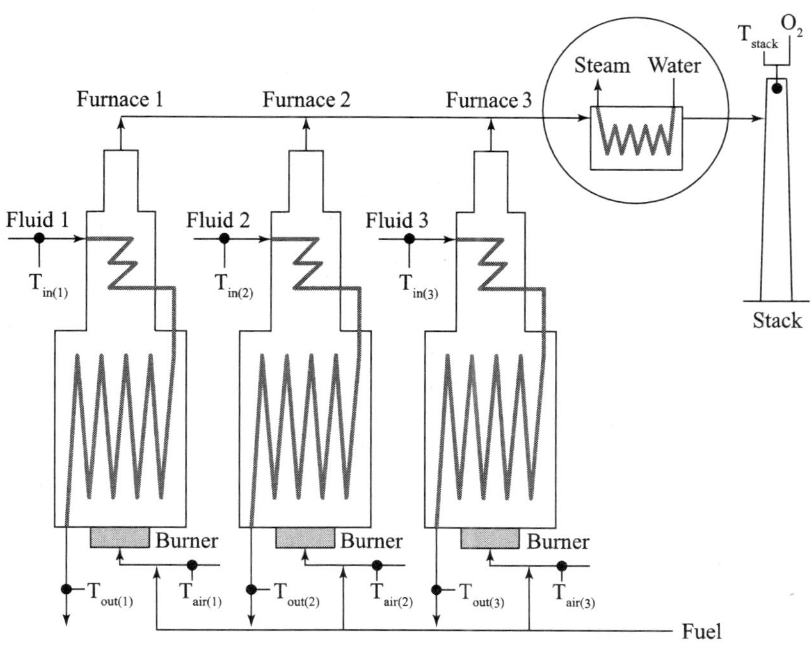

부록그림 8 대류부 폐열을 공용 덕트를 통해 회수

(8) 수소생산 개질 공정 경우

수소 생산 공정에서 개질반응 후 배출되는 폐열을 이용하여 스팀을 생산한다.

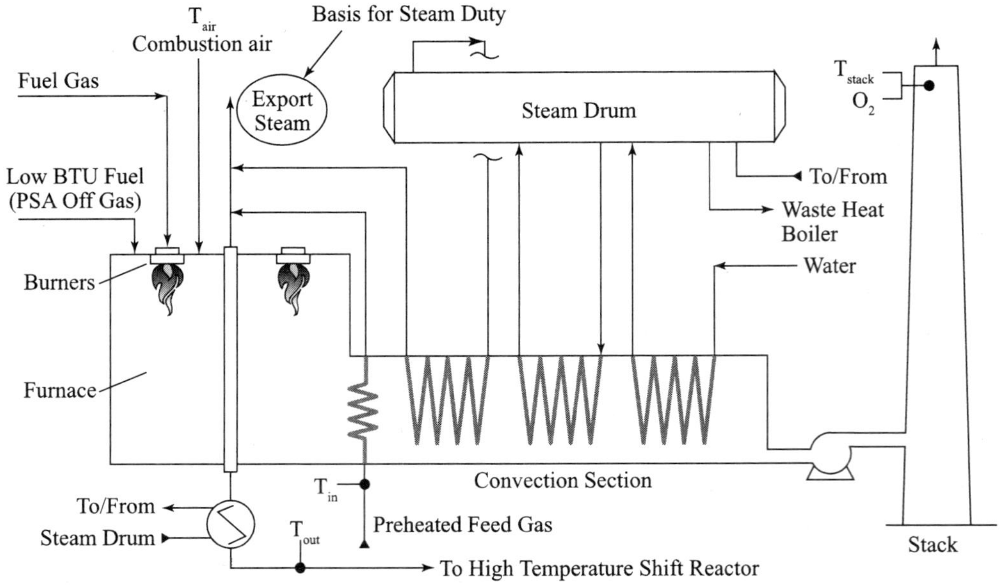

부록그림 9 수소생산 개질 공정

(9) CO 보일러

중질유 분해공정의 다운 스트림인 CO보일러의 폐열을 이용하여 스팀을 생산한다.

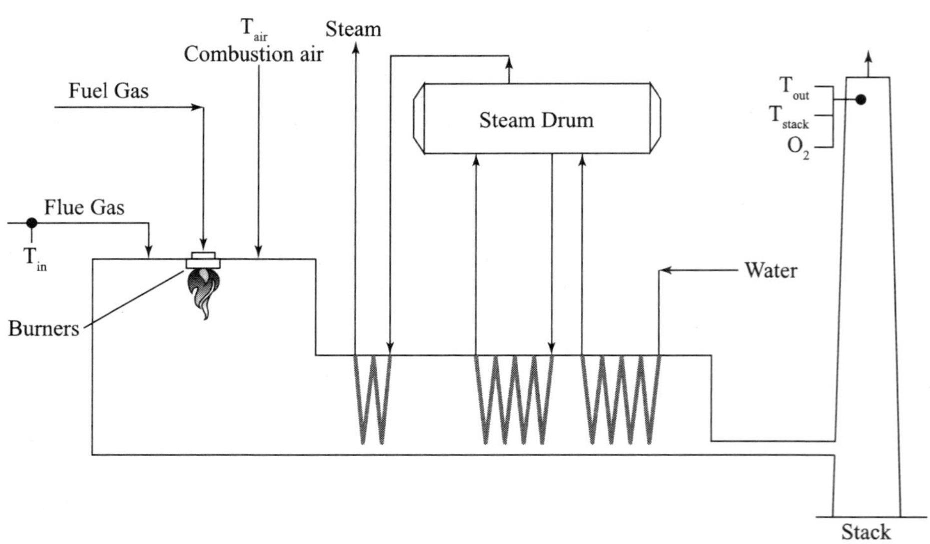

부록그림 10 CO 보일러

(10) 가스터빈의 배출가스를 이용하여 스팀을 생산

열병합 발전기(Cogenerator)에서 가스터빈(Gas Turbine)의 배출가스(Exhaust Gas)를 이용하여 스팀을 생산한다.

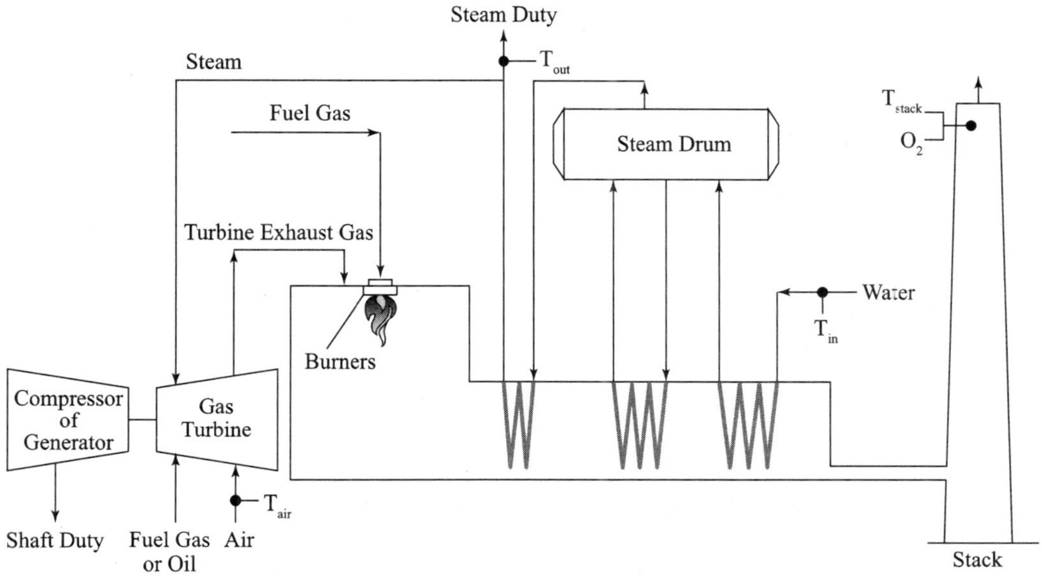

부록그림 11 가스터빈의 배출가스를 이용 스팀 생산

(11) 가스터빈의 배출가스를 이용하여 공정 유체를 예열

열병합 발전기(Cogenerator)에서 가스터빈(Gas Turbine)의 배출가스(Exhaust Gas)를 이용하여 공정유체(Process Fluid)를 예열한다.

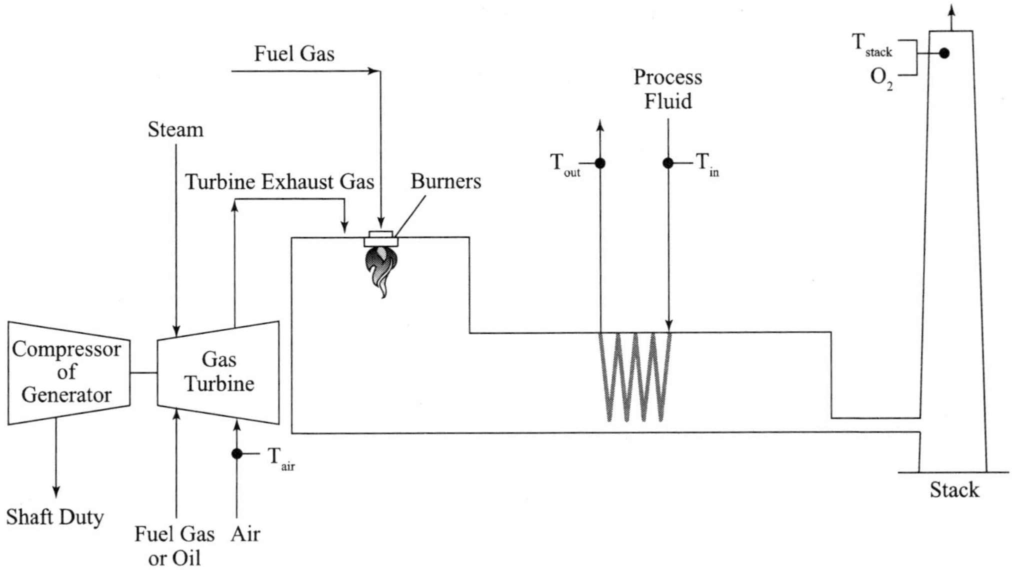

부록그림 12 가스터빈의 배출가스를 이용 공정 유체 예열

(12) 수소첨가 탈황공정의 피드 예열 연소로 경우

수소첨가 탈황공정의 피드인 제품오일 (Oil)은 복사부에서 가열되고 수소 (H_2)는 대류부에서 각각 예열된 후 함께 반응기로 들어간다.

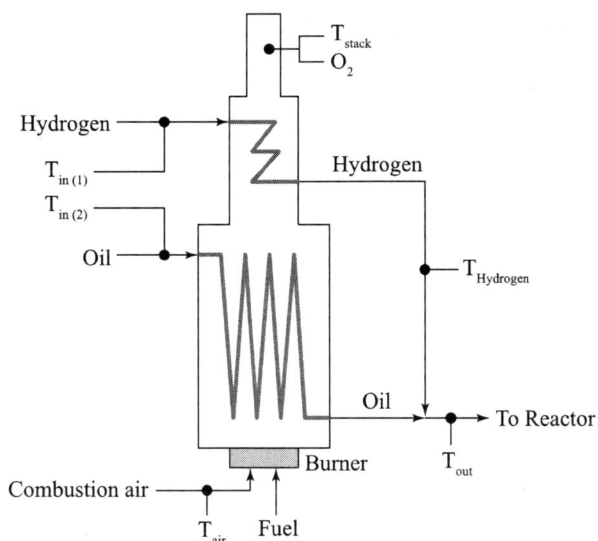

부록그림 13 수소첨가 탈황공정 피드 예열

(13) 납사 개질 공정의 피드 예열 연소로 경우

납사 개질공정에서 3개의 연속 연소로의 대류부가스를 이용하여 공정 피드를 예열한다.

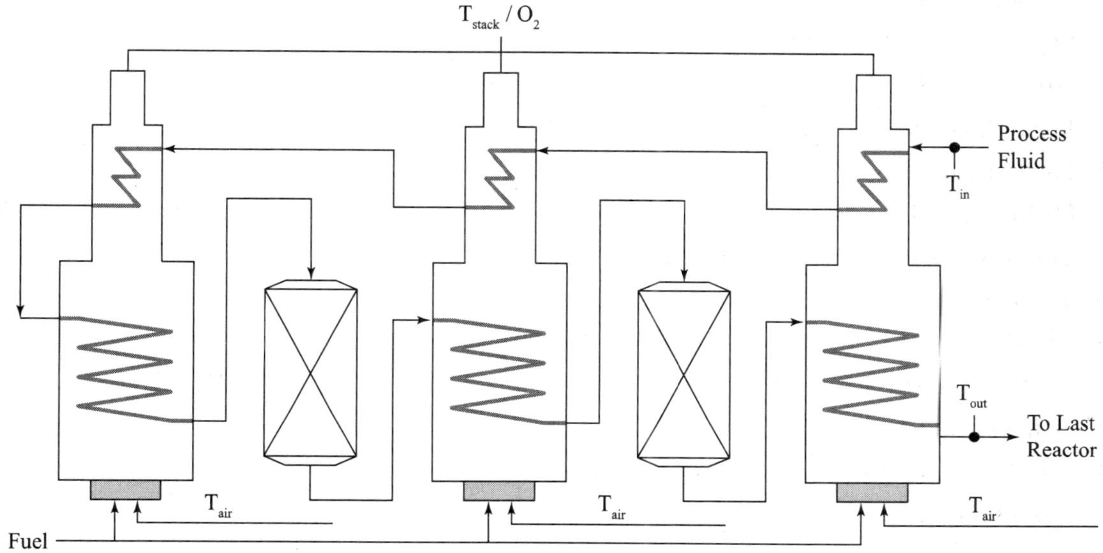

부록그림 14 납사 개질공정 피드 예열

참고문헌

1. Fired Heater Theory and Practice, Gu Su Jang, February 2018, Book Lab, p214-231
2. PROCESS HEAT EXCHANGE EDITED by Vincent Cavaseno and the Staff of Chemical Engineering, McGraw-Hill Publications Co., New York, N.Y.
3. 2011 ENGINEERING DESIGN SEMINAR- Fired Heaters, UOP
4. Fired Heater School, Fall Class, 26th - 28th October 2010
5. Fired Heater and Waste Heat Recovery, Chevron Corporation
6. FIRED HEATER AND WASTE HEAT RECOVERY MANUAL, CHEVRON RESEARCH AND TECHNOLOGY COMPANY, RICHMOND, CA
7. The John Zink Combustion HANDBOOK, CHARLES E. BAUKAL, JR. EDITOR, CRC PRESS
8. BP107 PROCESS BURNER FUNDAMENTALS, Tulsa, Oklahoma, John Zink, Sep 27-28, 2010
9. BP108 ADVANCED PROCESS BURNERS, Tulsa, Oklahoma, John Zink, Sep 29-30, 2010
10. http://en.wikipedia.org/wiki/Petroleum_refining_processes
11. OxyFuel Combustion for Process Heaters, Chris Leger, Praxair, Refinery Operation.com, 2011.03.16
12. Furnace Operations, third edition, Robert D. Reed, Gulf Publishing Company
13. LMGI (Liquid Minerals Group Inc.)-Magnesium Presentation
14. Market conditions encourage refiners to recover by-product gases, oil & gas journal, Oct.7.2013
15. Presentation Material for Fireside Technology, GE-Betz, 25 Jul 2003
16. ptq Refining Gas Processing Petrochemicals, Q1 2013, p 69-71
17. Revamp & Operations- ptq special report, 2004, p21-25
18. ptq Revamps, 2007, p27-29
19. CHEMICAL ENGINEERING MARCH 2013, p64
20. Hydrocarbon Processing JANUARY 2014, p73
21. AFPM "2012 Q&A and Technology Forum" The New API RP 556- Best Practices for Instrumentation, Control, and Protective Systems for Gas Fired Heater
22. 한경대 "Air Pollution and Treatment Technology" 강의 교안 (for 2017 M-ChET), 장구수, 2018,
23. Elementary Principles of Chemical Processes, 3rd Edition, Richard M. Felder, Ronald W. Rousseau, p142-143, p145-146, 2018/2/28
24. Chevron Technical University Fired Heater Training Material
25. Chevron Richmond- Fired Heater Operator Training Materials
26. Technip KTI Corporation, Fired Heater School, 26-28 October, 2010
27. John Zink, Technical Material "Low NO_x Applications in Process Heaters for Refineries and Petrochemical Plants

28. Haldor Topsoe, GS Caltex Corporation, 3 K/D HDS Unit, 2015 Catalyst Replacement, Technical Recommendation
29. First Installation of Selective Non-Catalytic NO_x Reduction Process on Utility Boilers in Korea, MEGA Symposium, August 20, 2001, Chicago IL
30. GS Caltex HOU Process Heater (by order of Fuel Tech Korea Corp.) Operating and Maintenance Manual for SCR Catalyst and Ancillary Equipment
31. Topsoe Wet Gas Sulfuric Acid (WSA) Technology- An Attractive Alternative for Reduction of Sulfur Emissions from Furnace and Converters
32. FINECHEM REPORT, ChemLOCUS 2011, 9/12/19
33. [서부발전－한전전력연구원] 청정발전분야 기술세미나, 제2회 연구개발(R&D) 기술교류회 자료
34. 석유화학공학, 장구수, 도서출판 동화기술, 2019
35. Environmental Knowledge (2000), GSC 기술직사원 직무 교육 자료
36. 현대에너지 여수화력공장 기술자료
37. FUEL TECH, Urea Based SNCR De-NOx 기술 소개 자료
38. Key Engineering 기술 자료- 질소산화물 처리
39. 석유화학공학, 장구수, 도서출판 동화기술, 2019
40. 석유화학공업, 박정환, 도서출판 동화기술, 2015
41. 대기오염개론, 우완기외 3인, 신광문화사, 2015
42. 대기오염개론, 정문식외 9인, 신광문화사, 2015
43. 연소 배가스 중 질소산화물 제어 기술, 이강우외 3인, 도서출판 동화기술, 2011

찾아보기

영문

가

나

다

라

마

바

사

▌아

▌자

차

■ 카

■ 타

■ 파

하

저 자 : **장 구 수**

- GS Caltex 근무
- 미국 GTC Technology 근무
- 수원대학교 화학공학과 객원교수
- 한경대학교 일반대학원 화학공학과 (화공환경융합기술) 시간강사
- (현) 한경대학교 화학공학과 겸임교수

저 서 ≪Fired Heater Theory and Practice (English)≫
－Book Lab (2018.2.28)
≪석유화학공학≫
－도서출판 동화기술 (2019.3.10)

대기오염 및 처리기술 정가 18,000원

발 행 2019년 9월 10일 초판 1쇄
저 자 장구수
발행인 정우용
발행처 도서출판 **동화기술**
경기도 파주시 광인사길 201(문발동, 파주출판도시)
Tel (031)955-4211~6 donghwapub@nate.com
Fax (031)955-4217 www.donghwapub.co.kr
(등록) 1977년 12월 19일/9-16호

ISBN 978-89-425-9238-8